普通高等学校“十二五”规划教材

配套课件获得“第五届全国多媒体大赛”高教组一等奖

音频技术教程

（第2版）

倪其育　编著

国防工業出版社

·北京·

内容简介

本书介绍了音频系统及其构成基础、常用器材设备的基本原理及其应用、音频节目制作和音质主观评价方法。内容主要有：音频声学基础；人耳听觉特性；数字音频技术；电声器件；音频放大器；节目源设备；音频信号处理与控制；室内声学；音频系统的声场处理；音质主观评价；音频系统的构成；音频设备的连接与安装；音频节目制作；音频软件概述等。另外，附录中提供了一些实用的资料。

本书内容系统全面，注重具体应用，可作为影视传媒、音像制作、网络多媒体、教育技术及相关专业的教材和教学参考书，也可供从事广播电视、唱片、电影、电化教育行业的音视频及多媒体技术人员参考，以及广大业余电子、电声爱好者阅读。

图书在版编目(CIP)数据

音频技术教程/倪其育编著.—2版.—北京：国防工业出版社，2025.3 重印
普通高等学校"十二五"规划教材
ISBN 978-7-118-07181-8

Ⅰ.①音… Ⅱ.①倪… Ⅲ.①音频设备-高等学校-教材 Ⅳ.①TN912.2

中国版本图书馆 CIP 数据核字(2010)第 249822 号

※

国防工業出版社 出版发行
(北京市海淀区紫竹院南路 23 号 邮政编码 100048)
北京虎彩文化传播有限公司印刷
新华书店经售
*
开本 787×1092 1/16 印张 19¾ 字数 495 千字
2025 年 3 月第 2 版第 6 次印刷 印数 12001—12500 册 定价 35.00 元

(本书如有印装错误，我社负责调换)

国防书店：(010)88540777 发行邮购：(010)88540776
发行传真：(010)88540755 发行业务：(010)88540717

第2版前言

《音频技术教程》的第1版出版以来，被多所院校作为教材使用。根据使用过此书的师生及其他读者的反映，从课程的教学需求出发，结合音频技术发展趋势，笔者在保持本教程原有体系和风格的基础上，进行了相关的修订。

首先，本次修订对知识模块进行了划分，将全书分为基础篇、设备篇、环境篇及应用篇等4个部分，体系结构清晰，便于学习者对知识的整体把握。

其次，本次修订为每一章均增加了"本章要点"、"思考与练习"，便于学习者对本章内容的学习前预览和学习后巩固。

再则，本次修订对第1章、第4章、第8章、第12章内容做了相应调整，充实、拓宽、加深了一些当今流行的内容、设备及其系统。如：数字音频处理器、校园智能可寻址广播系统、模拟节目源信号的采集及常见数字节目源信号的采集等。第15章主要是音频软件方面的基础及其应用，由于软件升级更新快，因此本次修订重新编写了本章的内容，主要包括：音频软件综述、GoldWave简介、Adobe Audition简介等。特别增加了声场测量与信号分析类软件、音频制作类软件和音乐创作类软件等功能，以及视频编辑配音的实用操作的介绍。

在本教材支撑下的"'音频技术'课程体系创新建设与实践"，获得扬州大学教学成果三等奖；"音频技术"课程成为扬州大学精品课程；《音频技术教程》（教材）成果获得扬州大学教学成果二等奖。

在本次修订工作中，牛晓林同志主要参与了第15章内容的组织工作，高伟、戴文琴等同志在部分章节内容的整理及相关图片的绘制方面付出了许多的劳动，在此一并表示衷心的感谢！

尽管编者在修订中做了很大的努力，力图使本教程能体现编写的指导思想和创新精神，但书中的缺点、错误仍在所难免，敬请专家同行继续不吝赐教。

倪其育

2010年8月

第1版前言

音频技术是一门介于声学、电学及听觉艺术的边缘学科。它既是影视传媒、音像制作、网络多媒体、教育技术等专业和部门的基础应用技术,也是广大业余电子电声爱好者、多媒体技术人员十分关心的领域。20世纪60年代以来,高保真技术得到了飞速的发展;90年代开始,数字信号处理技术迅速普及。目前,它已与传播技术、文化教育以及人民文化生活密切相关。

随着音响技术的飞速发展,各种各样的音响设备和系统应运而生。与此同时,各种新技术层出不穷。特别是数字技术与计算机技术的广泛应用,引起了音视频技术的一场革命。在音频领域,继激光唱机(CD)、数字音频磁带录音机(DAT)问世后,又出现了可与现行盒式录音磁带兼容的数字式盒式录音磁带系统(DCC)以及小型可录激光唱片系统(MD)。今天,DVD-AUDIO、SACD等的多功能、高指标性能又给人们创造出无比卓越的听觉境界。数字音频工作站以强大的功能和便捷的操作,逐渐成为音频节目制作、控制、管理和播出的主型设备。在音视频领域,继激光影碟机(LD)之后,采用图像压缩技术的影碟机(VCD、DVD),以其良好的音质、画面以及高的性价比受到人们普遍的欢迎。新一代DVD、EVD、高清电视等正在款款地向我们走来。所有这些,为人们提供了梦寐以求的高保真音视节目源,同时也使音频和视频结合而产生的视听(AV)系统达到了一个新水平。新技术、新设备的广泛应用,使得这些系统焕发出前所未有的光彩。然而,应该强调的是,决定音质的好坏不仅与设备有关,还与声场环境及人的听觉特性有关,而且在一定程度上讲,声场环境作用比其它更为重要。

为了能在有限的篇幅内系统、全面地介绍音频技术的有关内容,本书在编写过程中,尽量少用数学的方法,力求采用一些通俗的语言或图示去描述基本概念,并对内容作了精心的组织与安排。为了使内容更加深入,本书在相应部分编入了一些深入的知识(标有「　」部分),作为进一步学习及拓宽知识面的内容,跳过该部分亦不影响知识的连续性和完整性。强调应用是本书的另一特点。本书中列举了较多的实际事例,可供读者参考,使读者能把掌握的知识应用到具体的实践中去。

本书共分15章。第1章~第3章,分别介绍了学科的基本性质、音频技术中必要声学基础知识,以及人耳的听觉特性;第4章从室内声学的角度对音频系统环境作了具体的分析;第5章~第9章,对电声器件和常见器材设备的基本原理、主要功能及具体应用,作了系统的介绍;第10章较为全面地阐述了音质的主观评价方法及注意事项;第11章~第13章,具体介绍了音响系统的组成、设备连接安装和声场环境处理等工程技术要点(就目前的现状来看,对音响系统环境进行科学的设计是提高音响效果最为行之有效的途径);第14、15章,介绍了音频节目制作的基本内容和实用的数字音频编辑软件。以上6个方面构成一个有机的音频技术体系,目的是使读者能学以致用,对实际工作有一定的指导作用。

附录中收集了一些实用的资料,可供查阅。

本书的编写参考和引用了一些国内外学者的研究成果和著述，由于引用较多，未能一一注明，特向这些作者表示诚挚的谢意。陈俊、蒋慧丽、王甲云、许征东等同志为本书的编写，处理了许多插图及素材；出版过程中，得到了扬州大学教材建设基金的资助和许多方面的支持，在此一并表示衷心的感谢。

音频技术涉及的领域广泛，相当多部分的知识内容发展更新的速度很快，由于编者的水平有限，难免出现差错，恳请专家同行不吝赐教。

倪其育

2006 年 1 月

目　录

基础篇

设备篇

环境篇

应 用 篇

基础篇

第1章

绪 论

- 课程学习的意义、目的及方法。
- 音频技术的有关概念及其内涵。
- 音频技术的发展。

1.1 引言

声音的表现形态多样，主要有语言、音乐、音响……

“语言是人类思维的工具，也是人类最重要的交际工具。”

“音乐是由和谐乐声组合来表达人们思想情感，反映社会生活的一种声的艺术。”

“音响所产生的巨大感染力决不亚于动作的可视造型。”

……

语言、音乐、音响是人类社会重要的文化要素，声音是信息时代一个重要的信息元素。人们一直致力于在技术方面对它们进行研究，由此产生了“音响技术”。

1.2 音响技术

音响技术就是研究可闻声的发生、传播，声音信息的加工处理，声音信息的记录重放，声学环境对音质的影响以及生理心理因素对听觉影响的一门综合性的边缘学科和应用技术，其最重要的研究目的在于如何获得最佳的听音效果。这里的“音响”是指人耳可以感知到的各种声响。

在现代生活中，“音响”一词通常是指通过有关的设备播放出的音乐、讲话及其他声音；演出现场直接演唱或奏出的音乐、讲话及其他声音，或者是通过各种电子设备处理后将它们播放出来的声音，也属于这个范畴。演员、设备与环境等配合所获得的音质好坏称为音响效果，其中设备与环境本身也都有各自的音响效果。记录存储各种声音的载体（媒质）称为音响软件(或节目)(Audio Software)，如唱片、音乐磁带等。能够播放这些音响软件的电子设备称为音响设备或音响系统。这些设备也可称为音响硬件。在我国国家标准“音频组合设备通用技术条件”中，将能够播放 3 种以上音乐软件(如唱片、音乐磁带、FM 立体声广播)的音频组合设备定义为组合音响系统，简称组合音响。而构成组合音响系统的每个单元(如传声器、放大器、调谐器、电唱盘、CD 唱机、卡座、均衡器、扬声器系统等)则称为音响组件或音响部件(Audio Component)。

1.3 电声技术

电声技术是利用电子技术和应用声学的原理解决可闻声发生、接收、变换、处理、加工、记录、重放及传播等问题，它是以电子技术、应用声学和声电换能原理为技术支撑，吸收、融合了其他许多相关学科的研究成果而形成的一门边缘性、应用型的学科。可见，电声技术是当代音响技术的核心，而音响技术较电声技术有更广的范畴。可以认为音响技术包含了电声技术、建筑声学、生理心理声学及音乐学等部分的内容。音响学强调的是最终产生的音响的听觉感受，从声音的产生直至听觉感受的全过程都属于它的研究范畴。

1.4 音频技术

随着电声技术的发展，尤其是近年来数字多媒体技术的发展，多媒体计算机和网络已成为人们学习、工作和日常生活中不可缺少的组成部分。一种以电声技术为核心内容，包含建筑声学、生理心理及音乐艺术等相关方面在内的，把系统构成，音视频节目、多媒体和网络媒体制作及应用作为主要目的的综合应用型学科——音频技术，便应运而生。音频技术仍属于音响技术的范畴，它侧重于在广播电视、多媒体技术、网络传媒及声音创作等方面的应用研究，它是这些领域的重要技术支撑。

图 1-1 是音响技术、电声技术和音频技术三者之间的关系图解。

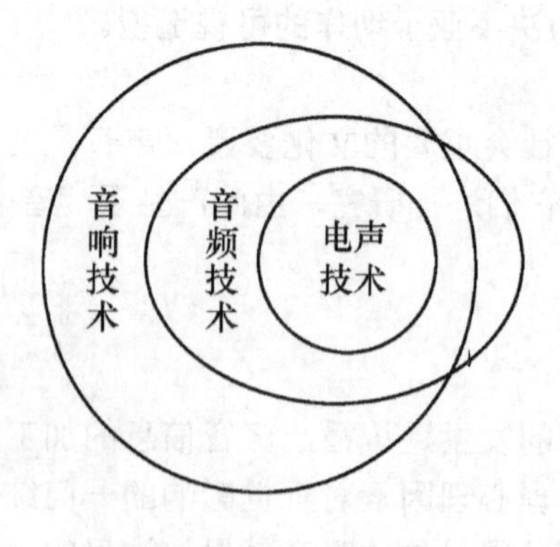

图 1-1　学科领域关系图

1.5 音频技术的沿革

音响技术是一门古老而又年轻的技术，有近千年的发展历史。当时的能工巧匠们在建造教堂和一些剧场之类的建筑时，都自觉或不自觉地利用了建筑声学方面的技巧，使得在没有任何电扩音的情况下，可以让众多的听众在很大的场子里听清讲演和演出，这不能不说是古老而又原始的音响技术。直到20世纪初，著名物理学家赛宾(W.C.Sabine)提出室内混响时间计算的著名公式，开创了建筑声学这一学科领域，室内音响的设计才开始有了一套相对完备和系统的理论和方法。正是在这些系统化的理论指导下，欧洲、美国等地建造的一批可容纳 1000人～2000 人的大型音乐厅、歌剧院，在完全不用电扩音的情况下，可以保证每一位观众清晰地听到独唱或独奏的声音。显然，这种建声设计应归属于音响技术的范畴，它标志着音响技术的新起点。

1877年伟大的发明家托马斯·爱迪生(Thomas Edison)发明了世界上最早的声音记录和重放设备——留声机，这一发明奏响了音响技术蓬勃发展的前奏曲。

1904 年英国的弗来明(Fleming)发明了电子管，1915 年电子管放大器的问世实现了对电信号的放大处理，1919 年贝尔(Bell)在发明电话时解决了电/声和声/电转换的问题，又开创了电声技术这一新领域。由于电信号便于控制、处理和传输，因此对声音信息的记录、重放、扩音及传输等便与“电”密切相连。

自20世纪30年代起，音响技术进入以电声技术为核心的时代。1924年起唱片的制作开始采用“电气灌片”技术，1927 年美国的卡森(Carson)发明了钢丝录音机，1935 年德国通用电气公司(AEG)推出首台磁带录音机。

1948年美国CBS公司研制出密纹唱片(LP)，1958年开始出现立体声LP唱片。

1965年在荷兰飞利浦(Philips)公司领导下，世界各国开始生产盒式磁带录音机。

20 世纪 70 年代，瑞士 Studer 公司、美国 Ampex 公司的专业开盘磁带录音机达到了极高的技术水准。

20世纪60—70年代，数字技术开始进入电声领域。80—90年代CD唱片逐步成为娱乐用音乐节目的主要记录载体。

可见，在100多年的发展过程中，音响技术的核心就是电声技术。

近20年中，随着计算机多媒体技术及网络技术的发展，用于节目制作、扩音播控、资料管理的数字音频工作站，已成为广播电视、音像出版、网络传媒、多媒体制作及声音创作等领域的主流设备。MP3、MP4和录音笔已逐渐成为人们学习、工作及娱乐的重要工具。可以说，音频技术也正是伴随着多媒体技术硬件的更新和软件的升级而迅猛发展的。

1.6 音频技术发展的趋势

自留声机发明以来的100多年中，音频技术的发展十分迅速，尤其是近几十年，由于多媒体计算机、网络传媒及存储等相关技术的发展和支撑，音频技术更是突飞猛进。音频技术的发展方向，归纳起来主要有以下几个方面。

1. 模拟电声设备器材的技术指标不断提高

目前，传统的模拟电声设备和器材的技术指标虽然已经达到了很高的水准，但仍有潜力可挖，有进一步提升的余地。然而也应看到虽然技术指标有望继续提高，但是这些设备和器材已经过了许多年的发展，技术已趋于成熟，这方面的发展速度将不会很快，更不可能在近期有重大突破。

2. 集成化、小型化和高可靠性

在过去的一段时间里，集成电路由于受到制造工艺的影响，应用于电声设备中时，往往难以满足高音质的要求。随着集成电路设计和制造工艺的不断发展和提高，出现了许多低噪声、低漂移、低失真、宽频带、高速度的集成电路运算放大器，运用它们已完全可以达到高音质电声设备的目标，而且能简化电路设计，提高设备的可靠性，便于维护。专为音响设备开发的专用集成电路，已广泛地被使用。采用一片极高集成度的数字信号处理(Digital Signal Processing，DSP)专用芯片为核心，便可产生 200 余种声音效果的数字式效果器，更加体现了集成电路在音响领域中所发挥的积极作用。

3. 数字技术将日益广泛地进入音响领域

随着数字电子技术、数字信号处理技术以及模/数—数/模转换技术的日趋成熟，使得数字方式对信号进行处理比模拟的信号处理方式有更大的灵活性，而且采用 DSP 技术可以实现许多传统的模拟处理方式难以达到的处理效果，因此它们被愈来愈多地用于音响领域。同时专用的大规模集成电路 DSP 专用芯片可以满足音频信息实时数字化处理的要求。另外，数码录音、数码信息存储也以其复制过程中不会有信息损失等优越性而不断推广、普及。计算机的应用更是使音响系统的设计、控制如虎添翼。计算机不仅用于各类音响器件、设备的辅助设计及仿真中，也用于声场辅助设计。同时大型录音棚用的调音台的控制、节目编辑设备的控制以及 MIDI 系统都离不开计算机的应用。目前一些较高档的家用设备也大量采用一些专用的单片微处理机，大大地提高了设备的自动化、智能化程度。

4. 音视频技术日益结合、计算机多媒体技术深入发展

随着视频技术的发展，必然会要求音视频系统中的音频向高保真方向发展；而且为了全面地传递节目信息，优质的音频系统也希望与视频系统相结合以获得声像、视像的一致，获得更为真实、生动的节目效果。以计算机为核心，结合音频、视频等技术的信息处理、传输技术——多媒体技术，则更是将音响和影视与先进的计算机技术、通信技术融合在一起，以崭新的方式全方位地传递信息、共享资源。

5. 声场控制技术的发展

声场控制技术(Active Field Control)不仅仅局限于传统的电扩音技术和建筑声学原理的应用，而且力图对厅堂的音质进行控制，使之产生人们所希望的某种声场和音响效果。多声道声场合成技术、多路混响增强技术、Δ-立体声技术(Delta-Stereophony)等新技术已得到了实际应用，并产生了不凡的音响效果。这些新技术将逐步受到重视而得以推广与普及。

6. 主观评价与客观测试的结论将不断趋于一致

音频技术的最终目的是要得到听感良好的声音，因此最终的评判标准是人耳的听感。为了在电声器件、设备器材的设计与制造、音响工程及节目制作中有一套便于定量和检测的标准，引入了许多技术指标，这些技术指标的测试方法力求做到能真实反映人耳的听觉感受。然而由于实际声音信号的复杂性以及人耳听觉特性的复杂性，至今仍有许多客观测试的结果与主观音质评价存在一些不相符之处，渴望通过不断努力，使测试手段、电声技术指标的确定能更切合实际，使客观测试能不断接近主观评价的结论。

音频技术是一门以众多的学科、技术及艺术为其背景和支撑的综合性、应用性技术。相关技术的发展自然地会推进音频技术的发展。同样，由于相关技术的局限，也会影响音频技术的发展。就总的发展趋势而言，音频技术的发展是在不断地向着更高层次迈进、日趋完善。

1.7 音频技术工作者的素养

音频技术既是一门综合性的边缘学科和应用技术，又有很强的艺术性。因此要求从事音频技术工作的人员在电声技术、建筑声学、音乐学、多媒体技术及相关软件操作等方面都应

具有足够的知识储备，且要具有较高的艺术修养。归纳起来主要有以下几个方面。

(1) 音频工作者应深入掌握应用声学、人耳的听觉特性、电声技术及音乐艺术等方面的基础知识。

(2) 音频工作者要熟练掌握电声器材、设备的基本原理和操作方法。在实际工作中，应做到对这些设备、器材能够运用自如，只有这样才能得心应手地去完成各项工作，并进行艺术的再创造。

(3) 音频工作者对各种声源的声音特征应该了如指掌，并要与人耳的听觉特性密切联系。

(4) 音频工作者必须具有敏锐的听觉能力以及对声音品质的辨析能力。这里的听觉包含两个方面：①人耳本身的听力，取决于身体条件，若是听力缺陷者则不宜从事音频工作；②对声音品质的辨别能力，这要靠不断的训练(锻炼)来逐步提高。

(5) 音频工作者应具备较高的文艺修养，尤其是音乐修养，应注意在这方面长期积累、逐步提升，只有这样才能真正胜任音频技术的工作。

(6) 音频工作者应通晓多媒体技术的系统知识，特别是计算机多媒体的基本构成及其外设配置；应熟练掌握常用软件的操作。

思考与练习

简答题

1. 何为音响技术？何为电声技术？何为音频技术？它们的关系如何？它们有哪些应用价值？

2. 音频技术有怎样的发展趋势？

3. 音频技术工作者应该有哪些素养？

第 **2** 章

音频声学基础

本章要点

- 描述声波的基本物理量。
- 音频声学研究的范围。
- 声压与声压级、声强与声强级、声功率与声功率级。
- 几种常见的声学效应。

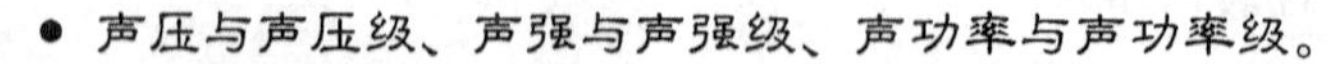

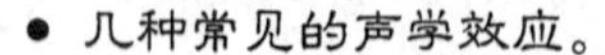

在现实世界里，我们会听到多种多样的声音，如风声、雨声、歌声、说话声等，且不但能感觉到声音的强弱、音调和音色，还能感觉出声源的方向和距离，即空间位置感——立体感。要理解这些内容，就必须掌握音频声学方面的一些基本知识。

2.1 声波

声波是机械波。关于声波的讨论需要从下列方面来进行。

2.1.1 波

由振动理论可知，具有质量和弹性的物体，在一定条件下都可以发生振动。振动的物体带动周围介质的振动并向远处传递这种振动，便产生了波。这种波叫机械波。波动传播的方式有两种，即横波和纵波。

1. 横波

当媒体质点的振动方向与波动传播的方向垂直时，我们称之为横波。

手抖动绳子产生的波属于横波，如图 2-1 所示。

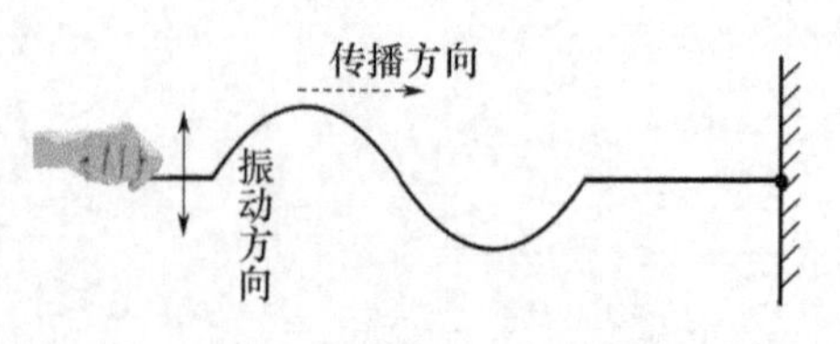

图 2-1 抖动绳子产生的横波

2. 纵波

当媒体质点的振动方向与波动传播的方向平行时，则称之为纵波。

振动物体带动附近的空气质点的振动，并使空气疏密间隔交替地向远方传递，显然声波是纵波，如图 2-2 所示。

2.1.2 声波的形成

声波是机械振动或气流扰动引起周围弹性的介质发生波动的现象。声波的定义有以下两种。

(1) 弹性媒介中传播的压力、应力、质点位移、质点速度等的变化或几种变化的综合。

(2) 声源产生振动时，迫使其周围的空气质点往复移动，使空气中产生在大气压力上附加的交变压力，如图 2-2 所示，管中在活塞附近的空气因活塞向前运动而受到挤压，空气分子的密度增加，这部分的压强增大为$(p_0+\Delta p)$；活塞向后运动，又使这部分空气受到拉伸，空气分子的密度减小为$(p_0-\Delta p)$。这一压力波称为声波。

声波既可以在气体中传播，也可以在液体或固体中传播， 在不同的介质中传播的速度是不同的。需要明确指出的是，声波的传播，本质上是波动的形式在传播。

产生声波的物体称为声源，声波所波及的空间称为声场。传递振动的物质就叫做媒体或介质。我们可以通过一个例子来说明：把一个闹钟放在一个密闭玻璃罩内，保证闹钟不与罩壳直接接触。当罩内有空气时，闹钟产生的振动通过罩子里的空气传到罩壁上，再传到罩子外面的空气中，这样我们就可以听到铃声。如果把罩内的空气抽空，我们就听不到铃声了，如图 2-3 所示。

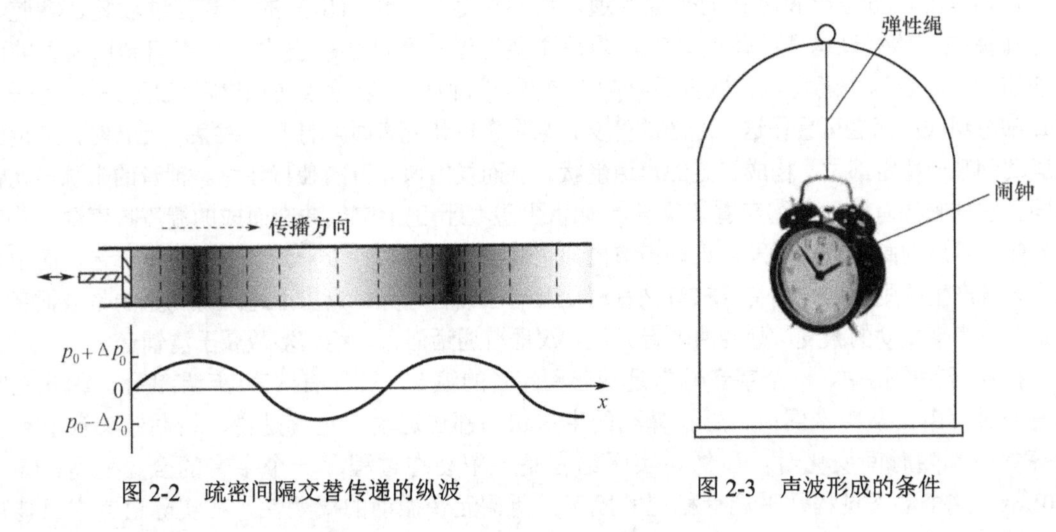

图 2-2 疏密间隔交替传递的纵波

图 2-3 声波形成的条件

因此，产生声波的必要条件如下。

(1) 机械振动(或气流扰动)的声源。如演奏打击乐器时鼓皮、镲、钹等的振动，演奏弦乐器时琴弦的振动，演奏管乐器时嘴、号嘴等的气流扰动……

(2) 传播振动的媒介。它们可以是气体，也可以是液体或固体，如空气、水、钢铁等。

通常，声源振动的幅度是很小的。在繁华的大街上，我们听到很嘈杂的声音，其空气质点的振动速度仅约 0.24cm/s；若在介质水中产生同样强度的声音，水质点振动的速度只有 6.66×10^{-5} cm/s 左右。与一般的机械振动相比，声波只是一种微扰动。

2.1.3 人的发声机理

人的发声生理及物理图像，是一个涉及从生理声学到物理声学的广泛课题，这里主要从语音的发声角度作一介绍。人的发声生理机构及其等效方框图可用图 2-4 的示意图表示。

人在发声时，肺部像风箱一样，它一收缩就送出一股直流气体，经气管流至喉头声门处。声门两边各有一条声带，它们是由弹性纤维组成的韧带，左右对称，位于气管上端尽头处，藏在喉头之内。

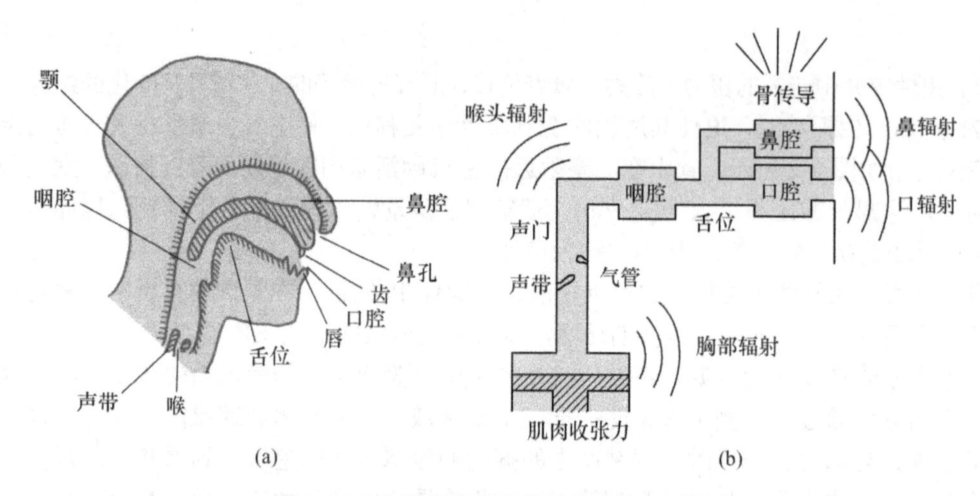

图 2-4　人的发声生理机构及其等效方框图

声门以上，直至唇和鼻孔的全部管道，统称声道。从声门出来的声音经过喉腔、咽腔、口腔和鼻腔，并经过这些腔体的调节，最后主要通过口和鼻辐射出去。从声门到口和鼻的两个通道中，前者为主通道，它被舌面隆起点隔开，近似地可以看成是由咽腔(后腔)—小管—口腔几部分组成；后者可看作这一通道的旁支，只有发鼻化元音时才打开。发某一元音时，声道肌肉运动到某一特定部位，构成一定的声道形状，从而发出该元音的独特音色。辅音的来源与元音不同。它的来源有两种：①声道某狭窄点(如舌尖碰着牙齿)上空气冲击而成的湍流噪声源；②双唇封闭，舌后的高压突然爆发，策动声道内的空气振动。由第一个来源产生的是擦辅音，而由第二个来源产生的则是爆破辅音。辅音又有清辅音与浊辅音之分。只由上述来源产生的是清辅音。如果伴有声带振动的激发，则为浊辅音。仅就汉语普通话而言，绝大多数属于清辅音。

在汉语普通话中，一个字音通常是辅音和元音的组合，并伴有四声(声调)变化。因此在实际发声过程中，从声带到口、唇、鼻孔的生理状态都在运动，也就是说，策动源、管道和负载等参数都随时间变化着，显然，实际语言是一个动态过程。一个字音的全过程有(100～200)ms，这个动态过程几乎没有稳定的段落。所谓元音振动的周期性，在实际语言中只能说是准周期性的。

语声在实际语言中是具有音乐性的。上述生理图像对于声乐也有一定的适应性，只不过歌唱时的发声方式与语声的发声方式不同，使得声音是很稳定地从一个音移到另一个音。因为歌曲所选定的音是要满足特定要求的，因而能构成一个和谐的整体。

从发声的生理图像可以知道，任何语音的产生都包括声源发声、声道传输及向外辐射三个环节。

一般地说，声源有三种形式。

(1) 浊音源：在发这种音时，声带振动，肺部送出的气流被声带调制成离散的脉冲气流。当发元音、半元音和浊辅音时就是这种情况。

(2) 擦音源：发声时气流被强制地通过声道中某一狭窄处产生湍流，从而形成频谱较宽的噪声，如发 s、f 等辅音时均属于这种情况。

(3) 塞音源：声道中某处暂时完全关闭，形成压力后突然释放，产生短暂的瞬时噪声，如发 d、t、b 等就是这种情况。

目前对于上述三种声源的研究尚待深入。相对而言，人们对浊音源的研究较多，并得出了相应的声带波特性的结果，但涉及较复杂的数学理论。

声源发出的声音，要经过不同的声道传输。由于发声时，发声器官的运动，会形成不同的声道形状，于是从声源发出的原始声波被有选择地加以传输。这种传输特性对于形成不同的语音起着主要作用。一般地说，声道中的下列区域对传输特性影响较大。

(1) 咽腔。

(2) 舌峰形成的狭窄通道。

(3) 软颚的位置。

(4) 口腔(有时还有鼻腔)。

尽管可以设想，人的声道可以类比于一根传播声波的声管，但情况十分复杂。第一，人的声道长度约 17cm，与可听声的波长可以相比拟，采用集总声学参数系统近似处理，是不能得到精确结果的；第二，声道的截面各处不一，形状复杂；第三，声道的壁面是非刚性的；第四，还必须考虑声道中空气的黏滞损耗和热导耗损。因此，要用严格的数学分析进行研究是十分复杂的。许多学者采用了各种不同的方法进行探讨。

一种比较简化的模型是把它看成集总参数系统的双腔共鸣器。以后元音［u］为例，发声时舌位后面部分较高，舌位将声道分隔成两个腔体，即咽腔和口腔，从而成为一个双腔共鸣器。对于前高元音［i:］，发声时舌位的前面部分比较高，这时声道前腔(口腔部分)的等效直径很小，已退化为一个管子，后腔仍然是一个腔体。

由此可知，人在发声时所通过的传输系统实际上是一个声滤波器系统。舌位高度不同，滤波器元件的数值就不同。原始声源的声波经过滤波器后，由口唇(或包括鼻孔)发出的声音也就不同。在上述简化模型中，并没有考虑鼻化音，因此图中没有绘出相应的旁通系统。即便如此，计算起来也不太容易，如果加上这一系统，自然更加复杂。通常处理这类问题时，可先从单腔入手，必要时再推到双腔。

2.2 描述声波的物理量

声波在传播的过程中，疏密相间交替变化地向远方传播。质点密的地方，表示压缩，压强增大；质点疏的地方压强减小。要具体地描述声波，需要用到以下的一些基本物理量。

2.2.1 周期与频率

1. 周期

通常把振动物体完全振动一次所需要的时间叫做周期。常用 T 表示，单位是秒(s)。周期反映该振动重复的快慢，周期越长，振动的重复越慢；周期越短，振动的重复越快。

2. 频率

频率是指单位时间内完成振动的次数。它是描述振动快慢的另一物理量，常用 f 表示，数值上等于周期 T 的倒数，即 $f=1/T$，单位是赫兹(Hz)，简称“赫”。也可写成次/秒、周/秒。根据频率的高低不同，声波可分为：次声频率低于 20Hz、可闻声频率 20Hz～20000Hz、超声频率高于 20000Hz。

2.2.2 振幅

振幅指在振动过程中，质点偏离平衡位置的最大值，常用 A 表示。它反映质点振动的强度。

2.2.3 波长

波长是波在一个周期内传播的距离。常用 λ 表示，单位为米(m)，也就是沿波的传播方向，两个相邻的同相位点(如波峰或波谷)间的距离，我们把这个距离称作波长。

2.2.4 波速

波速是指波传播的速度，常用 v 表示，单位为米/秒(m/s)。根据波长的定义：$\lambda=vT$ 或 $v=\lambda/T$，即波速等于波长与周期之比。又因为周期 T 的倒数即频率 f，故又有：$v=\lambda f$，即波速等于波长与频率的乘积。

2.3 声压与声压级

2.3.1 声压

声波在媒质中传播时，媒质的各部分产生压缩与膨胀是周期性变化的。压缩时压强增加，膨胀时压强减少，变化部分的压强，即总压强与静压强的差值称为声压。压强增大时变化的压强设为正；压强减小时变化的压强则为负。更具体地描述可以用瞬时声压、峰值声压和有效声压等，通常用仪器测的声压是均方根值，即有效声压，因而习惯上把有效声压简称声压，用 p 表示。

关于声压，对平面波而言，声压 p 和质点运动速度 v 成正比，即

$$p = \rho c v \tag{2-1}$$

式中：ρ 为媒质密度；c 为声波的传播速度；ρc 又称为声阻率(声阻抗率)。

声压的单位是帕(Pa)，有时也用微巴(μbar)，它们的关系如下：

1 帕(Pa)=1 牛/米^2 (N/m^2)

1 微巴(μbar)=1 达因/厘米^2(dyn/cm^2)

1 帕(Pa)=10 微巴(μbar)

1 个大气压(atm)≈10^5 帕(Pa)

人耳能听到的最低声压是 0.0002μbar，这个极限称为可闻阈(又称听阈)。当声压增大到(200～2000)μbar 时，人耳会产生难受的感觉，有痛感，故把这个范围称为痛阈。

2.3.2 声压级

人耳能听到的声压范围很大，用它来衡量声压的强弱很不方便，也给仪器的测量带来困难。实验证明：人耳对声压强弱的感觉是与声压的对数成正比的(即韦伯定律)。因此引入声压级的概念，用 L_p 表示，其定义为

$$L_p = 20 \cdot \lg \frac{p}{p_r} \tag{2-2}$$

式中：p 为声压；p_r 为参考声压；规定取 1kHz 的可闻阈声压，即 $p_r = 2\times10^{-4}$ μbar。声压级的单位是分贝(dB)。

因此，人耳的可闻阈声压级为 0dB(1kHz)，痛阈声压级为(120～140)dB，为了使读者对声压级的大小有一个直观的印象，图 2-5 给出了日常生活中各种声音所对应的声压级。

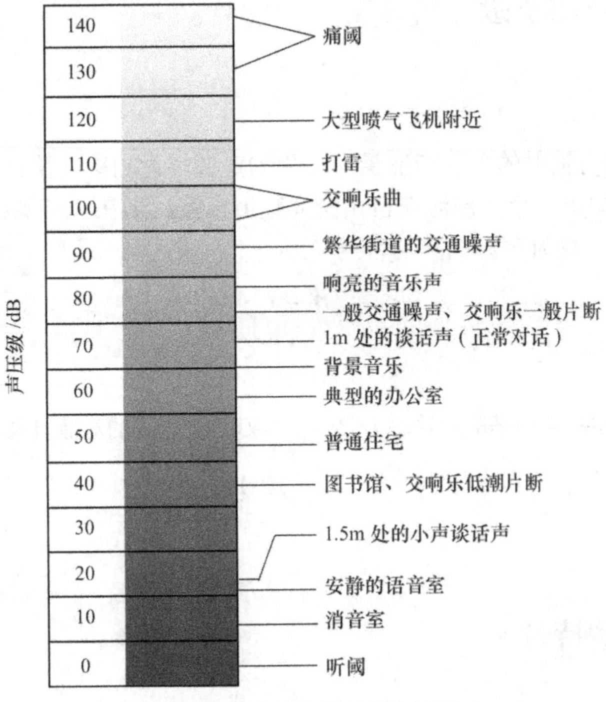

图 2-5　日常生活中常见的声压级表

2.4　声强及声强级

2.4.1　声强

单位时间内通过与指定方向垂直的媒质单位面积的能量称为声强，用 I 表示。对自由平面声波或球面波，声强与声压的平方成正比，与声阻率成反比，即

$$I = \frac{p^2}{\rho c} \tag{2-3}$$

式中：声强 I 单位是瓦/米 ^{2} (W/m^2)，空气的声阻率 ρ_c 为 420kg/(m^2 • s)；人耳从听阈到痛阈的声强范围是 10^{-12} W/m^2～10^2W/m^2。

2.4.2　声强级

声强级是声强相对于参考声强的分贝值，用 L_I 表示，即

$$L_I = 10 \cdot \lg \frac{I}{I_r} \tag{2-4}$$

式中：I 是声强；I_r 是参考声强，通常取 I_r=10^{-12}W/m^2。

对于自由平面波和球面波，由于 $I \propto p$，因而

$$L_I = 10 \cdot \lg \frac{I}{I_r} = 10 \cdot \lg \frac{p^2}{p_r^2} = 20 \cdot \lg \frac{p}{p_r} = L_p$$

由此可以看出，声强级数值上等于声压级。

2.5 声功率及声功率级

2.5.1 声功率

声源在单位时间内辐射的总的声能量，被称为声源辐射功率，简称声功率，用符号 W 表示，单位为瓦(W)。如果一个点声源在自由空间辐射声波，则在与声源相同距离 r 的球面上任一点的声强 I 都相同，这时声源的声功率为

$$W = I \cdot 4\pi r^2 \tag{2-5}$$

2.5.2 声功率级

声功率级为某声功率 W 与基准声功率 W_0 之比，取以 10 为底的对数再乘以 10，用 L_W 表示，即

$$L_W = 10 \cdot \lg \frac{W}{W_0} \tag{2-6}$$

式中：$W_0 = 10^{-12}$ W。

2.6 声波的传播特性

2.6.1 声速

声速是声波传播的速度。空气中的声速为

$$c = \sqrt{\frac{\gamma p_0}{\rho}} \tag{2-7}$$

式中：p_0 是大气静压强(1.013×10^5Pa)，ρ 是空气密度(0℃时的空气密度为 1.293kg/m^3)；γ 是比热比(对于空气，$\gamma_0 = 1.41$)。

因此，由式(2-7)可知，0℃时空气中的声速为 c_0=331m/s。

在空气压强不变的情况下，空气密度是随着温度的变化而变化的，因此声速也随之改变。温度为 t 时的声速 c_t 与温度的关系为

$$c_t = c_0\sqrt{1+\frac{t}{273}} \tag{2-8}$$

式中：c_0 为 0℃时的声波在空气中的传播速度；t 为环境温度。

另外，不同媒质中声波的传播速度也不同，如水中声速约为 1440m/s，钢铁中声速约为 5000m/s。

2.6.2 声波的反射、折射与绕射

声波在传播过程中碰到坚硬的物体，一部分声波的传播方向会发生改变(见图 2-6)，这就是声波的反射现象。反射角与入射角相等，另外有一部分声波将透过物体继续前进，不过方向往往发生改变，亦即折射。

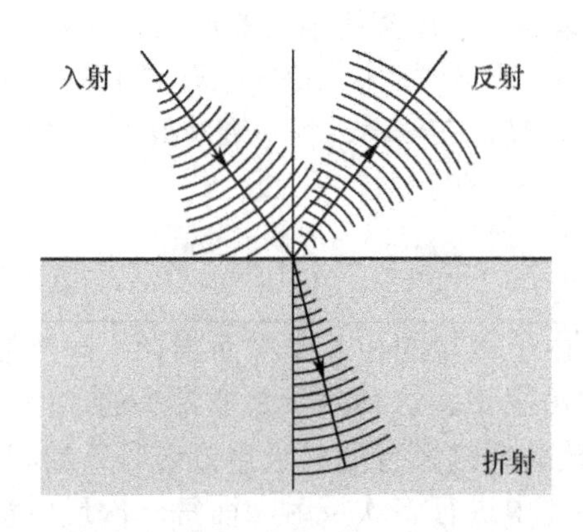

图 2-6　声波的反射、折射现象

有另外一种情况，声波在传播过程中碰到凸凹不平的表面，会发生乱反射，即散射。

当声波遇到障碍物或其他不连续性介质时，波阵面发生畸变现象，即衍射，亦称“绕射”(见图 2-7)。绕射与障碍物的大小及声波的波长的比值有关，频率越高，越不容易产生绕射，因而传播的方向性较强。

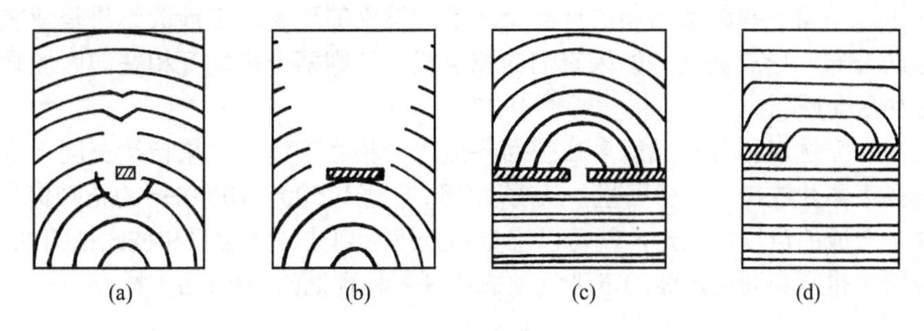

图 2-7　大小不同障碍物的绕射

声波产生绕射的条件是

$$l \leqslant 5\lambda \tag{2-9}$$

式中：l 为障碍物的尺寸；λ 为声波的波长。

当障碍物的尺寸在 5λ～10λ 范围时，声波虽有一些绕射，但只限于局部范围，并且会产生明显的声阴影区；若障碍物的尺寸接近 30λ 时，则声波几乎完全被遮挡。

常见的音箱，都要在面板上蒙上一层喇叭布，甚至做上一系列的装饰图案，这实际上相当于增加了一层障碍物，很可能满足不了高音的绕射条件，会造成高音的较大损耗。因此，必须精心选择喇叭布，最好不用。

2.6.3　衰减

引起声音衰减的原因主要有两个。

其一，是球面扩散的反平方律，具体计算公式为

$$I = \frac{W}{4\pi r^2} \tag{2-10}$$

式中：I 为距点声源距离为 r 处的声强(W/m^2)；W 为点声源的声功率(W)。

其二，是由于空气媒介具有一定的黏滞性，媒质质点运动时会发生摩擦，使一部分声能

变成热能消耗了，且声波频率越高，摩擦所消耗的声能量越多，理论证明，这种能量消耗与声波频率的平方成正比。例如，声波频率由 1kHz 上升到 10kHz 时，频率升高 10 倍，而声能量消耗将达到 100 倍。因此，高音在传播过程中衰减很大，必须在音响系统中引起足够的重视并采取相应的措施。

2.6.4 声波的吸收

当声波遇到障碍物时，由于微粒的相互摩擦而损耗，即声波被吸收。障碍物所吸收的声能被转化为热能。在正常情况下，这种热量是非常小的，因为一般声音中所含的能量是微乎其微的。地毯、布帘、玻璃纤维及普通的吸声方砖等纤维状的材料有较强的吸声能力，这是因为声波要在纤维和小孔中进行多次反射，而每一次反射都会有能量的损耗。

被吸收的声能和入射声能的比值称为反射面的吸声系数。石膏板、玻璃、木头、砖石、混凝土等都是坚硬的密度材料，这些材料的非多孔表面的吸声系数往往小于 0.05。相反，软质、多孔材料允许声波渗透传播，因而它们的吸声系数可接近 1.00，即全部吸收入射声能。常见材料的吸声系数见附录 3。

2.6.5 声波的干涉

声波的干涉是指一些频率相同的声波叠加后所发生的现象。干涉的结果是使空间声场中有一个固定的分布，形成驻波。如果它们的相位相同，则两个声波互相叠加而加强；若相位相反，则叠加后会减弱。

在厅堂内，直达声和各种反射声在空间各点也会相互干涉。如果把接在同一台功率放大器上的两个扬声器并放在一个房间里，从功率放大器输入(500～1000)Hz 的正弦信号，那么我们只要在这个合成的声场里走走，就可以感觉到上述两列波彼此加强和彼此抵消的现象。

实际应用中也常会利用声波的干涉现象来达到某种预期的效果(如声柱)。

2.7 几种常见的声学效应

2.7.1 声谐振

任何物体都存在由质量 m 和弹性所决定的固有振动频率 $f_{固}$。一个物体吸收了与 $f_{固}$ 相同的振动能量而随之振动，称之为共振，因声波所形成的共振叫声谐振。物体一旦共振以后，便形成一个新的声源，新声源的辐射方向取决于自身的振动模式。我们都有这样的体验，在淋浴房内说话时，声音听起来很特别。这是由于浴房产生谐振的结果。谐振使某些频率的声波得到加强。这些固有频率是和浴房的尺寸有关的。再如把空瓶口贴在耳边，我们听到的那种特别的声音，也是声谐振的结果。

由此可见，声谐振现象只在某一特定的频率上才会发生。它有着重要的声学意义。

2.7.2 声梳状滤波器效应

声梳状滤波器效应是指通过不同传输途径的同一声信号所产生的声或电的干涉现象。干涉的结果，使一些声波频率响应出现周期性的极大(相位相同)与极小(相位相反)。此时的频率响应曲线犹如一把梳子(见图 2-8)而得名。以传声器为例，设它的频率响应的平坦部分为 0dB，当信号延时分别为 0. 1ms、0. 5ms 和 1ms 而产生干涉时，则传声器输出的第一个极小分别位

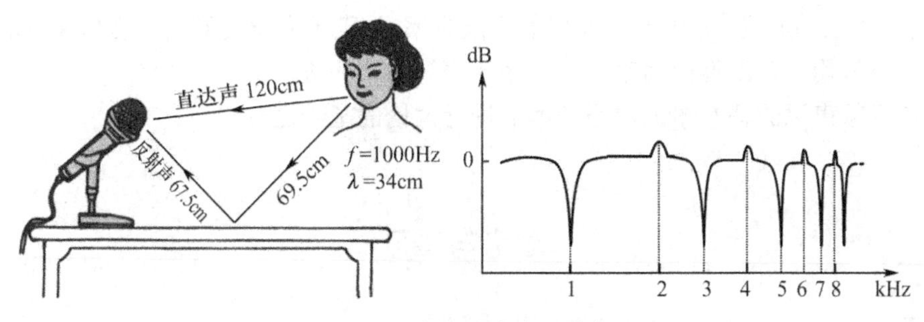

图 2-8　声梳状滤波器效应

于 5kHz、1kHz 和 500Hz，第一个极大分别位于 10kHz、2kHz 和 1kHz，第二个极小分别位于 15kHz、3kHz 和 1. 5kHz……两个极大(或极小)间隔分别为 10kHz、2kHz 和 1kHz。当延时声和直达声等振幅时，谷底一般在(−20～−30)dB 处，峰顶一般在 6dB 处，因此产生振幅失真。当延时声振幅是直达声振幅的 1/3 时，谷底在−3dB 处，峰顶在 2dB 处。

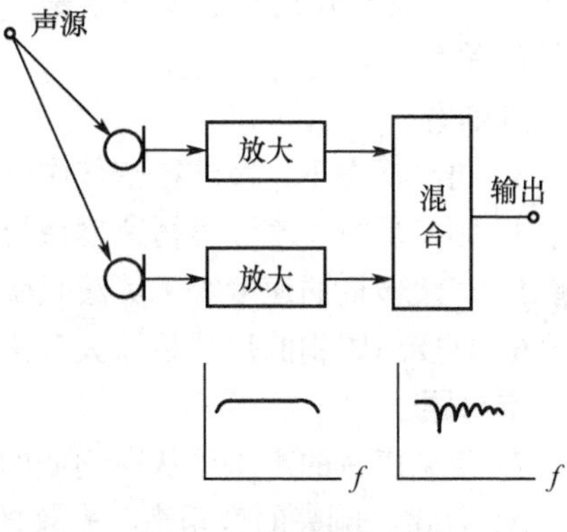

图 2-9　两路拾音干涉

使用多个传声器拾音时，处理不当也会产生干涉现象，只是干涉产生的梳状频响是在电路混合后才发生的，但其总输出效果却与反射声干涉相仿。图 2-9 是两路拾音时的干涉情况。探究多路拾音干涉的原因，可以发现同样是由于到达传声器的各声波有声程差所引起的。所以使用时应尽量减少传声器，或尽量使各传声器靠近。

这里特别需要指出，将各传声器直接并联拾音的做法最不可取。有人误以为这样各个传声器的输出会叠加而增加灵敏度，实际上传声器的输出除送入扩音机外，其他传声器也都成为某一传声器的负载，信号就相应减弱(尤其当传声器阻抗悬殊时，高阻抗传声器输出信号近于短路)。不仅如此，并联的做法还会产生梳状频响，且易产生声反馈，引起啸叫声。正确的做法是将各路传声器信号送入调音台，工作时尽量控制音量，只让主传声器有较大的输出。

梳状滤波器效应在录音、扩音中也经常遇到。当两个歌手重唱时，其中一个歌手离自己传声器距离为 d_1，离相邻歌手传声器距离为 d_2，则他的歌声同时被两个传声器所接收，至调音台混合时就产生梳状滤波器效应而使歌声严重失真。当 $d_2>3d_1$ 时，声梳状滤波器效应可以忽略。当采用手持式传声器时，传声器靠近了歌手的嘴唇边，此时可忽略声梳状滤波器效应。

2.7.3　多普勒效应

多普勒(Doppler)效应是声源与接收器作相对运动时产生的一种声学效应。当声源以某一速度迎面而来(离去)时，或者人向声源靠近(远离)时，则会发现频率升高(降低)现象。多普勒效应在相对速度加大时尤为明显。以声源运动为例，其频率为

$$f=\left(1\pm\frac{v}{c}\right)f_0 \tag{2-11}$$

式中：v为声源运动速度；f_0为声源发出的声波频率；f表示人感受到的声音频率；c为声波的传播速度；“+”用于声源迎面而来；“-”用于声源远离而去。

以上是音频声学的基本知识，也是本书进行讨论的基础之一。

思考与练习

填空题

1. 产生声波的两个基本条件：__________和__________。产生声波的物体称为__________，声波所波及的空间称为__________。

2. 振动物体完全振动一次所需要的时间叫做__________，常用字母__________来表示；用于描述振动快慢的另一物理量是__________，常用字母__________来表示；数值上这两个量的关系是__________。

判断题

3. 通常状态下，声波在空气中传播的速度约为430m/s。 (　　)

4. 频率是描述声波传播速度快慢的物理量。 (　　)

5. 声波传播的速度等于其波长除以其周期。 (　　)

6. 只要障碍物的尺寸足够大，声波就能被完全遮挡。 (　　)

选择题

7. 常见声音的声压级从高到低的顺序为： (　　)

A. 打雷、响亮的音乐声、安静的图书馆、痛阈；

B. 听阈、打雷、响亮的音乐声、典型的办公室；

C. 听阈、打雷、响亮的音乐声、安静的图书馆；

D. 痛阈、响亮的音乐声、典型的办公室、安静的图书馆。

简答题

8. 何为“声梳状滤波器效应”？

应用题

9. 某歌厅内的 4 只扬声器单独开时，每只扬声器在空间的声压级分别为 78dB、81dB、84dB、和 78dB，求一起开时该点的声压级为多少？

第 3 章

人耳听觉特性

- 声音的四要素。
- 人耳的可听声范围。
- 常见的人耳听觉效应。
- 立体声原理。

音响技术研究的最终目的是获得最佳的听音效果。那么人耳有怎样的听觉特性？我们必须从产生声音的本质、人耳的听觉机理及人耳的各种听觉效应等出发，来全面地理解这些内容，并对立体声原理作进一步的深入研究。

3.1 声音与音质

当声波传递到正常人的耳朵时，人的耳脑系统便会对其产生反应，也就是听觉。听觉主要表现在响度、音调、音色和音型四个方面，它分别与声波的振幅、频率、频谱和波形包络等有关，同时也与人的生理因素、心理因素及文化素质有关。声音就是声波作用于人的耳脑系统所产生的一种主观感觉。图 3-1 为人耳的听觉机理图。

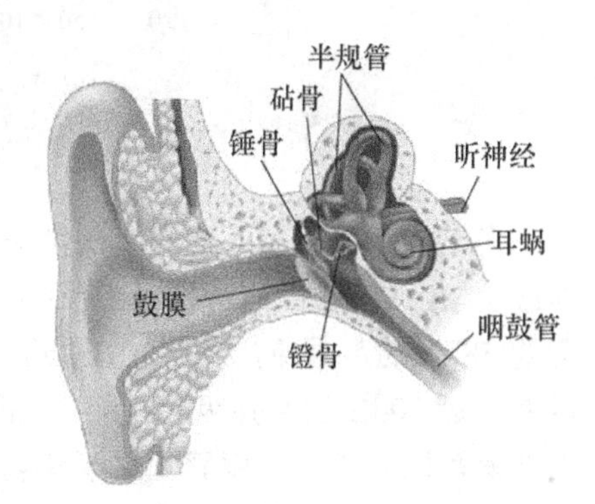

图 3-1 人耳的听觉机理

3.1.1 响度

响度是人耳对声波强弱程度的主观感觉。它主要决定于声压或声强，而且与声波的频率也有一定的关系。人耳对不同频率的声波的感觉是不同的，声强相同的声波，在 1kHz～4kHz 之间听起来感觉最响；而在此频率范围之外，响度随着频率的降低或升高而减弱；当低于 20Hz 或高于 20kHz 时便听不到了。

声学上常用响度级来描述响度。响度级的定义是：将一个声音与 1kHz 的纯音作比较，当听起来两者一样响时，这时 1kHz 纯音的声压级数值就是这个声音的响度级。响度级的单位是方(phon)。响度的单位是宋(sone)。国际上规定，频率为 1kHz、声压级为 40dB 时的响度为 1sone。任何一个声音的响度如果被听音者判断为 1sone 响度的几倍，这个声音的响度级就是几宋。

大量统计表明，一般人耳对声压级的变化感觉是，声压级每增加 10dB，响度增加 1 倍，所以响度与声压级有如下的关系：

$$N = 2^{0.1(L_p - 40)} \tag{3-1}$$

式中：N 为响度(sone)；L_p 为声压级(dB)。

表 3-1 给出了用这个公式计算出的一些响度、声压级与响度级的数据关系。

表 3-1　响度与声压级的对应数据关系(1000Hz)

响度/sone	1	2	4	8	16	32	64	128	256
声压级/dB	40	50	60	70	80	90	100	110	120
响度级/phon	40	50	60	70	80	90	100	110	120

等响曲线是反映人耳对声压的主观感受的曲线。以纯音作为测试信号，测量不同频率的测试信号听起来等响时的声压级，并将测出的声压数值描绘在声压级(声强级)—频率坐标上，便得到以响度级(方数)为参数的等响曲线簇，如图 3-2 所示。

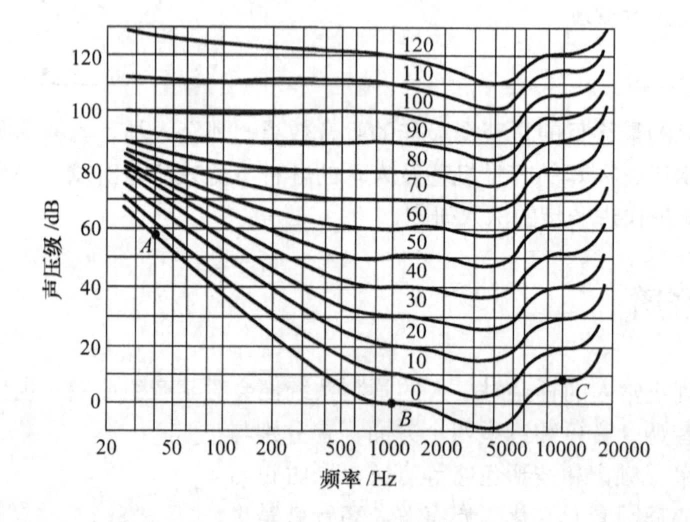

图 3-2　等响曲线

等响曲线表明了不同频率的声波产生同样响度时所需要的声强级数。例如，从 0 方响度曲线上 A，B，C 三点可知，要获得 0 方的响度，即人耳刚刚能听到。频率为 40Hz 时的 A 点需约 58dB 的声强级，频率为 1kHz 时的 B 点需约 0dB 的声强级，而频率为 10kHz 时的 C 点则需要接近 10dB 的声强级。这表明，低声压级时，人耳对中频(1kHz～4kHz)的响度感觉最灵敏，而在此范围之外的响度感觉逐渐变弱。

从等响曲线还可以看出，随着响度的增加，频率对响度的影响越来越小。当响度达到 100 方时，各频率的声强级几乎相同。人耳的这种特性给音乐重放提出了一个需要解决的重要问题。例如，在听音乐时，若把音量开大到声强级 80dB 以上，会感到高、低音都很丰满；但若音量开得较小，即低声强级的情况，即使节目中包含丰富的高、低音成分，也会感到高、低音严重不足，频率变窄，特别是低音，几乎听不出来。因此，要保持原音色，必须根据等响曲线对不同频率的声音进行不同程度的补偿。在某些高保真扩音机中都装有等响度(loudness)控制电路，当音量小时，按照等响曲线的要求提升低、高频，而当音量较大时则不提升低、高频。

3.1.2 音调

音调是人耳对声音调子高低的主观感觉。音调的高低主要取决于声音的频率。频率越高，音调越高；频率越低，音调越低。但在可闻声频率范围内，音调和频率并不呈线性关系，而是呈对数关系。当两个声音频率相差 1 倍时，两音调相差 1 个倍频程(1oct)，音乐上叫纯 8 度(如 1-$\dot{1}$，$\underset{\cdot}{7}$-7 等)。图 3-3 是钢琴琴键对应的频率关系图。

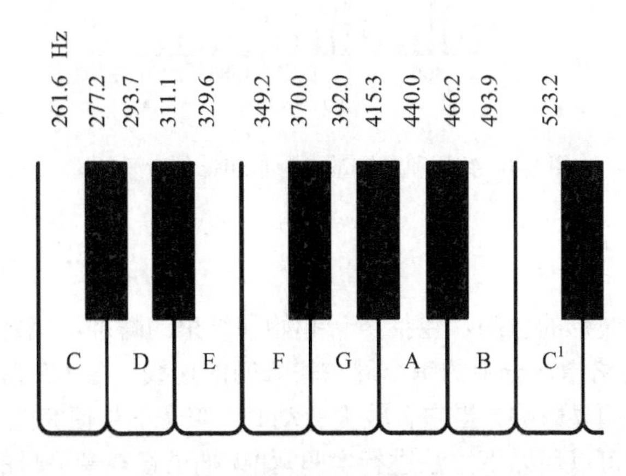

图 3-3 钢琴琴键对应的频率关系

相差 1 个倍频程的两个音频信号，人耳往往感到不够 1 个倍频程，而需要将两个音频频率向两端扩展后才感到合适。

对不同的频段，人耳对音调的辨别能力不同，中频段最灵敏，高、低频段较差。对于 1kHz 左右的声音，一般人可分辨出(2～3)Hz 的变化来，而钢琴调音师能分辨出 1Hz 以下的变化。

另外，两个频率相同的纯音，若声压级不同，则听起来音调也略有不同，其原因是声压增大时使听觉器官略有变形，产生一种附加声（即谐波）造成的。在乐理上，则有 12 平均律的规律，即：$f_{c^\#}=\sqrt[12]{2}f_c$，$f_D=\sqrt[12]{2}f_{c^\#}$……

3.1.3 音色

音色是人在主观感觉上区别同样响度和音调的两个声音不同的特性。也就是说，两种不同的乐器发出相同的响度和音调的声音时，人耳能够分辨它们之间不同的特征。语言和音乐是复合波，人耳不能把各种频率成分分辨成不同的声音，只不过是根据声音的各个频率成分的分布特点得到一个综合印象，这就是音色感觉。

音色主要取决于声音的声谱结构，与音调及响度也有一定的关系。由于乐器发出的声音都是复音，因而其频率成分含有基波(基音)和高次谐波(泛音)，而各种乐器所发声音的谐波分布不同，谐波的幅度也不同，因此音色也就不同。例如，钢琴和黑管发出的基频都是 100Hz，演奏同一乐曲时，响度也一样，但我们仍然可以分辨出是两种乐器，这是因为它们的频谱结构不同。图 3-4 给出了这两种乐器基音为 100Hz 的乐谱频谱。

乐器所发声音的基波及谐波的范围，称为乐器的频率范围。管弦乐器的频率范围较宽，最高可达 8 个倍频程；民族乐器一般只有 5 个倍频程，最宽达 7 个倍频程。语言、乐音的声谱都是离散的，而噪声的声谱常常是连续的。

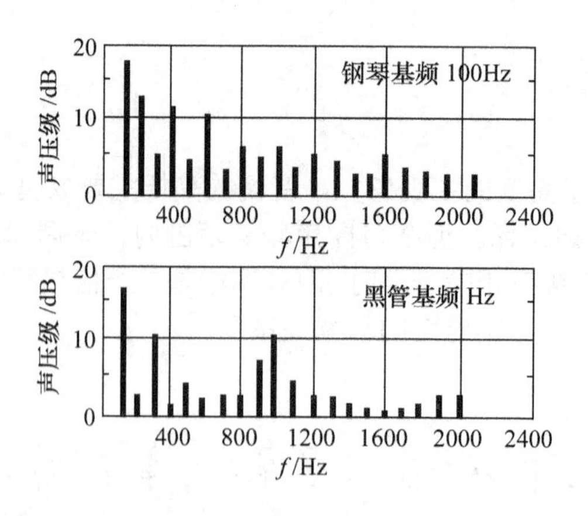

图 3-4 钢琴和黑管基音为 100Hz 的音乐频谱

3.1.4 音型

声音的谐波组成和波形的包络，包括声音起始和结束的瞬态，确定了声音的特征(尤其是表达的内容)。波形的包络指声音中的每个周波巅峰间的连线，图 3-5 为钢琴声音波形的包络。声波包络对声音特征有明显影响，当它有较大变动时，声音信号便完全变了样。图 3-5 中这种前后不对称的声波包络可以用以下方法进行实验。如果把录音声音信号的磁带(LP 唱片或 WAV 文件)从尾到头倒过来重放，这样就把生长(音头)和衰减(音尾)的情况倒置过来。此时，钢琴音乐就会变得像小型管乐器或手风琴声。如果是语言，简直失去了可懂度。例如从尾到头倒着重放普通话讲话录音磁带，听起来就像说外语一样。

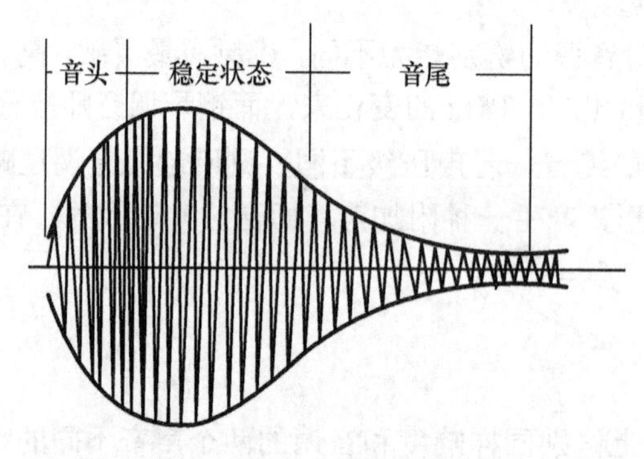

图 3-5 钢琴声音波形的包络

在每个声音起始的建立过程和结束后的衰减过程中，波形包络的形状对声音内容起决定性影响。当声音进入稳态过程以后，则波形(由谐波成分组成和它们的振幅比例所确定)的音调、音色，主要是音强对声音起决定性影响。

声音第一周或开始几周的波形很可能与达到正常值或稳态时的波形很不相同。例如，敲击某打击乐器，该振动由静止位置到最大位移按其自由频率振动，这个 1/4 周期的部分出现起始瞬态。而且，往往开始几周的瞬时频率和波形与稳态情况相差甚多，有时会包含完全新的频率成分在内。这种叫做瞬态的瞬间效应并不会持久，它与振动的起始和停止联系在一起，或发生在声音突变的时候。它们转瞬即逝，但对声音的特征会带来明显影响。

3.1.5 音质

响度、音调、音色和音型的品质，共同决定了声音的音质。关于音质的研究就是音频技术的最主要内容。

3.2 声与音

日常生活中对“声音”、“声”、“音”的概念往往混为一谈，不加以区分，然而在书本中对它们是有着严格的定义的。声音有双重意义，一指弹性介质中传播的压力、应力、质点位移和质点速度的变化；二指上述变化作用于人耳所引起的感觉。为了清楚起见，前者可称为声波，后者则称为声音。声和音亦有区别，不能混淆，音是有调的声。

事实上我们听到的声音(无论是乐声或噪声)都不是简单的一种正弦波，而是由许多频率(甚至无穷多)正弦波组成。这些复杂声波的声压和质点振动的波形是千变万化的，对应到电路中的信号电压和电流波形也是千差万别的。但我们都可以对时域特性以频域特性来研究其特征。

3.3 可听声范围

具有正常听力的 12 岁～25 岁青年能够感受到的声音频率范围为 20Hz～20kHz。年龄越大，可感受的频率上限越低，如年龄超过 25 岁，则对频率在 15kHz 以上的声音的灵敏度随着年龄的增长而逐渐降低；当男性到 58 岁时 4kHz 的平均听力损失可能会达到 30dB。

一般来说，声压级在 0dB(1kHz)以上的声音人们是可以听到的，超过 120dB 人们听起来就觉得太响，耳朵会有痛感。可听声的强度范围为(−5～+130)dB，能够听到的最轻声音在 3kHz 附近。高于 130dB 的则称为痛阈。

可听声的频率及强度范围如图 3-6 所示。

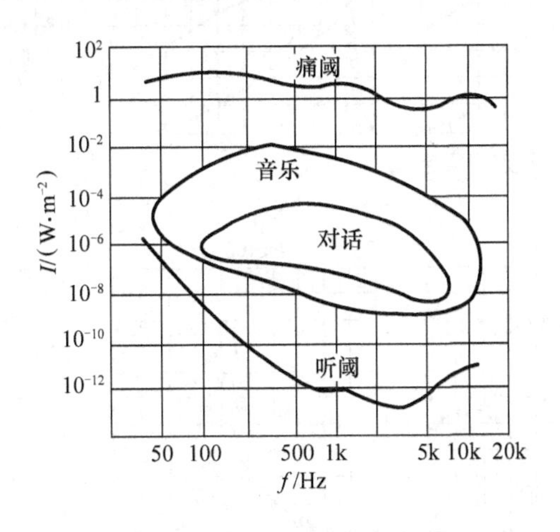

图 3-6 人耳可听声的强度范围

3.4 人耳的听觉效应

正常的人耳有多种听觉效应，如掩蔽效应、哈斯效应、耳壳效应、双耳效应及鸡尾酒会效应等。

3.4.1 掩蔽效应

在现实的生活中，我们都有这样的体验：在安静的环境中(如寂静的夜晚)，能听到非常微弱的声音(如手表表针走动的声音)；而在嘈杂的环境中，较强的声响(如机械闹钟指针走动声)我们也听不见。当强度不同的两个声音同时出现时，强度大的声音会把强度弱的声音淹没掉，此时人耳只能听到强度大的声音而听不到强度弱的声音。要听到强度弱的声音，必然要提高弱声音的强度，这种一个声音的阈值因另一个声音的出现而提高的现象称为听觉的掩蔽效应。掩蔽效应与听觉的传导系统无关，它是神经系统判断的结果，是由听觉的非线性产生的。

例如，对A声音的阈值已经确定为40dB，若在这时又出现B声音，我们就会发现由于B声音的影响使A声音的阈值提高(如52dB)，即A声音比原来的阈值要提高12dB才能被听到。这个例子中，B称为掩蔽声，A称为被掩蔽声，12dB称为掩蔽量。掩蔽效应是心理学中很重要的效应，它不仅说明一个声音怎样影响另一个声音，而且透过它还有助于了解人耳的频率分辨力。

一个纯音引起的掩蔽基本上是由它的强度和频率决定的，低频声音能有效地掩蔽高频声音，而高频声音对低频声音的掩蔽作用不大。为了消除用纯音做掩蔽实验时受拍频的影响，改用窄带噪声代替纯音，图3-7给出了不同声级窄带噪声的掩蔽量。

图3-8给出1.2kHz窄带噪声的掩蔽效应听阈曲线。从图中可见，最大的掩蔽出现在掩蔽声附近，掩蔽量随掩蔽声的增强而加大，掩蔽曲线的形状取决于掩蔽声的强度和频率。

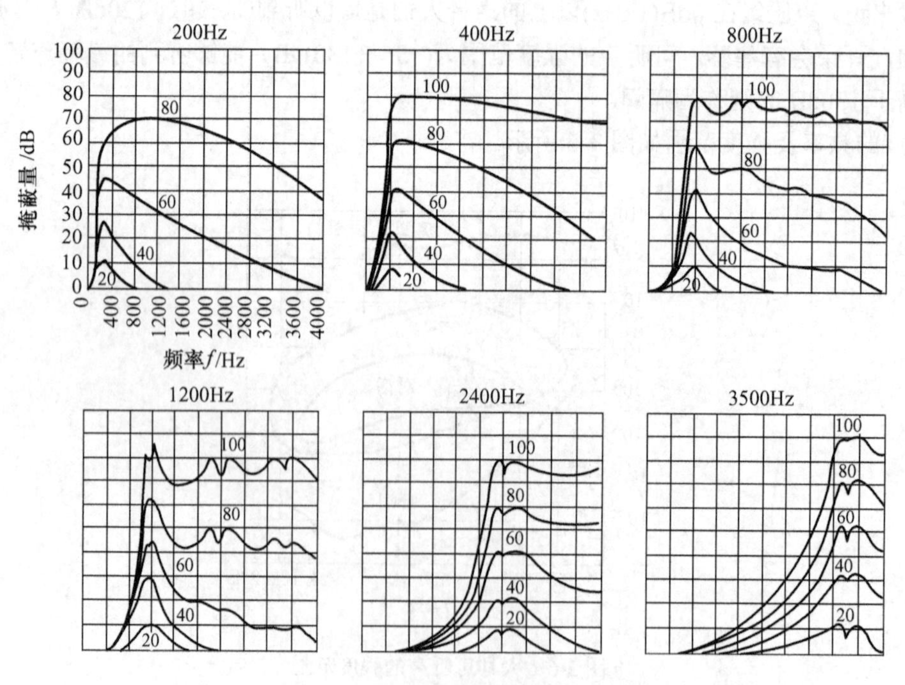

图3-7 不同声级窄带噪声的掩蔽量

当采用宽带噪声—白噪声做掩蔽实验时，实验结果如图 3-9 所示。这些曲线大约在 500Hz 以下是水平的，但在高频率就逐渐升高，在(1～10)kHz 范围内提升约 10dB。而各组曲线是平行的，彼此约相距 10dB，它表明掩蔽声增加 10dB，掩蔽阈也增加 10dB。这种线性关系与频率无关，既适用于纯音，也适用于语音。

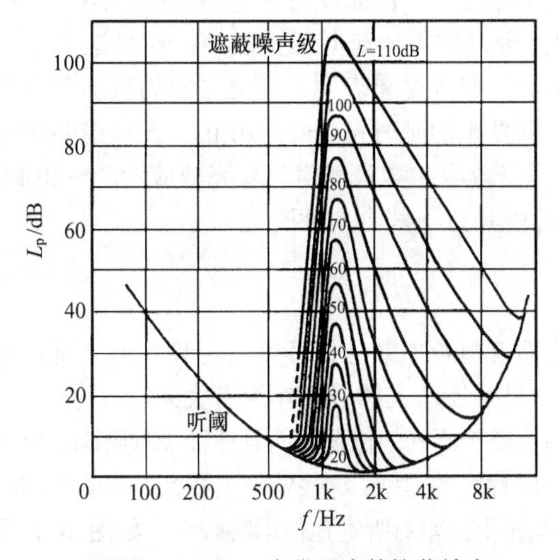

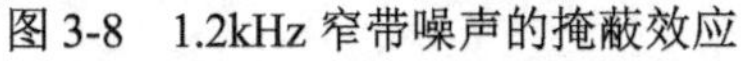
图 3-8　1.2kHz 窄带噪声的掩蔽效应

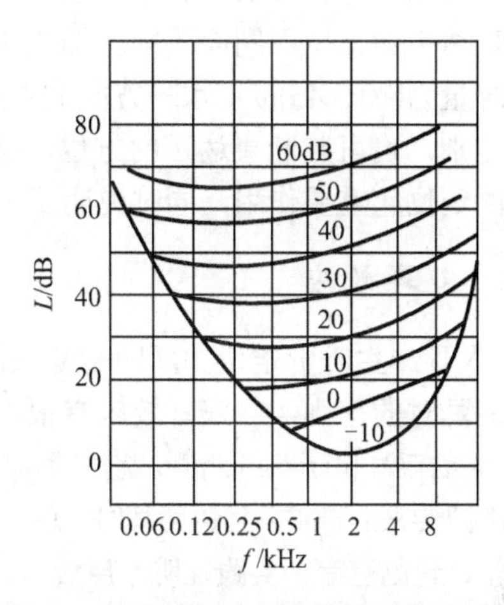

图 3-9　不同声级白噪声掩蔽时的听阈曲线

上述掩蔽现象都发生在掩蔽声和被掩蔽声同时作用的情况下，故称为同时掩蔽。掩蔽效应也可以发生在两者不同时作用的条件下。被掩蔽声在前，掩蔽声作用在后的称为后掩蔽。被掩蔽声在后，掩蔽声作用在前的则称为前掩蔽。前掩蔽与听觉疲劳有些相似。在实践中，后掩蔽更为重要，它的特点如下。

(1) 被掩蔽声在时间上越接近掩蔽声，则阈值提高越大。

(2) 掩蔽声和被掩蔽声相距很近时，后掩蔽作用大于前掩蔽作用。

(3) 掩蔽声强度增加，并不产生掩蔽量的等量增加。例如，掩蔽声增加10dB，掩蔽阈只提高2dB，这和同时掩蔽的效果不同。

掩蔽效应有弊亦有利，有时我们可以利用它。同时，它也是电声技术指标中衡量“信号噪声比”(简称“信噪比”)指标的主要依据。

掩蔽效应在数字音频的数据压缩技术中有重要应用。

3.4.2　哈斯效应

实验证明，人的听觉有先入为主的特性。当两个强度相等而其中一个经过延迟的声波一同传到耳中时，如果延时时间不超过 17ms 时，人们就不会感觉出是两个声音。当两个声音的方向相近时，延时时间在 30ms 以内，听觉上将仍然感到声音只来自未延时的声源。延时时间为(30～50)ms 时，听觉上可以感到延时声的存在，但仍然感到声音来自未延时的声源。在这种延时声被掩盖的情况下，延时声只是加强了未延时声音的响度，使未延时声音的音色变得更丰满。当延时时间超过 50ms 时，延时声就不会被掩盖，听觉上会感到延时声成为一个清晰的回声。这种现象称为哈斯效应(Hass effect)，又称为延时效应。

利用哈斯效应可以通过使用延时器来解决扩音系统中声像和声源的统一问题。

3.4.3 耳壳效应

通过对听觉定位的进一步研究发现，当外界声音传入人耳时，耳壳对声波有反射作用。由于耳壳是椭圆形的，垂直方向轴长，水平方向轴短，各部位离耳道的距离不同，形状也不同，因而当直达声经各个部位反射到耳道时，会产生不同延时的重复声，而且这些重复声是随着直达声的方位不同而不同。如图 3-10 所示，研究结果表明，垂直方向的直达声、重复声的延时量为(20～45)μs；水平方向的直达声、重复声的延时量为(2～20)μs。人耳借助这些重复声的差别，也可判断直达声的方位。这就是耳壳效应。实验表明，耳壳效应对(4～20)kHz 频段内的定位起重要作用，同时说明了单耳也可能具有一些方向性听觉。

3.4.4 双耳效应

人耳产生听觉定位的原因是复杂的。这不仅与哈斯效应、耳壳效应等有关，而且与声音传到两耳时的差别——双耳效应有很大关系，另外还与人的心理作用有关系。

人的双耳位于头颅两侧，它们不但在空间上处于不同的位置，而且还被头颅阻隔。因此，由同一声源传来的声波，到达两耳时，总会产生不同程度的差别。这些差别主要有：声级差、时间差、相位差、音色差等。实践证明，声级差、时间差和相位差对听觉定位影响较大，如图 3-11 所示。

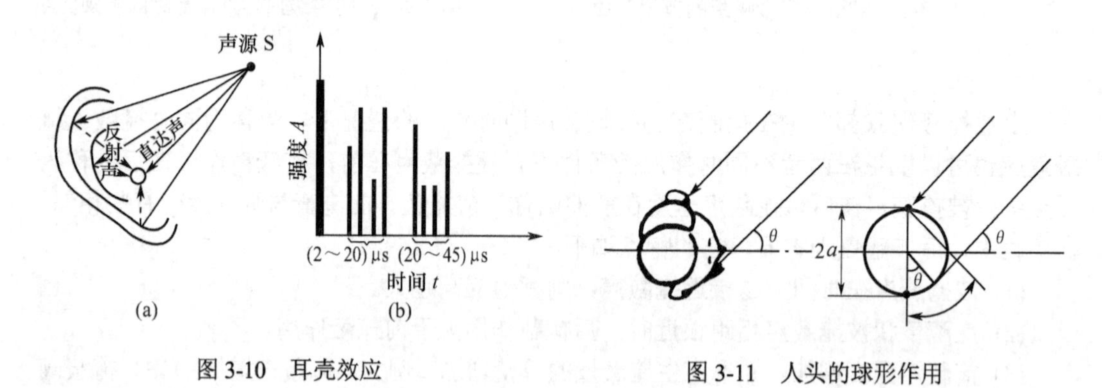

图 3-10 耳壳效应

图 3-11 人头的球形作用

3.4.5 人耳听觉的非线性

理论分析与实验都证明，人类的听觉系统如同一些电声设备系统一样，并不是完全线性的。人耳对音高变化的感受不是线性关系而是接近于对数关系。如 I 为人耳感受到的高度，R 为音高的物理量，则

$$I=K\cdot \lg R$$

式中的 K 为常数。该式说明当声音的频率变化很大时，相对地，人耳并不觉得变化很大。所以，人们不直接用频率而用频率比值的对数值来表达音高。

对电声设备，我们往往要求其在线性区工作，以满足我们对高性能的要求。人类听觉这种对声波信号非线性的“加工”，是听觉系统在强烈声波来到时的保护反应，也是音乐中“和声学”与器乐配器法的生理基础。

实际工作中，我们要求电声设备的非线性畸变尽量小，而把造成某种印象的非线性

“加工”留给听觉系统去完成。也正是人类听觉系统的非线性，人的听觉对电声系统的非线性畸变的察觉能力很有限。只要电声系统的非线性小到一定程度，人的听觉就听不出来。个人听觉系统对非线性畸变的觉察能力不仅与本人的听觉天资有关，还与“听觉经历”有关。天才音乐家和训练有素的电声工作者，他们的察觉能力会比一般人敏感得多。因此对高级电声设备必须严格限制其非线性畸变，以便得到高保真。对于通信系统，保真度的要求不是很高，主要是要求声音有高的可懂度，声音像不像本人关系不太大，这时人们对声波信号的非线性畸变又有了很大的“容忍能力”。

3.4.6 听觉疲劳和听力损失

人们在强声压环境里经过一段时间后会出现听阈提高的现象，即听力下降。如果在安静的环境中停留一段时间，听力就能恢复，这种听阈暂时提高，事后可以恢复的现象称为听觉疲劳。暂时性听阈提高是在强声中暴露后 2min 测得的听阈值与暴露前已测听阈值之差。如果听阈的提高即听力下降是永久性的、不可恢复的，则称为听力损失。一个人的听力损失通常用他(她)的听阈比公认的正常听阈高出的分贝数来表示。

人耳的灵敏度通常随年龄的增长而降低，尤其对高频降低得更快，如图 3-12 所示。而且男性对高频的灵敏度随着年龄增长降低得比女性快。从图中不难看出，随着年龄的增长，对高频声“耳聋”得更厉害。

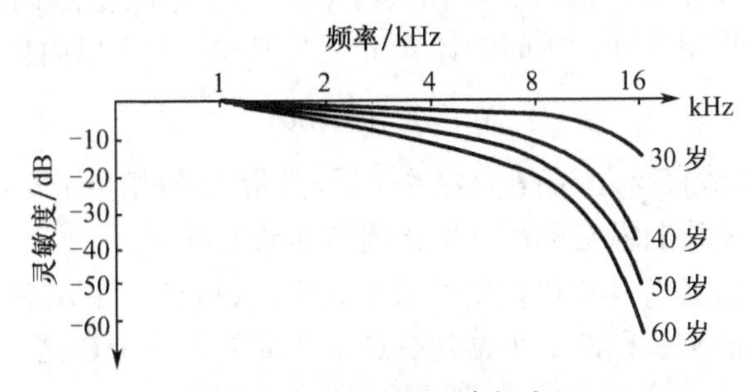

图 3-12　人耳的听力损失

3.4.7 强声暴露对听觉的危害

强声暴露对听觉的危害有以下三种情况。

第一种是声创伤，指在一次或数次极强声波暴露中造成人耳器官组织的损害。声创伤总是要造成一定程度的永久性听力损失，严重时会导致耳聋。

第二种是暂时性听阈提高，即产生听觉疲劳。暂时性听阈提高值随声级增加和暴露时间增加而增大。

第三种是永久性听阈提高。如果长年累月处在强噪声环境中，听觉疲劳难以消除且日趋严重，会造成永久性听阈提高即听力损失。ISO1999规定听力损失25dB(在500Hz、1000Hz和2000Hz三个频率上永久性听阈提高的算术平均值)作为听力有损伤的标准。通常长期处于90dB(A)以上噪声环境中就会引起听力损伤，而且随声级的增加听力损失迅速增大。

3.5 立体声原理

有关听觉上的立体感觉，早在 19 世纪末就有人从事这方面的研究，然而其主要发展却是在近几十年。目前立体声的重放不仅限于聆听者前方的几十度范围内的声像位置的排列，而已经将这种排列范围无畸变地扩展到聆听者四周甚至包含整个空间，并且在聆听上使人感到一种身临其境的感觉，从而提高了重放声音的真实性，增强了艺术效果。

此外，也可用立体扩音来改进厅堂的声学性能，使建筑上一些难以解决的声响问题能够应用电声方法来妥善地解决。例如在演讲时采用立体扩音还可以提高扩音的清晰度，使听众易于听清。立体声原理是人耳多种听觉的综合效应，下面作简要的介绍。

3.5.1 时间差与相位差

由于从声源分别传达到聆听者两耳的时间并不相等，加之聆听者自己头部的掩蔽作用，所以到达两耳的声波不完全相同，因而在两耳间具有一定的时间差和声级差。

计算从一个声源发出的声波传达到聆听者两耳所产生的时间差时，可以近似地把人头当作一个球体处理，当声波沿聆听者的竖直对称平面偏离 θ 角的方向而传达到其两耳时所产生的时间差可以从图 3-11 得到

$$\Delta t = \frac{h}{c}\sin\theta \tag{3-2}$$

式中：c 为声音传播的速度，当空气的温度为 15℃时，声速等于 3.4×10^4cm/s；h 为两耳间的等效长度，其数值常因人而异，对于一般正常的头颅，如果取 $2a=17$cm，则其在计算中所得的结果与采用一个形状做得很好的假人头，在实验中测量所得的结果非常符合。因此如果将这个数值代入式(3-2)，并采用毫秒为时间的计算单位，则式(3-2)可以简化为

$$\Delta t=0.25(\theta+\sin\theta) \tag{3-3}$$

如图 3-13 的曲线(实线)表示 Δt 随 θ 变化的关系，其最大值(相当于 $\theta=90°$时)等于 6.4×10^{-4}s。对于 a 值不同的球体，曲线的纵坐标可以按比例增加或者减小。

此外，从实验上发现，聆听者可以鉴别的最小偏角，大概等于 3°左右，这约等于 $\Delta t=3\times10^{-5}$ s 的时间差。实际上这种能够鉴别的最小偏角往往因人而异，一个在这方面训练有素的人(如乐队的指挥、音质评价人员)，其鉴别能力比正常人强。

声波传达到两耳之后所产生的时间差也可以用另一种更为简单的方法作近似计算，如图 3-14 所示。如果将两耳当作相距 h 的两点 E_L 和 E_R 处理时，则从偏离真正前方 θ 角方向上传来的声音到达两耳之后所产生的时间差为

$$\Delta t = \frac{h}{c}\sin\theta$$

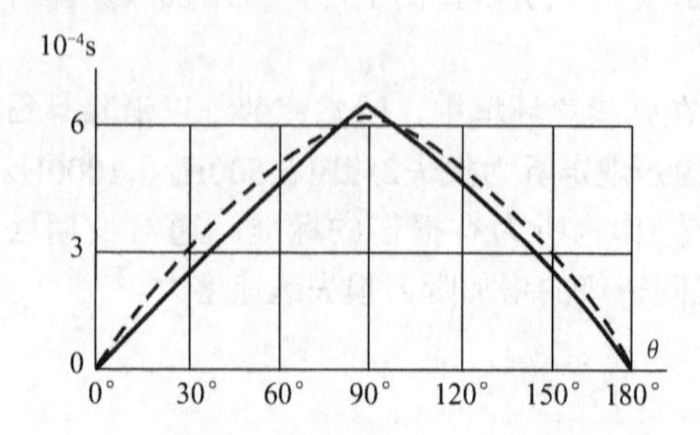

图 3-13 Δt 与 θ 的关系曲线

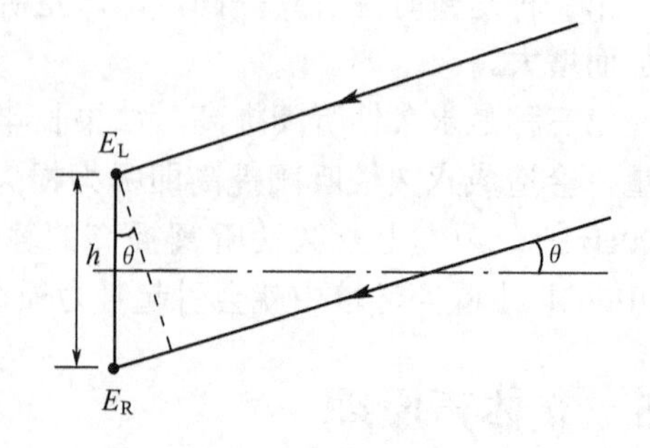

图 3-14 两耳间 Δt 的近似计算

其数值因人而异，并且不一定等于前述球体模型的直径。若将计算结果与球体模型的结果作比较，可以得知，h 值必须大于 $2a$ 值。如果令 h=21cm，则式(3-3)也可以简化为

$$\Delta t = 0.62\sin\theta \tag{3-4}$$

其相应的曲线如图 3-13 中虚线所示，其最大值等于 6.2×10^{-4} s。这种结果与前面所得的结果非常接近。

声音传达到两耳，一般都具有时间差，因此相应地也都产生相位差。对于纯音(正弦波)来说，一定的时间差产生一定的相位差

$$\Delta\phi = \omega\Delta t \tag{3-5}$$

式中：ω 为声波的角频率。将式(3-2)或者式(3-3)代入上式可以得到沿不同方向入射的声波在两耳间所产生的相差关系

$$\Delta\phi = \frac{\omega a}{c}(\theta + \sin\theta) \tag{3-6}$$

或者

$$\Delta\phi = \frac{\omega h}{c}\sin\theta \tag{3-7}$$

对于非纯音(复音)的声波，由于它具有各种不同的频率分量，因此产生不同的相差，可以将各不同频率的分量分别代入式(3-5)或者式(3-6)而求得该相位差。

以上所讨论的都是针对通过两耳的水平面，从无限远传来的声波而言。对于近距的声源，这些结果都应作适当修正。

实验测量的典型数据如图 3-15 所示，图中示出距离聆听者分别等于 20cm，50cm，100cm 及 400cm 处传来的纯音(256Hz)，在两耳间产生的相差 $\Delta\phi$ 随声音的入射偏角 θ 的变化关系。表 3-2 为当偏角等于 100°时，$\Delta\phi$ 计算值与测量值的比较，而这两者之间差别很小。实际上，当声源的距离超过 100cm 时，也可以当作远距情况处理。

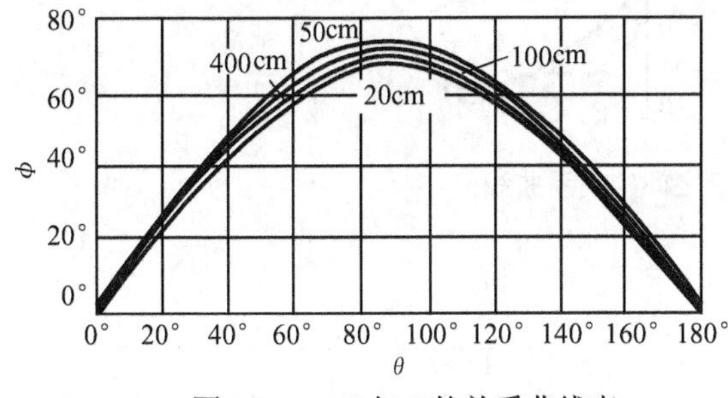

图 3-15 $\Delta\phi$ 与 θ 的关系曲线表

表 3-2 偏角等于 100°时的计算值与测量值

距离/cm	20	50	100	400
计算值	73°	72°	71°	71°
测量值	68°	74°	70°	73°

3.5.2 声级差与音色差

计算声波绕过聆听者头部而在两耳间产生的声级差实际上有许多困难。不过如果将头颅的线度(约 20cm)与可闻声波波长(1.7cm～17cm)作比较时，可以肯定，衍射的结果不但与声波的入射方向有关，而且与声波的频率有关。

纯音绕过人头以后在两耳处的强度可用实验方法求出，从而算出其间的声级差与 θ 之间的关系，如图 3-16 所示。其中曲线 A 及曲线 B 分别表示纯音到达较近及较远的耳边时，声级随入射方向 θ 的变化关系；虚线则为这两者之差。由图 3-16 可以看出：对于由聆听者正前(或正后)方附近传来的声波，其声级差依入射角 θ 的变化较大，声级差较小。在两侧(左或右)变化较

小，声级差值较大，一般来说声波频率较高时，声级差较为明显；而当声波频率约在 300Hz 以下的低频段时，差值几乎近于零。

至于复音绕过聆听者的头部而在两耳间产生的声级差可以从图 3-16 结合复音的频谱进行计算。图 3-17(b)为从男声声谱(图 3-17(a))计算而得的两耳间声级差随入射角 θ 的变化关系。从图中可以看出：在 θ=0°～50°之间，声级差与 θ 之间具有线性变化关系，其声级差的最大值约等于-7dB。

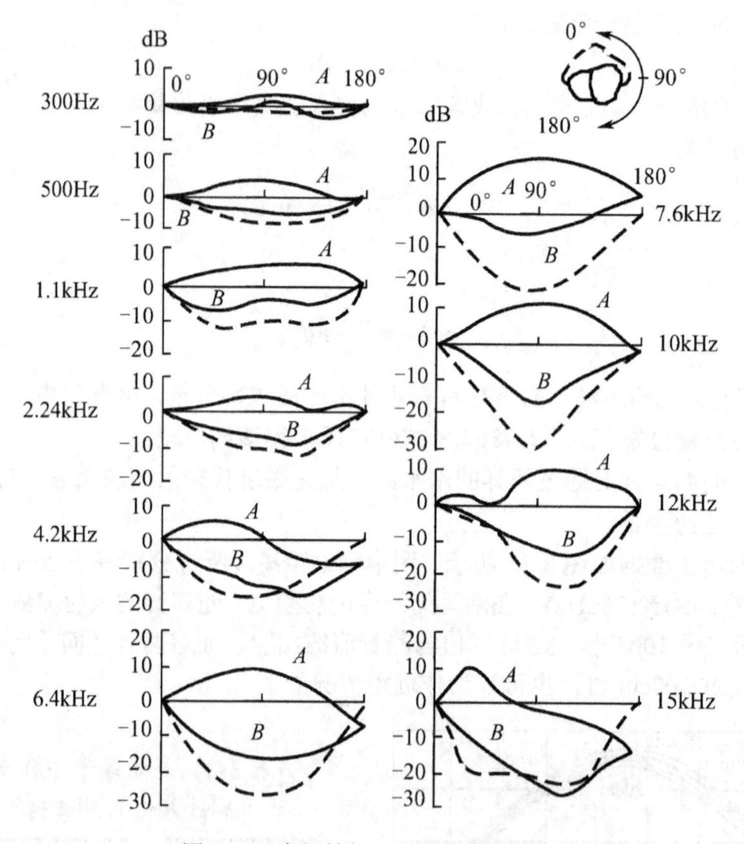

图 3-16　声级差与 θ 之间的关系曲线

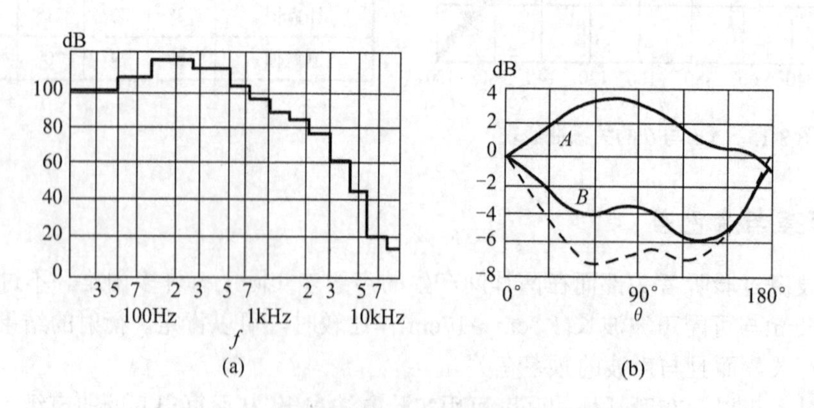

图 3-17　男生声谱及其声压级与 θ 的关系曲线

声音绕过聆听者的头部而在两耳间产生的声级差既然与频率有关，因此也可以从图 3-16 中固定某一入射角 θ 而画出声级差随频率变化的关系，如图 3-18 所示。其中曲线 A，B 及 C

分别为当 θ 等于 30°，60°和 90°时的相应曲线。从图中可以看出：频率在 4kHz～10kHz 时，衍射所产生的声级差最为显著，其数值甚至超过-20dB 以上；这种音色差现象，在聆听时也可作为定向的依据。以上结果只适合于远距的声源。

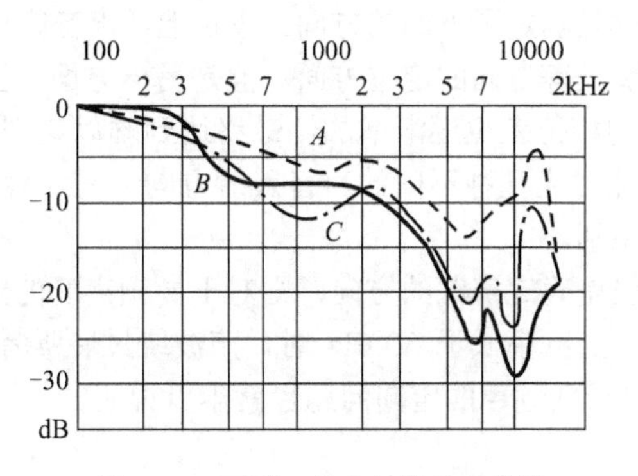

图 3-18　不同 θ 的声级差关系曲线

对于近距的声源，实验时也测量了分别从距离聆听者 20cm，50cm，100cm 及 400cm 处传来的纯音在两耳间产生的振幅比。图 3-19(a)及(b)分别表示纯音频率等于 256Hz 和 1024Hz 时，振幅比 R_A 随声音入射偏角 θ 的变化关系。如果将这结果与图 3-16 中频率相近而分别等于 300Hz 和 1100Hz 的情况作比较时，就可以看出：前者当距离大于 100cm 时，其结果与图 3-16 中相应的结果大致相符。而频率在 256Hz～300Hz 附近的声波，其最大声级差不超过-4dB；但是在近距(d＜100cm)的情况，声级差效应就较远距(d＞100cm)时显著，其最大声级差可以达到-12dB 以上。

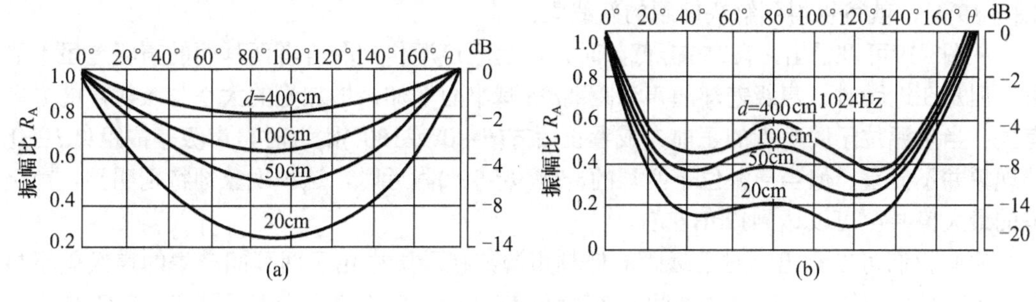

图 3-19　不同距离的振幅比关系曲线

3.5.3　双耳定位机理

在声场中，从某一个声源发出的声音，绕过聆听者的头部而在两耳间产生的时间差和声级差 (以及相位差和音色差)如前所述。

一般认为，声音在聆听者两耳间产生的相位差可以作为低频和中低频时的定向依据；而声级差则用作高频时的定向说明。对于 3000Hz 附近的过渡频率范围，相位差和声级差这两个因素都难以用来解释声音的定位作用，实际上在这个频率范围附近的声音，人耳的定向作用也较差。

也有观点认为，作为识别声音方向的基本因素是时间差而不是相位差，这样对于频率问题就无须考虑。据此假定，定向作用发生在声波最初传来的瞬间。因此，对于如语言、打击声等瞬变声音的定向显然比连续不变的持续声容易。事实上也确是如此。不过这也可以认为持续声在室内产生驻波图案，致使聆听者两耳间形成的相差遭到破坏，因而影响定向作用。

然而在听觉上究竟是哪一项差值在定向方面起主要作用，至今尚无定论。最初瑞利曾经假定是聆听者两耳间的相位差确定了声源的方向。事实上，声音频率在 1kHz 以下时，双耳相位效应曾被用于对飞机和潜艇等方向的定位方面。但是另一方面，当声音的频率逐渐升高时，它在聆听者两耳间所产生的相位差也逐渐增加，最终达到难以鉴别其相位为超前还是落后的情况；甚至一个相位差可能对应几种不同的声音入射方向。在这种情况下，依据瑞利的相位差理论，声源方向就无从识别。

如果假定两耳间的声级差确定声源的方向，则对于高频声音的定向问题就容易得到解释。但是对于低频而言，例如，当频率低于 300Hz 时，声波绕过聆听者的头部在两耳间几乎不产生声级差(图 3-16)。这样对于低频声的定向问题也就难以说明。

此外，如果在通过聆听者两耳的水平平面上取两耳 E_L 及 E_R 作为两个焦点，画出任意一支双曲线 *AB*(图 3-20)，由于在 *AB* 线上任意一点 *S* 分别至 E_L 及 E_R 的距离差一定，因此位于曲线上各点的声源所发出的声音传达到聆听者两耳之后产生的时间差(或者相位差)也就相等，但其入射偏角 θ 却并不完全相同。这样，不论是高频还是中、低频时，都不能单独应用时间差或者相位差的效应来解释声音的定向作用。这又要求我们再次考虑到声级差的问题。

然而如果从图 3-16 的测量结果来看，声级差似乎还不能作为 300Hz 以下的低音定向辅助因素；音色差或者声音高频分量的声级差方面也不可能说明 300Hz 以下低频纯音的定向问题。不过如果考虑近距时纯音到达两耳间的强度比(或声级差)依距离的变化关系(图 3-19)时，就可以得到解决问题的新线索。

从图3-19可以看出，在256Hz低频时，从远距声源传到聆听者两耳间的声级差虽不显著，但是在近距时，声级差却随声源距离*d*的减小而增加，增加量的大小与入射声的方向有关。当声源位于聆听者的正前方或者正后方(θ=0°或180°)附近时，声级差依距离*d*变化的现象并不显著，但当声源位于两耳的一侧(θ=90°)附近时，这种现象却特别明显，声级差的最大值甚至可以达到12dB左右。

由此我们可以看出，对于远距的低频声源，在聆听中由于两耳间产生的声级差不显著，所以对声源的定向完全由时间差(或相位差)决定。但当声源沿着两耳 E_L和 E_R作为两个焦点的任意一支双曲线(如图 3-20 中曲线*AB*)自远而近移动(即保持时间差或相位差不变)时，这种变化的现象就特别显著，即声级差逐渐明显，从而产生了一种新的定向因素,所以在近距的定向过程中，当达到两耳间的声音具有某种量值的时间差(或相位差)和声级差时，我们就可以和过去的经验比较，从而确定声源的方向。或者我们也可以这样说：在低频声音的定向过程中，时间差或相位差确定了声源位置所处这支双曲线的形式，而声级差则确定声源处在这支双曲线上的位置(近距)。当声级差接近于零时，声源的位置就在这支双曲线的渐近线方向上(远距)。

在高频声音定向方面，也有观点认为可能是由于耳壳的衍射作用，使得由后方声源传来的较弱，因此聆听者在高频定向时，对前后声源不致弄错。不过这也只能说明以两耳线为轴的前后对称点(如图 3-21 中 *A* 及 *B* 两点)，但是这毕竟不能说明与 *A* 点同一声级差的后方 *C* 点处的声源何以在定位时不致与聆听者前方A点处的声源相混。为此，对高频声定向，我们必须在声级差这个因素之外辅以定向的第二因素。

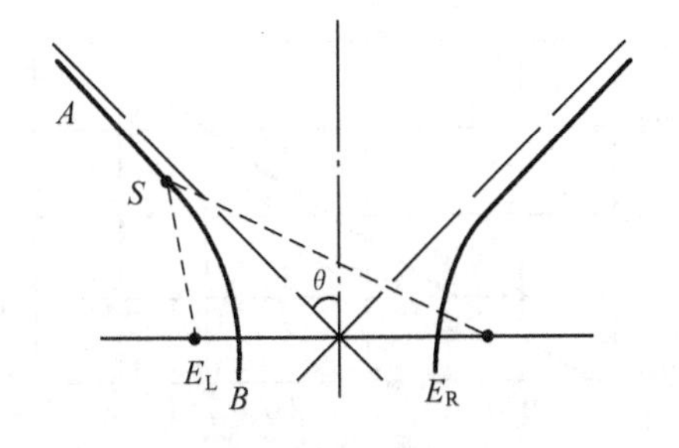

图 3-20　两耳间等时间差位置(双曲线)

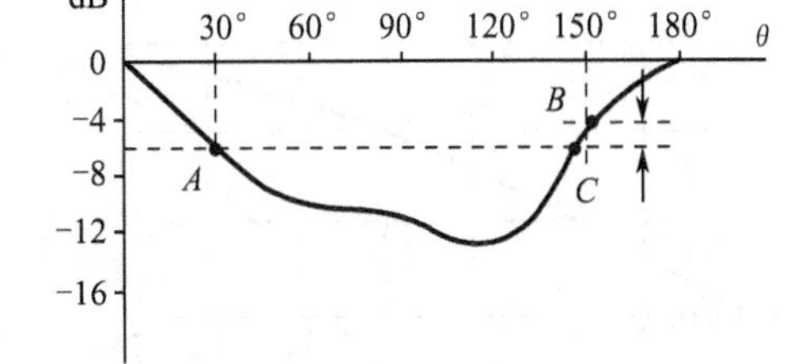

图 3-21　人耳前后声级差曲线

此外，从经验得知，复音或者噪声常较纯音容易定向，因为声音在聆听者头部衍射以后所产生的音色效应(图 3-18)，对定向有很大帮助。再如各种熟悉的声源，对于定向也有裨益，不过这些仅是次要的辅助因素，而非声音定向的主要因素。

在垂直定位亦即高度定位方面(一般没有水平定向那样重要)，我们常常利用头部的微小转动以判断声源的垂直位置。可以证明，声源方向与两耳轴线间夹角 ψ 和这个方向在水平面上的投影与耳轴间的夹角 β，这两个量值之间的微商 $\mathrm{d}\psi/\mathrm{d}\beta$ 的数值与声源的高度有关。因此，可以借头部的微小转动来识别声源的垂直位置。

实际上，利用头部的微小转动以判别声源位置的方法也常用于水平定位。至于深度定位，目前我们还不十分清楚。聆听者所听到的直达声和混响声之间的强度比是深度定位的一个主要因素，但它并不是唯一的因素。前面讨论过的低频声近距定向问题即为一例。

3.5.4　双扬声器实验

将两个扬声器左右对称地张开摆放在聆听者面前，并使张开的距离近似等于聆听者与两扬声器连线中心的距离，如图 3-22 所示。当馈给两扬声器的信号相同、发出的声音强度相等并且没有时间差时，从实验可知：聆听者不能将两个声源分辨而只感到只有一个“声像”位于这两个扬声器的中间。如果将其中一个扬声器发出声音的声级增大，则声像的位置即向声级较高的扬声器方向偏移；偏移量的大小(以离开中线的偏角 θ 表示)与两扬声器间的声级差大小有关。图 3-23 示出了声级差 ΔI 与偏角 θ 之间的关系。当声级差超过 15dB 时，声像即固定在声级较高的扬声器方向上。

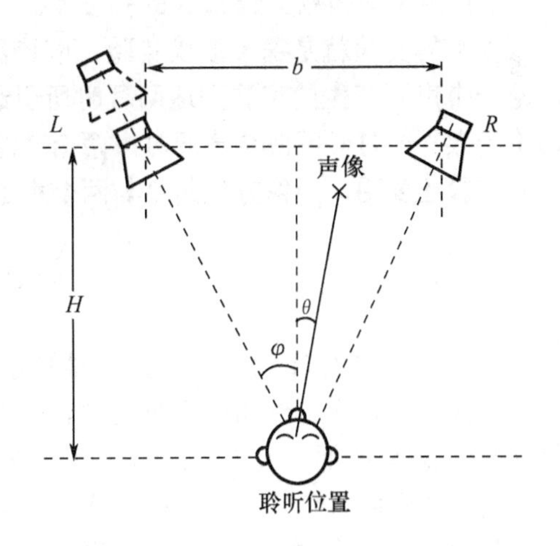

图 3-22　双扬声器实验的布局图

如果改变两扬声器传来声音的时间先后而保持其到达聆听点时的强度相等，例如，将其中一个扬声器的位置适当后移(图 3-22 中虚线所示的扬声器)，并且调整其输出声强而保持两扬声器传来的声级平衡。这时聆听者就感到声像的位置向声音较先传来的扬声器方向上偏移；偏移量的大小与声音传到的时差大小有关，图 3-24 示出了时差 Δt 与偏角 θ 的关系。当时差超 3ms 后，声像就固定在声音先传来的扬声器方向上。

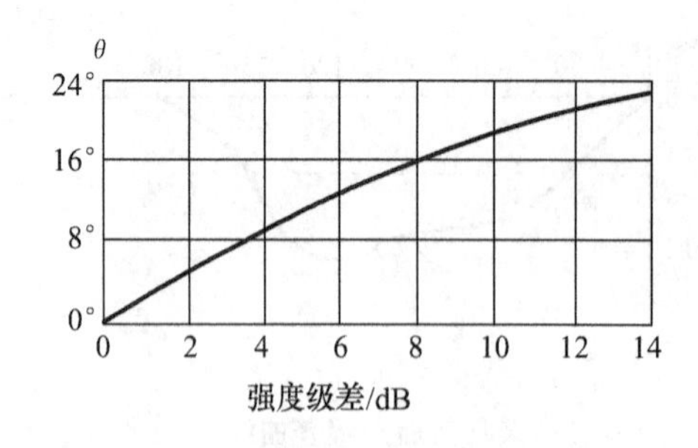

图 3-23　θ 与 ΔI 的关系曲线

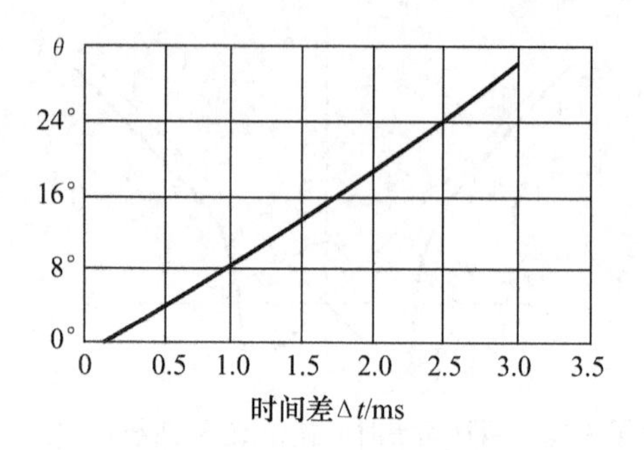

图 3-24　θ 与 Δt 的关系曲线

在以上两个实验中，如果改变两扬声器对聆听者的张角，声像的偏移量也就按比例地增加或者减缩。

实验中，如果令两扬声器发出的声音同时具有声级差和时间差两个因素，则从实验可知，当由各个因素分别产生的声像方向相同时，综合作用所产生的声像偏移常较其中任一因素单独以同样的差值作用时所产生的偏移量大。当两个因素分别单独产生的声像偏移方向相反时，则综合作用的结果使声像偏移量减小。适当选取其间的声级差和时间差可以使其作用完全相互抵消而聆听者所感到的声像位置仍在两扬声器的连线中央。也就是说，由声强差或者时间差所引起的声像偏移可以用反向的另一个差值效应予以校正；图 3-25 示出了这两个因素的相互校正关系，从图中可以看出，当强度差 ΔI 在 15dB 以下或者当时间差 Δt 在 3ms 以下时具有很好的线性关系；1ms 的时间差相当于 5dB 的强度差。

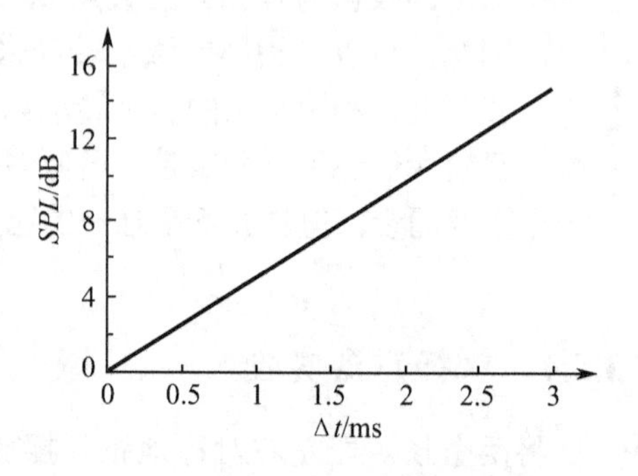

图 3-25　ΔI 与 Δt 的关系曲线

以上的实验就是德·波埃实验。应该注意，德·波埃实验与双耳效应不同，双耳效应是讨论一个声源产生的声波到达两耳时所引起的差别对声像定位的影响，而德·波埃实验则是讨论当人耳同时倾听两个声源时，两个声源所发声波的原始差别对人耳方向性感觉的影响。

实验还表明，声像方位角 θ 与两个声道的声压级有如下近似关系：

$$\sin\theta = \frac{L-R}{L+R}\sin\varphi \tag{3-8}$$

式中：θ 为声像的方位角；φ 为扬声器的方位角；L、R 分别为左、右声道的声压级。

上式称为声像方位角的正弦定理。此外必须注意的是，应将这里所讨论的声音差(即声级差和时间差)与前面几节中所讨论的声音差严加区别。前面所讨论的声音差是从一个声源发出的声音传达到聆听者双耳时，由于路程不同和聆听者自己头部的遮蔽作用而产生的自然差异，将这种差异与过去的经验相比较，便可以确定声源的位置。

从实验结果可知，适当地改变两个扬声器之间的声音差可以获得所需的声像位置，这就提供了声音立体重发的另一种途径。近代双通路立体声的重发与模拟技术即以此为依据。

3.5.5　劳氏效应

劳氏效应是一种仿真立体声范围的心理学效应。如果将延时信号以同相叠加在直达声信号上，通过耳机重放时，其放声效果与单通路耳机放声没有明显差别；如果延时信号以反相叠加在直达声信号上，则立即产生一种明显的空间印象，声音似乎来自四面八方，听众如置身于乐队之中。这种现象可作如下解释：若第二个信号有延时并以 180°的相位差到达双耳，则意味着对不同频率有不同的时间延时，好似并由此对不同频率有不同的入射方向，每一频率的声音似乎来自不同方向，从而得到仿真立体声的主观印象。

3.5.6 鸡尾酒会效应

人有一种很重要的心理声学效应——鸡尾酒会效应(即选听效应)。这种效应告诉我们，当有多个不同方向声源发声时，听音者只要集中注意去仔细聆听某个声源发出的声音，其他声源发出的声音就会被听音者所忽略，人们会将其他声源当成本底噪声。但是，如果我们用一只扬声器放多个声音时，鸡尾酒会效应就将失去左右，人们将无法选听某个声音。

利用了人们听觉的鸡尾酒会效应，SIS 系统将人声和音乐声放置在不同空间进行处理，使人声和音乐声产生一种油与水永不相亲的关系，听观众可以根据自己的需要选听人声或音乐声，人声和音乐声兼容放音的问题也就得到了很好的解决。

思考与练习

填空题

1. 强声暴露对听觉的危害主要有：__________、____________、___________。

判断题

2. 高于 130dB 的可听声强度范围则称为闻阈。 (　　)
3. 听音效果的好坏与音响系统的音量大小无关。 (　　)
4. 正常情况下，低于 0dB 的声音人耳是听不见的。 (　　)
5. 立体声系统中的“反相状态”是指左右声道连线左右接反。 (　　)
6. “鸡尾酒会效应”是指各种声音交织在一起无法分辨。 (　　)
7. 立体声系统中的“乒乓效应”是指左右声道左右连线接反。 (　　)
8. 正常人过了青年期，随着年龄的增长，人耳对高频声音的敏感度会逐渐下降。 (　　)

选择题

9. 人耳对可听声的主观感觉包括的要素有： (　　)

A. 响度、音调、音色、音型

B. 音型、振幅、频谱、音调

C. 响度、音调、频率、音型

D. 振幅、音调、音色、音型

10. 人耳听觉效应中的“掩蔽效应”是： (　　)

A. 对声音先后关系的一种主观反映

B. 说明人耳廓的一种效应

C. 指一种双耳的听觉效应

D. 一个声音的阈值因另一个声音的出现而提高的现象

11. 现有一立体声播放系统，某正常的听音人正对两只音箱，并与两只音箱构成等边三角形，问下列哪种说法是正确的： (　　)

A. 左声道音箱声压级提高，时间不变，则声像向右偏移

B. 左声道音箱声压级提高，时间提前，则声像向右偏移

C. 右声道音箱的声压级不变，时间迟后，则声像向左偏移

D. 如果听音人的位置向右偏移，则声像向左偏移

12. 在欣赏立体声节目时，听音人正对两只音箱，问与两只音箱的最佳位置关系是： ( )

A. 构成直角三角形

B. 构成锐角三角形

C. 构成钝角三角形

D. 构成等边三角形

简答题

13. 如何理解“等响曲线”？实际工作中有何意义？

应用题

14. 何为“哈斯效应”？根据哈斯效应，计算人在一堵反射较强的大墙前面，能分辨出自己击掌的重复声，则离墙最近的距离是多少？

15. 何为“掩蔽效应”？在现实生活中有哪些现象可以用它来解释？在音频信号处理中有何应用价值？

16. 何为“鸡尾酒会效应”？在实际工作中如何应用这一效应改善音响效果？

第 4 章

数字音频技术

本章要点

- 音频信号数字化的原理。
- 数字音频格式。
- 数字音频接口。
- 数字音频系统。

目前，模拟音频技术已相当成熟，其设备的性能指标，几乎达到了技术的极限。然而，随着大规模集成电路工艺水平的提高和数字信号处理技术的发展，数字化音频技术，以它独有的优势向人们展示了无穷的魅力和拓展了无限的发展空间。

4.1 概述

目前，模拟音响设备的性能日益改善，各种录放设备、节目制作设备及广播系统等，都具有较高的保真度。但是，我们很难进一步改善模拟音响设备的信号动态范围、信噪比、声道分离度、失真度等方面的技术性能。而数字音频技术却能在这些方面获得很大进展，使得这些性能有大幅度的提高，因此，其应用日益广泛。

模拟音响技术是在信号振幅随时间连续变化的模拟状态下，对音频信号进行加工处理。而所谓数字音响(Digital Audio)技术就是指把声音信号数字化，并在数字状态下进行传送、记录、重放以及其他加工处理等一整套技术。数字信号在传输、处理、记录和重放时，与模拟信号相比有许多优点，主要表现在：①动态范围宽广恒定；②抗噪声能力强；③调制噪声低。

利用数字技术制造的数字音响设备、数字音视频设备，已成为音响主流和音像主流。它主要包括数字唱片系统、数字磁带录放系统、节目制作系统及学习娱乐用品等。主要有CD、LD、VCD、DVD、DAT、MD、DCC、MP3、MP4、录音笔及数字音频工作站等。关于它的研究涉及到硬件的设计和软件的开发两方面的内容。本章将首先介绍必要的数字音响基础知识，并对数字音频格式、数字音频接口标准，以及常见的系统构成作一初步的介绍，旨在使读者对数字音频技术及其应用方面有一个基本的认识。

4.2 音频数字化技术

模拟信号的数字化就是对模拟信号进行数字化处理，将其换成数字信号的过程。具体地讲，对输入模拟信号波形以适当的时间间隔(即采样时间)来观测，将各个采样时刻的波形幅值定量，并用“0”和“1”组成的二进制数码序列来表示，最后将该二进制数码序列变成脉冲信号的有无来输出，这就是模拟信号的数字化。

将连续的模拟信号变换成离散的数字信号，其方法虽多，但在数字音响中普遍采用的是脉冲编码调制方式(Pulse Code Modulation，PCM)。PCM 方式是法国人 A.H.里夫斯于 1937 年发明的，早已广泛应用于通信领域。随着半导体技术的进步，特别是发展到超大规模集成电路阶段后，PCM 方式几乎应用于音响的各个领域，它是由取样、量化和编码三个基本环节完成的。

1. 取样(Sampling)

取样过程，就像做物理实验时通常采用的逐点描迹的方法去测绘某一物理量(如温度)随时间变化曲线的过程。它要求每隔一定时间对模拟信号抽取一个观测值，这个观测值就是某一时刻的采样值(也称为采样值)，经过采样处理后，模拟信号变成了一个个时间上等间距的离散信号，形成在时间上不连续的脉冲序列。这一过程称之为取样(抽样或采样)，如图 4-1 所示。其中时间间隔的大小叫做采样周期，用 T_s 表示，而单位时间的采样次数被称为采样频率，用 f_s 来表示。二者的关系则为 $f_s=1/T_s$。

图 4-1　信号的取样

取样定理告诉我们：如果取样频率大于模拟信号上限频率的 2 倍，就不会在取样中丢失信息。人类听觉的上限频率在 20kHz 附近，数字音响设备的取样频率大多选择为(40～50)kHz，如 CD 系统的取样频率采用 44.1kHz，其取样周期 T_s＝22.676μs。DAT 系统的取样频率采用 48kHz，其取样周期 T_s＝20.833μs。

与取样相反，把在时间上不连续的样本值之间的空隙填补上，使之恢复为原来的连续变化的模拟信号波形，这样的操作叫做内插或插补(Interpolation)。在数模转换中要用到插补。

2. 量化(Quantization)

将采样值相对于振幅进行离散的数值化的操作称为量化。即将模拟信号的幅度，在动态范围内划分为相等间隔的若干层次，把取样输出的信号电平按照四舍五入的原则归入最靠近的量值，如图 4-2 所示。显然，实际取样值和归入的量值是有差别的。如果划分的层次越多，即量化的比特(bit)数越大，则量化的精度越高，误差就越小，动态范围也越大，信噪比也越高。如在激光唱片和唱机中，量化层次数目 $M=2^{16}$＝65536。

用 n 比特的量化能够表现出的动态范围 D 由下式计算

$$D=20\cdot\lg Z^n+1.76$$

式中：D 为动态范围(dB)；n 为采样比特数。

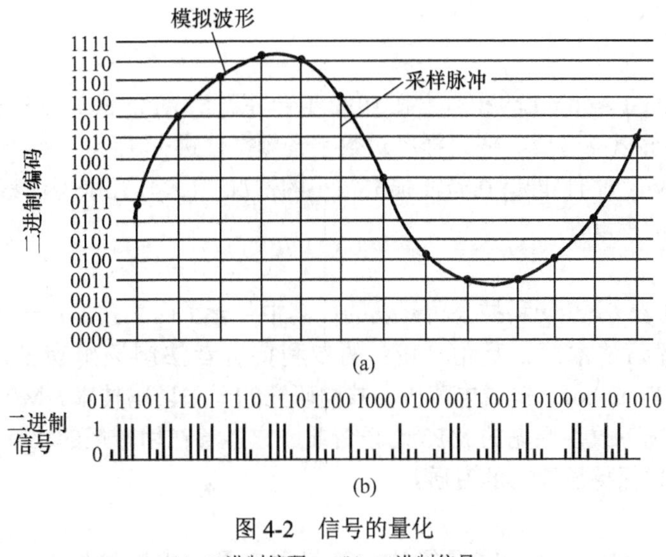

图 4-2　信号的量化

(a) 二进制编码；(b) 二进制信号。

在 CD 系统中，n=16，因而可算得理论上的动态范围为 D=97.8dB(实际应用中已远超过了该值)。

伴随量化产生的误差称为量化误差，即量化噪声。

3. 编码(Coding)

把取样、量化所得的量值变换为二进制数码的过程称为编码，如图 4-2 所示。在数字音响中，通常采用 16 位(bit)数码表示一个量值，即量化位数 n=16。

经上述取样、量化和编码所得的数字信号称为 PCM 编码信号，或 PCM 数字信号。

4.3　数字音频格式

数字音频的编码方式就是数字音频的格式，不同的数字设备一般都对应着相应音频文件格式。常见的数字音频格式有以下几种。

1. WAV

WAV 格式是微软(Microsoft)公司开发的一种声音文件格式，也叫波形(Wave)声音文件，是最早的数字音频格式，被 Windows 平台及其应用程序所广泛支持。WAV 格式支持许多压缩算法，支持多种音频位数、采样频率和声道。当采用 44.1kHz 的采样频率，16 位量化位数的 WAV 的音质与 CD 相差无几。需要注意的是，WAV 格式对存储空间需求太大，不便于交流和传播。

2. MIDI

MIDI 是 Musical Instrument Digital Interface 的缩写，又称作乐器数字接口，是数字音乐 / 电子合成乐器的统一国际标准。它定义了计算机音乐程序、数字合成器及其他电子设备交换音乐信号的方式，规定了不同厂家的电子乐器与计算机连接的电缆和硬件与设备间数据传输的协议，可以模拟多种乐器的声音。MID 文件就是 MIDI 格式的文件，在 MID 文件中存储的是一些指令。把这些指令发送给声卡，由声卡按照指令将声音合成出来。

3. CD

大家都很熟悉 CD 这种音乐格式了，扩展名 CDA，其取样频率为 44.1kHz，16 位量化位数。CD 存储采用了音轨的形式，又叫“红皮书”格式，记录的是波形流，是一种近似无损的格式。

4. MP3

MP3全称MPEG-1 Audio Layer 3，它在1992年合并到Moving Picture Experts Group (MPEG)规范中去。MP3能够以高音质、低采样率对数字音频文件进行压缩。换句话说，音频文件(主要是大型文件，如WAV文件)能够在音质损失很小的情况下(人耳几乎无法察觉这种音质损失)，把文件压缩到更小的程度。

5. MP3Pro

MP3Pro是由瑞典Coding科技公司开发的，其中包含了两大技术：一是来自于Coding科技公司所特有的解码技术；二是由MP3的专利持有者法国汤姆森多媒体公司(Thomson Multimedia)和德国Fraunhofer集成电路协会共同研究的一项译码技术。MP3Pro可以在基本不改变文件大小的情况下改善原先的MP3音乐音质。它能够在用较低的比特率压缩音频文件的情况下，最大程度地保持压缩前的音质。

6. WMA

WMA(Windows Media Audio)是微软在互联网音频、视频领域的力作。WMA格式是以减少数据流量但保持音质的方法来达到更高压缩率的目的，其压缩率一般可以达到1:18。此外，WMA还可以通过DRM(Digital Rights Management)方案加入防止拷贝，或者加入限制播放时间和播放次数，甚至是播放机器的限制，从而有力地防止盗版。

7. MP4

MP4采用的是美国电话电报公司(AT&T)所研发的以“知觉编码”为关键技术的a2b音乐压缩技术，由美国网络技术公司(GMO)及RIAA联合公布的一种新的音乐格式。MP4在文件中采用了保护版权的编码技术，只有特定的用户才可以播放，有效地保证了音乐版权的合法性。另外MP4的压缩比达到了1:15，体积较MP3更小，但音质却没有下降。不过由于只有特定的用户才能播放这种文件，因此其普及性与MP3相比差距甚远。

8. SACD

SACD(SuperAudio CD)是由索尼 (SONY)公司正式发布的，它的采样率为CD格式的64倍，即2.8224MHz。SACD重放频率带宽达100kHz，为CD格式的5倍，24位量化位数，远远超过CD，声音的细节表现更为丰富、清晰。

9. QuickTime

QuickTime是苹果(Apple)公司于1991年推出的一种数字流媒体，它面向视频编辑、Web网站创建和媒体技术平台，QuickTime支持几乎所有主流的个人计算平台，可以通过互联网提供实时的数字化信息流、工作流与文件回放功能。现有版本为QuickTime 1.0、2.0、3.0、4.0、5.0、6.0及7.0，在5.0版本之后还融合了支持最高A / V播放质量的播放器等多项新技术。

10. VQF

VQF格式是由YAMAHA和Nippon Telegraph and Telephone(NTT)共同开发的一种音频压缩技术，它的压缩率能够达到1:18，因此在相同的情况下压缩后的VQF文件体积比MP3小30%~50%，更便利于网上传播，同时音质极佳，接近CD的音质(16位44.1kHz立体声)。但VQF未公开技术标准，至今未能流行开来。

11. DVD Audio

DVD Audio是新一代的数字音频格式，与DVD Video的尺寸及容量相同，为音乐格式的DVD光碟，取样频率为“48kHz / 96kHz / 192kHz”和“44.1kHz / 88.2kHz / 176.4kHz”可供选择，量化位数可以为16bit、20bit或24bit，它们之间可自由地进行组合。低采样率的192kHz、176.4kHz

虽然是 2 声道重播专用，但它最多可收录到 6 声道。而以 2 声道 192kHz / 24bit 或 6 声道 96kHz / 24bit 收录声音，可容纳 74min 以上的录音，动态范围达 144dB，整体效果出类拔萃。

12. ATRAC

索尼公司的 MD(MiniDisc)大家都很熟悉了。MD 之所以能在一张小小的盘中存储(60～80)min 采用 44.1kHz 采样的立体声音乐，就是因为使用了自适应声学转换编码(Adaptive Transform Acoustic Coding，ATRAC)算法压缩音源。这是一套基于心理声学原理的音响译码系统。它可以把 CDP 唱片的音频压缩到原来数据量的大约 1 / 5，而声音质量没有明显的损失。ATRAC 利用人耳听觉的心理声学特性(频谱掩蔽特性和时间掩蔽特性)以及人耳对信号幅度、频率、时间的有限分辨能力，编码时将人耳感觉不到的成分不编码，不传送，这样就可以相应减少某些数据量的存储，从而既保证音质又达到缩小体积的目的。

13. RealAudio

RealAudio 是由 Real Networks 公司推出的一种文件格式，最大的特点就是可以实时传输音频信息，尤其是在网速较慢的情况下，仍然可以较为流畅地传送数据，因此 RealAudio 主要适用于网络上的在线播放。现在的 RealAudio 文件格式主要有 RA(RealAudio)、RM(RealMedia，RealAudio G2)、RMX(RealAudio Secured)等三种。这些文件的共同性在于随着网络带宽的不同而改变声音的质量，在保证大多数人听到流畅声音的前提下，令带宽较宽敞的听众获得较好的音质。

14. LQT

Liquid Audio 是一家提供付费音乐下载的网站。它通过在音乐中采用自己独有的音频编码格式来提供对音乐的版权保护。Liquid Audio 的音频格式就是所谓的 LQT。如果想在 PC 中播放这种格式的音乐，就必须使用 Liquid Player 和 Real Jukebox 其中的一种播放器。这些文件也不能转换成 MP3 和 WAV 格式，因此使得采用这种格式的音频文件无法被共享并刻录到 CD 中。如果非要把 Liquid Audio 文件刻录到 CD 中，就必须使用支持这种格式的刻录软件和 CD 刻录机。

15. Audible

Audible 拥有四种不同的格式： Audiblel、Audible2、Audible3、Audible4。Audible.com 网站主要是在互联网上贩卖有声书籍，并对它们所销售的商品、文件通过四种 Audible.com 专用音频格式中的一种提供保护。每一种格式主要考虑音频源以及所使用的收听的设备。格式 1、2 和 3 采用不同级别的语音压缩，而格式 Audible4 采用更低的采样率和 MP3 相同的解码方式，所得到的语音吐词更清楚，而且可以更有效地从网上进行下载。Audible 所采用的是他们自己的桌面播放工具，这就是 Audible Manager，使用这种播放器就可以播放存放在 PC 或者是传输到便携式播放器上的 Audible 格式文件。

16. VOC 文件

在 DOS 程序和游戏中常会遇到这种文件，它是随声霸卡一起产生的数字声音文件，与 WAV 文件的结构相似，可以通过一些工具软件方便地互相转换。

17. AU 文件

在 Internet 上的多媒体声音主要使用该种文件。AU 文件是 UNIX 操作系统下的数字声音文件，由于早期 Internet 上的 Web 服务器主要是基于 UNIX 的，所以这种文件成为早期 WWW 上唯一使用的标准声音文件。

18. AIFF(.AIF)

这是苹果公司开发的声音文件格式，被 Macintosh 平台和应用程序所支持。

19. Amiga 声音(.SVX)

Commodore 所开发的声音文件格式，被 Amiga 平台和应用程序所支持，不支持压缩。

20. MAC 声音(.snd)

这是苹果公司所开发的声音文件格式，被 Macintosh 平台和多种 Macintosh 应用程序所支持，支持某些压缩。

21. S48

S48(S：stereo；48：48kHz)采用 MPEG I layer 1、MPEG I layer 2(简称 Mp1，Mp2)声音压缩格式，由于其易于编辑、剪切，所以在广播电台应用较广。

22. AAC

AAC 实际上是高级音频编码(Advanced Audio Coding)的缩写，AAC 是由 Fraunhofer IIS-A、杜比和 AT&T 共同开发的一种音频格式。它是 MPEG-2 规范的一部分。AAC 所采用的运算法则与 MP3 的运算法则有所不同，AAC 通过结合其他的功能来提高编码效率。AAC 的音频算法在压缩能力上远远超过了以前的一些压缩算法(如 MP3 等)。它还同时支持多达 48 个音轨、15 个低频音轨、更多种采样率和比特率、多种语言的兼容能力、更高的解码效率等。总之，AAC 可以在比 MP3 文件缩小 30%的前提下提供更好的音质。

23. APE

APE 是一种无损压缩音频格式。音频文件被压缩成 APE 文件后，容量不足 WAV 源文件的一半，很适合用做网络音频文件传输，可以节约传输所用的时间。庞大的 WAV 音频文件可以通过 Monkey's Audio 这个软件进行“瘦身”压缩为 APE。同样，APE 也可以通过 Monkey's Audio 还原成 WAV，再刻录成 CD。更重要的是，通过 Monkey's Audio 解压缩还原以后得到的 WAV 文件可以做到与压缩前的源文件完全一致。所以 APE 被誉为“无损音频压缩格式”，Monkey's Audio 被誉为“无损音频压缩软件”。与采用 WinZip 或者 WinRAR 这类专业数据压缩软件来压缩音频文件不同，压缩之后的 APE 音频文件可以直接被播放。

4.4 数字音频接口

目前在数字音频应用领域中，数字音频接口数据格式标准有很多，以下是一些主要标准的简单介绍。

1. AES/EBU

AES / EBU 是美国和欧洲录音师协会制定的一种高级的专业数字音频数据格式，插口硬件主要为卡侬口，如图 4-3 所示。目前用于一些高级专业器材，如专业 DAT、顶级采样器、大型数字调音台、专业音频工作站等。

2. S/PDIF

S / PDIF 是 SONY 和 PHILIPS 公司制定的一种音频数据格式，主要用于家用和普通专业领域，插口硬件使用的是光缆口或同轴口，如图 4-4 所示。现在的 DAT、CD 机和 MD 机和计算机声卡音频数字输入输出口都普遍使用 S / PDIF 格式。

3. ADAT

ADAT(又称 Alesis 多信道光学数字接口)是美国 ALRSTS 公司开发的一种数字音频信号格式，因为最早用于该公司的 ADAT 八轨机，所以就称为 ADAT 格式，如图 4-5(a)所示。该格式使用一条光缆传送 8 个声道的数字音频信号。由于连接方便、稳定可靠，现在已经成为一种事实上的多声道数字音频信号格式，越来越广泛地使用在各种数字音频设备上。目前许多公司的多声道数字音频接口，像 FRONTIER 公司的一系列产品，使用的都是 ADAT 接口。

图 4-3　AES / EBU 接口

图 4-4　S / PDIF 接口

(a)

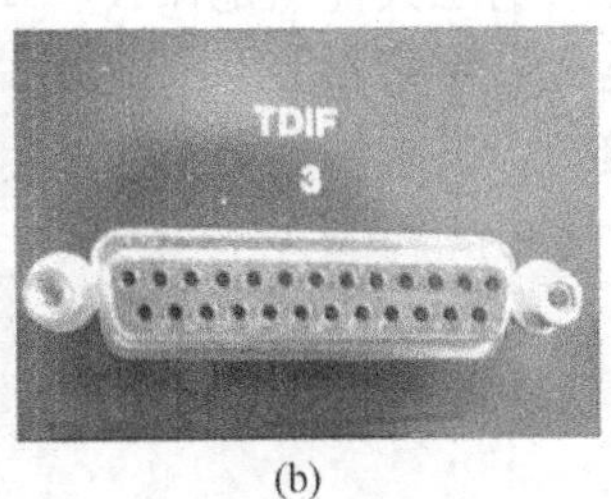

(b)

图 4-5　ADAT、TDIF 接口

4. TDIF

TDIF 是日本 TASCAM 公司开发的一种多声道数字音频格式，使用 25 针类似于计算机串行线的线缆来传送 8 个声道的数字信号，如图 4-5(b)所示。TDIF 的命运与 ADAT 正好相反，在推出以后 TDIF 没有获得其他厂家的支持，目前已经越来越少地被各种数字设备所采用。

5. R-BUS

R-BUS 是 ROLAND 公司新推出的一种 8 声道数字音频格式，也被称为 RMDBⅡ。它的插口和线缆都与 TASCAM 公司的 TDIF 相同，传送的也是 8 声道的数字音频信号，但它有两个新增的功能：第一，R-BUS 端口也可供电，这样将一些小型器材连接在其上使用时，这些器材可以不用插电；第二，除数字音频信号外，R-BUS 还可以同时传送运行控制和同步信号。这样，当两件设备以 R-BUS 接口连接时，在一台设备上就可以控制另一台设备。如将 ROLAND 公司最新的 VSR-880 多轨机通过 R-BUS 连在 ROLAND 的 VM 系列调音台上时，就可以在 VM 调音台上直接控制多轨机的运行。

思考与练习

填空题

1. 脉冲编码调制方式的三个基本环节是＿＿＿＿＿、＿＿＿＿及＿＿＿＿＿。

判断题

2.数字音频设备指标中的“2496”其含义是量化精度和取样频率。　　　　（　）

选择题

3. 以下选项哪个不属于数字音频技术处理信号的优点：（ ）

A．抗噪声能力强

B．动态范围宽广恒定

C．音质较好

D．调制噪声低

4. 常见的数字音频接口的标准有：（ ）

A. AES/EBU、S/PDIF、ADAT、MIC

B. S/PDIF 、AES/EBU、LINE、MIC

C. AES/EBU、S/PDIF、ADAT、TDIF

D. AES/EBU、S/PDIF、ADAT、LINE

简答题

5. 数字音频技术最显著的三大优点是什么？

6. 常见的数字音频格式有哪些？

7. 常见的数字音频接口标准有哪几类？在选用时应有怎样的考虑？

设 备 篇

第 5 章

电声器件

- 电声器件的概念、基本原理及结构。
- 电声器件主要技术指标及分类。
- 电声器件的选择、使用及维护。
- 耳机的结构、分类及指标。
- 扬声器系统的构成、分类及选用。

电声器件是电声系统中的开始端部件和末尾端部件。其中传声器是电声系统的第一个环节(包括传声器、拾音器、送话器等)，扬声器是电声系统最后的环节(包括扬声器、音箱、耳机、受话器等)，分别完成声音信号→电信号、电信号→声音信号转换工作。它们是电声系统中最重要的，也是最薄弱的环节，往往成为电声系统的技术瓶颈。尤其是扬声器系统的品质常常决定着整个系统的技术指标的高低。图 5-1 是电声器件原理示意图。

5.1 传声器

5.1.1 传声器的作用

实际工作中，我们常常需要放大声音，降低声音中的噪声，扩展或压缩声音的时间，改变声音的音调，调制发射声音等的处理，直接对声波进行处理是非常困难的，几乎可以说是“行不通的”。而目前我们对电信号的处理技术，则可以说是“非常成熟”，如图 5-2 所示。因此，要想完成上述方面的处理工作，就必须先将声音信号转换成相应的电信号，再对此电信号进行有关处理，最后将电信号还原成声音信号。完成声音信号→电信号这一转换工作的器件就是传声器(如图 5-1 中的左侧所示)。

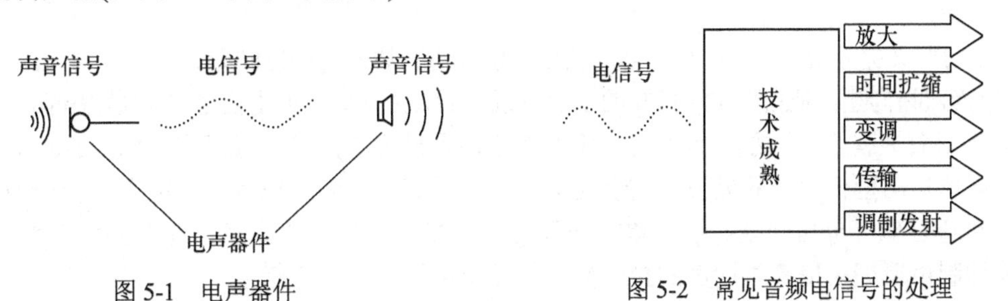

图 5-1　电声器件　　　　图 5-2　常见音频电信号的处理

传声器俗称话筒，也叫送话器、微音器或麦克风，是电声系统中最薄弱的，也是最重要的环节之一。

它处在系统中第一个环节，因此它质量的好坏和使用是否得当，对整个系统的电声指标有着直接的影响。

5.1.2 传声器的主要技术指标

1. 灵敏度

传声器的灵敏度是用来表征传声器的声电转换效率的技术指标。其定义为：在自由声场中，当向传声器施加一个声压为1Pa(帕)的声信号时，传声器的开路输出电压(mV)即为该传声器的灵敏度，单位是mV/Pa(毫伏/帕)。图5-3是说明传声器的灵敏度的示意图。

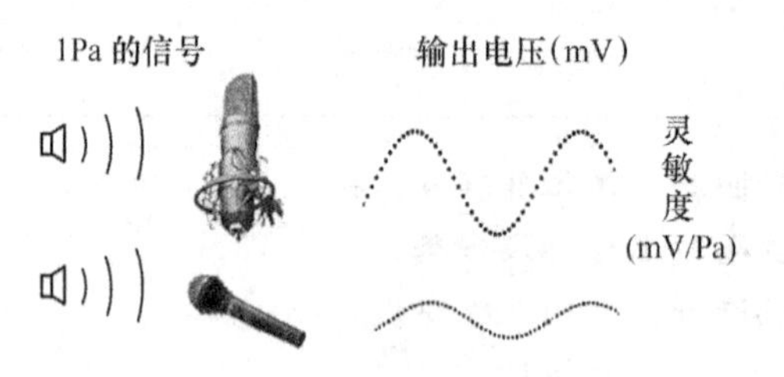

图5-3 传声器的灵敏度示意图

不同类型的传声器，不同型号的传声器，其灵敏度是不同的。动圈式传声器的灵敏度一般为(1.5～4)mV/Pa，而电容式传声器由于内装了预放大器，所以其灵敏度比动圈式传声器高10倍左右，其典型值达20mV/Pa。

通常情况下，传声器的灵敏度越高越好，高灵敏度的传声器可以向前置放大器提供较高电平的输入信号。这样一方面降低了对前置放大器的增益要求，有利于提高信噪比；另一方面由于传输电压较高，因而相对于传输线路感应而言，可以保持线路传输有较高的信噪比。

应该注意的是，对于高灵敏度传声器来说，若激励声级较高，其输出电压会相应提高，容易导致放大器前级动态范围不够而出现过激失真现象。

对于目前手持演唱用传声器，因为传声器与嘴的距离很近(仅5cm～10cm)，激励比较强，所以对传声器的灵敏度要求不太高。

2. 传声器的指向特性

传声器的灵敏度随声波入射方向的变化而变化的特性称为指向特性或方向特性。它表征传声器对不同入射方向的声信号检拾的灵敏度，是传声器非常重要的指标，如图5-4所示。按指向性可将传声器分成三类：全指向型、∞字形双指向型和心形单指向型等三类，如图5-5所示。

全指向型又称无指向型，即传声器的输出灵敏度与声波入射的方向无关。

∞字形双指向型，是指声波沿振膜的正前方或正后方入射时，输出信号强(灵敏度高)，而从左右方向(即沿着振膜的平行方向)入射时，输出信号弱(灵敏度低)，几乎接近零，如图5-6所示。

心形单指向型传声器的灵敏度前后比很大。根据其单指向的程度不同可进一步分为心形、锐心形和超心形等单指向型。这些单指向型的传声器，在舞台的口声扩音中特别实用。它能有效地抑制声反馈，提高直达声的拾取量，从而提高了口声的清晰度。

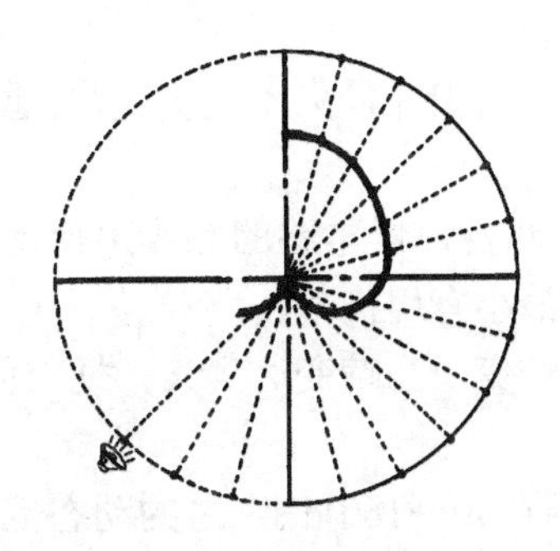

图 5-4　传声器的指向特性

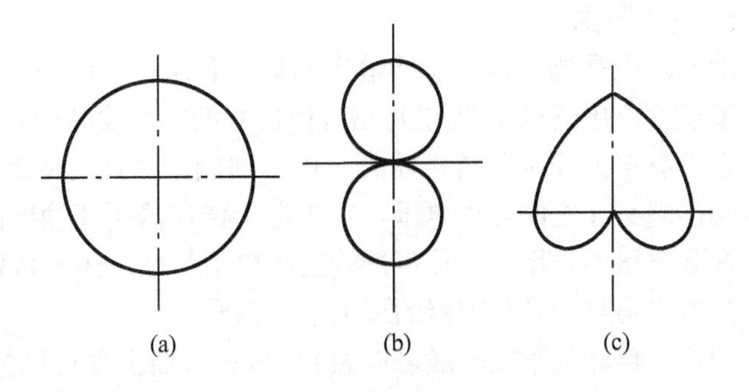

图 5-5　三类传声器的指向性特性

(a) 全指向型；(b) ∞字形指向型；(c) 心形单指向型。

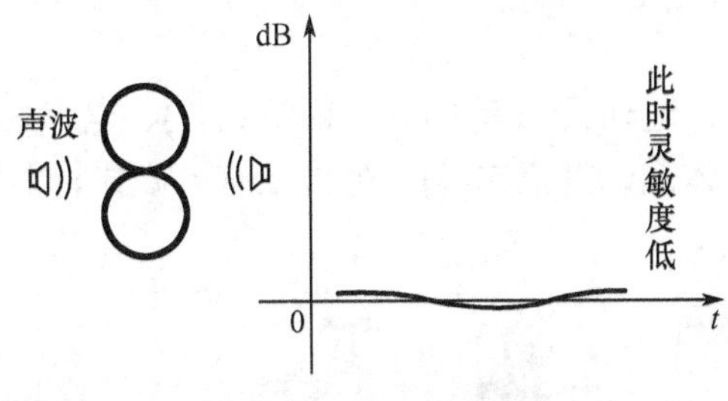

图 5-6　∞字形指向特性

3. 频率响应

传声器的频率响应简称频响。它是指传声器声/电转换过程中，在某固定入射方向(0°)上灵敏度随输入声源信号的频率变化而变化的响应曲线。也就是说，在恒定声压的频率声波的作用下，它的输出电压随输入信号频率的不同而变化的特性，如图 5-7 所示。

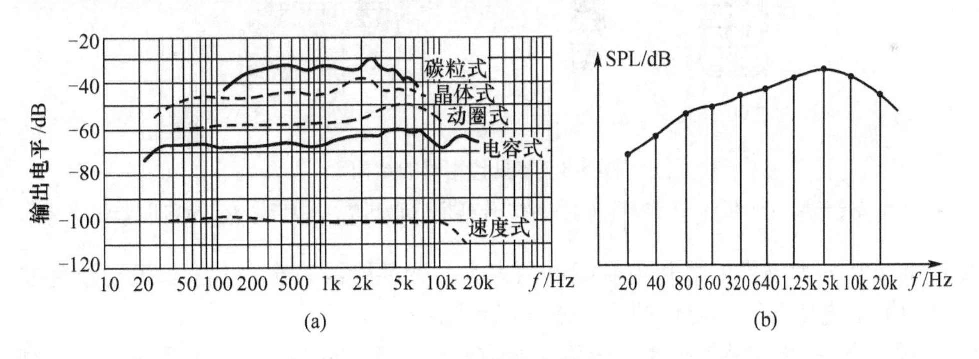

图 5-7　频率响应原理

传声器的使用场合不同，对频响范围和平坦度指标的要求也不同，特定用途往往要有特殊设计的频响曲线。演唱中所用传声器的频响范围一般为 80Hz～13kHz，而且在 150Hz 以下的低频段频响应有明显的衰减，以免出现近讲时低音过重的近讲效应。

4. 输出阻抗

输出阻抗是指传声器的交流输出阻抗，单位是 Ω(欧姆)，通常用 1kHz 的信号测得。不同的传声器具有不同的输出阻抗。其中输出阻抗小于 600Ω，一般为(150～250)Ω 的称为低阻抗传声器；输出阻抗在(20～50)kΩ 的称为高阻抗传声器。由于高阻抗传声器对外部的电磁干扰比较敏感，同时由于其存在分布参数，因此引线不能太长。在对拾音要求较高的场合，通常使用低阻抗传声器。

5. 动态范围

动态范围是描述传声器能输出的最小有用信号(通常称为下限)和最大不失真信号(通常称为上限)之间的电平差，也就是指有用信号的幅度变化范围。

在没有声波作用于传声器时，由于周围空气压力的起伏和传声器电路的热噪声使得传声器的输出端有一定的噪声电压，它决定了传声器所能输出的最小有用信号。

在强声压的作用下，传声器输出的电信号会产生非线性畸变，当畸变达到某一规定值时，对应的输出信号就是传声器的最大输出信号。

现代传声器的下限一般可以做到 20dB，而上限可以做到(140～160)dB，总的动态范围可达到(120～140)dB。

另外，传声器还有瞬态响应、等效噪声级和抗振能力等指标。

5.1.3 传声器的分类

(1) 按换能原理可分为：电动式(如动圈式、铝带式等)、电容式(普通电容传声器、驻极体式传声器等)、压电式(如晶体式、陶瓷式等)，另外还有电磁式、半导体式、碳粒式等传声器，如图 5-8 所示。

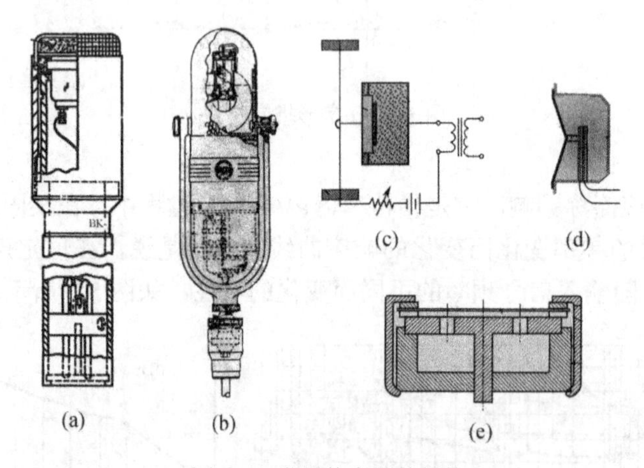

图 5-8 常见传声器的结构

(a) 动圈式传声器；(b) 铝带式传声器；(c) 碳粒式传声器；(d) 压电式传声器；(e) 电容驻极式传声器。

传声器又常分为磁换能器和电换能器两大类。磁换能器的输出电压与振动速度成正比。电换能器的输出电压与可动元件的位移幅度成正比。

(2) 按传声器的指向特性分类可分为：全方向型、双方向型、单方向型和超指向型。单指向型又可分为心形、锐心形、超心形和强指向型等。

(3) 按电信号传输方式可分为：有线传声器和无线传声器两大类。

(4) 按用途可分为：测量用、家用、广播录音用、语音通信用等。

(5) 按使用方式可分为：手持式、佩戴式、枪式、耳内式、接触式、近讲式等。

(6) 按有无电源可分为：无源换能器和有源换能器两大类。

5.1.4 传声器的工作原理

目前最为常见的传声器有动圈式传声器和电容式传声器(及驻极体传声器)。

1. 动圈式传声器的工作原理

动圈式传声器是依据电磁换能原理而制成的。在环形空间，磁力线为辐射状磁场中的音圈做切割磁力线运动时，便会产生感生电压。话筒中的音膜与音圈连成一体，音膜在声波的作用下带动音圈一起振动，就会产生相应的电信号。图 5-9 示出了动圈式传声器基本结构。

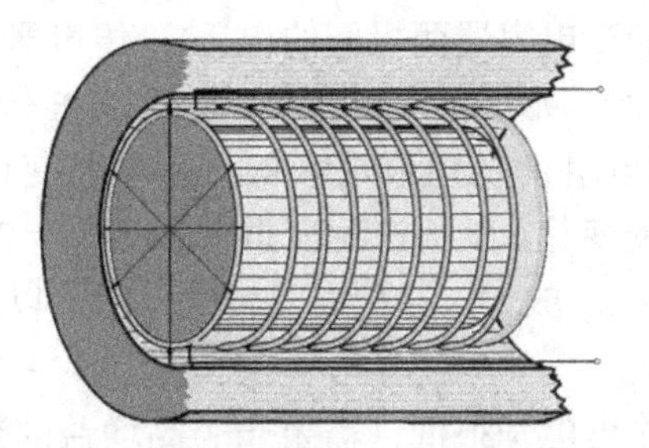

图 5-9　动圈式传声器基本结构

在磁感应强度为 B 的磁场中，长度为 l 的导线以速度 v 做切割磁力线运动时，导线两端的感应电动势 e 为

$$e=Blv \tag{5-1}$$

式中：e 与 v 成正比，所以动圈式传声器属于速度型换能器。

动圈式传声器也可以像扬声器那样，采用两通道分频方法将两个传声器连接成一个系统，其中一个用来传输高频信号，在它后面的第二个动圈系统用来传输低频信号。

为了抵消可能感到的交流信号，在新型的动圈式传声器内设置了专门的补偿线圈。该线圈不放在磁路结构的磁隙内，为的是不受入射声波的激励和振动，它的圈数与传声器线圈相同，并与传声器线圈反相串联，从而将感应的交流信号抵消掉。

有些新型传声器还设有抗强冲击反相线圈，此线圈不受振膜驱动，但需要安装在磁路的磁隙内。当传声器受到机械冲击力或受机械振动时，它与传声器动圈同时感生电压，因这两个线圈是反相串联的，所以感生的电压相互抵消，传声器几乎没有电信号输出。这种技术措施对传声器后面的各级放大器起到良好的保护作用，即使传声器掉在地上，扬声器中也不会传出很响的声音，对整个电声系统起到很好的保护作用。

2. 电容式传声器的工作原理

电容式传声器中有一个固定的后极板和一个活动的振膜作为前极板，它们彼此靠得很近，相当于一个小型的可变电容器。图 5-10 为电容式传声器基本工作原理图。

由于电容式传声器的输出电平很低，需要一个高增益的预放大器来进行放大，因此“电容式传声器”实际上是包括了传声器的极头和预放大器在内的一个组合体。

驻极体电容传声器是用驻极体材料制成的电容式传声器。这种传声器内部使用的振膜或背极板采用的是一种带有永久性电荷的驻极体材料，如图 5-11 所示。它省去了极化电压，但内部阻抗变换预放大器电路仍需要电池供电。

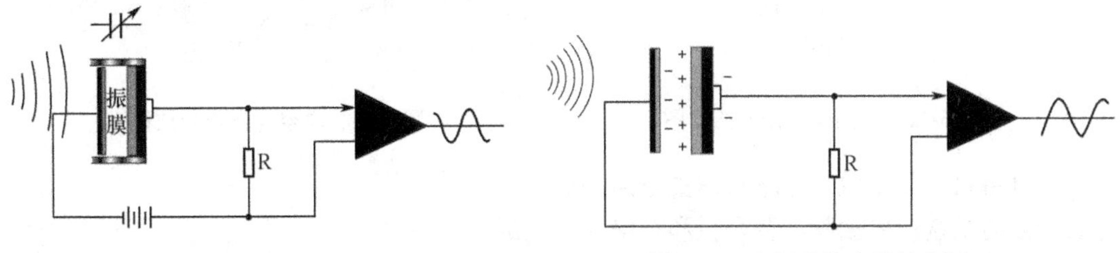

图 5-10　电容式传声器基本工作原理　　图 5-11　驻极体传声器基本原理

在电容式传声器上，加上电源 E 后，即按 $Q=CE$ 公式存储电荷(Q 为电量，C 为电容式传声器的电容量，E 为加在电容器两极间的电压)。传声器的振膜由聚酯薄膜制成，在一个面上喷镀了导电层(如金)，形成活动的电极。当有声波传来时，声波驱动振膜振动，电容量相应的变化 ΔC，而电阻 R 的阻值足够高，使得 C 变化时电荷 Q 来不及释放，因而使 U 随声音信号作相应的变化，从而产生变量 $\Delta U_c(\Delta U_c=Q\Delta C/C^2)$。$\Delta U_c$ 加在电阻 R 两端，然后经过预放大器将 ΔU_c 放大，并把高阻转为低阻，以便馈送到前级放大器。预放大器装在传声器的壳体内。

由于电容式传声器的输出电平很低，需要一个高增益的预放大器来进行放大。在直流极化方式中，因极头具有很高的阻抗，所以预放大器离传声器极头越近越好，而且要求预放大器有很高的输入阻抗，通常采用场效应管放大器或集成运放。

驻极体电容传声器中的驻极体材料是高分子材料，在高温条件下被施加很高的极化电压接受电晕放电或电子轰击而保持永久带电的性质，以取代普通电容式传声器的极化电压，使传声器的结构得以简化，体积和重量也明显减小，并降低了制造成本。

5.1.5 传声器的结构

1. 动圈传声器结构

动圈传声器的结构如图 5-12 所示，主要有以下几个部分。

(1) 磁路系统：由磁钢、导磁极靴和导磁芯柱等构成。

(2) 振动系统：由音圈、振膜、定芯支片等构成。

(3) 辅助系统：由支架、引线、引线端和外壳等构成。

2. 电容传声器结构

电容传声器的结构如图 5-13 所示，主要有振膜、背极体、绝缘体、偏置电路、放大电路、引线端等部分。

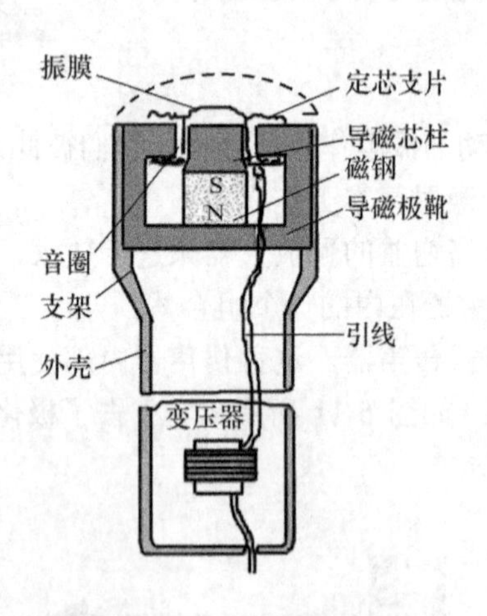

图 5-12 动圈传声器的结构图

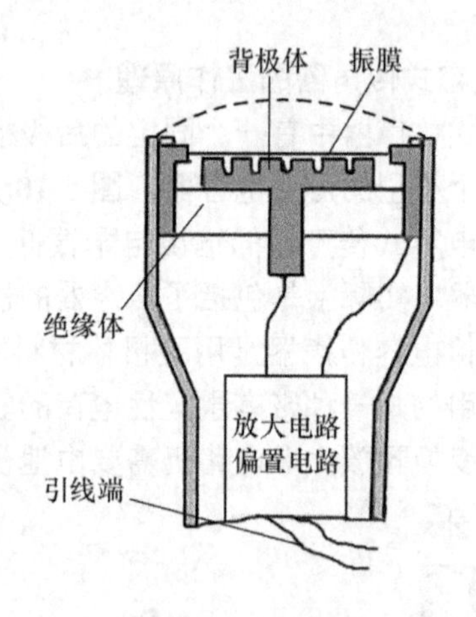

图 5-13 电容传声器的结构

(1) 电路系统：由放大电路和偏置电路构成。

(2) 振动系统：由振膜、背极板和绝缘体等构成。

(3) 辅助系统：由支架、引线、引线端和外壳等构成。

5.1.6 传声器的特点

传声器的种类很多，下面主要介绍应用最广的动圈式传声器、电容式传声器的特性。

1. 动圈式传声器的特点

动圈式传声器是应用最广泛的一种传声器。它具有以下特点。

(1) 使用简便，传声器内无需附加预放大器，无需极化电压，因而省去馈电的麻烦。

(2) 寿命长，性能比较稳定。

(3) 结构牢固可靠，不易损坏，适用于外出录音或舞台扩音等。

(4) 价格相对而言较便宜。

(5) 噪声电平较低。

(6) 频率特性有起伏(与电容式相比较)。

(7) 用变压器耦合输出，易受外界电磁场影响。

(8) 振膜比较重，因此瞬态特性差。

2. 电容式传声器的特点

与动圈传声器相比电容式传声器有以下特点。

(1) 频率响应平坦宽广(20Hz～20kHz，±2.5dB)。

(2) 灵敏度高大于 5mV/Pa(12V～48V)。

(3) 瞬态响应好。

(4) 非线性失真小。

(5) 不易受电磁场干扰。

(6) 不能直接输出，必须加前置放大器。

(7) 防潮性能差、受潮后容易产生噪声、机械强度低、使用较麻烦(需要极化电压、预放大器的电源)和价格昂贵等。

5.1.7 传声器的选择和使用

1. 传声器的选择

根据音源的特性和使用环境不同，选择合适的传声器是非常必要的。传声器的各项指标是选择时必须考虑的因素。

专业级低阻抗传声器的额定阻抗常为(150～250)Ω，甚至更低。它对地平衡输出，抗干扰能力较强，可配用较长的话筒线。但这种低阻抗传声器的输出电压较低，必须配接电性能指标较高的前级放大器，故整套设备的成本较高。

在要求较高的场合，如高质量的播音和录音，通常选用频响范围较宽的电容式传声器和高质量的动圈式传声器。而一般作语言扩音时，考虑到语言信号的频率范围不宽，故可采用普通的动圈式传声器。因为普通动圈式传声器的频响不宽，所以讲话的扩音效果更响亮、更清晰。当需要对环境噪声抑制或声反馈抑制的要求较高时，可选用单指向特性较强的或近讲型的传声器，这样能有效地衰减周围的杂音并提高整个系统工作的稳定性。如果是移动性较强的场合，则需要考虑使用无线传声器。

2. 使用传声器时应注意的问题

1) 连接匹配

传声器的负载是调音台或前置放大器，连接时存在着阻抗匹配的问题。它们之间要求电压(或电平)配匹，而且还要求被连接的调音台或前置放大器的输入阻抗要高于传声器输出阻抗的 5 倍～10 倍。

2) 动态范围

音乐信号的动态范围会很大，某些演奏片断的最高声级可达 130dB(特别是近距离拾音时)。对于电容式传声器来说，其输出电平有时可达到 0dB。因此，调音台输入端的最高允许输入电平(不失真输入电平)至少要达到 0dB。

为了连接方便，调音台的输入端通常用衰减开关的切换和电位器微调来防止因过强的输入电平而引起的前级放大器的过激失真。对于这样的调音台，可以不再区分“传声器输入”和“线路输入”，而是使每一路输入都能在(−70～+20)dB 之间连续调节。实际使用中，我们可以根据拾音场合的不同来正确选定调音台输入级的灵敏度。

3) 平衡与不平衡的连接

在电声系统中，存在着对地平衡与对地不平衡两种传输信号的方式，如图 5-14 所示。平衡式电路要求传声器与前级放大器的两根芯线都不接地。这就要求放大器的输入端有高音质的音频变压器(或平衡式输入电路)。对于电容式传声器，其输出端装有与传声器同等级的输出变压器(或平衡式输出电路)，以实现电容式传声器输出信号的平衡传输。平衡式电路能抑制共模信号的干扰，故抗干扰能力很强，普遍使用在专业设备中，需采用双芯屏蔽电缆，并配以三个接点的“卡侬”(或三芯)插头、插座。而一般使用场合，为了降低系统的成本，通常采用不平衡式电路的放大器，输入端是单芯输入线，使用二芯插头、插座。

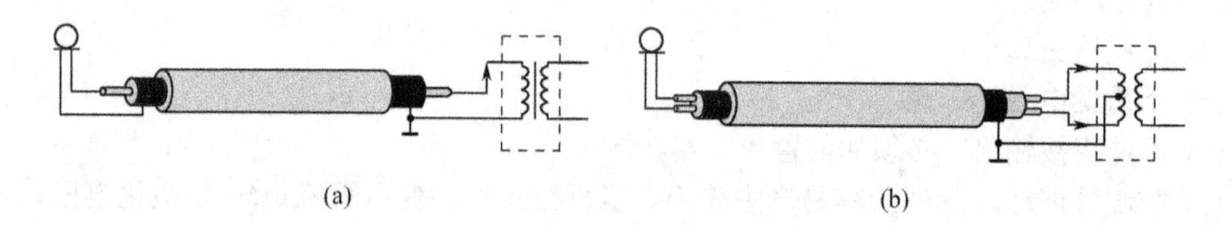

图 5-14　传声器的平衡及不平衡接线圈

(a) 不平衡传输；(b) 平衡传输。

4) 相位的一致

在同时使用多只传声器时，必须注意它们的相位要一致。否则，两个相位相反的输出信号，经调音台第一级放大后，在混合网络上将会产生抵消作用。

使用传声器时，还要注意不应将两只或两只以上的传声器进行简单的并联使用，否则不仅会影响它们的频率特性，而且还会降低灵敏度和增加失真度。

5) 幻象供电

电容式传声器工作时需要两组电源供电：一组是作为预放大器的电源；另一组是作为电容极头的极化电源。如果单独供电，势必使传声器的连接电缆芯数增加，不利于使用和维护，新型的调音台通常使用幻象供电的方法。它的基本原理是把电缆内两根音频芯线作为直流传输的一根芯线(声信号是平衡的交流信号，音频变压器对直流不能传输)，把电缆屏蔽层作为直流电路的另一根传输线，由调音台向电容式传声器馈电，如图 5-15 所示。这样结构完全不影响音频系统的正常工作，并能和动圈式等其他类型的传声器兼容。这是利用一对音频芯线来幻象传输直流电的，所以被称为幻象供电(Phantom)。

为了解决较高的极化电压(48V～52V)的供电问题，大多数电容式传声器的内部都设置了一个 DC/AC 逆变器，把较低的直流电压先变成交流，经变压器升压后再整流为 48V 或 52V 的直流电压供极化之用。

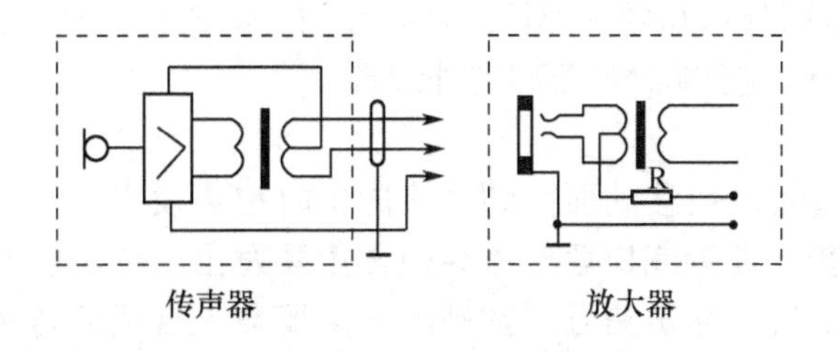

图 5-15　幻象供电线图

对驻极体电容式传声器进行供电时则不需要极化电压，只需要向预放大器供电即可。

6) 合适的距离

各种压差式传声器作近距离使用时，对低频都具有提升作用，这被称为传声器的近讲效应。从心理学的角度来讲，近讲效应能使声音增加温暖感、柔软感和亲切感，但会使清晰度降低，因而当演唱抒情歌曲或演扩广播剧时，常常将传声器放在嘴边拾音，充分利用近讲效应。与此相反，作慷慨激昂的演说或为了提高语音的清晰度时，传声器宜离嘴(20～30)cm 为好，甚至还有在传声器上装有低频切除开关的，由使用者根据语言或演唱内容来操作。至于乐器的录音，有时也可适当利用近讲效应(如把传声器装在鼓的反面)来获得某些特殊的效果，但需注意传声器对高声压级的承受能力。某些电容式传声器配有可以接入的衰减器以扩展可承受的最高声压，这时传声器可以承受高达 180dB 以上的高声压级。

7) 指向性的考虑

在实际使用单指向性传声器时，必须注意以下几点：

(1) 传声器的指向性与频率密切相关。频率越低，指向性越差，甚至无指向性；频率越高，指向性越强。这就是说，传声器对于低频声反馈是无能为力的。

(2) 目前单指向传声器几乎都是利用振膜前后的压差来获得指向特性的。即这种传声器上必须有两个或两个以上的声音通道，一个在网罩正面，其余的分布在前壳的四周。所以使用时必须注意，不要用手挡住前壳周围，否则会影响它的单指向性。

(3) 使用中注意将灵敏度最低的方向(如锐心形的 110°、超心形的 120°方向)对着扬声器或噪声源，因为这一方向最不易接收噪声源散发的干扰。

5.1.8 传声器的维护

1. 防潮

传声器都忌受潮。动圈式传声器受潮后线圈会霉断而失效；电容式传声器在湿度高的环境中会造成电容头振膜与后极板间的绝缘性能降低，导致灵敏度下降，并易出现噪声，缩短使用寿命，严重时会造成损坏。因此，平时保管传声器时应把引线拔下，装入塑料袋，用柔软的布包好。电容式传声器最好放在内装吸潮剂的密封罐中。在室外录音、扩音时，要防止传声器被雨水淋湿，通常在室外录、扩音时还是使用防潮性能较好的动圈话筒为宜。此外，使用电池的话筒不用时应将其中的电池取出。

2. 防震

传声器是通过接受微弱的声波振动来完成声/电转换的，所以强烈的振动往往会损伤传声器的振动系统或使其灵敏度降低。电容式传声器尤为敏感。因此，使用传声器时应尽量减少强烈振动，更应避免摔碰。在固定传声器时，常常采取各种抗震措施，如图 5-16 所示。在试音时应当用正常声音讲话，不应对话筒吹气，更不应用手敲击，以免损伤传声器。

一些特制的具有坚固外罩和内部弹性悬挂装置的动圈式传声器，抗震能力相对较强，摔在地上也不易损坏，最适宜于舞台扩音和室外录音。

3. 防风和防尘

传声器在使用时遇到风或移动而受到气流冲击时都会发出“呼、呼”的噪声。当用作近距离拾音时，爆破音、齿音或口唇气流会使传声器发出“啪、啪”的噪声，这些都会影响扩音效果。为了减少气流冲击信号，常需给传声器戴上合适的防风罩。防风罩能将气流冲击噪声降低 20dB 以上。防风罩除了防风作用外还能防尘，特别是能防止磁性颗粒进入传声器，万一不慎将传声器摔落时还有一定的防震保护作用，如图 5-17 所示。

图 5-16　传声器抗震措施

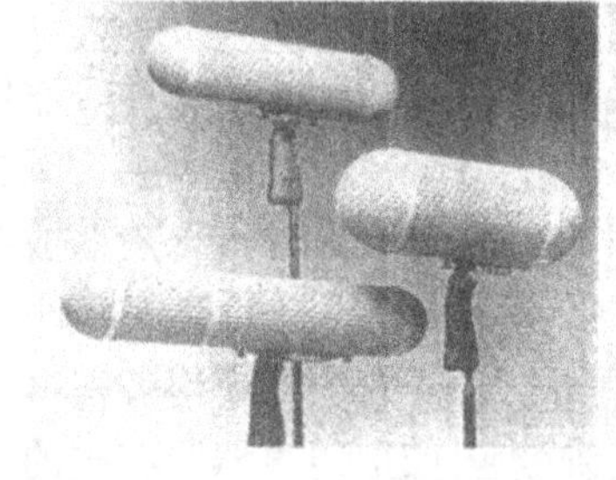

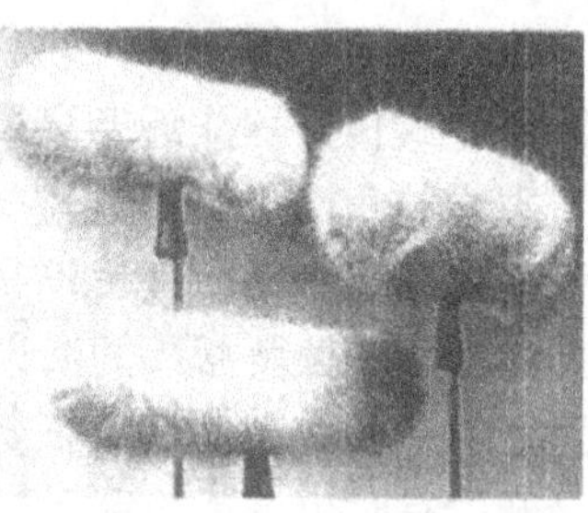

图 5-17　传声器防风及防尘措施

防风罩应经常保持清洁，可用压缩空气除尘或用洗洁剂漂洗，不要让积尘堵塞微孔，否则会降低防风罩的性能。

5.2 扬声器

扬声器是将音频电信号转换成声信号并向周围媒质辐射的电声换能器件，如图 5-18 所示。

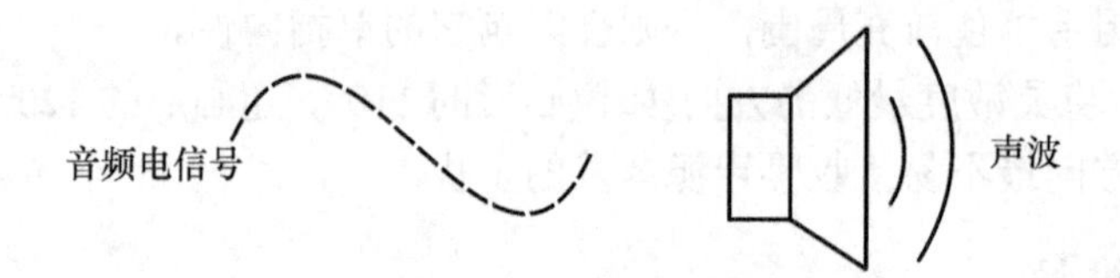

图 5-18　扬声器的基本功能

扬声器的含义有两种，一个是指扬声器单元，另一个是指扬声器系统。在本书中扬声器是指扬声器单元，而称扬声器系统为扬声器箱或音箱。

5.2.1 扬声器的主要技术指标

扬声器的结构并不复杂，但从技术的角度来看却并不简单，有许多因素会影响扬声器的性能，而这些因素之间有时又是相互矛盾的，阻碍了扬声器性能的进一步提高。迄今为止，扬声器仍是整个音频系统中最薄弱的环节，是电声系统中的技术瓶颈。面对种类繁多、性能各异的扬声器，根据不同的爱好、不同的用途和特定的组合方式，在各项技术指标的选择上有相当大的灵活性。有关扬声器的技术指标主要有以下几个方面。

1. 额定阻抗

扬声器的输入阻抗是一个随输入信号的频率而变化的量，其阻抗随频率变化的曲线称为阻抗曲线。典型的阻抗曲线如图 5-19 所示。单位是欧姆(Ω)。

其中阻抗最大值后的第一个极小值(一般在 200Hz～400Hz 之间)定义为扬声器的额定阻抗，单位是欧姆(Ω)。它是组成扬声器系统(音箱)时分频器的设计和与功放配接的重要参数。

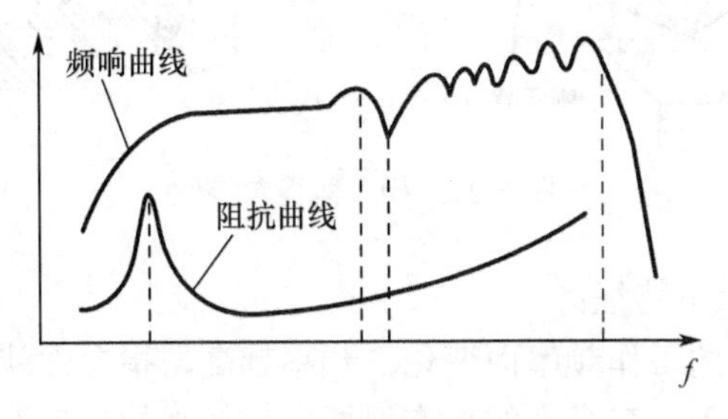

图 5-19　扬声器阻抗曲线

2. 额定功率

在额定的频率范围内，非线性失真不超过允许范围时的最大输入功率就是扬声器的额定功率，单位是瓦(W)。该功率为扬声器能正常连续使用的最大功率，一般由生产厂家规定。它也是扬声器与功放配接和组成扬声器系统(音箱)时分频器设计的重要参数。

3. 灵敏度

在消声室中，馈给扬声器 1W 功率的信号(在额定的频率范围内)，扬声器轴向 1m 处产生的声压级，就是该扬声器的额定特性灵敏度，单位用 dB 表示。测量方法如图 5-20 所示。

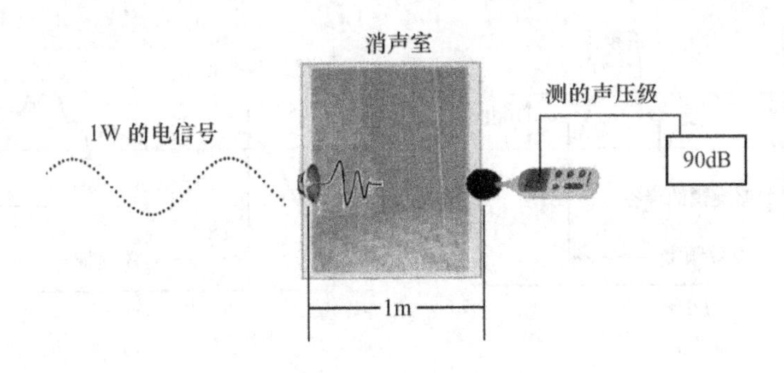

图 5-20　扬声器灵敏度的测量

它是反映扬声器的效率和对信号反应能力的指标。通常扬声器的灵敏度越高，其电声转换效率也就越高，对小信号的反应能力及解析力也就越强，对功率放大器的功率储备要求也就越低。若灵敏度相差 3dB 的两个扬声器，要达到同样的响度，推动这两个扬声器所用的功放的输出功率要相差一倍，因而在选择扬声器时应尽量选择灵敏度较高的，在组合扬声器系统中，尽可能使各扬声器的灵敏度指标趋于一致。

4. 指向特性

扬声器指向特性是指扬声器向空间各个方向发声的声压分布状况。在自由声场中，可以直接用仪表测量出扬声器的指向特性，并用指向特性曲线来表示，如图 5-21 所示。一般来说，扬声器发声时总是有一定指向性的，其指向性的强弱主要取决于工作的频率、振膜的尺寸和辐射形式等。

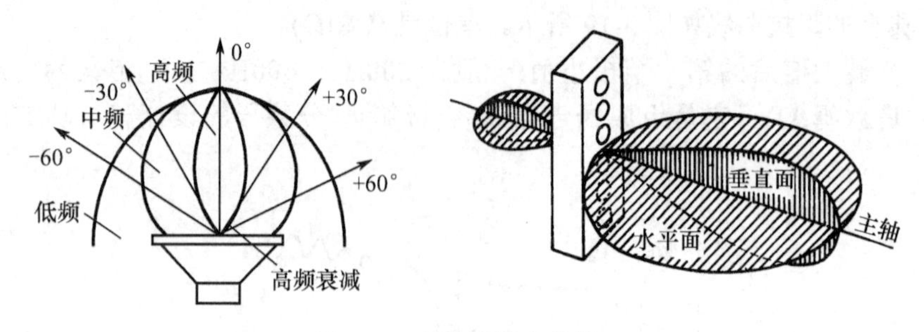

图 5-21　扬声器指向特性

扬声器指向特性具有以下特征：

(1) 指向特性随扬声器的工作频率而变化，频率越高，指向性就越强。

(2) 在相同的工作频率下，口径大的扬声器要比口径小的扬声器具有更强的指向性。

(3) 号筒式扬声器比直射式扬声器的指向性更强。

在实际使用中，扬声器的指向性太宽，易引起声反馈自激现象；反之，则会引起声场分布的不均匀。为此，应视具体情况来选用指向特性较合适的扬声器。

5. 额定频率范围

扬声器额定频率范围是指扬声器能够有效播放声音的频率范围。图 5-22 为扬声器频率响应曲线，通常可分为平坦区和峰谷区。一般来说频率范围越宽、峰谷越小的扬声器性能越好。这一指标是判断扬声器放声效果优劣和确定使用范围的主要参数之一。根据扬声器工作频率，常分为高音扬声器、中音扬声器、低音扬声器及全频带扬声器。

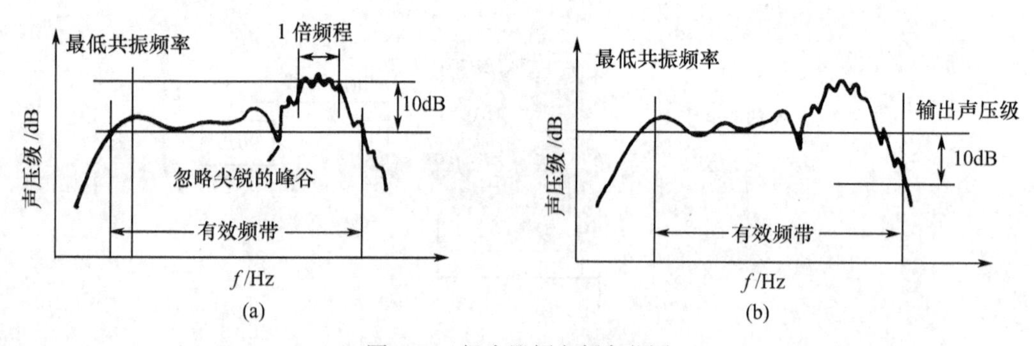

图 5-22　扬声器额定频率范围

(a) IEC 规定的有效频率范围；(b) JIS 规定的有效频率范围。

扬声器额定频率范围的规定通常有两种方法：一是 IEC 标准；二是 JIS 标准。IEC 标准规定，在扬声器频响曲线上，在灵敏度最大的区域内取一个倍频程的范围求出平均声压级，再以该声压级为标准下降 10dB 划一条水平线，它与频响曲线相交的两个端点分别为上限频率和下限频率，这两个频率之间的范围即为有效频率范围，如图 5-22(a)所示。

JIS 标准规定，从扬声器的最低共振频率 f_0 起到中频段，平均声压级向高频延伸以下降 10dB 处的频率止，这个频率定义为扬声器的有效重放频率范围，如图 5-22(b)所示。

6. 额定共振频率

扬声器的额定共振频率是指扬声器阻抗曲线上出现的第一个阻抗极大值时所对应的频率。低于共振频率，声功率随频率的4次方的速率下降(每倍频程下降12dB)，实际上这时已经没有什么声辐射了。为此，用于低频重放的扬声器，其共振频率应尽可能选得低些。

7. 谐波失真

当给扬声器输入某一频率的正弦信号时，扬声器输出信号中产生了原始信号(基波)中没有的谐波成分(如二次谐波、三次谐波……)，这种现象称为谐波失真。谐波失真的大小用谐波失真系数来衡量，其大小与测试条件密切相关。

因为在小信号时，扬声器的谐波失真一般都很小，在强信号时，扬声器的谐波失真则较大。因此小信号时的失真反映不了大动态时失真的情况，所以最好用满功率测试的指标来参考。

另外，扬声器还有互调失真、瞬态失真及瞬态互调失真等指标参数。

8. 额定长期最大功率

额定长期最大功率是指在额定的频率范围内馈给扬声器以规定的信号，信号的持续时间为1min，间隔时间为2min，如此重复10次，而扬声器不产生永久性损坏的最大输入功率。该功率表明扬声器短期承受持续时间较长的脉冲信号冲击的能力，应该注意的是，这一功率不能作为长期连续工作的功率。

9. 瞬时最大功率

瞬时最大功率是指在额定的频率范围内馈给扬声器以规定的信号，信号的持续时间为1s，间隔时间为10s，如此重复10次，而扬声器不产生永久性损坏的最大输入功率。该功率表明扬声器瞬时承受信号冲击的能力，应注意的是，使用中切勿触接这一功率。

10. 电/声转换效率

扬声器发出的声波能量与输入的电能之比为此扬声器的电/声转换效率。

5.2.2 扬声器的种类

1. 按换能原理分类

(1) 电动式扬声器(又称动圈式扬声器)：常见的纸盆扬声器、号筒扬声器和球顶扬声器都属此类。

(2) 电磁式扬声器(又称舌簧式扬声器)。

(3) 压电式扬声器(又称晶体式扬声器、陶瓷扬声器)。

(4) 静电式扬声器(又称电容式扬声器)。

(5) 气动式扬声器(又称压缩空气扬声器)。

以上各种类型扬声器中，应用最广泛的是电动式扬声器。

2. 按磁路结构分类

(1) 内磁式扬声器。内磁式扬声器没有杂散磁场对外影响。

(2) 外磁式扬声器。外磁式扬声器有杂散磁场外漏，适用于不考虑杂散磁场的场合。

3. 按振膜形状分类

(1) 锥盆式扬声器。锥盆式扬声器是扬声器中最常用的一种，它允许的振幅最大，易做成大口径扬声器，能够强烈地驱动空气产生撼人肺腑的低频重放效果。

(2) 平板(活塞)式扬声器。平板式扬声器具有频率范围宽、失真小和瞬态响应优良等优点，发出的声音纤细、明亮，但加工工艺复杂，成本较高。

(3) 球顶式扬声器。虽然球顶式扬声器的效率较低，但具有指向性宽、瞬态响应好、相位失真小等优点，适合重放中音和高音。

4. 按辐射方式分类

(1) 直射式扬声器。直射式扬声器通过振膜直接把声波辐射到周围空间，其优点是频响均匀、音质柔和，缺点是效率低、高频时指向性较强。

(2) 号筒式扬声器。号筒式扬声器振膜的振动通过喇叭状的号筒向空间辐射声音。

号筒式扬声器由激励单元和号筒组成。号筒在声学上是一种“声变压器”，它能使高音头的声阻抗(一般较高)与号筒口自由空间的声阻抗(一般较低)相匹配。号筒式扬声器的频带特性和指向性主要决定于锥形号筒的形状。若要使重放频率低，则要求锥形号筒长，为此，这种类型的扬声器主要用作中音或高音单元。其突出的优点是辐射效率高(是直射式扬声器的数十倍)、辐射距离远，但频带较窄，音质不如球顶式纤细、柔和，主要用于室外语言扩音，或者在大功率扩音的专业音箱中作中音及高音用。

5. 按工作频率分类

(1) 高音扬声器。高音扬声器的口径较小，通常做成球顶扬声器，加强扩散，改善指向特性。

(2) 低音扬声器。低音扬声器重放低音的频率范围随口径大小而不同。低音扬声器纸盆边缘的材料对扬声器的放声特性影响较大，特别是与扬声器的顺性(弹性系数的倒数)和低音的频响等指标的关系密切。目前，常见的低音扬声器的边缘材料有橡皮、布和泡沫塑料等。

(3) 中音扬声器。中音扬声器的口径常见为(9～10)cm，放音频率范围与低音和高音扬声器的频率范围衔接，为(1～5)kHz。

(4) 全频带扬声器。这种扬声器具有全频带放音的特性，用它组成的扬声器系统比较简单，重放立体声时的放音效果一致性较好，常被安装在小型监听音箱或汽车和家庭用音箱里，一般来说它的效果略次于两单元或三单元组成的扬声器系统。

6. 按单元结构分类

(1) 普通的单纸盆式。它往往存在分割振动、指向性差及频响差等不足。

(2) 双纸盆单音圈同轴式。它能较好地解决频响和单元尺寸问题。

(3) 双纸盆单音圈同轴式。音箱相位一致性好，频响宽。英国天朗牌音箱一贯采用此方式。

(4) 复合式。将高、低音单元集成在一起以保证较宽的频响。在现代高档汽车音响中常用此种扬声器。

图 5-23 为各种类型扬声器的结构示意图。

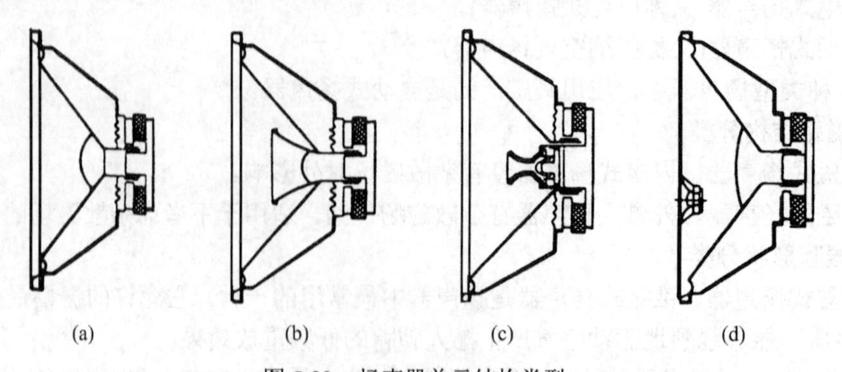

图 5-23　扬声器单元结构类型

(a) 单纸盆；(b) 双纸盆；(c) 复合型Ⅰ；(d) 复合型Ⅱ。

5.2.3 动圈扬声器的结构及工作原理

1. 动圈扬声器的工作原理

电动式扬声器磁场中的导体通常做成线的形状，因此这类扬声器常称为动圈扬声器。

动圈式扬声器是依据电磁换能原理而制成的。其基本结构与动圈传声器类似，在磁力线为辐射状的环形磁场里，当扬声器的音圈中有电流流过时，音圈就会受到磁场力的作用而产生运动，并带动纸盆一起运动从而产生声波。这种运动对应于输入音圈的信号电流，从信号转换角度来看，即是将电信号转变成相应的声信号，如图 5-24 所示。

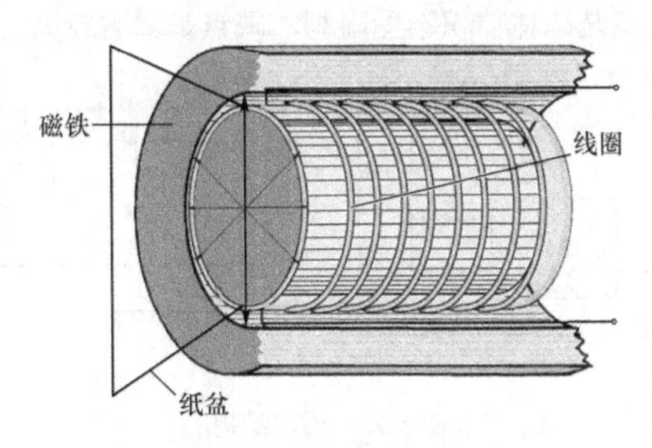

图 5-24 动圈扬声器

电动式扬声器多为直接辐射式扬声器，其振膜直接向周围媒质(空气)辐射声波。过去，由于圆锥形的振膜通常为纸质(俗称纸盆)，因此，锥形扬声器也常称为纸盆扬声器。近几年由于振膜材料日趋多样化，羊毛盆、PP 盆、碳纤盆等扬声器大量出现，锥形扬声器一般不再称为纸盆扬声器。

电动式扬声器的发声原理基于其力效应和电效应，电动扬声器的力效应由下式决定

$$F = Bli \tag{5-2}$$

式中：F 为磁场对音圈的作用力；B 为磁隙中的磁感应强度；l 为音圈导线的长度；i 为流经音圈的电流。

一旦音圈受力运动，就会切割磁隙中的磁力线，从而在音圈内产生感应电动势。这个效应称为电动式扬声器的电效应，其感应电动势的大小为

$$e = Blv$$

式中：e 为音圈中的感应电动势；v 为音圈的振动速度。

电动式扬声器的力效应和电效应总是同时存在，相伴而生的。随着电流强度和方向的变化，音圈就在磁隙中来回振动，其振动周期等于输入电流的周期，而振动的幅度，则正比于各瞬间作用电流的强弱。扬声器的振膜与音圈骨架粘连在一起，而音圈绕制在音圈骨架上，故音圈带动振膜往返振动，从而向周围媒质辐射声波，实现电能—机械能—声能的转换。

2. 动圈扬声器的磁路系统

磁路系统的性能直接影响电动式扬声器的性能。设计合理的磁路系统，环形磁隙中应有足够大的和均匀的磁通密度。

磁路设计中应把握好以下几点：①磁路结构的合理性；②导磁材料的选择；③永磁体的选择；④磁路的计算。

1) 常用的磁路结构

(1) 内磁结构(见图 5-25(a))，永磁体在工作气隙内。优点是漏磁很小，缺点是磁体体积受到限制。

(2) 外磁结构(见图 5-25(b))，这种结构比较简单，永磁体在工作气隙外面，用于要求工作气隙直径较大的情况。优点是磁体体积不受限制，缺点是漏磁较大。

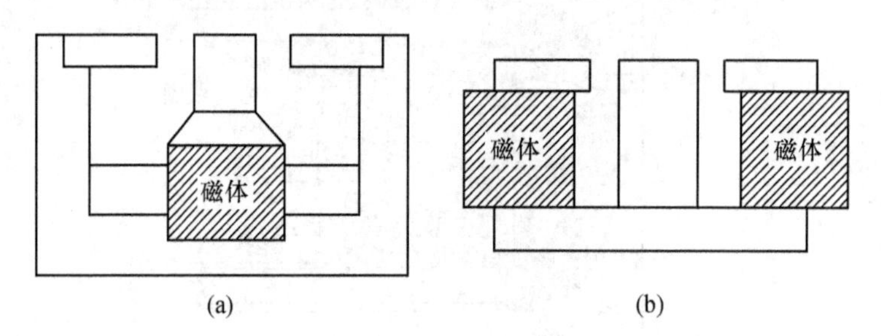

图 5-25 磁路结构

(a) 内磁结构；(b) 外磁结构。

2) 磁流体在扬声器中的应用

磁流体(Magnetic Fluids)又称磁液，是一种棕褐色的流动状态的磁性材料。磁流体通常是将铁磁性或亚铁磁性的磁性微粒的表面包覆一层能显著降低溶液表面张力的表面活化剂，并将其均匀地弥散在某种母液中而形成的稳定的胶体。使用磁流体，可以达到增大输入功率、音圈自动定芯、提高灵敏度、降低失真、减小磁体尺寸、谐振频率上升及机械品质因数下降等目的。

3. 锥形低频扬声器

外磁式锥形低频扬声器结构如图 5-26 所示。

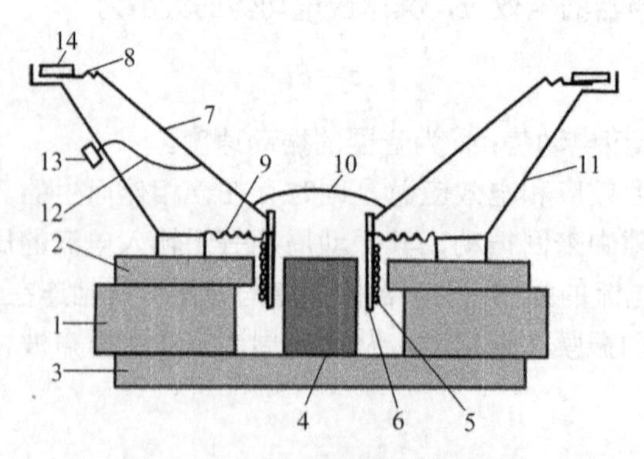

图 5-26 外磁式锥形低频扬声器

外磁式锥形低频扬声器可分为三个部分：①磁路系统——由磁体 1、导磁上板 2、导磁下板 3 和导磁芯柱 4 等构成；②振动系统——由音圈 5、音圈骨架 6、振膜 7、折环 8、定芯支片9、防尘罩10等构成；③辅助系统——由盆架11、引线12、引线端13、压边14等构成。

通常低频扬声器口径较大，常见尺寸为38cm，25cm，20cm，16.5cm等。

低频时，低频扬声器振动系统做整体振动，频率响应是平坦光滑的。其低频响应主要决定于扬声器单元的共振频率 f_0、品质因数 Q_T 和等效容积 V_{eq}。频率升高到一定程度，扬声器振动系统不再是刚性活塞，它将发生共振和反共振，产生中频谷点。频率再升高时，辐射体进入复杂的高阶简正振动状态，频率响应曲线上出现许多峰谷，如图5-19所示。

低频扬声器的等效电阻抗不是常数，而是随频率变化而变化的，如图5-19所示。

电阻抗在 f_s 处存在一个共振峰。当 $f<f_s$ 时，电阻抗 Z_E 的抗分量具有感抗的性质。当 $f>f_s$ 时，电阻抗 Z_E 的抗分量具有容抗的性质，频率再升高，而进入恒定区，此时值 $|Z_E|$ 最小，该值是确定扬声器额定阻抗的重要依据。当频率再升高时，Z_E 的抗分量再次具有感抗的性质，并随频率单调地增加。

4. 球顶形高音扬声器

外磁式球顶形高频扬声器的结构如图5-27所示。通常球顶形高频扬声器振膜尺寸比较小，如2.5cm、2.0cm等。小口径振膜的优点是容易拓宽辐射角，改善指向性。

球顶形扬声器按振膜的软硬特性可分为硬球顶扬声器和软球顶扬声器。硬球顶扬声器振膜一般采用铝合金、钛合金、铍合金等制作。软球顶扬声器振膜一般采用棉布、绢、丝、化纤等制作。

5. 锥形或球顶形中频扬声器

锥形扬声器和球顶形扬声器都可以用做中频扬声器。采用锥形扬声器重放中频时，可将锥形扬声器的盆架做成封闭式，其优点是扬声器箱制作和扬声器单元安装简便，缺点是低频谐振频率较高。采用锥形扬声器重放中频时也可以采用敞开式盆架，而不将盆架封闭。此时应在扬声器箱上专门设计一个小腔体，以避免与低频扬声器单元的相互干扰，其优点是低频谐振频率较低，缺点是扬声器箱制作和扬声器单元安装复杂一些。两种单元如图5-28所示。

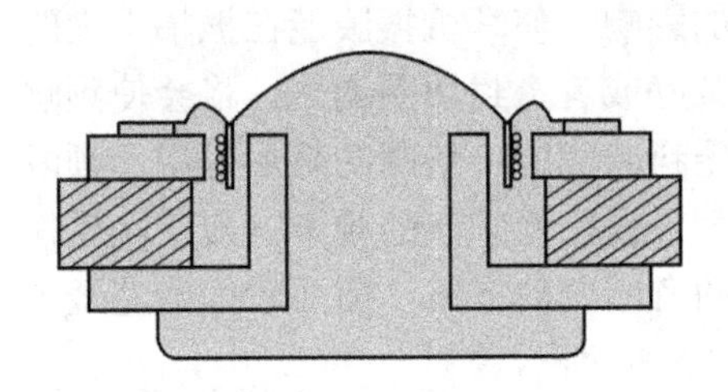

图5-27　外磁式球顶形高频扬声器的结构

图5-28　锥形和球顶中频扬声器

通常锥形中频扬声器的口径为中等大小，比锥形低频扬声器小一些，如10cm，11cm及13cm等。球顶形中频扬声器的口径比球顶形高频扬声器大一些，如5cm，6cm等。

中频扬声器的低频段性能和高频段性能都很重要。整个频段辐射特性都优秀的中频扬声器十分难得。

6. 号筒式扬声器

号筒是截面在长度方向逐渐变化的声管。号筒式扬声器是一种间接辐射式扬声器，它的振膜通过一个号筒向周围媒质辐射声波。号筒的作用是改进振膜与空气负载的匹配。号筒扬声器的小振膜发出的声波通过号筒向媒质作大面积辐射。号筒扬声器与直接辐射式扬声器相比，其典型特征是效率高且指向性可以控制。号筒扬声器的换能方式绝大部分属于电动式。室外扩音常用号筒式扬声器，一般作中、高频扬声器用。号筒扬声器的结构如图 5-29 所示。

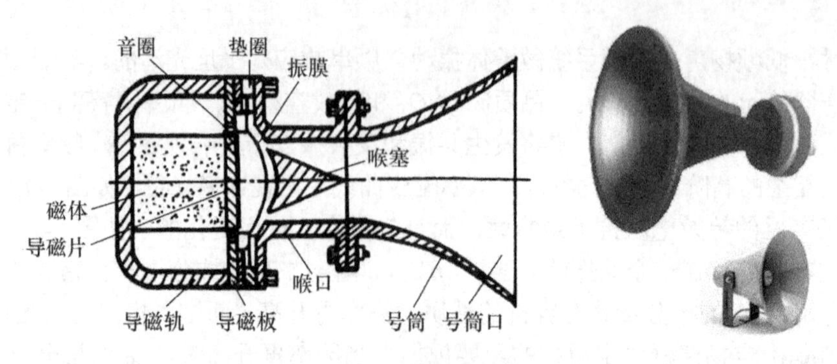

图 5-29　号筒式扬声器

5.3 耳机

耳机是一种超小功率的电—声换能器件。它具有和扬声器不同的辐射声阻抗。由于直接和人耳耦合，并在容积约为$(2\sim6)\mathrm{cm}^3$ 的耳道空腔内产生声压，重放时不受外部环境的影响，所以有较好的音质，能较好地重现音乐的空间感，产生良好的临场效果。

5.3.1 耳机的类型

(1) 按换能原理可分为电磁式、电动式、压电式、静电式和组合式等多种。使用最广泛的是电动式耳机。

(2) 按声道可分为单声道和立体声两种。

(3) 按放声方式可分为密封式、开放式和半开放式三种。

早期出现的为密封式耳机，它和人耳之间放置垫圈，使耳道内形成一个密封的容积，耳机发出的声音不会漏露到外面去。由于密闭空腔的影响，使耳机振膜能在振幅不大的情况下获得较好的低频特性。但是，如果耳机没有戴好或者密封填圈漏气，将会使频响产生畸变。开放式耳机的垫圈是用透声的微孔泡沫塑料制成的，垫圈的阻尼可将低频段的共振阻尼掉，但在整个低频段的响应也将下降，为了提高低频段的频率响应，就要使振膜作更大的位移并增加顺性。半开放式耳机则是两者结合的方案，因而较好地克服了上述两种耳机的缺点。上述三种耳机的放声方式如图 5-30 所示。

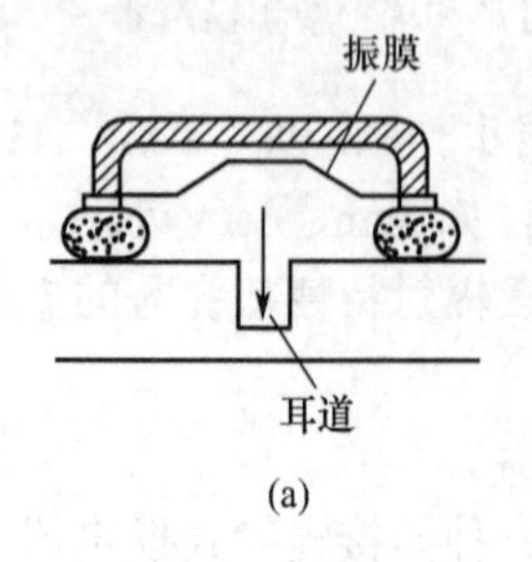

(a)

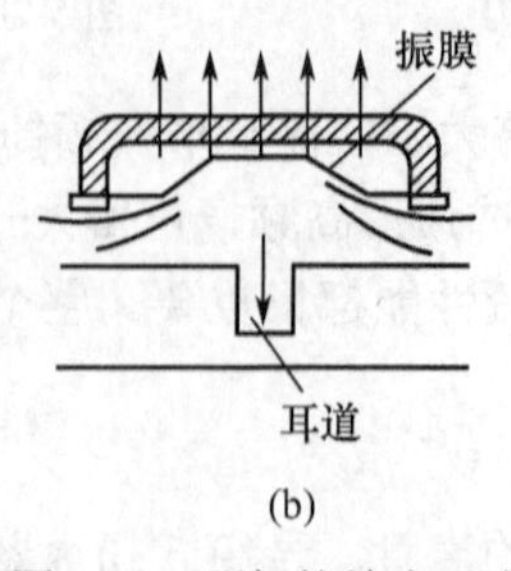

(b)

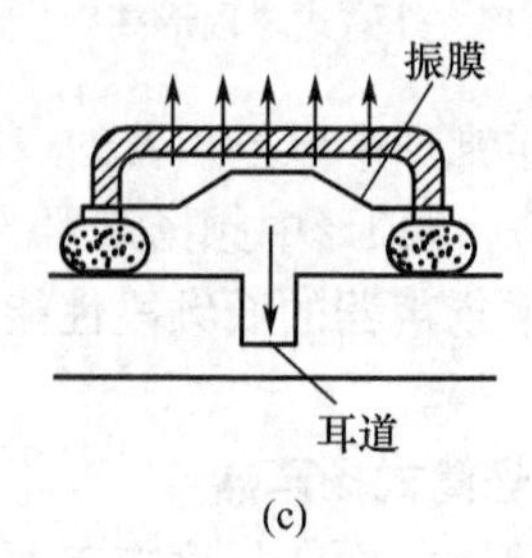

(c)

图 5-30　耳机按放声形式分类

(a) 密封式；(b) 开放式；(c) 半开放式。

(4) 按结构形式分为耳罩式、挂耳式和耳塞式等，如图 5-31 所示。

(5) 按是否有话筒分为单听型和“耳麦”型(耳机+话筒)，如图 5-32 所示。

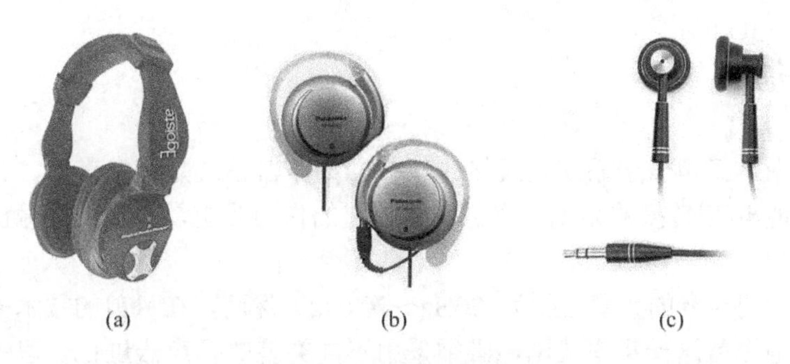

(a)　　(b)　　(c)

图 5-31　耳机结构类型

(a) 耳罩式；(b) 挂耳式；(c) 耳塞式。

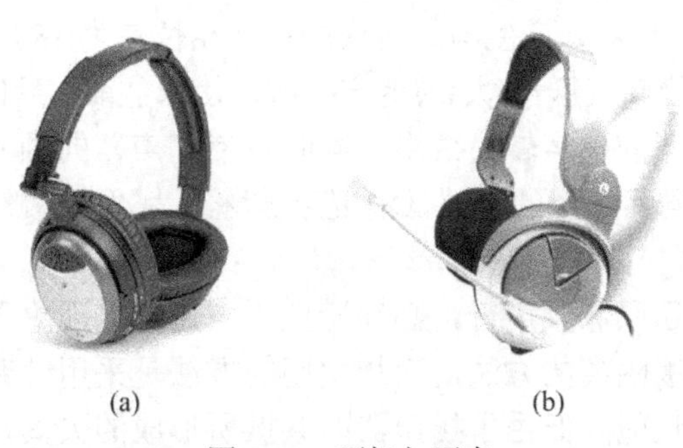

(a)　　(b)

图 5-32　耳机与耳麦

(a) 单听型；(b) “耳麦”型。

5.3.2　耳机的工作原理及技术指标

耳机与扬声器的内部结构及原理相似，都是利用电信号激励振膜振动实现电/声转换的。耳机的主要技术指标有：灵敏度、输入阻抗、频率响应、额定功率和谐波失真等。

1. 灵敏度

输入 1mW(毫瓦)电功率时，在仿真耳内产生的声压级称之为灵敏度，单位是 dB / mW。

2. 输入阻抗

耳机根据输入阻抗的不同可分为低阻和高阻两种。其中低阻主要有 4Ω、8Ω、16Ω、32Ω、60Ω、100Ω、200Ω、300Ω 和 600Ω 等规格；而高阻则主要有 1kΩ、2kΩ 和 4kΩ 等几种规格。目前普遍使用的为低阻耳机。

其他有关的技术指标与扬声器的技术指标类似。

5.3.3　其他类型的耳机

(1) 电磁式耳机：它是利用电磁感应原理制成的。

(2) 压电式耳机：根据压电效应的逆效应，即给压电材料(主要有陶瓷和晶体两大类)加上交变电压，它就会产生振动(电致伸缩)而发声。

(3) 静电式耳机：它是利用静电吸引力的作用，即当通以交变电流时，平行板电容器极板上由于积聚电荷量而产生引力，使位于两极板间的膜片振动而发声。

(4) 组合式耳机：为提高耳机的性能，同时使用两种或两种以上的换能方式。

5.4 扬声器系统

在电声系统中，扬声器子系统是最终的环节。扬声器系统是指扬声器、分频器和助音箱的合理组合，实现电/声转换的系统，俗称音箱。它的作用是把功率放大器输出的电功率信号转换成声信号。

人耳能够听到的声音的频率范围为 20Hz～20kHz。然而，在目前的技术条件下，没有一个扬声器能理想地覆盖这一频率范围，必须采用不同类型的扬声器进行合理的组合才能较好地完成这一频率范围内的电/声还原。

当功率放大器输出的电功率信号推动扬声器的纸盆产生振动时，在纸盆的前、后会形成空气的“压缩”和“舒张”现象，产生与之对应的声波相位差为 180°。纸盆前气压大(小)的地方的空气会绕过纸盆的边缘向气压小(大)的地方扩散，使纸盆前、后的声波相互抵消，辐射能力减弱，严重降低了扬声器的电声转换效率，同时也使扬声器的频率特性变差。这种因扬声器前、后方的声波相位不同而形成的声波抵消现象被称之为“声短路”现象。而且频率越低，这种现象就越明显。

要使扬声器能很好地还原低频声音，必须避免“声短路”现象。解决“声短路”问题，最早采用的是用无限大障板隔离的方法，而最实用的方法是采用助音箱处理。它不但能改善扬声器的低频响应，而且还能降低由于扬声器的共振所形成的失真，从而使扬声器能发出洪亮、浑厚、优美的声音。目前，高保真音响系统中的低音扬声器都必须安装在与之性能相匹配的助音箱中。

一个设计良好的音箱，不仅要有一套性能优良的扬声器单元，而且还要有能与扬声器性能相匹配的箱体，这个箱体称为助音箱。助音箱本身并不发音，而是用来改善低频响应的助音部件，它能阻尼扬声器的共振以改善非线性失真和瞬态响应。根据箱体结构的不同，常见的音箱主要有封闭式和倒相式两大类。

5.4.1 扬声器系统的分类

(1) 按结构可分为封闭式音箱、倒相式音箱。这是应用最多的两类音箱。

(2) 按使用范围可分为普通家用音箱、专业音箱、高保真音箱及监听音箱。家用音箱应用于一般的重放或扩音场合，要求不高。专业音箱应用于大场合，有高灵敏度、大功率、指向性强、强度高及便于吊装等要求。高保真音箱应用于听音室、音乐厅、剧院及高指标家庭影院等场合，对音质有很高的要求。监听音箱应用于节目制作、节目播出等场合，要求能逼真地反映现场的声音。

(3) 按使用环境可分为普通室内音箱、室外音箱及防水音箱等。室外音箱适用于户外环境，要求防雨、防晒、抗风及抗砂尘的能力强。防水音箱适用于水中环境，要求密封性好、耐水性强。

(4) 按与功放的连接类型可分为定阻音箱和定压音箱。定压音箱连接方便、传输距离远，但低音和高音的表现常常受到影响。

(5) 按有无内置放大器可分为无源音箱和有源音箱。有源音箱常用于多媒体计算机和监听音箱中，往往采用电子分频，其效果较好。

5.4.2 扬声器系统的构造

1. 封闭式音箱

封闭式音箱是将扬声器安装在一个密闭的助音箱体上，助音箱体上除需安装扬声器而开孔外，箱体的其他地方均为密封的。箱内除装有扬声器外还内衬着强吸声材料，如图 5-33(a) 所示。采用密封的箱体后，将扬声器前、后声波的辐射完全隔开，从而有效地防止了“声短路”现象；利用箱内的强吸声材料将纸盆后方辐射的声波强烈地吸收，有效地减小了箱内声波对扬声器的反射作用。

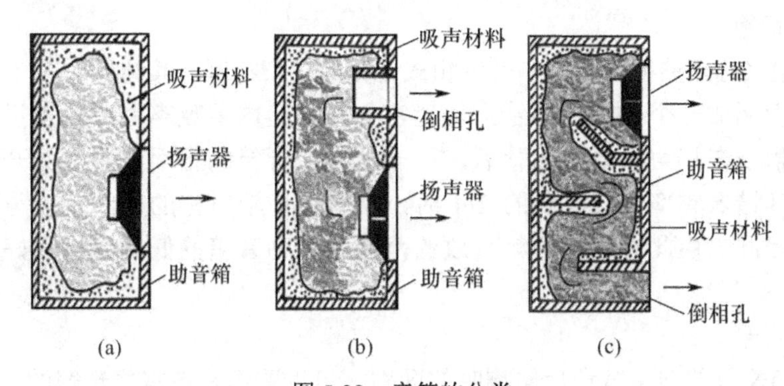

图 5-33 音箱的分类

(a) 密闭式；(b) 倒相式；(c) 曲径式。

封闭式音箱的瞬态特性较好，但由于它只利用了扬声器一面的声波辐射，因而低频辐射的效率较低，通常要比倒相式音箱低 3dB 以上。虽然封闭式音箱存在灵敏度较低的缺点，但它结构简单、制作容易，因此在一些声压级要求不高的场合还是最常用的音箱形式之一。

封闭式音箱中有两种典型的产品：一种是使用体积很大的箱体，使箱内的空气力顺很大，不影响扬声器的共振频率，这种音箱通常被称为无限障板式的封闭音箱；另一种是使用高顺性扬声器，并采用体积较小的箱体，利用箱内空气的力顺使扬声器振动系统的共振频率提高到设定的数值，这种音箱常被称为支撑式封闭音箱或气垫式封闭音箱。一些书架式音箱就是采用这种方法设计而成的。

2. 倒相式音箱

倒相式音箱又称低频反射式音箱。它是将扬声器向后辐射的声波经安装在箱体上的倒相孔移相 180°后再辐射出去，与扬声器向前辐射的声波同相叠加，从而增加了低频声辐射，提高了声辐射的效率，扩展了低频响应。

根据倒相式音箱的工作原理，派生出几种倒相式音箱的变形音箱：迷宫式音箱、喇叭式音箱、声阻式音箱、空纸盆式音箱等。

1) 普通倒相式音箱

用于剧场、影院和音乐厅等的音箱，除要有高保真放声的要求外，还要求有很高的灵敏度。普通倒相式音箱符合了这一要求，因此它在大功率、高声压的场合应用得最广泛。普通倒相式音箱的结构如图 5-33(b)所示。这种音箱既可使某一低频段的灵敏度提高约 3dB，同时又可利用箱体和管道的共振来扩展低频重放的下限频率。在重放频率相同的情况下，倒相式音箱的容积仅为封闭式音箱的 60％。

此外，倒相式音箱在谐振频率点f_0上可使辐射声压很高(它主要由倒相孔辐射)，但纸盆的振幅却最小(而封闭式音箱在f_0处，纸盆的振幅却是最大)，由此可避免因扬声器的振幅过大而引起的低频失真。在谐振频率 f_0 以外，由于扬声器的空气负载较轻，因此输出功率容量要比封闭式音箱大近 2 倍。不过，倒相式音箱也存在瞬态响应较差、设计和调试较为复杂等缺点。使用中应加以注意。

2) 迷宫式音箱

迷宫式音箱又称声曲径式音箱，是倒相式音箱的一个特例，其结构如图 5-33(c)所示。它的箱体内用隔板隔成一个曲折的导管，像迷宫一样。箱内用吸声材料敷设于导管内壁。导管的一端紧密耦合在扬声器纸盆的背后，另一端接在音箱的正面或底面的开口上。当选择导管的长度为其谐振频率对应波长的 1/4 时，从管道口辐射出的声波就会与扬声器正面辐射的声波相位相同，由此展宽了低频重放的范围。这种音箱的低频特性很好，故通常用作低音音箱。

3) 喇叭式音箱

喇叭式音箱又有前向喇叭和后向喇叭的区别，可以看作是迷宫式音箱的一种改进型，其箱体内用隔板隔成一个喇叭形的导管，展开后就像喇叭一样。导管的一端紧密耦合在扬声器纸盆的背后，另一端接在音箱的正面或底面的开口上。箱内导管截面积按照一定的规律(双曲线、指数型或锥形)逐渐放大。

5.4.3 扬声器系统的技术指标

扬声器系统是把选配的各种扬声器安装在与之匹配的助音箱体内而构成的，因而在考核扬声器系统的技术指标时，除个别指标外，其余可参照扬声器的技术指标去理解。主要指标有：频率特性、灵敏度、额定输入功率、最大输入功率、失真度、阻抗特性、指向特性及交叉频率等。

交叉频率是扬声器系统特有的指标。扬声器系统中进行扬声器组合时，就是用不同频率特性的扬声器的配合，尽可能完美地来完成整个听阈频率范围内的电/声还原。交叉频率是指信号不同频段分隔的交叉点频率，它由电声系统中的分频来决定。当为二分频时，只有 1 个交叉点；当为三分频时，则有 2 个交叉频率。具体分析请参看 5.5 节分频器。

5.5 分频器

在电声系统中，分频就是把音频输入信号分成两个或两个以上的频段，并把不同频段的信号分别馈送给相应的扬声器或电路进行处理，它能使扬声器系统中的每只扬声器都工作于各自的最佳频率范围段，从而实现高保真还原声音的目的。实现分频任务的电路称为分频器，如图 5-34 所示，为一个三分频器的工作原理及框图。

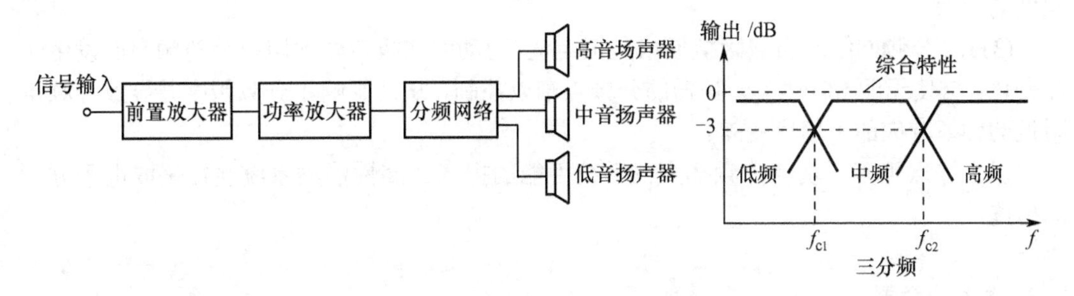

图 5-34　三分频器的原理及电路框图

分频器实质上就是一种滤波器，分频网络的计算方法与滤波器的计算方法相同。音响系统中的分频器按其所处的位置不同，可分为功率分频器和电子分频器两种。

1. 功率分频器

功率分频器是在功放输出和组合扬声器之间接入分频网络(一般为 LC 分频网络)。通过高通、带通及低通滤波器，把高、中、低音信号分别馈送至相应的扬声器，使各扬声器工作在特性最佳的频段范围内，在听音空间合成完整的声音信号。由于功率分频的结构简单、造价低，而且可以独立安装在音箱箱体内的一角，因而在非专业场合和家用产品中被广泛地采用。图 5-35 为分频器的电路及某分频器的照片。

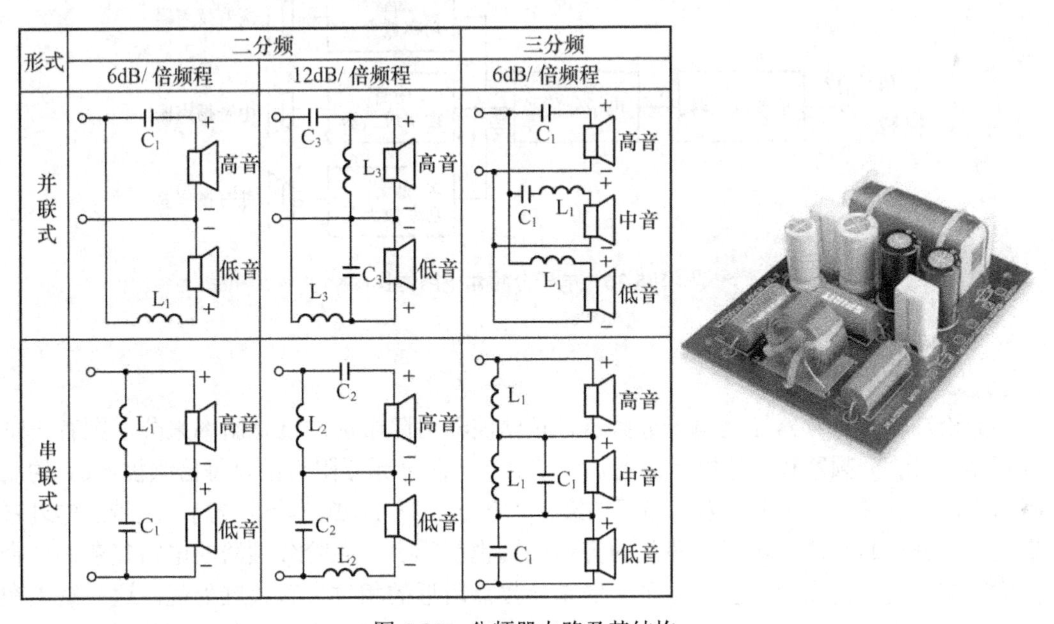

图 5-35　分频器电路及其结构

无源 LC 功率分频器存在如下固有的缺点。

(1) 由于分频器的负载是扬声器，其阻抗较低，而且工作电流较大，因而低频分频电感的线径粗、体积大。若采用带磁芯的分频电感时，还会因磁芯材料导磁率的非线性特性而引入较多失真。

(2) 因功放与扬声器之间串入 L、C 元件，会增加功放输出功率的损耗；更严重的是，它的线阻还加大了功放的等效内阻，降低了功放对扬声器的阻尼系数，音质会受到一定程度的影响。

(3) LC 分频网络对负载阻抗要求是恒定值，而动圈式扬声器的阻抗会随频率而发生明显变化，这使无源 LC 功率分频器的分频点难以控制，从而影响了分频精度并导致分频点附近的频率响应的平坦度变差。

以上缺点阻碍了功率分频扬声器系统性能的提高。高性能的系统往往采取电子分频的措施。

2. 电子分频器

电子分频器又称前置分频器，它设置于功率放大器之前，以高通、带通及低通滤波器的形式进行分频，把分成的高、中及低频信号对应输入各自功放，再由各自功放推动相应的扬声器，完成整个听阈频率范围内的电/声还原，如图 5-36 所示。电子分频方式使功放与扬声器间只有功率传输线，而没有影响音质指标的其他环节，从而降低了失真，提高了功放对扬声器的阻尼系数。由于电子分频器的负载是放大器的输入阻抗，而放大器的输入阻抗高而稳定，所以能很容易地调整分频点和控制分频精度。显而易见，电子分频克服了功率分频中存在的缺点，但因增加了专用滤波器，使系统的成本和安装调试的难度加大。因而，电子分频一般只使用在高质量的放音系统或有源音箱中。

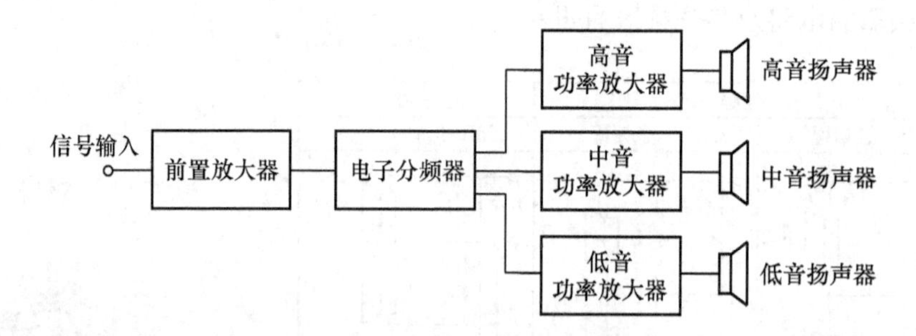

图 5-36　电子分频器电路框图

3. 分频器的阶数

无论是功率分频器还是电子分频器，按滤波器对阻带区的衰减斜率来分，则有一阶分频器、二阶分频器和二阶以上的高阶分频器。一阶分频器阻带区以每倍频程-6dB 的衰减斜率进行衰减；二阶分频器阻带区的衰减为每倍频程-12dB。阶数越高，阻带区的衰减量越大，分频越彻底，不同频段间的互调失真也就越少。高阶分频器的电路复杂，通带内频率响应的平滑度会变差，更重要的是分频点附近的相位失真较难处理。这些缺点在功率分频器中会更明显，因此，在选择分频器的阶数时要综合考虑各方面的因素，不能简单地以阶数来衡量分频器的优劣。

一阶分频器电路简单，通带内特性曲线平滑，相位失真很小，但频响特性较差，扬声器间的互调失真较大，故在要求不高的功率分频器中应用较广。

高阶分频器是指二阶以上的分频器，常用的是三阶和四阶分频器。这种分频器的电路复杂，对元件的要求很高，若要得到平滑的输出幅频特性曲线，必须使负载阻抗恒定。因高阶分频器的相位失真较大，故在应用时常需进行相位补偿(或相位校正)。高阶分频器的分频较彻底，能有效抑制各扬声器间的互调失真；但因为它对电路的要求很高，通常只用于电子分频器。 高阶分频器的系统成本较高，安装和调试比较困难，故仅在专业级的系统中才能体现出其使用的价值。二阶分频器的性能介于一阶和高阶之间。它的性能较好，电路比较简单，在功率分频器和电子分频器中都能得到较好的效果，是分频器中最常见的一种。

5.6 扬声器及系统的选择和使用

扬声器是整个电声系统最后的环节，它往往是电声系统的技术瓶颈。认真地选择扬声器系统是非常必要的。扬声器系统的品质常常决定着整个系统的指标。目前，广泛使用的扬声器是以动圈扬声器为主(预计在未来较长的一段时间内也仍然如此)，在要求较高的场合，往往采用动圈扬声器的组合系统。选择和使用扬声器时应注意以下的问题。

1. 扬声器的选择

根据扩音的范围来确定音箱的总功率，针对不同的要求来确定音箱的选型，这些是非常重要的。用于语言扩音，音箱的功率、频率响应要求都不高；用于音乐扩音，则音箱的功率、频率响应及音质要求都很高；露天使用的音箱，要选择户外防雨型的；音质评价用的音箱，要选择高保真(“发烧”或 Hi-Fi)型的；大范围扩音用的音箱，要选择专业型的；较远距离广播用音箱，要选择定压型的……

2. 阻抗匹配、功率配匹或电压配匹

扬声器是功率放大器的负载，因此存在着匹配的问题。它们之间若是定阻方式配接，则要求阻抗匹配、功率配匹，以保证工作稳定。高保真系统还应有功率裕量，以保证音质。它们之间若是定压方式配接，则要求电压匹配，负载的总功率不大于功放的输出功率，以保证安全地运行。

3. 相位的一致

在同时使用多只扬声器时，必须注意它们的相位要一致，否则会产生抵消作用。

4. 扬声器的分布

根据扩音场合的具体情况，结合传声器和扬声器的指向特性，合理布置扬声器，避免声回授而产生啸叫，提高传声增益，确保声场均匀。

思考与练习

填空题

1. 传声器是一种把__________转变成__________的器件；扬声器是把____________转变成__________的一种器件。

2. 传声器的维护包括_________、_________、________和________。

3. 耳机的类型按声道可分为：__________和__________。

4. 耳机的类型按放声方式可分为：_________、_________ 和________三种。

5. 扬声器系统的分类按结构可分为：____________和_____________。

6. 扬声器系统的分类按与功放的连接类型可分为：_________和_________。

7. 扬声器系统的分类按有无内置放大器可分为：________和________。

8. 扬声器系统中分频的方法可分为：________和________。

判断题

9. 两个全指向型合在一起可看作是∞字形双指向型。 ( )

10. “传声器的指向特性”是指传声器安装时的朝向。 ( )

11. 根据有无功放，音箱可分为电子分频和功率分频两种。 ( )

12. 两个全指向型合在一起可看作是心形单指向型。 ( )

13. 模拟音频信号的传输常可分为平衡和不平衡两种方式。 ( )

选择题

14. 下列都不属于电声器件的是： ( )

A. 传声器、扬声器、音频放大器、调音台

B. 传声器、频率均衡器、音频放大器、调音台

C. 频率均衡器、扬声器、音频放大器、调音台

D. 录音机、频率均衡器、音频放大器、调音台

15. 关于传声器的指向特性，下面的说法正确的是： ( )

A. 传声器的指向特性可分为全向型、锐心型、超心型

B. 传声器的指向特性可分为全向型、∞字型、心型

C. 传声器的指向特性可分为∞字型、锐心型、超心型

D. 传声器的指向特性可分为心型、锐心型、超心型

16. 一些特制的具有坚固外罩和内部弹性悬挂装置的动圈式传声器，其主要是为了传声器的____。 ( )

A. 防潮　　B. 防震

C. 防风　　D. 防尘

简答题

17. 电声器件的选择、使用及维护的主要内容有哪些?

18. 扬声器系统由哪几部分构成? 扬声器系统一般如何分类?如何选用扬声器系统?

第 6 章

音频放大器

- 音频放大器的组成。
- 音频放大器的分类。
- 前置放大器、功率放大器的主要性能指标。
- 掌握音频放大器的操作使用。
- 功率放大器的发展趋势。

音频放大器是构成电声系统必不可少的组成部分。几乎所有的电声设备中都包含有必要的放大电路，其类型有很多种，它们大都处在电声设备或电路系统的中间级位置，起着承前启后的作用，主要是将输入的音频信号进行放大(有时也做适当的处理)后，以足够的强度传输给后级的设备(或电路)。就功率放大器而言，最终是以足够的电能传输给扬声器系统，推动扬声器发声而还原出声音信号。

6.1 音频放大器的组成

音频放大器又称声频放大器、低频放大器或扩音机，是放大音频电信号的装置。由于各种信号源输入的信号都很微弱(几毫伏至(1～2)V，且内阻很大)，它们不足以推动扬声器发出大功率的声音，因此必须将这些很弱的信号进行放大。从高保真角度来讲，要求放大器如实地放大原信号。但从广义上讲，为了使声音更动听，又常常对信号进行适当的修饰和加工。

按音频放大器中各部分的功能不同，常常将其分为两部分：其一称为前置放大器(也称前级放大器)；其二称为功率放大器(也称后级放大器)。图 6-1 为模拟音频放大器的基本组成框图。前置放大器还可细分为信号源前置放大器和主控放大器。目前，常常用高品质的集成运放为核心构成的前置放大器，性能优异、稳定可靠，且价格低廉。不仅如此，目前电声设备中的功放也已实现了集成化。

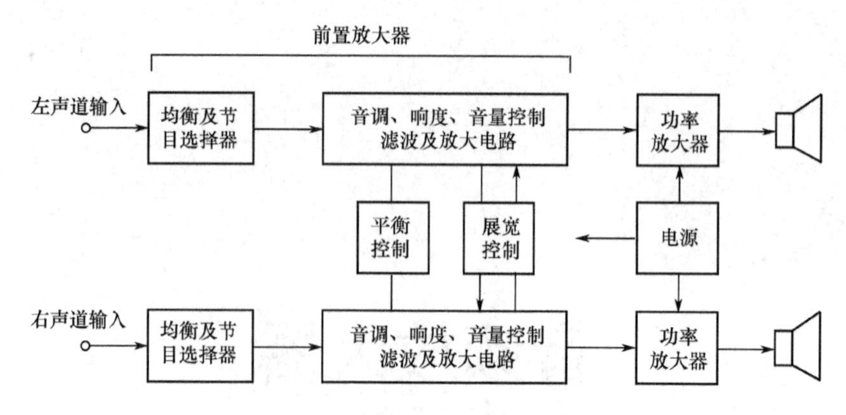

图 6-1 音频放大器组成框图

6.2 前置放大器

前置放大器接收多种信号源(传声器、调谐器、电唱机、录音机、激光唱机、MP3、MPC 等)的信号，并对不同信号源的信号进行相应的处理，以便为后级放大器准备适宜的电信号，使后级放大器得以稳定地工作。图 6-2 为两声道之一前置放大器示意图。

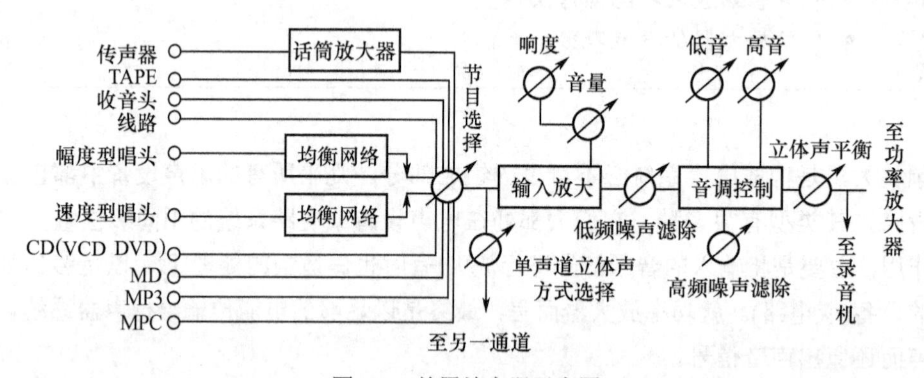

图 6-2 前置放大器示意图

(1) 信号源前置放大器的作用是：①有选择地接收信号源的信号；②对输入的信号进行频率均衡或阻抗变换；③对各种信号进行相应的放大，使各种信号的输出电压基本相同，以利于其后的主控放大器的工作，并改善信噪比。

(2) 前置放大器中的主控放大器也称控制放大器或线路放大器，其主要作用是将前面送来的信号进行各种处理与再放大，使之能满足功率放大器对输入信号电平的要求，并达到人们对音响效果的某些主观要求，如音量调节、响度控制、音调调节、噪声抑制、声道平衡、声像展宽等功能都在此环节完成。

前置放大器主要功能电路有以下几个部分。

6.2.1 均衡放大电路

均衡放大电路是校正输入信号的频率响应并进行放大而设置的专用电路。对不同的信号源，均衡放大电路有不同的频率响应特性。过去常见的有：电磁唱头均衡放大电路、磁头均衡放大电路等。

6.2.2 音调控制电路

音调控制电路通过对高、中、低音调的调节，以适应节目的特点并满足不同听音者的要求。音调控制的基本原理是调节衰减网络或者反馈网络的频率特性，使其对高、中、低不同频率的信号产生不同程度的衰减或反馈，达到调节输出频率响应的目的。

音调控制电路的幅频特性有4种情形：低音提升、低音衰减、高音提升及高音衰减。低音提升(或衰减)的转折频率 f_1 一般为100Hz，高音提升(或衰减)的转折频率f_3一般为10kHz，中频转折频率f_2一般为1kHz，如图6-3所示，为音调控制电路的幅频特性。

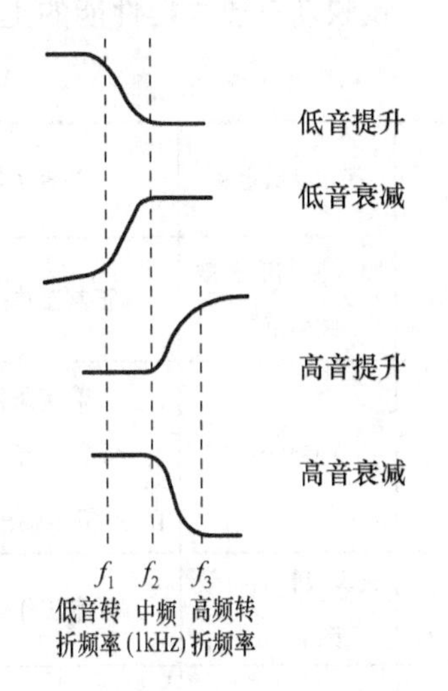

图6-3 音调控制电路的幅频特性

6.2.3 等响度控制电路

根据等响曲线，为了使重放声在不同声级时保持声音的平衡，某些前置放大器中常设置等响度控制电路，以补偿在声压级时，人耳听觉高低频特性的不足。

响度补偿电路的特点是，它的输出频率特性会随着音量控制电位器的转动而变化：当音量开大时，频率特性保持平坦；随着音量的减小，低频和高频部分将按等响曲线形状相应提升。这样，不论音量电位器增大或减小，使人们对各种频率的声音听起来具有同样的相对响度。

6.2.4 前置放大器中的分频

在一些专业的前置放大器中，有时还设置分频电路，将音频分成高、中、低三通路，分别送入高、中、低频专用功率放大器，这3个专用功率放大器分别驱动高、中、低音扬声器放音。这样可以方便地调整声音的频响特性，使声音均衡，并能较好地解决功率分频产生的功放内阻增加、分频难以控制及引入非线性失真等问题。

6.3 功率放大器

功率放大器的作用是将来自主控放大器的信号放大到能足够推动相应扬声器所需的功率。就其功能的项目来说远比前置放大器简单，就其造价和消耗的电功率来说远大于前置放大器。功率放大的本质就是将电源电能“转化”为音频信号电能。功率放大器的组成方框图如图6-4所示。

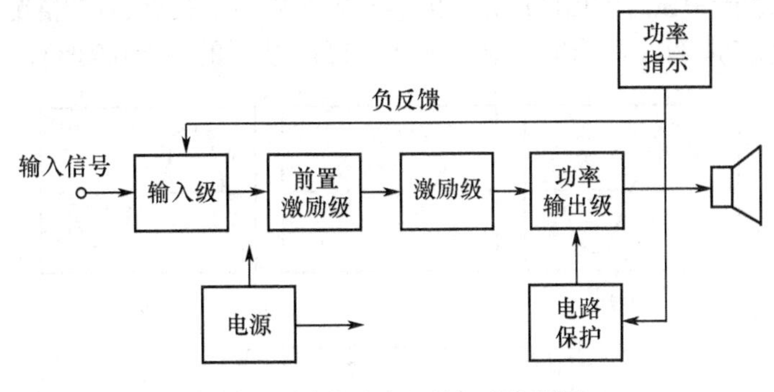

图6-4 功率放大器的组成方框图

6.4 音频放大器的主要性能指标

反映功率放大器性能的主要技术指标如表 6-1 所列。

表 6-1　音频功率放大器基本参数

<table>
<tr><th rowspan="2">序号</th><th rowspan="2">基本参数名称</th><th rowspan="2" colspan="2">测量条件</th><th rowspan="2">单位</th><th colspan="3">基本参数要求</th><th rowspan="2">备注</th></tr>
<tr><th>I 类</th><th>II 类</th><th>III 类</th></tr>
<tr><td>1</td><td>增益限制的有效频率范围</td><td colspan="2">正常工作条件</td><td>Hz</td><td>20Hz～20kHz
±0.5dB</td><td>40Hz～16kHz
±1dB</td><td>80Hz～8kHz
±2dB</td><td></td></tr>
<tr><td rowspan="2">2</td><td rowspan="2">总谐波失真</td><td colspan="2">额定条件
正常工作条件</td><td rowspan="2">%</td><td>≤0.5
20Hz～20kHz</td><td>≤0.5
40Hz～16kHz</td><td>≤2
80Hz～12.5kHz</td><td rowspan="2"></td></tr>
<tr><td colspan="2">1/100 额定输出功率时</td><td>≤0.5</td><td>≤1</td><td>≤4</td></tr>
<tr><td>3</td><td>失真限制的有效频率范围</td><td colspan="2">正常工作条件</td><td>Hz</td><td>20Hz～20kHz
≤0.5</td><td>40Hz～16kHz
≤0.5</td><td>80Hz～12.5kHz
≤4</td><td></td></tr>
<tr><td rowspan="2">4</td><td rowspan="2">信噪比</td><td rowspan="2">线路输入</td><td>宽带</td><td rowspan="2">dB</td><td>≥94</td><td>≥81</td><td>≥71</td><td rowspan="2"></td></tr>
<tr><td>A 计权</td><td>≥99</td><td>≥86</td><td>≥76</td></tr>
<tr><td>5</td><td>过载源电动势与额定源电动势之比</td><td colspan="2">线路输入额定条件</td><td>dB</td><td>≥26</td><td>≥12</td><td>≥12</td><td></td></tr>
<tr><td>6</td><td>阻尼系数</td><td colspan="2">额定条件</td><td></td><td>≥10</td><td>≥4</td><td></td><td></td></tr>
<tr><td rowspan="2">7</td><td rowspan="2">串音衰减</td><td rowspan="2">额定条件带宽</td><td>1kHz</td><td rowspan="2">dB</td><td>≥60</td><td>≥40</td><td>≥30</td><td rowspan="2"></td></tr>
<tr><td>250Hz～10kHz</td><td>≥50</td><td>≥30</td><td></td></tr>
<tr><td>8</td><td>转换速率</td><td colspan="2">额定条件</td><td>V/μs</td><td>≥30</td><td></td><td></td><td></td></tr>
<tr><td>9</td><td>增益差</td><td colspan="2">音量控制器从最大位置下降到 46dB 范围内</td><td>dB</td><td>≤1</td><td>≤4</td><td>≤4</td><td></td></tr>
<tr><td>10</td><td>稳定性</td><td colspan="2">额定条件</td><td></td><td colspan="3">不应有自激和寄生振荡</td><td></td></tr>
</table>

1. 谐波失真

谐波失真是指功率放大器中非线性畸变的状况，它是由非线性元器件所引起的，它使输出信号中出现输入信号中没有的谐波成分，图 6-5 是产生二次谐波失真的情况。专业功率放大器的谐波失真，在额定功率输出时一般都很小(小于 0.1%，优秀的小于 0.03%)。

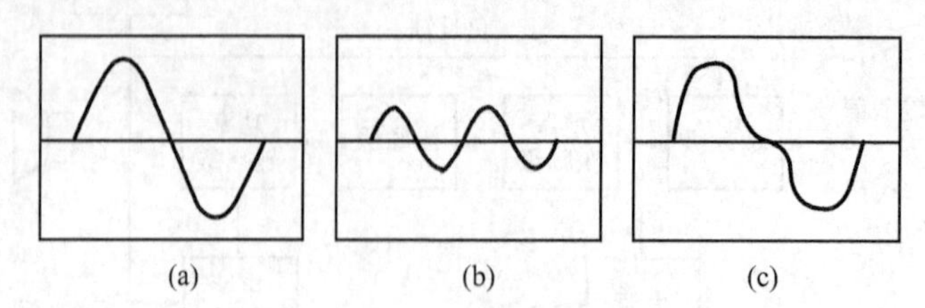

(a)　(b)　(c)

图 6-5　产生二次谐波失真示意图

(a) 输入信号；(b) 二次谐波；(c) 合成信号。

2. 频率响应

频率响应又称频率特性，它又可细分为增益—频率响应和失真—频率响应。

增益—频率响应是指音频放大器的整机频率特性，即放大器对通频带范围内，各个频率信号放大量以分贝值表示的不均匀度。通常是给出一定的工作频段，再给出不均匀性，例如，20Hz～20kHz±1.5dB，性能较好的可达 20Hz～20kHz±0.5dB。为了保证音质，高质量放大器的增益—频率响应带宽扩展至 10Hz～100kHz±1dB。

失真—频率响应亦称功率带宽，它是指功率放大器工作在 1/2 额定输出功率状态下，各频率成分均小于总谐波失真额定值的频率范围。为了保证大功率输出状态下放大器音质依然良好，其频响范围在总谐波失真系数小于 0.1%的情况下，须在 10Hz～60kHz 范围内不均匀度低于 3dB。

3. 输出功率

功率放大器输出功率的表示方法有多种，其中最常用的额定输出功率，是指在额定负载阻抗下，放大器不失真的输出功率，常常是由生产厂家来规定此值。在额定输出电压不变时，降低负载阻抗，放大器不失真的输出功率称为放大器的最大输出功率。

除额定输出功率外，功率放大器的输出功率，还有以下几种表示方法。

(1) 平均功率：它是瞬时功率在一周期内的平均值。

(2) 有效值功率：它是瞬时功率的均方根值。

(3)音乐功率：它是指放大器工作于音乐信号时的输出功率，又称动态输出功率。

功率放大器的实际输出功率与它所带负载的阻抗大小有着密切联系，在使用中需加注意。

4. 信噪比

功率放大器额定输出电压与无信号输入时输出的噪声电压之比，称为信噪比(*S*/*N*)，常用 dB 来表示，即

$$S/N = 20 \cdot \lg \frac{\text{额定输出电压}}{\text{噪声电压}} \tag{6-1}$$

专业功放的信噪比通常要求大于 100dB。

5. 输入灵敏度

功率放大器达到额定输出功率时，输入信号所需的电平值，称为输入灵敏度。功放的输入灵敏度约为+4dB(注：0dB 为 0.775V)。

6. 输出阻抗

普通功率放大器输出级的内阻一般都很低，而输出阻抗是指功率放大器能长期工作，并能使负载获得最大输出功率的匹配阻抗。

功率放大器的输出阻抗一般为 2Ω、4Ω、8Ω 和 16Ω 等。在使用功率放大器时要特别注意它的输出阻抗，不能使负载阻抗低于功放的额定输出阻抗。如果选用的负载(扬声器)阻抗高于功放的额定阻抗，则功放的输出功率将会下降；若选用的负载阻抗低于功放的额定输出阻抗，则可能会使功放因长期过载而烧毁。

7. 阻尼系数

阻尼系数是用来表征功率放大器的内阻对扬声器起阻尼作用大小的指标，常用 f_D 表示。当功率放大器对扬声器的激励信号突然终止以后，扬声器的振动不会因激励信号的

终止而停止，而是按扬声器系统的固有振动频率逐渐衰减，使音质不够利落，有种拖泥带水的感觉。此时，功率放大器的内阻好比是并联在谐振回路两端的阻尼电阻，起到控制阻尼振荡衰减速率的作用。若功率放大器的内阻越大，这种阻尼振荡现象就越明显。另一方面，扬声器在功放信号的激励下，纸盆随之振动。然而，纸盆的振动使音圈切割磁力线，产生感应电动势，这个感应电动势通过功放的内阻会影响功放的输出波形，从而产生失真现象。

为了降低上述两种失真，使扬声器系统处于最佳的工作状态，对功率放大器的内阻常提出一定的要求，通常以阻尼系数来衡量。

功率放大器的阻尼系数是指功放的额定负载阻抗(与功放匹配的扬声器阻抗)与功放内阻之比，即

$$f_{\mathrm{D}}=\frac{\text{功放的额定负载阻抗}}{\text{功放内阻}} \tag{6-2}$$

扬声器系统的阻尼系数是指扬声器系统的输入阻抗与功放等效内阻(功放内阻与功率传输线线阻之和)之比，即

$$\text{扬声器系统阻尼系数}=\frac{\text{扬声器系统的输入阻抗}}{\text{功放的等效内阻}} \tag{6-3}$$

从上述表达式可以看出，功率传输线的线阻会影响功放的等效内阻，从而影响了扬声器系统的阻尼特性。这也是为什么要选用较粗的音箱连接线的主要原因。

扬声器系统的阻尼系数多大为最佳，这个参数一般由制造厂提供，而对于功放，通常要求具有较高的阻尼系数，它们之间可以通过选择合适的功率传输线来实现匹配。从听觉上评价，阻尼系数大，则瞬态响应较好，声音干净利落、不拖泥带水。在功率放大器与扬声器系统的选配中，要特别注重它们之间阻尼系数的匹配。

8. 瞬态响应

瞬态响应是表征放大器对信号(尤其是高频信号)的跟随能力。有时也用功放输出特性的转换速率来衡量。一般用电子示波器来观测重放方形波或猝发声的波形包络畸变，以及波形前沿以后、后沿以后有无阻尼振荡。这种阻尼振荡往往说明功放的稳定性不好或是扬声器的电阻尼不足。深度负反馈是引起瞬态特性变差的主要原因，它会使音乐的层次感和透明度降低。对于高保真功放来说，通常要求其输出电压的转换速率不低于50V/μs。

9. 交越失真与削波失真

交越失真是由于乙类推挽放大器功放管的起始导通非线性造成的，波形如图 6-6 所示。图 6-6(a)为输入的无失真的正弦波信号，图 6-6(b)为放大器输出的交越失真信号。交越失真是一种非线性失真，是造成互调失真的原因之一，因而其寓于互调失真指标中。功放管饱和时，放大器输出信号不随输入信号的增大而增大，输出波形尖峰被削平，称为削波失真，如图 6-6(c)所示。削波失真，是小功率放大器在放音时时常出现的一种情况。

10. 互调失真

当两个或两个以上不同频率的信号输入放大器后，由于放大器的非线性，其输出信号除原输入的信号外，还新产生了输入信号的和信号和差信号。例如，输入放大器的两个信号的频率分别为 300Hz 和 500Hz，那么输出信号中除有这两个频率的信号外，又多出了(500−300)=200Hz 的差频信号及(500＋300)=800Hz 的和频信号。新产生的两种谐波分量即构成了互调失真。

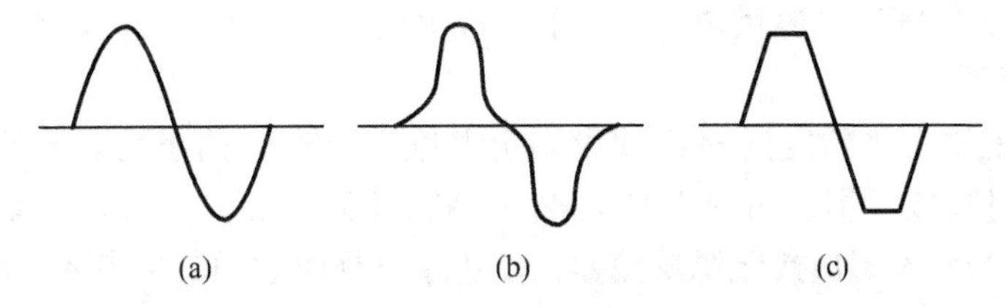

图 6-6 交越失真与削波失真

值得指出的是，在大多数放大器中，互调失真略大于谐波失真，而且互调失真较小时人耳就能觉察到，因此对听觉影响较大。

11. 相位失真

相位失真也称相位畸变，功率放大器和其他音频系统，输出信号与输入信号之间一般是存在相位差的。相位失真通常以工作频段内最大相移与最小相移之差来表示。当放大器输出功率不同时，相位畸变亦不同，所以相位畸变应在放大器的额定工作状态测量。

对高保真度功率放大器，要求相位失真在 20Hz～20kHz 范围内应在+5％以内。

12. 瞬态互调失真

晶体管放大器的高指标常常是靠加入高达(50～60)dB 的负反馈获得的。为了免除加入深度负反馈引起的寄生振荡，需在激励级晶体管集基极间加入一个小电容作为滞后补偿，从而使放大器在高频时增加相位滞后来抑制寄生振荡。当放大器输入脉冲信号时，由于这个补偿电容充电需一定的时间，因而放大器的输出端不能立即得到应有的电压值，而需等待补偿电容进行充电的这一段延时时间。这一段时间里，输入级得不到应有的负反馈电压，从而使输入级瞬时过载。而且由于负反馈很深，这种过载电压值有时比额定值高几十倍甚至几百倍，因而输出信号被削顶，从而造成了失真，这就是瞬态互调(Transient Intermodulation)失真，简写为 TIM 失真。

晶体管分立元件式电路和集成功放电路往往存在较为严重的瞬态互调失真，它是造成“晶体管声”感觉的重要原因。

由瞬态互调失真产生的原因可以发现，当音量大、频率高的节目出现时，容易诱发瞬态互调失真。再者，由于节目在零信号电平附近相对于时间变化率最大，所以动态大的节目也易于诱发瞬态互调失真。心理声学研究表明，如果没有其他信号产生掩蔽效应，约有 0.2%均方根值的瞬态互调失真就能够被人耳所察觉。

瞬态互调失真的测量方法是 1977 年才提出来的，它被认为是 20 世纪 70 年代音频领域的一次技术突破。

怎样减小甚至消除瞬态互调失真是厂家和消费者都关心的事情。经过研究与实践发现了很多的具体措施，这里仅列几条如下。

(1) 采用(20～25)dB 较小的大环路负反馈，辅之以每级的少量局部负反馈，使整个放大器的开环增益控制在 50dB 左右。

(2) 选用特征频率高的晶体管，使放大器的频响较好，至少要达到 100kHz。前级各管频率需达到(40～200)MHz，末级功放管应达到(2～4)MHz。

(3) 放大器应尽量采用对称电路结构，各级均采用推挽电路并达到全互补对称方式。

(4) 在保证一定信噪比前提下，输入级的静态电流适当取大一些，这样可减小晶体管发生过载现象的可能性。如一些前级采用甲类方式静态电流高达 50mA，可使后级在瞬态输出时得到充足的电流供给，提高整机瞬态特性。

(5) 采用高、低压双电源供电方式，前级放大由高压电源供电，以提高过载能力并扩展晶体管线性区域。

(6) 在电压放大级的发射极反馈电阻上并联一个合适的小电容，将滞后补偿改为提前补偿，以提高放大器的开环频响，减小瞬态互调失真，并且能够增加频带宽度。

(7) 在放大器输入端加接无源滤波器，以免超声频或射频信号串入，形成输入级瞬间过载。

13. 晶体管功放与电子管功放削波失真的比较

对于晶体管功率放大器，只要加入适当的负反馈就能将谐波失真控制得非常小，但是，即使很小的谐波失真，在主观听声上仍感到声音发硬、发破。不如比它低两个等级的电子管功率放大器音质好。这是因为晶体管功率放大器的过荷失真是硬的，如图 6-7 所示，在超过过荷点后，非线性畸变便迅速增加，输出波形如刀削，而电子管功率放大器过荷曲线平缓，输出波形失真虽扁但仍有弧度。由于现代音乐冲击成分多，为了获得良好的音质，晶体管功率放大器应有较大的输出功率，通常其输出功率至少大于电子管功率放大器输出功率 2 倍以上才能达到与之相当效果。衡量功率放大器失真的指标主要有谐波失真(THD)、互调失真(IMD)、瞬态失真(TIM)、交叉失真、削波失真和瞬态互调失真等。

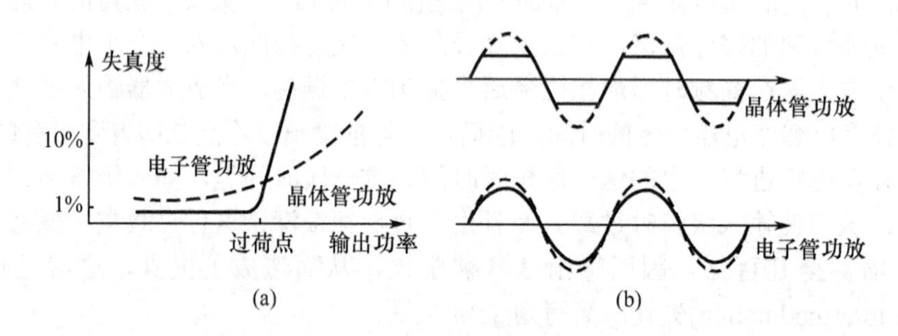

图 6-7 晶体管功放与电子管功放的过荷特性

(a) 两种功率放大器过荷曲线；(b) 两种功率放大器过荷失真输出波形。

6.5 音频放大器的分类

(1) 按所用电子元器件，可分为晶体管放大器、电子管(真空管)放大器、集成电路放大器、厚膜功放及混合式放大器等。

(2) 按其结构类型，则可分为合并式放大器、前后级分体式放大器和 AV 功放。

所谓合并式放大器，即将前置放大器和功率放大器的所有元器件均装在一个机体内。前、后级分体式放大器，则是将前置放大器和功率放大器分别装在两个机箱内。AV 功放不仅有音频信号的处理功能，还具有视频信号的集接和切换功能。

高要求的放大器常采用前、后级分体式放大器结构形式。有些高级放大器，为了减小两个声道的互扰，将两声道单独装置，成为两件，即所谓双单声放大器。每一件内含前置和功放两部分，只担任一个声道的放大任务，因此声道间隔离度高。购买双单声放大器时，需要成对购置才能获得满意的立体声效果。

另外，为了减少电源对电子线路的影响，有些高级放大器将电源部分单独装在一个壳体内与前、后级分离，从而成为三件套的放大器。

(3) 按电路工作状态，可分为超甲类、甲类、甲乙类及丙类等。也有按功放电路输出形式，可分为变压器输出、OTL、OCL、直接耦合及 BTL 类等。

(4) 按与扬声器的连接方式，可分为定阻输出、定压输出功率放大器。

定阻输出式功放的输出电压与负载阻抗有关，会随负载阻抗的变化而产生较大的电压波动。因此这种功放对负载的阻抗有严格的要求，负载的阻抗主要有 2Ω、4Ω、8Ω 和 16Ω 等几种低阻方式。一些场所有时采用一种高阻输出的方式，主要有 125Ω、250Ω 等。

定压输出式功放的输出电压不随负载阻抗的变化而变化。因为功放的输出级采用了深度电压负反馈，所以在额定的功率范围内输出电压受负载变动的影响很小，即对负载阻抗要求不高。输出电压主要有 70V 和 100V。

为降低长距离传输中传输线的功率损耗和解决多扬声器连接的较复杂的问题，往往采用高电压传输的方法。定压输出式功率放大器需使用输出变压器。选用的输出电压越高，功率传输线的功率损耗就越小。定压式功放的负载要用线间变压器来进行电压匹配，使负载能得到额定的输出功率。由于定压式功放的输出级使用了大功率的音频变压器，所以低频的频率失真，高频的瞬态响应都不佳，非线性失真也较大。这种功放特别适用于音质要求不高的有线广播系统，如大型商场的背景音响系统、工矿企业及校园的有线广播系统等。

6.6 功率放大器的电路形式

随着晶体管器件的发展，输出功率的提高，失真度的降低，瞬态特性的改善等，晶体管功率放大器电路也在不断的发展。目前，大功率音频放大器仍然以晶体管输出放大器电路为主。

下面简述常用的几种晶体管功率放大器的电路形式。

1. OTL 功率放大器

OTL 功率放大器全称为无输出变压器互补推挽功率放大器，其输出采用电容与负载耦合，使放大器工作在 B(或 AB)类状态。OTL 功率放大器有“准互补”型和“全对称”型两类输出形式。

(1) 准互补型 OTL 功率放大器电路。图 6-8 为准互补型 OTL 功率放大器的实用电路。图中，由 BG_3、BG_5 复合成的 NPN 管和 BG_4、BG_6 复合成的 PNP 管构成互补推挽输出电路，使放大器工作在 B 类状态。BG_2 为输出管的激励级，它利用 R_8、D_1、D_2 两端压降向 NPN 和 PNP 复合管提供激励电流，BG_2 的集电极负载电阻愈大，则增益愈大，输出管愈容易得到激励。BG_1 为输入级，BG_1 的发射极电压由输出端经 R_5 取得，R_5 构成了从输出端到输入端的负反馈回路，保证了电路工作的稳定性，反馈量取决于 R_4 与 R_5 的比值。

输入信号由 C_1 进入电路后，经输入级 BG_1 到达激励级 BG_2 输出，由于 D_1、D_2 和 R_6 的嵌位作用，使得 BG_3、BG_4 的基极电位也随着输入信号作正弦变化。输入信号在正半周时，BG_2 的输出电流增大(BG_2 集电极电位为+)，BG_3、BG_5 的正向偏压降低，变为截止，BG_4、BG_6 的正向偏压升高，变为导通，C 通过 PNP 复合管与负载电阻放电；反之，则 BG_4、BG_6

管截止，BG_3、BG_5管导通，电源通过 NPN 管和负载电阻放电(同时向 C 充电)，这样在负载电阻 R_L 上形成了随输入信号变化的放大信号电流。

(2) 全互补对称 OTL 功率放大器电路。在图 6-8 的准互补电路中，BG_3、BG_5、BG_6为 NPN 管，而 BG_4 为 PNP 管，为了保证输出相位正确，BG_4 只能由集电极输出，BG_4 的集电极输出增益远大于 BG_3 的发射极输出增益(尽管在 BG_4 的发射极已串接电阻 R_{16} 去降低增益)，电路在负半周对称性差，导致开环谐波失真大，需有较深的负反馈去获得稳定而恶性循环，这必然导致瞬态互调失真。为了改善输出电路对称性，将图 6-8 中 BG_6 改为大功率 PNP 硅管，从发射极输出，BG_4 也从发射极输出，使得上下两通路完全工作在对称状态，从而减少大环路负反馈深度，为消除瞬态互调失真创造条件。图 6-9 为全互补对称 OTL 功率放大器典型输出电路。

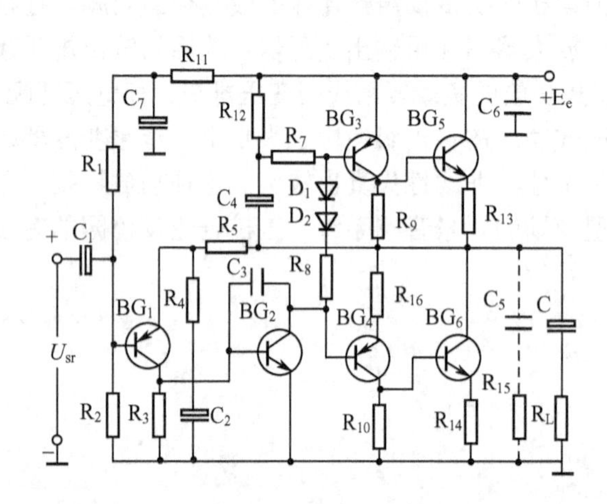

图 6-8　准互补型 OTL 电路

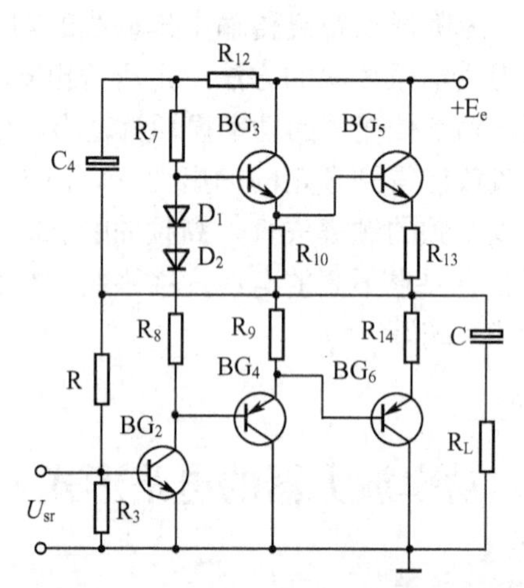

图 6-9　全互补对称 OTL 电路

2. OCL 功率放大器

OTL 电路有两个缺陷：①由于单组电源供电，电路正半周的输出功率由电源提供，负半周的输出功率由电容放电提供，放大器正负半周输出内阻不同，导致偶次谐波失真增大；②电源在向负载供电同时，还要向电容充电，因而负担重，导致纹波系数与交流噪声增大。同时由于耦合电容的引入，电路转换速率明显降低，频带不易展宽，为此在 OTL 电路的基础上又引入了 OCL 电路。OCL 电路与 OTL 电路的明显区别之处在于采用了正、负两组电源供电，去掉了耦合电容，输入组采用差分电路。和 OTL 电路一样，OCL 电路也有“准互补”和“全对称”两种输出形式。

(1) 准互补 OCL 功率放大器电路。如图 6-10 所示，这种放大器的输出电路克服了 OTL 电路的缺陷。去掉耦合电容后，低频端没有衰减，低端下限频率可以延伸到 10Hz 以下，频带得到一定展宽。图 6-10 电路中，BG_1、BG_2 组成差动放大输入电路，输入信号经 C_1 由 BG_1 基极输入，输出信号经 R_6 反馈至 BG_2 基极，反馈量取决于 R_5 与 R_6 的比值。BG_3 为激励级，BG_4、BG_6 与 BG_5、BG_7 组成准互补推挽输出电路。由于采用正负电源供电，静态时输出端电压为零。交流工作状态时，加在 BG_1 基极端的信号，经 BG_1、BG_3 放大，激励推挽电路输出。由 BG_2 基极引入适当闭环负反馈后，可以提高输入电路的共模抑制比，增大输入电阻，降低失真度，展宽频带。

(2) 全互补对称 OCL 功率放大器电路。这种放大器的输出电路与全互补对称 OTL 电路一样，采用 PNP 大功率硅管与 NPN 大功率硅管组成全互补对称推挽输出电路。由于采

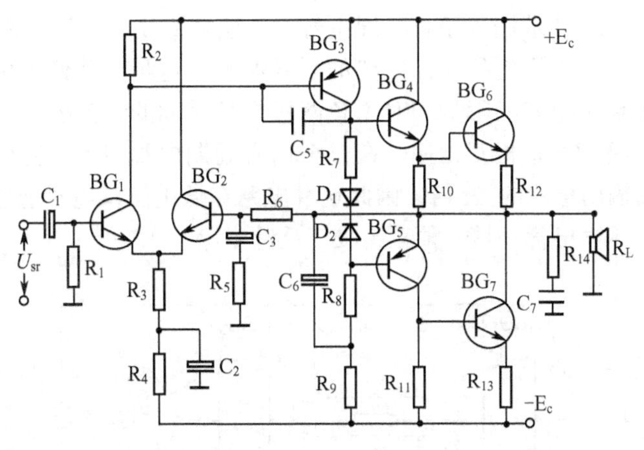

图 6-10 准互补型 OCL 电路

用正、负电源供电，对称性更好，因而开环畸变可以做得很小，可以减小大环路负反馈，降低瞬态互调失真，大大改善准互补电路中静态、动态特性指标。这种电路要求 PNP 和 NPN 大功率硅管特性完全对称，正、负电源完全对称，保证整路输出中点为零电位，整个电路处于绝对对称状态，如图 6-11 所示。

3. 直流耦合功率放大器

OCL 功率放大器电路采用正、负电源，去掉耦合电容，其频率响应、失真度及动态特性等项指标与 OTL 电路相比，均有所提高，但由于电路仍采用深度大环路负反馈，输入电容、滤波电容、自举电容的引入，造成瞬态响应差，瞬态互调失真无法消除，并伴有电容作用下的较大开机冲击声。为了克服上述缺陷，在晶体管工艺得到较大提高的同时，直流耦合放大器亦得到发展和应用。

这类功率放大器有以下特点。

(1) 没有任何电容，改善了电路的瞬态特性，抑制了开机冲击声。

(2) 采用互补双差分输入电路，对输入的共模信号有较强的抑制能力，提高了中点电压稳定性。同时双差分电路比较容易实现对后级的平衡激励，使整个电路工作在更加对称的状态。

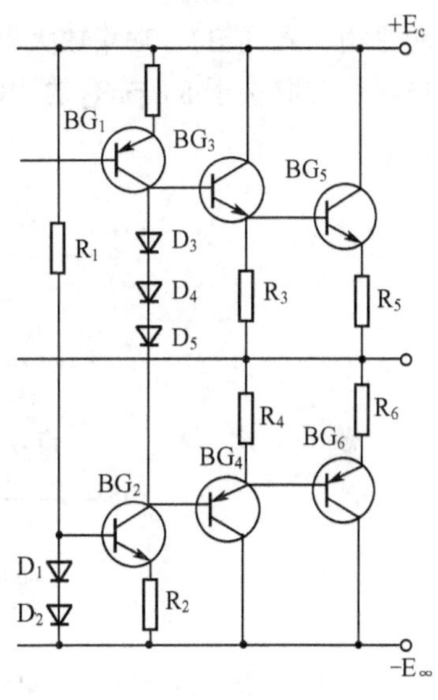

图 6-11 全互补对称 OCL 电路

(3) 整机电路对称性好，晶体管高频特性好，特别是全对称直流耦合电路，上下两路完全对称，开环畸变极小，不需要引入深度大环路负馈，大大降低瞬态互调失真。

(4) 取消了大环路反馈电容，交、直流反馈系数相等，电路对交、直流信号具有相同放大倍数，利于提高放大器的低频响应。

(5) 整个电路对晶体管的性能及配对要求极为严格，而且电路的输入阻抗较低。

4. BTL 功率放大器

BTL 功率放大器亦称桥式推挽输出功率放大器，它是在单端推挽输出电路(OTL、OCL 放大器)基础上发展起来的。最简单的 BTL 电路可由两个单端推挽输出电路合并构成，如图 6-12 所示，该推挽输出电路由 4 只晶体管构成，它们置于电桥的四臂，电源和负载分别接于电桥的两个对角线，对角管 BG_1 和 BG_4、BG_3 和 BG_2 均为同相激励，两组对角管相互推挽。当 U_{s1}、U_{s2} 两端馈入正负半周信号时，经推挽放大，负载 R_L 上获得一组振幅相等、相位相反的正负半周信号，即完整的信号波形。这种电路使用单电源供电，省去输出电容，克服了输出电容的影响和对正负两极电源对称的苛刻要求。由于电路中对角管为同相激励，两级对角管相互推挽，在一个信号周期内利用了全部电源电压，其电压利用率为单端推挽输出电路的 2 倍，因此这种电路在低电压供电时能够提供较大的功率输出，而且不易损坏输出管，是一种应用较广泛的电路。

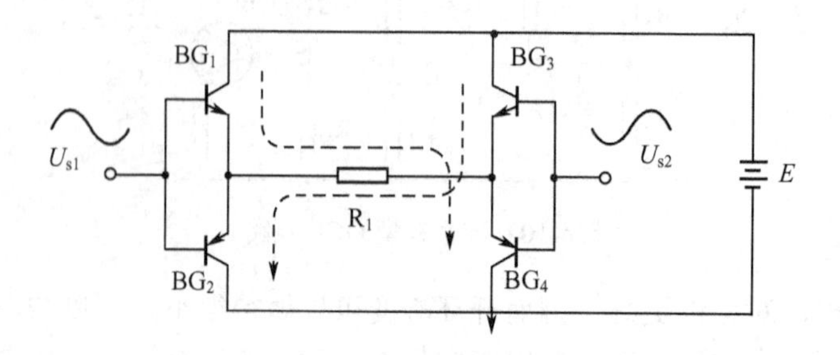

图 6-12　BTL 电路原理图

利用两组完全对称的 OCL 功率放大器可以组成 BTL 功率放大器。图 6-13 为一典型的平衡输入式 BTL 功率放大器电路框图，电路中两组 OCL 电路交、直流多数完全对称，电路增益取决于 R_1 与 R_2 的比值。

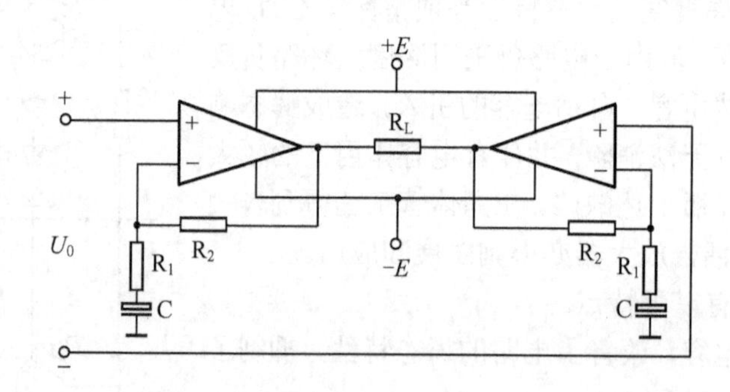

图 6-13　平衡输入式 BTL 功率放大器

6.7　功率放大器的电源及保护电路

1. 对功放电源的一般要求

电源的性能优劣对高保真立体声放大器放音质量好坏有极大的影响。对电源的要求是：输出电压稳定，纹波系数小(绝对直流为最理想的情况)，能输出足够的功率、内阻小，50Hz 杂散磁场干扰小。

在高保真立体声放大器中，几乎无一例外地都采用直流稳压电源供电电路，为了使功放尽量工作在线性区域，电源容量经常取得很大。家用高保真放大器的电源变压器的总容量常在 400V·A 以上，甚至有用到 800V·A～1000V·A 变压器的功放，并且为了保证输出纹波系数小以及满足大动态的要求，滤波电容常选 40000μF 以上，有的常常选至 60000μF，甚至到十几万 μF。发烧友常形象地把电源变压器比作“火牛”(如果是环型变压器则称为

“环牛”），滤波电容比作“水塘”。“大火牛”加“大水塘”就能向功放供应充足的电力。凡是高保真音频放大器无一不在电源上大做文章，舍得在电源上投资是很多厂家的习惯做法。甚至有人主张电源部分的投资要占到整个功率放大器投资的一半，这种主张有无必要虽然各人看法不一，但至少说明电源的重要性是不容置疑的。更有甚者，某些极品放大器竟选用蓄电池作为电源，以减少纹波的影响。

至于对电源变压器的质量要求也是很高的。早期的电源变压器多采用传统的EI型铁芯的方形变压器，因其漏磁大易产生干扰等缺点，近年逐渐被环型变压器替代。环型变压器除用料少、重量轻外，它还具有磁阻小、外界干扰低、空载电流小、自身杂散磁场低的特点。

在电源变压器使用方式上，早期的放大器大多采用一只变压器供电，其最明显的弱点是左、右两声道容易发生串扰，影响声像定位与清晰度。而近年制造的放大器，很多采用左、右声道，分别由独立的变压器供电，其获得的音质改善效果，不是用更换晶体管、电阻、电容或调整电路、改变电路、选择材料以及其他方法所能得到的。

由于使用多只变压器，功放音质会得到明显的改善，甚至有人主张功放的各级中都独立供电，从而大大增加了变压器的个数。例如，有人用了13个变压器的前置放大器。磁头放大器、均衡放大器、平坦特性放大器分别采用独立正负电源变压器，每声道6只变压器，由于左、右声道独立共12只，还有一个变压器为继电器保护电路供电。需要明确指出的是，它的供电方式不但使左、右声道独立，而且正、负电源也独立。

近些年，功放专用开关电源在国内开始受到重视。目前，功放由于采用了新技术、新器件、新工艺，其性能指标已经相当出色，与功放的供电电源相比，功放对音质的影响可算是少多了，而电源性能的好坏对音质的影响则显得格外重要了。电源的成分越纯净，内阻越小，音质越好。从本质上看，功放是一个“能量转换器”，它将电源的能量转换为扬声器的输入能量。众所周知，输入扬声器的信号频率可达20Hz～20kHz或更宽的范围，这些众多的频率成分代表着音乐的各种成分，如果电源供电中有交流成分掺合到音频信号中，必然影响扬声器输出信号的音质。因此，一台功放素质的好坏，很大程度上取决于供电电源素质的好坏。

尽管在电源上舍得投资，采用上千瓦的环型变压器，几十安的整流桥，几万至几十万微法的大滤波电容(“大水塘”)在电路结构上采用双“环牛”、双桥式或双全波高速整流线路，使供电质量得到很大的提高，但是由于电源仍是传统的低频电源，不但体积大、重量重、电损高，更重要的是它成了功放音质进一步提高的“技术瓶颈”。

高频开关电源的高稳定度、高瞬态响应，能适合功放的大动态要求，因而是功放的理想电源，是功放电源的发展方向。关于高频开关电源的工作原理可参见有关专著，这里仅向读者介绍一下其优点。

功放专用开关电源体积小、重量轻、功率大、效率高，用在功放中，给电路设计与布局带来了很大的方便。工作频率为100kHz的开关电源内阻低、速度高，使功放频带能得到扩展，并且增加了功放瞬态响应的速度。

高频开关电源用于功放最主要的优点是对功放的音质将有明显的提高，功放的音域更加宽广，高音清晰、细腻；中音明亮甜润；低音更具力度和厚度。一些素质很平常的功放，一旦换用该电源，高低音将有明显的提升，音色也变得亲切柔和。

用高频开关电源供电的功放，由于电源的高频特性好，使功放的音场宽阔，定位准确，特别是由于电源稳定性好，功放的工作点不会随输出功率的变化而变化。在大音量时，音场照样稳定，声像定位准确，演绎人声亲切自然，鼓声动态巨大，鼓点急速而不乱，干净利落，不拖泥带水。

图 6-14 是高频开关电源代替原环型变压器后，在播放大动态节目时电源电压的波动比较，在大信号来到时，环型变压器供电时，电压下跌最大达 10V，而开关电源电压却依然稳定。

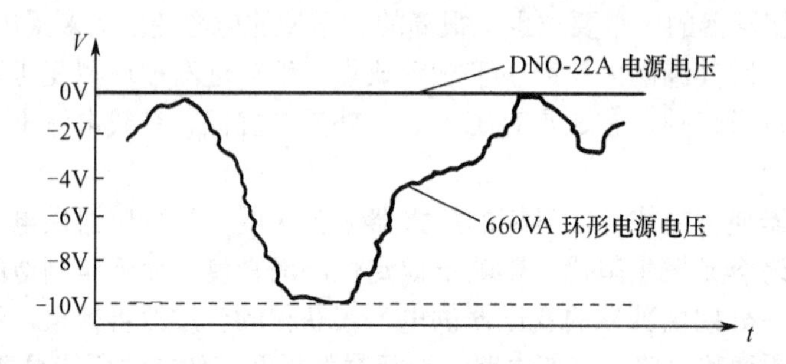

图 6-14　高频开关电源与环型变压器大动态信号时的电压波动比较

2. 功放的保护电路

保护电路是功率放大器的重要组成部分之一，由于输入信号很强，输出功率很大，输出负载短路或输出电流过大，输出管极易被烧毁，过高的输出信号也极易使扬声器受损。为了保证功率放大器与扬声器正常工作，在功率放大器中需设置数种功能的保护电路。供电电压越高、输出功率越大，保护就越显得重要。最简单的保护方法是在电源及扬声器回路中串接熔断丝，这种方法简单易行，而且经济，但如果过载严重、突然，保护会来不及起作用，保护的可靠性差，不能自动复位。在现代放大器的设计中均采用电子保护电路。通过检测到的过载输出信号使有关电路断路或减少负载达到保护的作用。常用的电子保护电路有切断负载式、分流式、切断信号式和切断电源式等几种。图 6-15 为常用保护电路方框图。其中前两种最常用，后两种中的切断信号式只能抑制强输入信号的冲击，对其他原因引起的过载无力保护。切断电源式的缺点是电源通断对电路冲击较大，因而后两种已不常用。

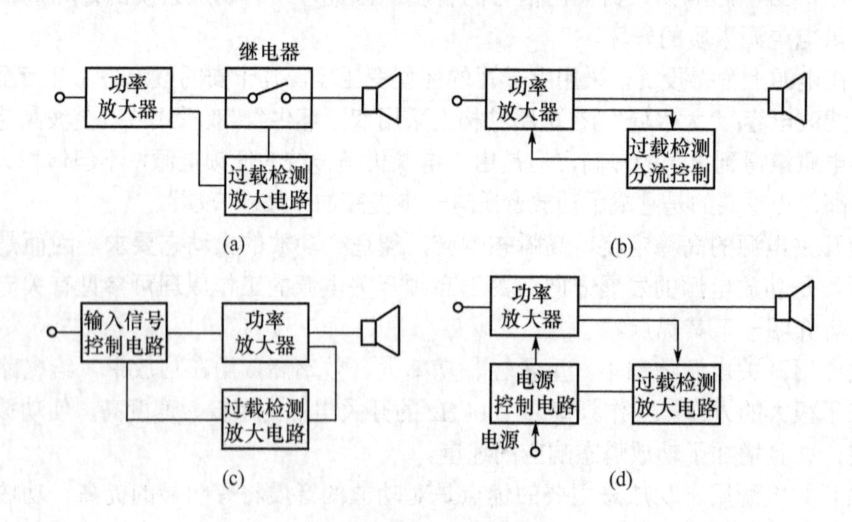

图 6-15　常用保护电路方框图

(a) 切断负载式保护电路；(b) 分流式保护电路；

(c) 切断信号式保护电路；(d) 切断电源式保护电路。

1) 切断负载式保护电路

切断负载式保护电路主要由过载检测及放大电路、继电器两部分组成。当放大器输出过载或中心点电位(OCL 电路)偏离零点较大时，过载检测电路输出过载信号经放大后启动继电器断开扬声器回路。

2) 分流式保护电路

分流式保护电路的工作原理是当功率放大器过载时，过载检测电路输出过载信号，控制并联在两功率输出管基极之间的分流电路，使其内阻减小，增加分流，从而使大功率管输出电流减小，达到保护大功率管和扬声器的目的。

图 6-16 为典型的带分流保护的输出电路。图中 BG_5 和 D_1、BG_6 和 D_2 分别是输出管 BG_1 和 BG_3、BG_2 和 BG_4 的过荷分流保护电路。以上半部电路为例，R_4 可对流过 BG_1、BG_3 的电流进行取样，取样后的电压送到 BG_5 的基极，假若负载短路或输出电流过大，输出管电流剧增，导致 BG_5 导通，输入信号的正半周会通过 D_1 和 BG_5 旁路入地，从而牵制输出管 BG_1、BG_3 电流上升。电路中 C_1、C_2 用以滤去噪声脉冲干扰，使保护电路工作更加稳定。这种保护电路对负载短路有较强的保护能力，当输出中点偏移或强信号冲击时，均能使输出管电流降低。

3) 输入端保护电路

图 6-17 中，放大器输入端 BG 前接入一对背靠背的稳压二极管 D_1、D_2，其稳定电压值可由放大器的输入电平而定，当输入信号过大并超过额定输入电平时，稳压管的箝位作用将对输入信号的正、负峰值进行削波，保护放大器输入晶体管 BG 的 b-e 结不被击穿。

另外，一些功放电路存在“开关声”，所以常常为设计开机延时电路。

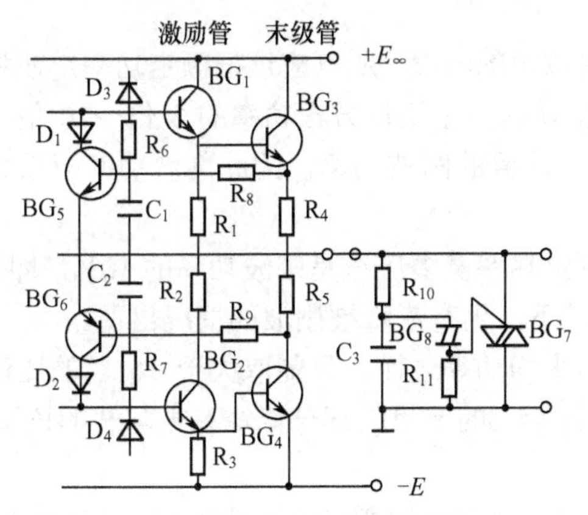

图 6-16　分流保护电路和扬声器保护电路

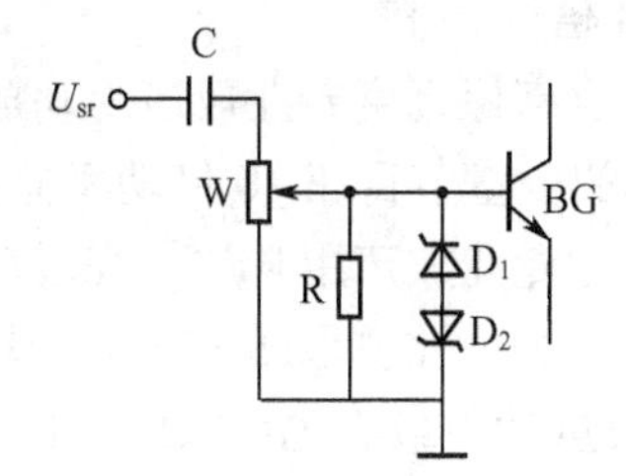

图 6-17　放大器输入端保护

6.8　放大器的额定功率与功率储备

放大器额定输出功率也称 RMS 功率或连续功率，是指在一定的失真范围内，在负荷 RL 一定的条件下，放大器输出的最大功率。显然，对一台既定的放大器，其额定输出功率不是唯一值，而是随失真度和负载不同而不同。怎样确定放大器的额定输出功率？过去往往把功率放大器的额定输出功率定得和削波功率一样高，这样，就严重地影响了放声质量，后来又规定额定功率应是削波功率的 1/2，甚至有的国家规定是削波功率的 1/3，作为一种标准确定下来。

功率放大器的负载及谐波失真指标不同，额定输出功率也不同。因此，美国在 1974 年规定额定输出功率的标准为：两个声道各驱动 8Ω 扬声器，在 20Hz～20kHz 范围内谐波失真小于 1%时，测得的最大输出功率的有效瓦数，即为放大器的额定输出功率。

实践说明，音乐节目的平均功率，代表着节目放声的实际响度。放声响度大，平均功率就高；放声响度小，平均功率就低。因而需要确定一个合理的放声响度，可称为标准响度(音量)。另外，音乐节目电平包络中总会不时地出现一些短暂的高峰，其对放声的平均实际响度的影响较小。不过放大器的削波功率需避开这些高峰，否则将产生削波，音乐节目会变得发燥、干硬，产生所谓“动态畸变”。

最大均方根功率按下式计算

$$P_{max}=\frac{U^2_{rms}}{R_L} \tag{6-4}$$

$$U_{rms}=\frac{U_P}{\sqrt{2}} \tag{6-5}$$

式中：P_{max} 为最大均方根功率(W)；R_L 为功率放大器额定负荷电阻，常选为 8Ω；U_{rms} 为功率放大器输出电压的有效值(V)；U_P 为正弦信号的峰值。对多数实际声音信号，$U_P≈(1～5)U_{rms}$。

事实上，最大均方根功率也是随节目的性质不同而不同的，通过大量设计实验，我们可得出以下一些结论。

(1) 统计实验表明，绝大多数节目(占 88%)的最大均方根功率与平均均方根功率之比，在 3 倍～10 倍的范围内。

(2) 因为平均均方根功率取决于节目放声的响度，所以应该把额定功率定在相当于平均均方根功率的水平上。这时最大均方根功率为平均均方根功率的 3 倍～10 倍。由于高保真度放声要求最大均方根功率必须低于功放的削波功率，因此削波功率应该大于额定功率的 3 倍～10 倍。

(3) 对高保真度专业放声用功放的额定功率至多应该是削波功率的 10%，即使如此，尚有 8%的少量节目在 10 倍功率储备情况下，仍有巅峰被削波的情况出现。

(4) 对专业放声用功放，削波功率与平均功率之比，只能取大于 10:1 的比例。若降低要求，比如此比例取(6～7):1，那么将有 44%的节目的部分巅峰有被削波的危险。可见，家用高质量功放最少也应按此比例取值。

(5) 由分析可见，把额定功率定得和削波功率一样高或稍低于削波功率都是不正确的。

(6) 因为晶体管(含集成电路)功放在过载后产生明显的削波，而电子管功放过载后，谐波畸变与互调畸变并不迅速增加，所以电子管功放的功率储备量可以明显低于上述比例。这也是为什么有时晶体管功放(特别是大功率的功放)测得的指标尚好，但放音质量较差的主要原因。当然，普遍存在于功放电路中的瞬态互调畸变，则是另一个原因。

(7) 分析一下通常收音机、电视机音质差的原因何在。(15～20)m^2 的居室，有 1/20W 的声功率响度就够了。收音机和电视机用的小功率扬声器，其效率一般不到 5%，这就需要输入 1W 以上的平均电功率。即使取上述储备量比例为 5:1，也需要有 5W 以上的最大电功率。而一般晶体管收音机或电视机的功放，削波功率往往远低于此值，这就严重地影响了它们的音质。

(8) 从上述结果发现，一台削波功率为 80W 的晶体管放大器，其平均功率只能用到

(4～5)W。若削波功率为 50W，则平均功率只能用到(3～4)W。使用时，如果平均功率分别大于这个数值，功放的音质就会明显地下降，这两个比例均大于 10，这个结果与国外资料所介绍的分析结果相近。

现将以上的讨论，归纳为以下初步结论。

(1) 专业用高质量晶体管功率放大器，最大均方根功率 10 倍的额定功率。

(2) 家用高质量晶体管功率放大器，最大均方根功率(6～7)倍额定功率。

(2) 一般晶体管功率放大器，最大均方根功率(3～4)倍额定功率。

(3) 电子管功率放大器，功率储备可减半。

为形象起见，我们将以上讨论的结果示于图 6-18 中。

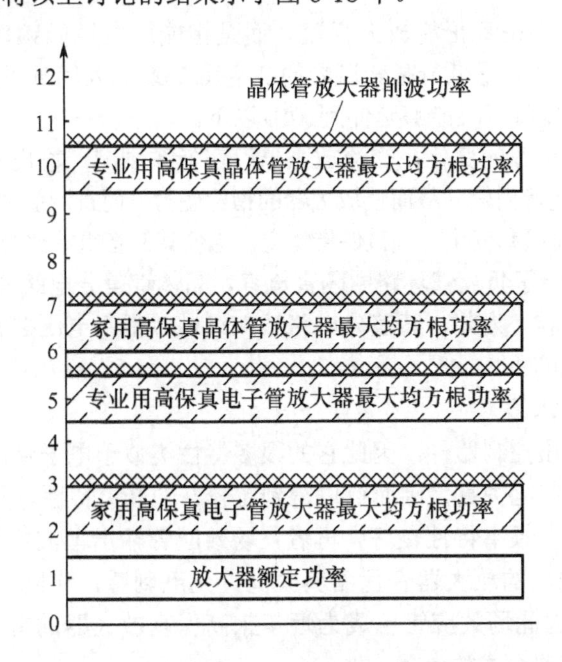

图 6-18　各种音频放大器的功率储备比较示意图

6.9　功率放大器的发展趋势

CD 唱机、DAT 数字录音机、DCC 数字录音机和 MD 微型唱机等数字音源的出现，以及 LD、VCD、DVD 音视节目源的出现，对音频放大器提出了越来越高的要求：扩大动态范围、扩展频带宽度、改善对低负荷(2Ω)的驱动能力和提高瞬态特性等。

为了适应音频技术的发展，满足数字音源的要求，进一步改善放大器的各项技术指标，同时兼取晶体管和电子管的优点，近年来高速放大器、直流放大器、场效应管放大器、电子管晶体管混合式放大器以及电子分频电子管放大器均得到了发展。

1. 高速功率放大器

由于某些晶体管放大器的转换速率(Slew Rate，SR)不高，在通过矩形波时会引起前沿上升时间延时，致使输出信号产生较大的失真。转换速率不高，也是功率放大器产生瞬态互调失真的重要原因，会使音质严重恶化。为了提高信号波形的忠实再现性和减轻瞬态互调失真，放大器正向着高速化发展。

再好的放大器也不可能放大所有的高次谐波，从而放大方波不可能没有失真，我们要求其失真尽量小就行了。一台放大器如果能很好地放大比基波高出十余倍的频率的信号，那么这台放大器就相当优秀了。所谓放大器的高速化，实质上就是改善放大器的高频特性。为使 20kHz 的种种波形都能满意地得到重放，就要求放大器能很好地放大 200kHz 的信号，即要求放大器的频率特性向上展宽到 200kHz，要求低一些，也应到 100kHz。

展宽放大器的频率范围，除采取适当的负反馈外，应改善放大器开环频率特性，这主要靠完善的电路设计和选择优秀的元器件来实现，如采用高达 100MHz 特征频率的晶体管等。

2. 直流放大器

所谓直流放大器并不是真正能放大直流，而是指能放大很低频率的交流信号(如3Hz～5Hz)，低于20Hz的信号(乐器最低音是管风琴的C_2=16.352Hz)人们听不到，但可以感受到，因而要求高保真放大器的低频下限能够延伸到10Hz以下。

在低频区域，随着频率的变化，交流放大器存在低频衰减、输出与输入信号相移、负反馈变化、输出内阻不稳定等问题，从而使放大器的指标变劣。而直流放大器的频率特性、相位、负反馈和输出内阻则不随频率变化，一直保持恒定，这使其低音重放比交流放大器丰满动听。

由于直流放大器去除了负反馈环路中隔直电容，晶体管差分电路的输入阻抗将变得太低，这会给具体应用带来困难。为此，其差分电路输入级通常都用电压控制的场效应管来替代电流控制的晶体管，此举同时也降低了噪声。

3. 场效应管功率放大器

由于场效应管是电压控制器件，因此它的很多特性类似于电子管。场效应管不存在载流子积聚效应，不会产生凹陷失真，因而可以得到比较好的开关特性。另外，场效应管的稳定性好、噪声低、失真小、频率特性良好，再者，场效应管输出谐波中偶次谐波占主要成分，故用场效应管做功率输出的放大器音色甜美柔润，无毛刺感，实际试听也表现得比双极性对管更具“音乐味”，因此场效应管已成为近年来高保真放大器的首选器件。

4. 电子管、晶体管混合式放大器

为了取晶体管动态凌励、速度快和电子管音色柔润浑厚的优点，近年来，电子管、晶体管混合式的放大器应运而生。前级选用电子管，后级为避开工艺复杂的输出变压器，采用晶体管做功率放大输出。目前市场上有多种商品机型可供消费者选择。

5. 电子分频电子管放大器

设计电子分频电子管放大器的指导思想之一也是出于对输出变压器的考虑，低音要求输出变压器有足够大的电感量，而高音又要求它应具有很小的漏感。只有同时满足了这两个相对立的要求，才能保证高低频的均匀输出。尽管由于技术的进步，现在的输出变压器可做到相当高级的水平，但毕竟工艺复杂、效率低、成本高，为了解决这个矛盾，可先分频后再分别放大高、低频信号，高、低频信号分别由两个变压器输出。这样做的优点是能减少互调失真，增大阻尼系数，提高音质。

6. 电子分频晶体管放大器

电子管功率放大器音质优美的一个主要原因是具有较大潜在的输出功率与很小的输出内阻。由于电子管功放非线性失真，随输出功率的增加而增加得很慢，即便输出功率超过额定值二三倍时，其失真也不过在 5%左右。这就使得标称(30～50)W 的额定输出功率的电子管功率放大器实际潜在有(100～200)W 的输出功率。由此可见，如果将晶体管放大器做到额定输出功率 100W 以上且让其工作于甲类状态，则其音质也许不会比电子管放大器差。这样即使用三极管(而不用场效应管)做功率输出，只要将额定功率做到二三百瓦以上且工作于甲类状态，其音质也许会比电子管放大器好。但是放大器的价格将随功率的增大而大大地增加。

晶体管放大器与电子管放大器抗争的更重要一条出路是采用级前分频方式设计。首先，采用电子三分频功放电路，高、中、低分频后分别由对应的三单元放大器担任放大输出。由于其功率不会被扬声器之外的电抗元件所占用，可以不必准备过大的储备功率。其次，高、中、低三单元扬声器分别由对应的单元放大器推动，各单元之间基本上没有干扰，就不需要放大器具有很高的阻尼系数，特别是高、中单元放大器对阻尼系数根本就无需要求。再者，由于各单元放大器的任务不同，就可灵活地选择元器件以达到技术先进、经济合理的原则。第四，采用级前电子分频，有利于扬声器单元的选择及保证其安全工作。第五，高音单元放大器的有效输出功率往往高于其正常放音功率的好几倍。这就使得高音非线性失真不会超过人耳对高音的识别阈(0.5%)，而低频放大单元中即使有高次谐波也会被扬声器的阻尼所吸收。这样，就会使中小功率的前级分频放大器获得优良的音质。最后，为改善低频低端频响，可在低频单元放大器中引入低频提升补偿网络，把低频响应拉成水平且扩展低频下端，这样可解决低频不足的弊病。

思考与练习

填空题

1. 音调控制电路的幅频特性有 4 种情形：________ 、________、________及________。

2. 频率响应又称频率特性，它又可细分为________和________。

3. 功率放大器达到额定输出功率时，输入信号所需的电平值称为________。

4. 音频放大器的分类按所用电子元器件，可分为________、________、________、________等。

5. 音频放大器的分类按其结构类型，可分为________、________、________。

判断题

6. 声频放大器，按其功能可分为前置放大器和功率放大器两大部分。 (　　)

7. 定压功放与音箱连接的原则是：负载的总功率必须大于功放的输出功率，否则会烧毁音箱。 (　　)

8. 定压功放和定阻功放的主要区别在于是否在专业场所使用。 (　　)

选择题

9. 关于音频模拟信号的强度，下面说法正确的是： (　　)

A. 传声器级输入的信号比线路级输入的信号要弱得多

B. 传声器输出的信号比线路输出的信号强

C. 传声器输出的信号和线路输出的信号强度大致相等

D. 线路输入端口的信号总是比话筒输入端口的信号强

简答题

10. 音频放大器可分为哪些类型？

11. 按照基本功能，音频放大器可分为哪两大部分？各部分的主要作用有哪些？

第 7 章

节目源设备

本章要点

- 节目源设备的一般功能。
- 节目源设备的主要技术指标。
- 节目源设备的常见应用。
- 节目源设备的使用与维护。

除了直播和现场扩音外，音频信号的记录与重放总是离不开各种节目源设备。根据处理信号的类型，节目源设备可分为模拟和数字两大类；根据使用的功能，节目源设备可分为录音设备、重放或扩音设备，其中录音设备是音频技术中应用最广泛的设备。

7.1 概述

除了直播和现场扩音外，音频信号的记录与重放总是离不开各种节目源设备。节目源设备可分为模拟和数字两大类，模拟节目源设备主要有传声器、调谐器、收录机及电唱机等；数字信号设备主要有激光唱机(CD)、数字磁带录音机(如 DAT、DCC 等)、磁光碟(MD)、MP3、录音笔及激光视唱机(如 LD、VCD、DVD)等。限于篇幅，这里只能作一简单的介绍。

在节目源设备中，有一部分设备属于录音设备(如磁带录音机、MD、DAT、DCC 等)。自爱迪生发明留声机以来，录音技术已经从模拟录音发展到数字录音。模拟录音根据记录方法可分为三类：机械录音，如电唱机；光学录音，如电影拷贝中的还音；磁性录音，如磁带录音机(TAPE)及钢丝录音。数字录音则往往根据媒体类型分为激光盘片记录、磁性带记录、磁光碟记录、硬盘记录及集成芯片记录等方法。

7.2 调谐器

调谐器又叫收音头，是用来接收调幅和调频广播信号的设备，常分为调幅/调频(AM/FM)调谐器，属于接收调幅和调频广播信号的节目源，使用它既方便又经济，而且能聆听到很多广播节目。目前，调幅广播电台多，播音时间长，虽然够不上高保真节目源，但它有大量的各种各样的信息，可供收听。调频广播特别是调频立体声广播质量较高，内容丰富，可以说是取之不尽用之不竭的高保真节目源。图 7-1 是一款高品质的调幅/调频调谐器。

图 7-1　调幅/调频调谐器

调幅/调频调谐器把调幅、调频信号接收下来经处理后输出小功率的音频信号，在驱动扬声器以前必须将小信号适当放大。也就是说，把调幅/调频调谐器配上放大器和扬声器即组成了放声系统。这个放声系统若整合在一个机壳里，就成为我们平常所说的收音机了。当然为了获得优质的放音，放大器和扬声器系统需做得很考究，就需要将各部分构成独立的设备，不能装在一个机壳里，而应分别放在适当的位置进行组合。

7.3　电唱盘

1877 年托马斯·爱迪生(Thomas Edison)发明了留声机(图 7-2)，把声音产生的振动刻划在圆筒形的锡箔上，声波的振幅对应着刻划深度变化的槽纹。大约过了 10 年，另一位发明家埃米尔·伯利纳(Emile Berliner)发明了一种横向刻纹的扁平录音圆盘，即圆盘式“唱片”，即我们今天所说的留声机或电唱机。后来采用电子技术的直接刻纹方法使唱片音质得到提高，图 7-3 为高保真电唱盘。在过去的一百多年中，唱片成了家庭放音的主要节目源，许多历史性的珍贵作品都是以唱片形式保存下来的。唱片是把机械振动的声波直接刻录下来，所以称之机械录音。把电唱盘配上放大器和扬声器即组成唱片重放系统。这个放声系统若整合在一个机壳里，就成为我们平常所说的电唱机了。

图 7-2　爱迪生发明的留声机

图 7-3　高保真电唱盘

电唱盘的主要技术指标有：转速、抖晃率、信噪比、频率特性、拾音器灵敏度和通道分离度等。

电唱盘产生转速误差，就会使重放的声音出现频率的偏移，便产生所谓的抖(Flutter)或晃(Wow)，其影响较大的频率范围是(0.2～200)Hz。通常将 10Hz 以上的频率偏移称为抖，抖反映在听觉上是一种低频调制噪声，使音质不清楚，是使音色恶化的原因之一。10Hz 以下的频率偏移称为晃，晃反映在听觉上是音调的变动。关于抖晃率我们可以这样来讨论，假设标准频率为 f，频率偏移量为 Δf，则抖晃率 W 可用下式表示：

$$W=\frac{\Delta f}{f}\times 100\% \tag{7-1}$$

唱片自演播室录音开始，至生产出成品为止，要经过“刻纹翻片”、“模版制造”、材料加工、印刷和压片等一系列工艺过程。由于最后的唱片成品是通过压制而成的，因此复制极其容易，成本低廉，普及较快。

7.4 磁性录音机

磁带录音机是近几十年中普及率最高的音响设备，因此关于它的研究有着非常重要的现实意义。这里主要从磁性基本原理、磁带录音机的基本结构以及盒式磁带录音机的基本操作使用作一简单介绍。

1. 磁性记录原理

众所周知，把一小铁片靠近磁铁后再移开，这个小铁片就会残留磁性，这一现象叫磁化，残留的磁性叫剩磁。如果用磁铁对一根细长钢丝进行局部磁化，如图 7-4 所示，当磁铁离开后，钢丝上仍有残留磁性，其极性是一对对的，即 SN、SN、SN……。剩磁的极性按这种顺序排列的磁化称为分段局部磁化。

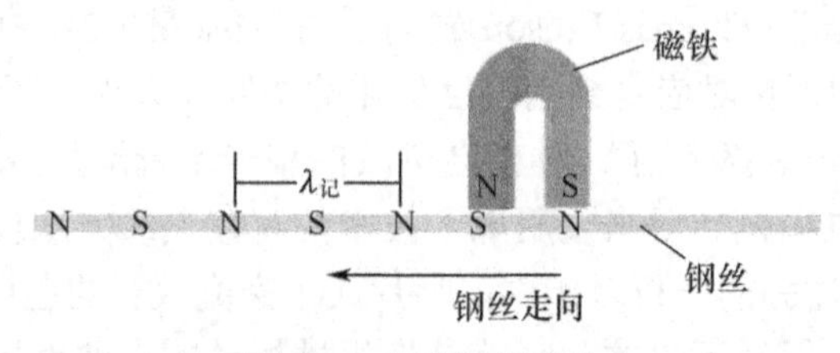

图 7-4 分段局部磁化

在一个 U 形软铁棒上绕上线圈，再将此线圈与电源接通，则软铁就带有磁性成为磁铁，这就叫做电磁铁。电磁铁磁场极性和强弱随通过线圈的电流极性和大小而变化。

磁头就是根据这一电磁转换原理设计制作的。它是录音机中最重要的器件，它既可以将电信号转换成磁信号存储在磁带(或钢丝)上，又可以将记录在磁带上的磁信号还原为电信号，还能将已录信号抹除。

磁头结构是由开口的环形电磁铁芯上绕以线圈组成的，电磁铁芯采用高导磁合金或俗称软铁的材料制成环状叠片结构(可减少涡流损耗)，环状开口处成一小缝隙，如图 7-5 所示。脉动电流进入磁头线圈就会在铁芯中产生交变磁场，在磁带上留下剩磁 N、S 极间隔出现，这个间隔的 2 倍叫做记录波长，以下式表示：

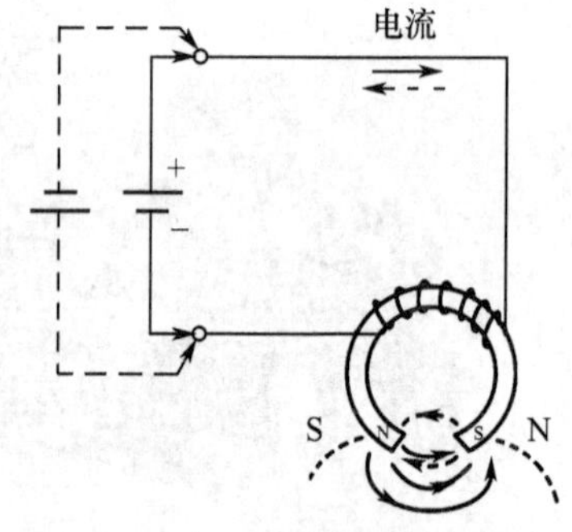

图 7-5 电磁铁原理

$$\lambda_{记} = \frac{v}{f} \tag{7-2}$$

式中：$\lambda_{记}$ 为波长；f 为频率；v 为带速。

2. 录放音过程

如图 7-6 所示，传声器把声音变换成脉动电流，这个脉动电流的变化规律与声音的变化规律是一致的。脉动电流经过均衡放大处理，被送入录音磁头。根据电磁感应原理，录音磁头把送入的脉动电流变换成与脉动电流变化规律一致的磁信号。再用这磁信号将磁带磁化，从而完成信号的记录。这种把声音变换成电、再变换成磁而使其保留在磁带上的过程，称作磁性录音。磁带就是所谓的载音体。反之，如果让记录声音变化规律的磁带沿放音磁头工作缝隙表面以录音时相同的速度通过，根据处在变化磁场中的导体能产生感应电动势的原理，放音磁头就把磁信号变换成电信号，经过电路的均衡放大处理，然后送给扬声器，扬声器把电信号再还原成声音，这就是放音。

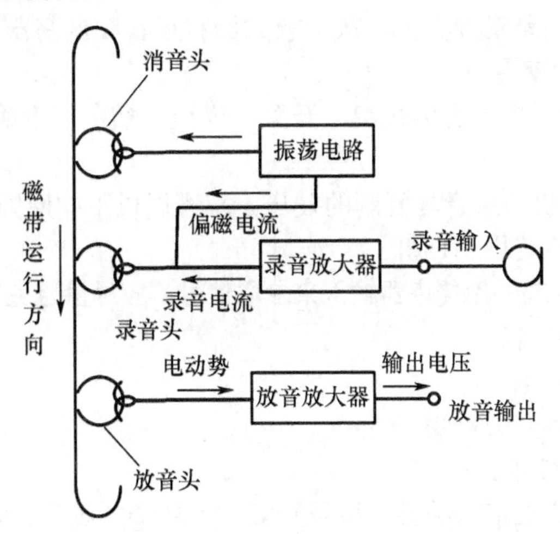

图 7-6　磁带录放音的基本原理

3. 消音原理

磁性录音的最大优点是能消音(抹音)，即可以把已录的信号消去，反复多次地进行录音。与录音和放音相比，消音的方法比较简单。可以使用某种方法使磁带上的剩磁通不再变化，或者使剩磁通变为零来达到消音的目的。前者为直流消音，后者为交流消音。效果好应用广的是交流消音，其原理如图 7-7 所示。

4. 磁带录音机

常用的录音机有开盘式和盒式两种。开盘式录音机的磁带卷在开放式的磁带盘上，体积较大，使用不方便，但性能较优。盒式录音机的磁带则卷在一个密封塑料盒的两个空心轴上，使用方便。图 7-8 为一开盘式录音机。

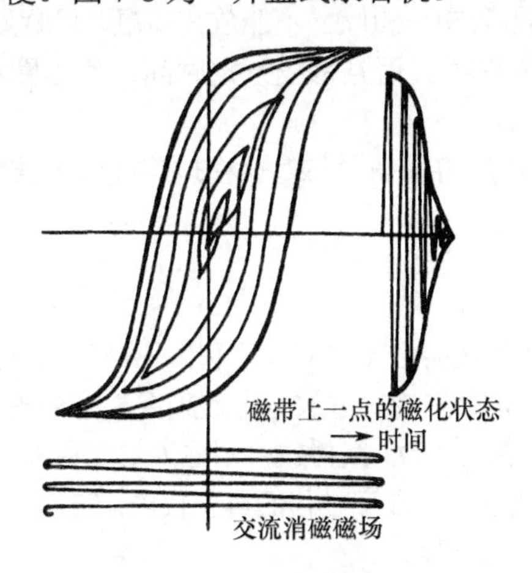

图 7-7　交流消音原理图

图 7-8　开盘式录音机

盒式磁带录音机按其工作形式可分为单录机、收录两用机、立体声录音机和录音座等。单录机指只能录、放音的录音机；收录两用机指带有收音功能的录音机；立体声录音机指能同时录制或重放两路节目的录音机，还有调频/调幅立体声盒式收录机等；录音座是一种没有功率输出的录音设备，一般来说其指标较高，需另置一套功率放大器和音箱才能放音。

磁带录音机基本结构一般由以下三大部分构成。

(1) 机械传动部分：它由带仓装置、电动机、飞轮和主轴、供带盘、卷带盘及控制键钮等组成。

(2) 磁头部分：包括录音磁头、放音磁头和抹音磁头。

(3) 放大电路部分：由录音放大器、放音放大器和超音频振荡器等部分组成。

5. 盒式磁带录音机的使用

首先，必须了解面板或机壳上的按键、开关、旋钮、插座和附属指示(如电表、计数器、显示器)等装置的作用。

其次，掌握盒式录音机的录音与复制的技巧。应遵循以下的原则。

(1) 录制高音质节目应选用高档机。

(2) 尽量选用线路输入或外接传声器输入来录取信号。应尽量避免用机内话筒直接录音。

(3) 尽量选用高电平录音。

(4) 严格控制录音输入电平。

(5) 转录时应注意避免开关机噪声。

再次，磁带的选择与使用。

(1) 磁带的选择。盒式磁带的种类、型号繁多，应从带盒质量、磁带质量、机器功能、录音时间等方面入手。

(2) 磁带使用前要进行一次磁带状况的检查，并对新购的空白或久置的磁带，快进快倒 1 次～2 次后再录音。

(3) 正确处置防误抹胶片(窗口)。

(4) 注意事项。

① 磁带严禁放在强磁场处，尤其不能接近变压器、扬声器、电源等，否则容易产生杂音或造成消磁。

② 磁带使用时要防止拉、折、压，还要防止酸、碱、灰尘等的侵蚀。不允许用沾油渍的手指去接触磁带，以防沾污而损坏磁带。

③ 录好音的磁带要登记项目，便于以后使用中查找。

④ 保存磁带处的温度以(10～25)℃为宜，相对湿度(50～60)%。不能放在高温、日晒处保存。

⑤ 磁带长时间不用时宜装入塑料袋，放进盒内保存。而且每隔一定时间，使里圈和外圈重卷一次，可防止长期接触而产生串音或变形结块。

⑥ 磁带使用过程中发生断裂，可剪成45°角，然后将两条磁带对合在玻璃胶带上接好。

7.5 激光唱机(CD)

随着大规模集成电路的飞速发展，在 20 世纪 80 年代初由飞利浦公司和索尼公司联合开发出一种小型数字音频唱片，这种唱片在制作母版时用激光束刻录，重放时也是采用激光束来拾取唱片上记录的数字信号，称为小型唱片(Compact Disc)，简称 CD，其播放机则称为 CD 唱机。CD 唱片和唱机的专用标志如图 7-9 所示。CD 唱机是音频技术进入数字时代的典型代表，它出现不久就得到了迅速普及，且被后来的 LD、VCD、DVD 等广泛兼容。

7.5.1 CD 唱机的基本原理

1. 激光读取信号的基本原理

激光唱机的工作原理与普通的唱机不同，它灌录在唱片上的信号不是模拟信号，而是数字信号，是由一连串的“坑”、“岛”(相当于0和1)轨迹组成的数字符号。这些“坑点”的深度一般为0.11μm，坑点宽度约0.5μm。轨迹之间的距离为1.6μm(每毫米有625条)，一张CD唱片的轨迹数约为2万条，全长达5km。激光唱片音轨及断面放大示意图如图7-10所示。

图7-9　CD专用标志

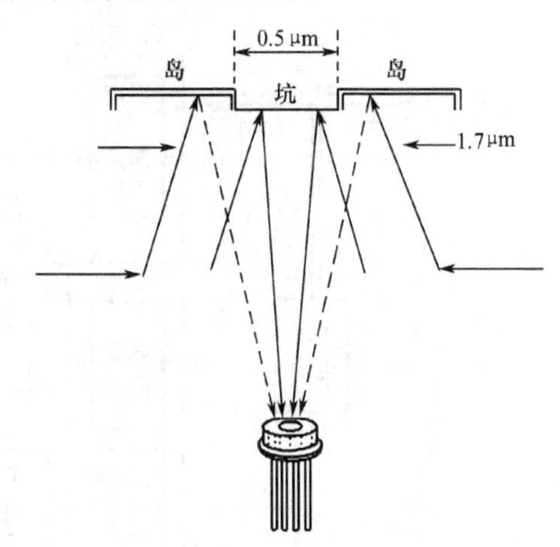

图7-10　CD信息读取示意图

从图7-10中可以看出，激光唱片上的“坑”都是凹下的，而激光头上的扫描激光束是来自唱片的下部，因此“坑点”对激光束来说却是凸出的。因为激光头射出的激光光束聚焦于唱片镀膜的“坑点”上时，激光束的大部分被散射(漫反射)掉，只有小部分能返回到光电二极管上。而且，由于坑点的深度约为0.11μm，考虑到聚碳酸酯(唱片材料)的折射率为1.58，坑的光学深度就变为0.17μm，接近激光波长的λ=0.78μm的1/4，即接近λ/4。就是说当激光束照到信号面坑点上时，因为入射光和反射光的相位差近似于反相，故几乎没有光折回到物镜上，光电二极管的输出信号为“0”。反之，如果激光束照射在无“坑点”处，即“岛”上时，激光几乎100%反射回来，这时光电二极管的输出信号为“1”。随着唱片旋转，“坑”、“岛”不断地扫过激光束，反射光的密度、强弱也将发生相应的变化，从而形成了连续的信号流，经过光电转换、电流电压转换、放大、整形后，就获得了唱片上所记录的数字声音信号，经解码、数字滤波和D/A转换后获得原来的模拟声音信号。这就是激光束读取“有”“无”坑的道理。

2. CD唱机(片)的基本结构

图7-11为激光唱片的尺寸结构。

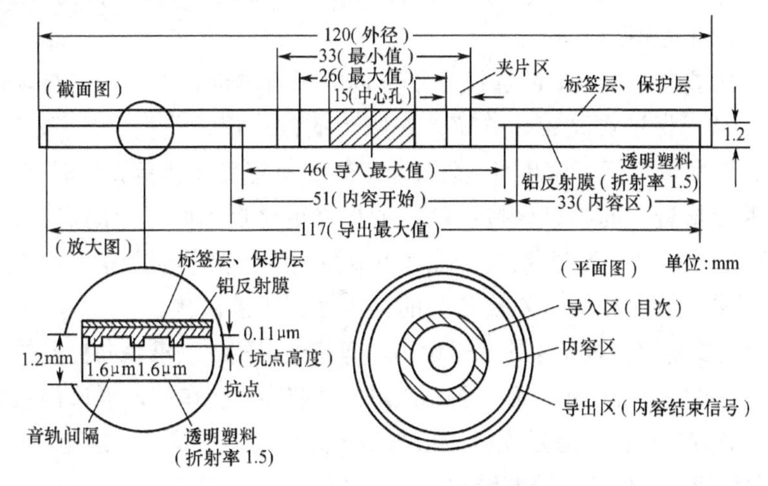

图7-11　激光唱片的尺寸与结构

图 7-12 所示是 CD 唱机的基本结构框图，从图中可以看出，CD 唱机主要由光唱头、伺服系统、信号处理系统、精密机械结构、控制与显示系统等部分组成。

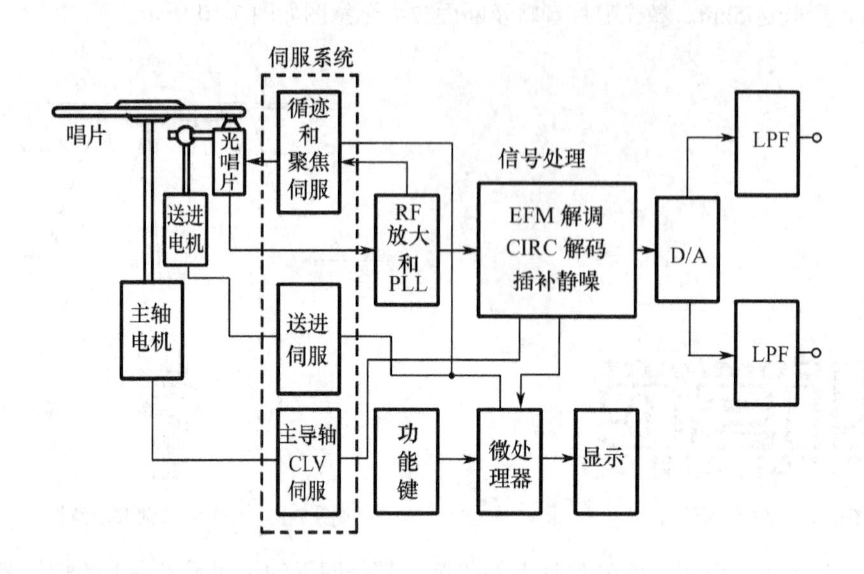

图 7-12　CD 唱机的基本结构框图

3. 激光唱头的结构与伺服原理

激光唱头是CD唱机的眼睛，主要由光学系统和伺服制动系统两部分组成。而光学系统又主要由半导体激光器(激光二极管)、光路(光栅、半反射镜、CCF透镜)和光检测器(光电二极管)等组成。激光束由低功率的激光二极管产生，它发射的激光束首先通过光栅，半反射镜和CCF透镜后聚焦于CD唱片表面，然后光束从唱片内凸面"坑"或平面"岛"散射或反射回来，反射回来的光线先进入CCF透镜，经过半反射镜反射后(改变90°传播方向)，再通过相应的透镜射入光检测器，由检测器中的光电二极管将光的明暗变化转换为对应的电流变化。图7-13是激光唱头的基本结构。

要保证上述过程顺利而准确地完成，就必须有相应的伺服驱动机构，光头的伺服驱动主要包括聚焦伺服和循迹伺服。

聚焦伺服主要是控制 CCF 透镜上下方向的垂直移动，即让物镜随唱片起伏而同步垂直移动，从而保证激光束始终聚焦在唱片的信息记录层上。聚焦伺服如图 7-14 所示，如果光束聚焦良好，检测点为圆形，4 只二极管受光相等，这时聚焦误差为零，聚焦伺服电路使拾音头的物镜保持不动；如果光束聚焦不好，检测点将变为椭圆形，4 只二极管受光不相等，这时将产生强度和极性不等的聚焦误差信号，此信号经处理放大后，控制聚焦线圈移动，使拾音头的物镜达到正确聚焦。

循迹伺服主要是控制激光头的水平运动，即使光束随纹迹沿径向位置的变化而移动，从而使光点中心开始对准纹迹中心，否则纹迹之间将会产生串扰。循迹伺服如图 7-15 所示，是三束式循迹原理图，通过先行光束与后追光束的差值信号，经电路处理放大来控制拾音头的跟踪线圈，保证循迹的准确。

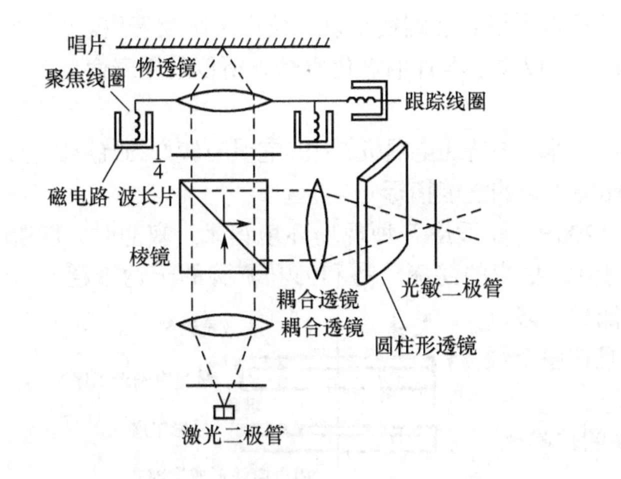

图 7-13 激光拾音器的基本原理

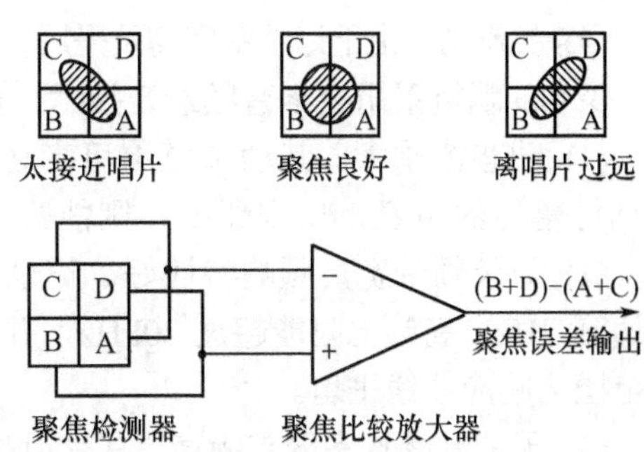

图 7-14 聚焦伺服原理

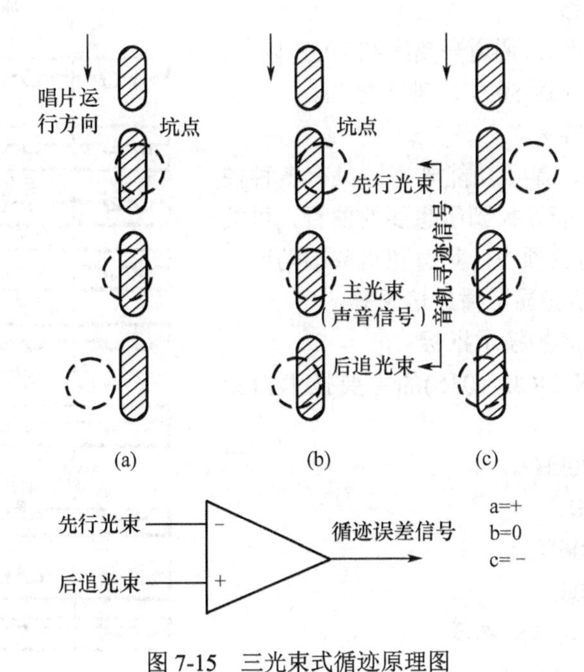

图 7-15 三光束式循迹原理图

(a) 光束正偏离；(b) 光束正好；(c) 光束负偏离。

7.5.2 CD 唱机的优点

1. CD 盘片及唱机的尺寸小，播放时间长

与 LP 唱片比较，盘片的直径仅 12cm，放音时间可达 1h 以上。

2. CD 唱机采用光学扫描方式读取信号的优点

(1) 无磨损：CD 机采用激光束扫描碟面，激光拾音器与激光唱片之间无机械接触，故不会磨损唱片或光头。

(2) 不怕灰尘和划痕：CD 唱片上有一层透明的保护层，划痕和灰尘一般不易破坏碟片信号面的记录能力，加之音频信号处理系统采用了误码纠正系统(CIRC 纠正码)，一般由灰尘、

划伤、指纹等造成的信号失落，在放音时还可以通过自动纠错予以补偿而不影响音质。

(3) 寿命长：由于没有磨损，工作寿命主要取决于器件的老化寿命，所以使用寿命很长。

(4) 抗震动：由于记录密度高及采用缓存技术，与普通电唱机相比，它具有较好的抗震性能。

3. CD 唱机采用数字音频录音技术，具有优异的性能指标

(1) 动态范围大。其动态范围可高达 120dB，能适应各种现场环境记录。寂静时，能听到细针落地的声音，乐到酣处，则能听到惊涛拍岸的磅礴气势和万马奔腾的千钧雷霆。

(2) 记录频带宽，频响特性好。记录低频下限可以达到 2Hz，高频上限能超过 20kHz，并且在整个频带范围内响应曲线平坦。

(3) 无调制噪声和磁带噪声，具有很高的信噪比，一般在 90dB 以上。

(4) 几乎没有抖晃失真。

(5) 声道之间无相移。

(6) 立体声通道隔离好,通道分离度在 90dB 以上。

(7) 唱片保存时间可达 50 年，甚至更久。

(8) 播放时间控制容易。

(9) 操作非常方便，显示功能丰富。具有多种控制信息，在几秒钟内就能寻找到所想要的曲目，可按自己的爱好编排曲目播放顺序；具有随机放唱功能，扫描功能(SCAN)及全功能显示播放信息等。

4. CD 唱机具有很高的技术指标

CD 唱机(DENON DCD-1015)的主要技术指标如下。

(1) 频响：2Hz～20kHz。

(2) 信噪比：110dB。

(3) 动态范围：100dB。

(4) 声道隔离：110dB。

5. CD 唱片大批量制作成本低

图 7-16 为 CD 唱片的生产工艺过程，由于是采用“压制式”,所以非常便于大批量生产,因此成本很低。

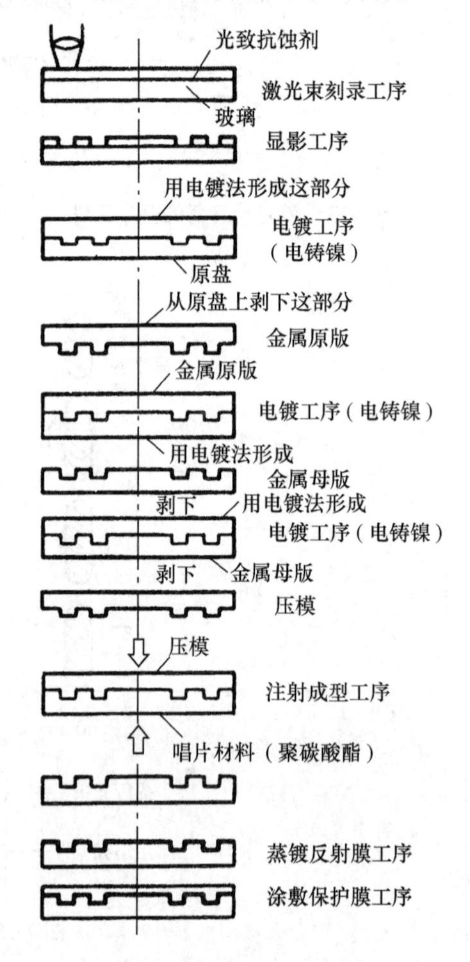

图 7-16　CD 的制造方法

7.5.3　CD 唱机的使用与维护

尽管微小的灰尘、划痕、污点或扭曲不会影响 CD 的正常工作，但是 CD 唱机的伺服调整和纠错功能都是有一定限度的，超过了这个限度就会造成扫描不正常、纠错失效等故障，从而严重影响音质，严重时还可能造成对焦物镜(CCF 透镜)与唱片的撞击，即俗称的“敲碟”或烧毁激光头中的光电二极管，也有可能加速激光二极管的老化。另外，CD 唱片直接裸露在空气中，没有任何保护装置,很容易染上灰尘或被划伤。因此，加强 CD 唱片和 CD 唱机的维护工作十分必要。

(1) CD 唱机和 CD 唱片应置于干燥、干净、通风良好的环境中，注意防止灰尘和油烟。

(2) CD 唱机应平稳放置。防震动、防撞击、不要经常搬动，尤其是在播放状态下，否则极易造成敲碟现象。

(3) 不要用手触摸唱片的光洁面，拿取时应持边轻放，不用时应装入封套内妥善保存。

(4) 不要播放有严重划伤、断裂、污渍或扭曲的唱片。

(5) 不要盲目拆卸，更不要轻易调整机内各种微调元件，以免造成更大的损失，而应送到专业维修部门修理。

对于有污渍的唱片，我们可以根据实际情况进行必要的清洁。如果唱片表面不太脏，可用吹气球吹去唱片表面的灰尘，若吹不掉再用清洁柔软、不起毛的软布(如麂皮、镜头纸及眼镜布等)从唱片中心向外轻轻抹掉灰尘即可。如果表面污渍较多，应蘸清水或 CD 唱片专用的清洁剂轻轻擦拭唱片表面，然后再用干软布抹去污液，待其干燥后即可使用。注意不可用普通清洁剂或酒精清洗。

对于略有弯曲的唱片，可以装入封套中，夹在两块平整的玻璃中间，然后放在平整的桌面上，再压上(4～5)kg 的重物，几天后如果能变得平整正常才能使用。

7.6 数字磁带录音机 DAT 及 DCC

7.6.1 DAT 概述

DAT(Digitel Audio Tape)录音机简称 DAT，它是采用脉冲码调制 PCM 的录制方式，由模/数(A/D)转换器、数/模(D/A)转换器、数据记录装置等组成，输入、输出可以是模拟信号，也可以是数字信号。

就 DAT 的性能来说，CD 能做到的，DAT 都能实现；但反之则不然。DAT 的带盒尺寸为 73mm×54mm×10.5mm，比现时的盒式模拟录音带尺寸 102mm×64mm×12mm 要小得多。而前者的带长仅为后者的 1/3，却能记录 2h 的节目。

DAT 的动态范围宽，超过 96dB。信噪比高，没有磁带磁滞现象，没有调制噪声；可以纠错和补偿，抖晃率极低。频响在(5～22000)Hz 范围内相当平滑。DAT 有“录音设备最完美的顶点”之美誉。

DAT 系统的录音波长大约是 0.67μm，这样可以适合使用高密度和高矫顽力的磁带。标准的 DAT 磁带是用金属粉末制成的，有 3.81mm 宽、13μm 厚。它大概和 Video-8 磁带相同。磁性层有 3μm 厚，基带有 9.5μm 厚，还有 0.5μm 厚的背面涂层。DAT 磁带的矫顽磁力是 1500 Oe(奥斯特)，相比而言，VHS 磁带的矫顽力是 700 Oe 左右。

DAT 数字式录音机有两种常见的类型：旋转磁头方式(Rotary head-DAT，R-DAT)和固定磁头方式(Staticary head-DAT，S-DAT)。由于版权问题，DAT 的家用化受到了限制。

7.6.2 R-DAT 的基本原理

图 7-17 为 R-DAT 录音机的机芯及磁迹结构。标准的 DAT 磁头鼓的直径为 30mm。它的两个磁头彼此相隔 180°，磁头的方位角分别为+20°和−20°。磁带包绕角是 90°。并设有固定磁头，由转动式磁头重写数据。

磁头鼓成 6°22′59.5″角倾斜。它以 2000r/min 的速度转动，达到 3.13m/s 的写入速度。这速度大约比卡式磁带快 66 倍，普通 90min 磁带如果以这速度运行大约只有 43s 的录音时间。DAT 磁带的线速度是 8.15mm/s。为了记录重放数字音响信号，必须要有 2Mb/s 的传送速率和约 14Gb(记录 2h)的容量。DAT 磁带格式是在宽 3.81mm 的金属磁带中央 2.613mm 的部分，形成

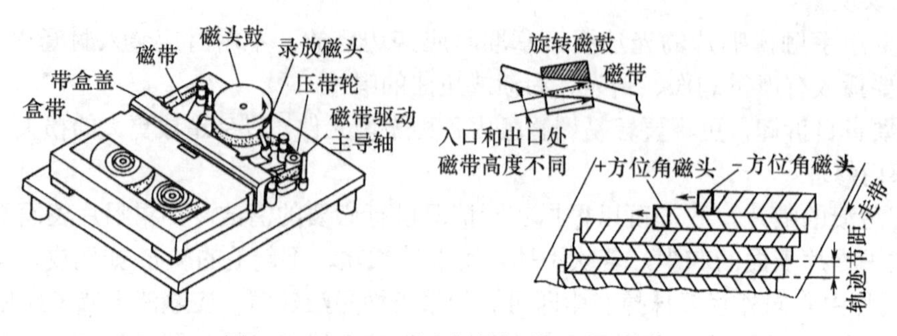

图 7-17　R-DAT 录音机的机芯及磁迹结构

斜状的轨迹。轨迹节距为 13.591μm，最短记录波长是 0.67μm。平均每 1bit 的面积约为 $4.6\mu m^2$。

小型 DAT 磁带机构，含有 15mm 的磁头鼓，并且对录音磁迹有 180°的包角，可以和标准的 DAT 机兼容。

7.6.3　S-DAT 录音机

S-DAT 是用多轨迹固定磁头沿磁带长度方向高密度记录重放 PCM 数据的 DAT。

1. S-DAT 的磁带格式

图 7-18(a)表示磁带上的轨迹格式。把宽度为 3.81mm 的金属磁带分成上下相等的两部分，进行往返记录。在宽 1.9mm 的半幅磁带上记录有总计 22 条轨迹，其中有 20 条数据轨迹，一条选曲(找头)用的 CUE 轨迹、一条辅助数据用的 AUX 轨迹。数据轨迹的迹宽是 65μm，轨迹占宽是 80μm，磁带运动方向的最短记录波长是 0.63μm，线记录密度为 64kb/in(2.126kb/cm)。为了进行这样高密度的记录、重放，必须采用薄膜磁头。

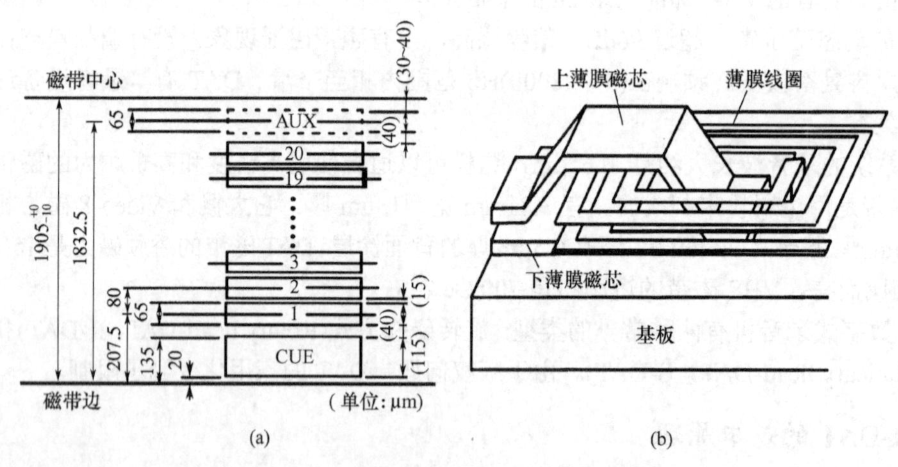

图 7-18　S-DAT 磁带轨迹格式及薄膜磁头结构

2. 薄膜磁头

薄膜磁头和半导体制造工艺，是用真空蒸镀等方法把磁性薄膜、导体薄膜、绝缘薄膜在一块基板上形成叠层，再用光刻技术加工成 100μm 以下的微细形状制成的。图 7-18(b)是薄膜记录磁头，在薄膜磁芯上盘绕薄膜线圈，薄膜线圈中流过与记录的数字音频信号对应的记录电流。由此产生的磁通穿过薄膜磁芯，在和磁带接触部分的间隙(缝隙)处产生对外部的记录磁场，这样就可以把信号记录到磁带上了。

7.6.4 DCC 盒式磁带录音机

1. DCC 概述

DCC(Digital Compact Cassette)是数字式盒式磁带录音机的缩写。DCC 磁带的宽度与现行盒式录音磁带相同，也是 3.78mm，带盒大小尺寸也相同，与现在流行的盒式磁带兼容。DCC 采用的 PASC 数据压缩技术，记录 1.4Mb/s 的数据传输码率。飞利浦公司最先公布整个系统，并成为国际的标准制式。

DCC 是对最普及的盒式走带机构稍加改动，缩短了研制时间，大大降低了生产成本。目前盒式走带机构的最大缺点是抖晃率大，影响放音质量。磁头脏污和磁带的轻微损伤也会严重降低音质。由于 DCC 采用数码式录音，数码的存储缓冲作用可以使抖晃的影响减小到微不足道的程度。而且 DCC 的数码系统具有一定的纠错能力，可以避免因磁头脏污和磁带轻微受损伤而影响音质的情况。

DCC 和 DAT 都是数字盒带，但两者的录放音方式大不相同。由于 DCC 系统与模拟盒带有相同的尺寸和类似的声迹安排，能兼放普通模拟盒带，故 DCC 在功能上比 DAT 更强、特点更鲜明。

DCC 对采样信号经 PASC 数据压缩后，需记录的信号量仅为 CD 记录量的 1/4，但音质却基本不受影响。它的防翻录系统(SCMS)能做到原版带只能拷一代，而拷出的磁带不能再拷第二代，从而保证市场销售的 DCC 带和盗版带之间有明显的差别。另外 DCC 极强的抗振能力也是 CD 唱机无法比拟的。

2. DCC 盒带磁迹结构

DCC 盒带的外形与录像带相仿，只能一个方向放入放音座，磁带因其前方有保护片，所以平时不会裸露在外。DCC 的外壳尺寸、磁带宽度及磁带轴中心位置、大小都与模拟盒带基本相同。因此，模拟盒带可放入 DCC 放音座中放音，反之则不行。这两种盒带的形状和尺寸如图 7-19(a)、(b)所示。

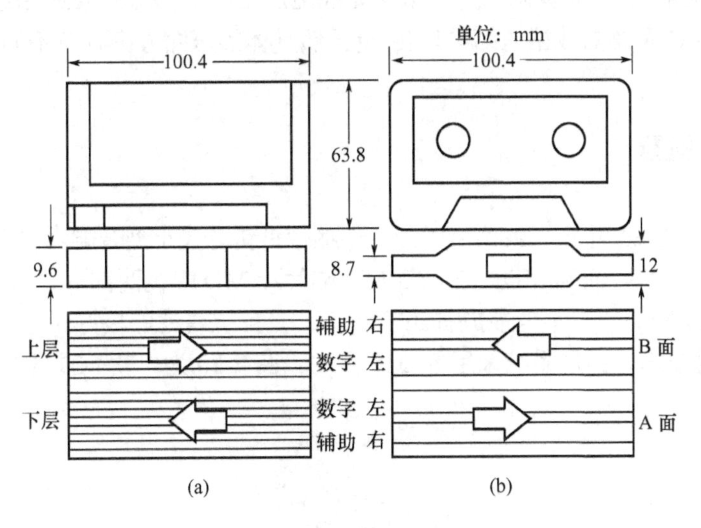

图 7-19 DCC 与 TAPE 盒带的磁迹比较

(a) DCC；(b) TAPE。

DCC 磁带的磁迹结构分为上、下两层：一层用于正向走带时的录放；另一层则用于反向走带时的录放。每层分左、右两个声道，共有 9 根磁迹，每根磁迹的宽度为 185μm，间隔 10μm，而每根磁迹中的 70μm 用于读(放音)，其余 115μm 用于写(录音)，所以走带时不会超过上述的垂直方向最大 50μm 的允许误差。在 9 根磁迹中，有 8 根用于数字音频信号的录放，第 9 根用于记录检索、跟踪及显示节目的信息。由于录音的最小波长为 0.99μm，频率较高，故需用优质视频铬带才能录下全部数据。

DCC 磁头分为固定双磁头和可旋转单磁头两种，采用薄膜式半导体磁头，用类似于大规模集成电路工艺中的掩模技术制成。

3. PASC 编码

DCC 系统中最具特色和最重要的部分是 PASC 编码、解码技术。DCC 是第一个将人类听觉特性(人耳掩蔽效应)制成电子模型并用于数字信号处理中的系统。

研究发现，在盒式录音机的标准带速(4.76cm/s)下，每根磁迹能够可靠地存储约 100kb/s 的数字信息。因此，DCC 可以有近 800kb/s 用于音频信息(DCC 的标准为 768kb/s)，但其中有一半用于里德—所罗门交错同步位(Reed-Solomon Interleaving Synchronization Bios)和 8～10 调制方式(ETM)。这意味着只剩下 384kb/s 用于音频信息本身。这个数字只是前面提到的 1.4Mb/s 数据传输速率的 1/4 左右。换句话说，当取样频率为 44.1kHz 时，音频信号的量化比特数最大只能取 4bit，这当然是不能满足要求的。因此，飞利浦公司在 DCC 中提出了一种新的编码技术，称为精密自适应子频段编码(Precision Adaptive Sub-band Coding)，简称 PASC 编码。

PASC 本来是为欧洲数字音频广播系统(DAB)研究出的一种编码技术，把它用于 DCC 可以得到接近 CD 的音质。PASC 编码既不同于计算机和数据通信中采用的数据压缩方法，也不同于 CD 和 DAT 采用的脉码调制(PCM)方法。PCM 是在 16bit 线性范围内，用数字来完整地表示声音信号，而 PASC 采用的却是听觉逼近法，其压缩原理是以“人类听觉的最低听阈”和“掩蔽效应”为基础的，与数字无线电广播中的 MUSCAM 系统以及后面所述 MD 中的 ATRAC 系统的数据压缩原理相同(虽然具体的压缩方案各有不同)。

7.7 磁光碟 MD

日本索尼(SONY)公司于 1991 年推出了一种称为“新时代小型音响系统”的数字音频产品，又称为 Mini Disc 系统，简称 MD。它包括 MD 唱片和 MD 唱机两部分。MD 系统是在 CD 系统的基础上发展起来的，它不但能放音还能录音，并且抗震性能极好。它采用 PCM 技术和 ATRAC 数据压缩技术，翻录系统采用 SCMS 技术。图 7-20 为一款 MD 的实物图片。

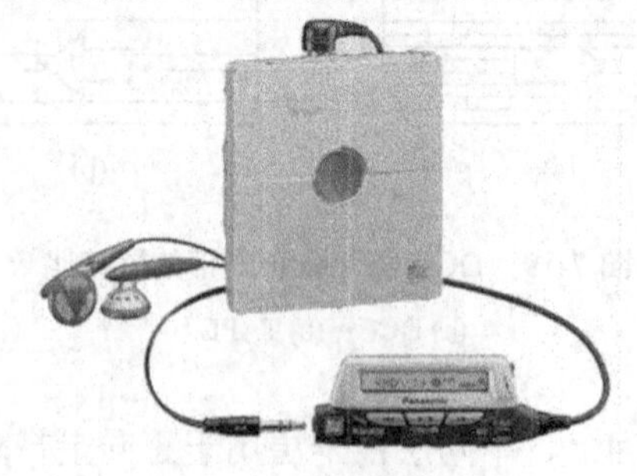

图 7-20　便携式 MD

7.7.1 MD 唱机放音原理

1. 预录制光盘 MD 拾音原理

预录制 MD 光盘与 CD 唱片一样，盘片上已经印制好代表“1”和“0”的坑和岛。利用聚碳酸酯作基座。盒的上一面开窗口，下一面装光门供激光头读取信号，其拾音过程与 CD 相似，用 0.5mW 的激光束照射在盘片上，根据读出反射光量的大小来获取信号。

2. 可录制光盘 MD 拾音原理

MD 系统对于预录制音乐光盘是利用反射光量的增减来拾音，而对于可录制光盘则是利用反射光的偏振变化来拾音。MD 唱机的简化原理如图 7-21 所示。它采用 A、B 两个受光元件，对于预录制光盘，如果无坑，则反射光基本返回到两个受光元件上；如果有坑，则反射光就会形成衍射，基本上不能返回到两个受光元件上。因此，根据两个受光元件的光量之和 A＋B 的大小，就可以读出比特的有或无(“1”或“0”)。

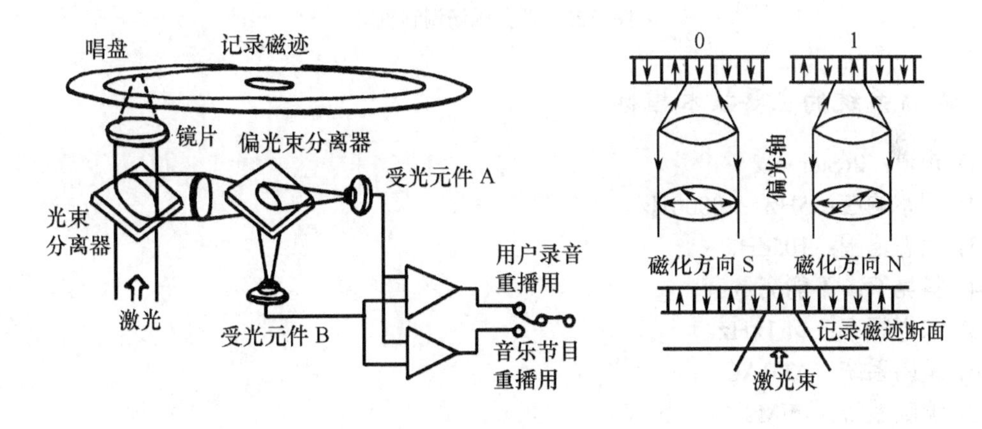

图 7-21　可录制光盘 MD 拾音原理

对于可录制光盘，由于克尔效应使反射光的偏振对应 N 或 S 磁极有少许正或负方向的旋转，因此当这个反射光通过偏光束分离器时，如果反射光的偏振为正方向，则两个受光元件的光亮为 A>B；如果反射光的偏振为负方向，则两个受光元件的光亮为 B>A。因此，根据两个受光元件的光亮差 A-B 是正值还是负值，就可以读出是 N 极还是 S 极(即是“1”还是“0”)。这就是 MD 拾音的基本原理。

7.7.2 MD 的记录原理

MD 系统的记录技术采用覆盖磁场调制的方式。这种方式如图 7-22 所示，也就是可录制盘片录音和抹音的原理。在消磁的同时可以记录新数据的 N 或 S，故把它称为覆盖方式。记录时激光束的强度约为重放时的 5 倍，强烈的激光将碟片的记录区域照热，当温度达到居里点时，发热点就会失去磁性，但这时碟片上方的记录磁头，在记录信号的驱动下产生磁场，这个磁场又会把刚刚移过光点的部分磁性层重新磁化，因为移离光点部分的温度会迅速下降。因此 MD 的记录和重放，又常常简称为“光读，磁写”。覆盖磁场调制方式的优点是记录精度高、稳定性好、光学机构简单、出错率低、调制性能好。另外，即使唱片上有微米级的尘埃，也不会影响记录的质量。

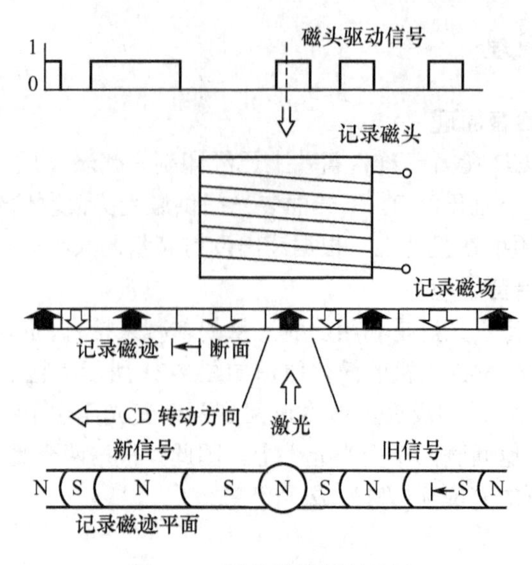

图 7-22　覆盖磁场调制重写

7.7.3　MD 系统的主要技术指标

(1) 声道：2(Stereo)。
(2) 频率响应：5Hz～20000Hz。
(3) 动态范围：105dB。
(4) 抖晃率：不能测量。
(5) 取样频率：44.1kHz。
(6) 编码系统：ATRAC。
(7) 调制系统：EFM。
(8) 纠错系统：CIRC。
(9) 转速：(1.2～1.4)m/s(CLV)。
(10) 录音及重放时间：74min。
(11) 盒带尺寸：72mm×68mm×5mm。
(12) 光盘直径：64mm。

7.7.4　ATRAC 音频压缩技术

为了使 MD 盘盒尽可能的小，盘片的直径设计为 64mm。但如果用这种尺寸的盘片来记录和 CD 一样的数字信号，只能录放 10 多分钟。为了能够录、放长达 74min 的音频信号，必须将音频数据压缩为 1/5。从目前的技术来考虑，采用数字压缩技术与大规模集成电路(LSI)是适宜的。MD 系统采用的是自适应变换听觉编码(Adaptive Transform Acoustic Coding，ATRAC)，它可使记录密度提高到 5 倍。首先，它将 10ms 的声音数据作一个组，通过正交频率变换，分解为 500 个频率轴的分量。用听觉心理学依次抽出重要的频率成分，按比特分配校准。不论信号的有与无、强与弱，都一律转换成 2 声道×16bit×44.1kHz≈1.4Mb/s 的信号，然后压缩为 1/5，即大约 300kb/s。如果把量化比特数从 16bit 简单地减少到 3.4bit，当然也可以实现压缩，但是声音将会很难听。而 ATRAC 技术是将模拟信号转换成 1.4Mb/s 的数字信号以后，把最大约 20ms 的数据作为一个数据组块，将时间轴的波形按照傅里叶级数变换，抽取出约 1000 个频率进行分析。此步骤要以心理声学为基础(见图 7-23)，利用“人耳最小可闻阈”和“掩蔽效应”，对听觉上最为敏感的频率成分顺序进行提炼，最终使信息量减少到 300kb/s。

借助心理声学而开发出的 ATRAC 音频压缩技术，虽然信息量只有 CD 的 1/5，但音质仍可接近 CD 的水平。

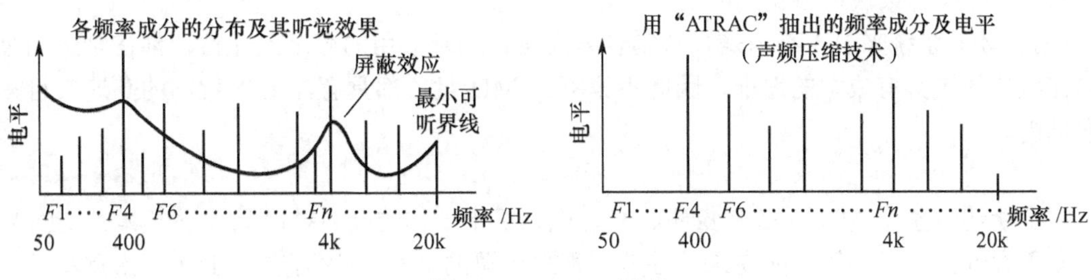

图 7-23　ATRAC 原理

7.7.5 MD 系统中的实用技术

1. 防振动技术

将光盘或磁光盘作为携带式音响设备的软件使用，最大的问题是设备受到振动时会造成声音出现跳音或哑音。MD 系统利用半导体存储器解决了这一问题，我们把这个技术称为“防冲击存储”技术。

在 MD 唱机中，光学读/写头(正确地说是 EFM/CIRC 解码器)从光盘上以 1.4Mb/s 的数据传输码率读取盘片上记录的音乐信号数据，并把它存入存储器，而同时 ATRAC 解码器的解码率仅为 300kb/s，即 ATRAC 解码器每得到该码率的数据就解压缩一次，因而从 D/A 转换器输出的音乐信号是没有间断的。

正是由于光学拾音器和 ATRAC 解码器之间存在着不同的数据处理速度，因而可以利用两者的速度差，在 EFM/CIRC 解码器与 ATRAC 解码器之间增设一个 DRAM(动态存储器)。这样，如果遇到较大的振动使盘上的数据不能被读出时，也能够在 DRAM 中继续向 ATRAC 解码器输送数字信号，因而不会产生跳音或哑音现象。与此同时，在盘的全周刻有成型记录的地址，CPU 可即时得知激光头的当前位置和其应处的位置(通过 MD 内部计标系统)，较大的振动将使两个地址不重合，表明激光头的位置不对，这样 CPU 就可对激光头进行控制，使它在 3s 内找到正确地址的所在位置，并继续高速读出，以便迅速地填充 DRAM 中留下的该写入的空间。

顺便指出，当唱盘停转或向下一个曲目进行搜索时，由于 MD 机是由 CPU 来控制 RAM 的地址及静噪抑制的，因而 RAM 中前面 3s 的节目是不会被重放出来的，只有完成搜索后，才从下一个曲目的始端开始放音。

2. 调制与纠错

MD 通过数据分离器分离出各种数据流，将 14 通道以比特为单位的音频信号转换成 EFM 信号并按规定模式变换成 8bit 数据，并使用 14 个输入端逻辑阵列。

纠错采用改进型交叉、交错里德—所罗门编码(Advanced Cross Interleave Read-Solomon Code 即 ACIRC)，对记录数据进行交错处理，各种突发性误、错码都可以在短时间内纠正。

3. 节目搜索

我们知道，CD 只要几秒即可找到所需节目的始端，而盒式磁带有时则需要 1min 左右的时间才能完成这一寻找工作。MD 系统之所以采用光盘，其原因之一就是因为它可以和 CD 一样能够很快地寻找到所要的节目。

就 MD 系统来说，不论是预录制音乐光盘，还是家用的可录制光盘，都在制造的时候在盘的周围刻有成型的地址，因此不论哪种 MD 盘，都具有与 CD 相同的高速节目搜索功能。

综上所述，整个 MD 系统是集磁、光、电、机于一体的高科技产品，它既具有 CD 唱片的长期保存性，又具有磁带的易录写性能。索尼公司的 MD 唱片可进行 100 万次重写而不改变盘片的质量。同时，它还具备计算机软盘编排用户区的功能，而且在录制、重录、放音的灵活性上都是磁带所望尘莫及的。因此，MD 是一种潜力很大、市场前景广阔的新音源。

7.8 MP3 与录音笔

7.8.1 MP3

MP3 是 MPEG-1 Layer3 的缩写，是一种压缩与解压缩的计算方式，用来处理高压缩比率的声音信息。它所生成的声音文件音质接近 CD，而文件大小却只有其 1/12。因此原本一张光盘只能存储 12 首～20 首的 CD 格式音轨，若存成 MP3 格式，则约可存储 100 多首。除此之外它的魅力还在于：从网络下载音乐几乎是免费的。可以说网络数字音乐的风潮是由 MP3 所引起的。

它是根据人耳朵的听觉特性，对 Wave 格式数据进行压缩，其压缩比可达 1:10～1:12 的比例。这种用于存储 MP3 数据、播放 MP3 数据的小型设备，就是我们现在常见的 MP3 播放机，简称 MP3，如图 7-24 所示。它易于携带，稳定可靠，是发展前景很好的数字节目源。在数据压缩时，压缩比率越低，则音质效果越好。

7.8.2 数码录音笔

数码录音笔，是数字录音器的一种，造型如笔，携带方便，同时拥有多种功能，如激光笔功能、MP3 播放等。与传统录音机相比，数码录音笔是通过数字存储的方式来记录音频的，图 7-25 为一录音笔的实物图片。

数码录音笔记录是通过对模拟信号的采样、编码，将模拟信号通过数/模转换器转换为数字信号，并进行一定的压缩后进行存储，其存储载体是集成芯片。数码录音笔有如下的特点。

1. 体积小、重量轻

数码录音笔的主体是存储器，由于使用了闪存及超大规模集成电路的内核系统，因此整个产品的体积小、重量轻。

2. 连续录音时间长

传统录音机使用的每一盒磁带录音时间的长度一般是(40～60)min，最长的也不过 90min。

图 7-24　MP3 播放器

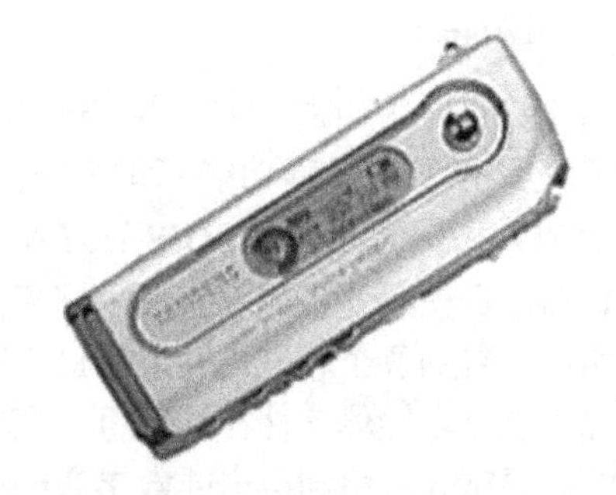

图 7-25　数码录音笔

而目前即使存储容量最小的数码录音笔连续录音时间的长度都在(5～8)h，高端的产品常常能连续录音几十小时。

3. 即插即用，与计算机连接方便

除了有标准的音频接口外，数码录音笔基本都提供了 USB 接口，从而使其能够非常方便地与计算机连接，并且是即插即用的。

4. 非机械结构，使用寿命长

传统的录音设备是采用机械结构，久而久之会有发生磨损的情况，因此寿命有限。而数码录音笔采用的是芯片存储，因此可以做到无机械磨损，使用寿命较长。

5. 安全可靠，可进行保密设计

有些用户使用录音可能有保密的要求，但是如果使用传统的录音机和磁带，要实现加密是比较困难的。而数码录音笔由于采用的是数字技术，因此可以非常容易地使用数字加密的各种算法对其进行加密，以达到保密的要求。

7.9 激光视唱机

前面介绍的都是纯音频节目源设备，下面介绍几种音视频兼有的节目源设备，称之为视听设备。它们主要包括激光视唱机 LD、VCD、DVD 以及录像机等。

1. LD

激光视唱机 LD(Laser Disc)，Laser Disc 直译应为激光唱片。因为平常习惯将 CD 说成是激光唱片，所以 LD 又称激光视盘或镭射(Laser 的港台读音)视盘。它包含软件及硬件。由于 LD 机既能播放出声音，又能播放出图像，因此称之为激光视唱机，俗称激光影碟机或简称影碟机。

2. VCD

VCD(Video Compact Disc)即视频小光盘，也称为 CD 视盘，或称小影碟。VCD 使用 MPEG-1 对数字视频、音频进行压缩，然后记录在 12cm 的小型光盘上。一张普通的光盘即可记录长达 74min 的活动图像及高质量的立体声，图像质量相当于 VHS 录像机水平，声音音质与 CD 相当。VCD 可用来记录卡拉 OK 音乐、故事片、卡通片、风光片及教育片。它有 1.1、2.0、3.0 等三种版本。

3. DVD

DVD(Digital Video Disc)又称为数字视盘，是新一代图像记录媒体的总称，它是按照 MPEG-2 标准来制造的。MPEG-2 标准原来是用于高清晰度电视(HDTV)的，它是 1992 年末通过的标准。MPEG-2 的传送速率比 MPEG-1 高。它的另一个特点是能按照画面，改变传送速率，动作激烈的画面数据多一些，动作缓慢的画面数据少一些。DVD 作为一种全新的数字视盘，是当今的音像的主流。新一代的 DVD 也正在迅速发展。

4. 录像机

自1976年JVC(胜利)公司推出VHS录像机以来，很快在家庭得到了普及。后来一些家用录像机又具有了高保真功能，即把音响设备中的高保真(Hi-Fi)立体声音频功能移植到录像机中来，而成为高保真录像机VHS-Hi-Fi，使音质有了很大的提高。

目前，音视频节目源设备品种繁多，质量也在不断提高。值得一提的是，多媒体计算机技术的应用已扩展到各个领域，并逐步进入家庭。随着多媒体计算机技术的迅猛发展，绝大多数多媒体计算机能让多媒体软件在计算机上高速运行。多媒体计算机也已成为高品质音频节目源。只是在选配时要充分考虑到声卡或数字音频接口的选型，并安装必要的软件。

思考与练习

填空题

1. 模拟录音的基本方法有__________录音，如____________；____________录音，如____________；____________录音，如____________。

2. 调谐器又叫收音头，是用来接收调幅和调频广播信号的设备，常分为___________、___________。

3. MD系统中的实用技术有__________、__________、__________。

4. 在国标的音质评价术语中，__________是指语言可懂度高，乐队层次分明。其反面是__________。

判断题

5. CD、MD及DCC播放机主要是基于“掩蔽效应”对信号进行压缩的。（ ）

6. 撬去盒式磁带侧面窗口上的胶片，就可以保护磁带相应“面”上的信号内容。（ ）

选择题

7. 模拟录音的基本方法有________ （ ）

A. 光盘录音、磁带录音、录音笔录音

B. 光学录音、磁性录音、机械录音

C. 激光录音、电磁录音、机械录音

D. 光学录音、录音笔录音、磁带录音

8. 下列设备属音频信号源设备的有________ （ ）

A. MD、DCC、卡座、DAT

B. CD、DVD、卡座、效果器

C. 听感激励器、降噪器、效果器、CD

D. 功放、卡座、均衡器、降噪器

9. MD的重放和记录是__________。 （ ）

A. 光读、光写　　B. 磁读、光写

C. 光读、磁写　　D. 磁读、磁写

简答题

10. CD唱机的优点有哪些(与模拟唱机相比)？

11. 常见的节目源设备中，哪些是模拟设备？哪些是数字设备？

应用题

12. 磁带录音机的头带相对速度为19cm/s，求记录20kHz的记录波长。并说明能重放此信号的磁头缝隙大小。

第 8 章

音频信号处理与控制

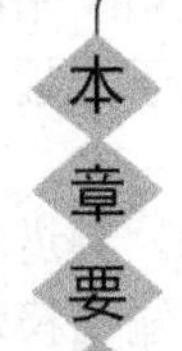

本章要点

- 调音台的分类、主要功能、技术指标及操作要点。
- 频率均衡器的基本原理、类型、技术指标、应用。
- 常见音频信号处理与控制设备的一般原理及具体应用。

音频信号的放大、传输、记录与重放除了要求如实地还原声音原来面貌外，还包括对声音信号进行必要的修饰、加工，使声音逼真并美化。音响技术的研究目的在于如何获得最佳的听音效果，因此在各类音频系统中或多或少地要进行相关的控制和必要的处理。

常见的音频信号处理与控制主要有：增益控制(如压缩器、限幅器、扩展器、动态处理)、频率均衡(如斜坡均衡器、图示均衡器、参数均衡器等)及音频调整与混合等方面。

8.1 音频控制设备

调音台(Audio Mixing Console)是电声系统中最重要的设备之一，又称为混音控制器。调音台常被誉为专业电声系统的“中枢”，以它为中心，连接各种信号源设备和音频输出设备，将音频信号进行调节、加工以及处理，使音响效果达到高保真，符合艺术性的要求。它基本可分为模拟调音台和数字调音台两类。

8.1.1 音频混合调音台基本构成

混合调音台是所有音频设备的中心，基本可分为两类：播音台和制作台。用于广播或电视台的播音台设计相对简单、直接，这种调音台只有有限的均衡功能且很少具有特殊处理效果。其功能是不加任何处理地获得播音的节目内容。

用于广播或其他应用的制作台通常要为某些通道或全部通道的信号提供均衡处理，并提供特效的发送和返回及多磁道录音操作功能。制作台的构成比播音台的构成要复杂得多，但它能为使用者提供拓展的空间和满足创作的需求。随着创造性需求的增长，对多功能复杂的音频制作台的要求也相应提高。

许多生产厂家提供制作和播音两种类型的音频调音台。一些厂家使用普通模块进行基础设计，然后再增加额外特征以使调音台适合制作环境。增加的选项包括均衡器、压缩器、滤波器、录音棚监控器、效果处理器和镜头号码牌或对讲设备等。用户只需根据安装要求，从中选取模块类型。在许多调音台生产厂家当中，可扩展的配置已成为标准。

调音台的各项功能由单独的输入、输出、监听及专用模块来规定，每个单元的功能和形式因生产厂家而异，但是大多数器件具有一般的通用性。

1. 传声器/线路输入模式

播音调音台的输入通道模式与制作调音台的输入通道模式相对比较简单。图 8-1 显示了典型传声器/线路输入模式下的布局图。该模型包括通/断按键开关(ON/OFF)、低切开关等，这些开关用来控制音频信号以及设备接口电路的工作。按钮上的灯用于显示信号状态或在线路放大器模式下的外部设备状态。

提示按钮(CUE)用于监听音频信号源，而不影响衰减设置。衰减器的选择有很多有效的选项，用户的爱好和相应的专业经验是最好的向导。一个旋钮式电位器(PAN)用于平衡立体声信号源或在期望的立体声镜像信号中定位单声道信号，这种特性经常用于广播或采访用的传声器中。

输入模式下的输出通路开关可以选择节目(PGM)、试听(AUD)或应用(ULT)。频道输入选择器允许使用两个或更多的输入。用于外部设备控制的模块通常包括允许输出模块跟随输入选择开关的逻辑。有时为方便输入电平的调整，前面板上配置有内部增益平衡控制旋钮(GAINTRIM)。

图 8-1 显示了用于制作室应用的典型输入模式。虽然板上的设置不同于图 8-1，但这个模式的功能除了一对附加的特性外(EQUALIZE 和 MODE)，其余基本功能是相同的。多频段均衡器(EQUALIZE)的加入使操作者能很方便地处理声音，以满足制作要求。在图示例子中，用的是 7 段均衡器，在其他设计中可能提供 2 段～3 段均衡器及单个的斜坡或陷波滤波器。当不需要制作时，均衡器输入/输出开关可选择制作设为旁路状态。输入模式(MODE)控制可用来选择立体声(STEREO)、单声道(MONO)、左(LEFT)或右(RIGHT)声道的信号用于混合。这些模式也可以具有提示准备、独奏、效果发送或返回、多通道操作及外部设备控制等功能。

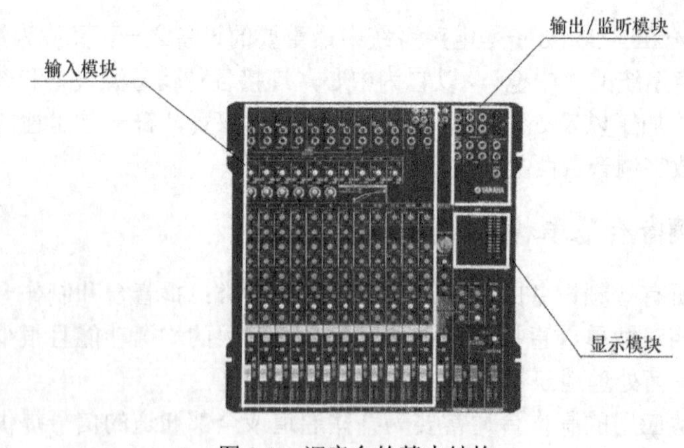

图 8-1 调音台的基本结构

2. 输出模块

用于广播或制作的调音台输出模式是相当直接的。节目、试听及应用这三个通用总线都配有主增益控制设备。为了精确地调整通道平衡和输出电平，输出模块可以配有多个独立的增益平衡旋钮。由于混合调音台的输出通常要分配到几个外部设备，因此有时需要提供内部分配放大器。但是复杂的分配，给设备的配接提出了相应的要求。

3. 监听模块

在播音和制作调音台中监听各种信号源是至关重要的。图 8-1 显示了控制室监听模块，该模块在播音工作环境里可以提供期望的特性，可以对耳机(HEADPHONE)、控制室监听器(MONITOR CONTROL ROOM)、提示电路(CUE)及对讲扬声器(TALKBACK)的音量进行控制。一组选择开关可允许用户收听节目(PGM)、试听(AUD)或应用(ULT)通道以及任何外部信号源(AIR、PRl、NWS 等)。

耳机输出可以监听扬声器的信号，或者选择某路单独监听。耳机输入开关，可进行由立体声到左、右声道或单声道混合的切换，这对于操作者来说也是非常方便的。

4. 仪表显示模块

监视音频调音台的节目电平有许多有效的方法。从经典的模拟音量单位表到不同类型的固态指示表，各种表的选择通常由用户的个人爱好所决定。不管所选取表的类型如何，必须具备两个基本显示特性，即音量单位表和峰值节目表。

音量单位表提供了易读的平均节目能量的显示，但它不显示出现短时的峰值节目时的准确数据。在专业应用中，峰值节目表在监视音频电平中已日趋普遍。峰值节目表的动态特性与音量单位表完全不同。峰值节目表用于跟踪和显示音频波形的峰值能量。或许监视音频调音台输出信号的最好方法就是峰值节目表和音量单位表的结合使用。这种情况下操作者可以有规则地利用音量单位表观察节目电平的建立情况，又可以通过峰值节目表检测音量单位表不能显示的高电平峰值情况。用发光晶体的条图显示节目电平表的应用日趋增长，这使显示表具有组合特性或可变换的特性。一个相对简单的方法是把标准音量单位表和一个峰值指示灯或发光二极管嵌入仪表中，并将仪表设置在给定的参考点处开始工作，来显示短时节目峰值。

8.1.2 调音台的分类

(1) 按输入信号的路数来分，有 4 路、6 路、8 路、10 路、12 路、16 路、24 路、32 路和 60 路调音台等。

(2) 按使用形式可分为固定式、半固定式和便携式等。

(3) 按用途可分为录音调音台和扩音调音台(后者包括卡拉 OK 调音台)等。

(4) 按结构形式可分为一体化和非一体化调音台两大类。所谓一体化调音台，通常是将调音台、图示均衡器、混响器及功率放大器集于一体，并装在一个机箱内。这种调音台有时被称为“四合一”的台子。一般来讲，这类设备的输出功率较小(不超过 2×250W)，操作方便，特别适合于流动性演出。而非一体化调音台最明显的特征是不带功率放大器的。

(5) 按使用场合不同可划分出更多种类，如录音棚用的大型专业录音调音台；剧场、音乐厅用的大型专业扩音调音台；现场采访或实况转录中的中小型移动便携式调音台；歌舞厅用的中、小型娱乐级扩音调音台等。

8.1.3 调音台的主要功能

1. 放大

录音或扩音系统中来自话筒、唱机、卡座等的音频信号电平较低，需要加以放大，在放大的过程中又必须对信号进行调节和平衡。为此，输入信号通常经放大后要适当地加以衰减，然后再次放大，最后达到录音机或扩音功率放大器所需的电平，故调音台的首要功能是将不同节目的信号按要求进行放大。通常需设置：前置(传声器或电唱机 RIAA)放大器、节目(也称中间、缓冲或混合)放大器、线路(也称为输出)放大器。调音台对放大器要求是有优良的电声指标，并能与不同节目源相匹配。

2. 混合

调音台输入的声源种类很多，其中传声器的数量有时可多达十几甚至几十只。此外，磁带录音机的放音、模拟或激光唱机、收音机(调谐器)以及各种辅助设备(如混响器)和放大器的输出等都能输入到调音台。调音台首先对以上这些输入信号分别进行技术上的加工和艺术上的处理，然后混合成 1 路或 2 路、4 路立体声输出，这是调音台的基本功能，因此调音台有时也叫做“混音台”。

3. 分配

音频信号输入到调音台后，要将信号根据不同的要求分配给各电路或设备。例如，要检查各路传声器输入的信号是否符合要求，需要分别对这些信号鉴别聆听，这就要将信号分出，并馈送给“预听”(PFL)或“独听”(Solo)电路，以及输出给监听(Monitor)设备；播音员或演奏员需要监听节目内容，又要将信号从“检听”(Cue)或“返送”(Foldback)接口分支输出；而且，若将信号延时或增加混响，还要分支到各相应设备。因上述需要将信号分路输出均不能影响调音台主输出(MASTER OUTPUT)的音质。例如，接通或断开分配电路时不能产生噪声；不论接通多少条支路，都不能对主输出的信号电平有过大的影响等。

4. 音量控制

综上所述，调音台有许多音源输入，主输出又有多路，且因监听等需要又分出许多支路输出。不论输入或输出，都要控制其音量，以达到音量平衡，故音量控制也是调音台的重要基本功能之一。在调音台中，音量控制器习惯上称为衰减器(FADER)，俗称“推子”。

5. 均衡及滤波

由于传声器的拾音环境(如播音室或厅堂建筑结构)可能出现“声缺陷”；演员或乐器也可能因声部的不同而对录(扩)音的要求各异；再加上音响元件或整机的电声指标不完善，而现代音响都要求高保真度(Hi-Fi)和高度艺术效果，因此调音台的每一路输入组件均设有均衡器及滤波器，将音频信号的质量尽可能提高，以达到频率平稳这一基本要求。

6. 压缩与限幅

调音台的音频输入信号因声源的电平和动态范围不一致会导致电声器件产生各种非线性失真，故除了在放大电路上采取相应措施(如在线路放大器上采用扩展、压缩、限幅放大电路)外，有些调音台还专门为了平衡动态范围的目的而设置“压缩和限幅器”。

7. 声像定位

2 路或 4 路主输出的调音台都设有“声像方位”(Pan-Dot)电位器。在录制立体声节目，特别是采用“多声道方式”时，因输入信号的声源并没有明确指定其所在的位置，所以需按照该声源的习惯方位或依据乐曲的艺术要求来分配“声像方位”(Panorama)。即使是用“主传声器方式”现场录音或放音，声源位置基本上已确定，且主传声器都是使用立体声传声器，但也常用多个“辅助”传声器进行拾音，这时也需使用这个电位器来加以修正。

8. 监听

调音台在对信号加工处理的许多环节上必须聆听信号的质量，以便鉴别和调节。监听的对象是经过调音台技术处理和艺术加工后调音台输出的混合信号，通常在调音台上设置耳机插孔，用耳机监听，有条件时(如在调音室或审听室)外接“监听机(Monitor)”，用扬声器监听。

9. 测试

调音台上设置的音量(VU)表能协同听觉监听，并以视觉来对时刻变化的音频信号的电平进行监测；同时，利用音量表结合音量控制器的衰减位置可以判断调音台的各部件是否正常工作，并观察按艺术要求对信号进行动态压缩的情况等。

音量指示一般都用准平均值音量表，近年来也有选用准峰值(PPM)表的情况，较高档的调音台则设置转换开关，可以分别观察两种数值的显示。高档产品，如大型调音台，采用数字化光柱和音量表显示相结合，给视觉监测带来更直观的效果。

较高档的调音台为了测试各组件的技术指标及工作状态，往往特别设置了振荡组件，输出全部或部分的音频信号，或输出包括粉红噪声的信号，供试机使用。

10. 通信及对讲

在分设的播音(演播)室及调音(控制)室进行录音或播音时，两室之间必须能用光信号联络通信和相互对讲联络才能方便工作。对通信对讲设备的控制装置常附设在调音台内。在播音(演播)室一端也有另外设置控制小盒的，但它必须与调音台有对应的联锁关系。例如，当红色信号灯亮，表示录(播)音开始，此时接通调音台内节目拾音的各传声通路，而将对讲道路切断或哑声(Mute)；而当开启调音台上的对讲开关时，除接通其对讲传声器外，还要将播音室或演播室的传声器从节目传送系统转接到对讲系统。

以上所述的 10 种基本功能，并非所有调音台都全部具备，或者具备一项，而是要依调音台的不同档次和不同的使用场合而定。如用于录音棚和剧院的大型专业调音台，差不多具备了以上的全部功能，有时甚至更多，因而结构复杂，体积庞大，价格昂贵；而卡拉 OK 歌厅和“迪斯科”舞厅使用的中小型娱乐级调音台，则功能相对要简单些。

8.1.4 调音台的基本结构

按照结构复杂程度的不同，通常把调音台分成两大类，即混音台和调音台。

混音台的结构比较简单，如图 8-2 所示。它的每一个独立输入通道(也称为输入单元或输入组件)中只包含传声器放大电路、唱机放大电路、线路输入电路、输入选择开关和通道衰减器等几部分。每一个输入单元的输出信号都接到母线(Bus)上进行混合，若为立体声设备则通常有 L、R 两条母线。所有输入单元的信号经母线再送往主输出组件。主输出组件通常包括混合电路、线路放大电路、总衰减器以及均衡、混响等信号处理电路，最终输出(0.7～1.2)V 的信号，以推动功率放大器。这一类结构较简单的混音设备严格地说还不能称为调音台，而只能称为混音台(Mixer)或混音放大器(Mixing Amplifier)。

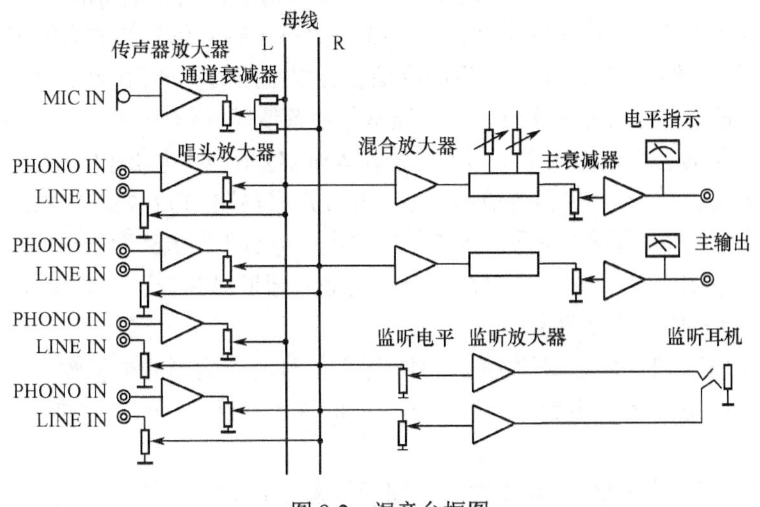

图 8-2　混音台框图

调音台结构较复杂，在每一路输入单元中除了装有话筒放大、线路输入和线路放大器外，还装有独立的滤波器、均衡器、声像方位调节、独听开关、哑音开关和电平指示等一套比较齐全的放大、控制和处理电路，可对每一路的输入信号单独作细致的调整，如图 8-3 所示。至于主输出单元的结构和前述的混音台相似。大型调音台更复杂，还有跳线板、分组开关甚至计算机控制等功能。

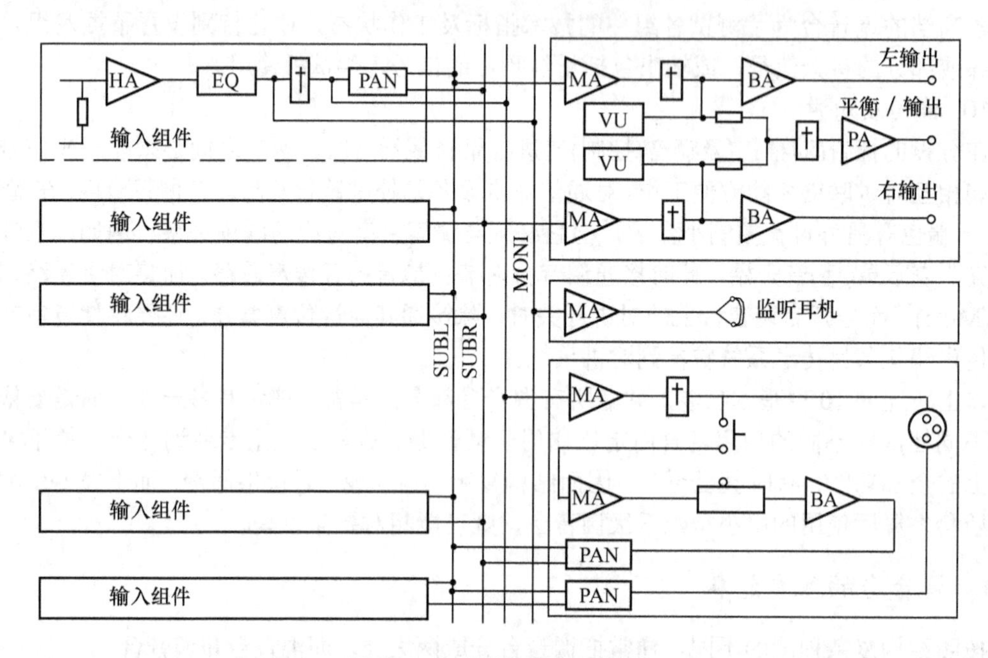

图 8-3　典型调音台原理框图

8.1.5　主要技术指标

调音台的技术指标主要有：输入特性、频率响应、谐波失真、信噪比、通道均衡特性、通道分离度、输出特性和附属功能等。

(1) 输入特性。它用来表征调音台可同时输入音源的路数以及输入形式、输入阻抗和输入电平大小的特性。

(2) 频率响应。调音台的频率范围通常为(20～20000)Hz，输出电压的不均匀度用 dB 来表示。它表征了调音台在均衡器的旋钮均置于 0dB 时对不同频率信号的放大性能。

(3) 谐波失真。调音台输出电压中各高次谐波合成电压的有效值(均方根值)与基波有效值电压之比，即为谐波失真，用百分数表示。通常希望该值越低越好。

(4) 信噪比。调音台额定输出电平与无信号输入时实测的噪声输出电平之差(即电压比)称为信噪比，用 dB 数来表示。有时也用等效输入哼声和噪声来描述，即若要达到输出端的噪声电平，相当于在输入端加了多大的激励信号。等效噪声的电平值越小则调音台的信噪比就越高。

(5) 输入通道的均衡性。它用来表征调音台的输入通道对高音、中音和低音的均衡特性，主要包括中心频率和控制幅度等参数。

(6) 输入灵敏度。调音台达到额定输出时，输入信号所应达到的电平数，称为输入灵敏度。

(7) 输出特性。它表示调音台可同时输出信号的种类、路数、输出阻抗、输出电平以及输出形式等特性。

此外，有些调音台还带有功率放大器、图示均衡器和效果器等周边设备。如果带有上述设备，则还有与之相应的一些技术参数。下表是某系列调音台的主要技术指标。

某系列调音台的主要技术指标

型号		MC802	MC1202	MC1602
输入特性	路数	8 路	12 路	16 路
		全部带通道插入，3 路辅助输入、2 路立体声效果返回		
	形式	低阻(4kΩ)平衡式，高阻(10kΩ)平衡式，输入灵敏度-80dB		
频率响应		+1，-3dB(20Hz～20kHz，±3dB，600Ω)		
谐波失真		≤0.1%(20Hz～20kHz，±3dB，600Ω)		
输入通道均衡特性		高频±15dB(10kHz) 中频±15dB(350Hz～5kHz，可调)低频±15dB(100Hz)		
哼声和噪声		-128dB(等效输入噪声)		
串音		-60dB(临近通道)		
输出特性	路数	1 对主输出(立体声)，3 个辅助输出(单声道，1 路耳机输出)		
	特性	150Ω、+4dB、平衡式(主输出)或非平衡式(辅输出)		

8.1.6 调音台的选择及操作要点

1. 调音台的选择

目前调音台的种类很多，性能各异，功能和价格也有较大差别，实际应用中要视具体情况加以选择。

(1) 根据演出规模，确定使用音源的数量和种类，以便选择相应输入路数的调音台，可以留 2 路～3 路作备用。

(2) 统筹配合，确定是否选择一体化调音台。在相同情况下，一体化调音台不仅便宜、简单，而且实用。

(3) 通过投资规模和性能价格比确定选用产品的型号。这要求对各种国产和进口调音台的技术特性、质量和价格有充分的了解，因此这一工作的难度较大。

2. 调音台的操作要点

调音台对信号处理的过程经常是先放大了以后又衰减，然后再放大再衰减。那么，如何设置放大量和衰减量才能获得最好的效果呢？这是正确使用调音台的关键问题。

任何放大器都有一定的本底噪声(常用等效噪声来表示)和最大输出电平，放大器在放大前级送来的有用信号的同时也放大了前级带来的噪声。显然，如果输入信号太小会降低输出信号的信噪比，而输入信号太强又会产生削波失真而降低输出信号的动态范围，因而适当大小的输入电平和合理调节放大器的放大量和衰减量都是十分重要的。

对于调音台来说，降低输入端的等效噪声可提高音频信号处理过程中的信噪比，但-128dB 的输入等效噪声已接近极限，大多数调音台输入等效噪声在(-128～-120)dB 的范围内，所以要特别注重输入部分的插入衰减器和增益控制放大器的工作状态。操作时，这两个部分的按钮(PAD)和旋钮(GAIN)的调节必须相结合。当峰值指示二极管(CLIP)常亮时，表示输入信号激励过强，必须降低输入放大器的增益，甚至按下插入衰减键；当峰值指示二极管常暗时，则表示输入信号激励不足，应取消插入衰减，甚至提高输入放大器的增益，从而使前级放大器的输出电平接近额定(+4dB)电平，以保证调音台的信噪比和动态范围达到最佳状态。在固定的场合调试好后不再变动，切忌通过调整前置放大器的增益来改变音量。

调音台中的衰减推子(FADER)是用来控制混合声中该通道声音所占的比例。要平衡一个节目中各种声音的比例(相对大小)，就需调节相应的衰减推子。要特别强调的是，它与过载指示灯之间没有内在的联系，换句话讲，调小它并不能改善由于输入信号的过激而引起的失真；调大它也不能改善由于输入信号激励不足而引起的信噪比降低。若该通道中没有输入信号时，应将该通道的推子放在最小的位置(位于最下端)，这时它对信号的衰减为最大，可避免该通道的噪声在母线上叠加。

主控推子(MASTERFADER)也称音量控制电位器。调节它可以改变输出声道的音量大小，以及线路输出、均衡输出和耳机等接口的输出电平。调音台的输出电平可用音量型电表或峰值型电表(有指针式或扫上式发光管)来指示。音量型电表主要用于扩音，电平指示与音量的大小总是成正比；而峰值型电表指示的是峰值电平，主要用于录音系统，以观察音频信号的动态范围是否超出磁带的饱和录音电平，它与人耳对响度的感觉没有直接的关系。

根据以上的分析，对调音台操作要注意以下几个方面。

(1) 熟悉系统中各点的标称电平值，力求使所有的衰减器都保持在标准位置上。

(2) 从输入端开始就要注意增益和衰减。

(3) 学会观察和运用各种电平指示装置。调音台各级的电平如图 8-4 所示。

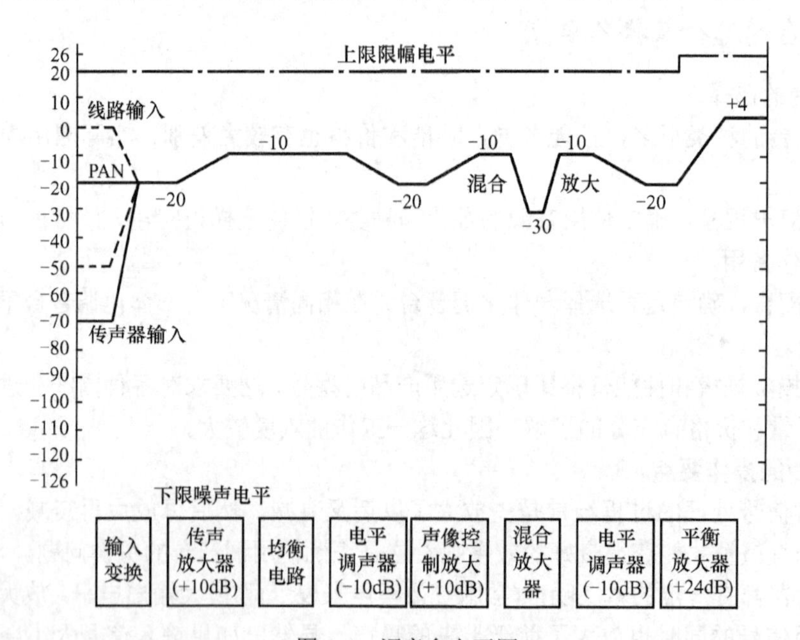

图 8-4　调音台电平图

8.1.7　数字式调音控制台简介

模拟调音台的动态范围很大，用于数字磁带录音也基本能满足要求，但是，如果采用数字调音台则有更优越性能。录音时只要通过一次 A/D 转换，以后不必再转换成模拟信号就可以直接制作出数字节目磁带。数字调音台能将控制信号内容存储在计算机内，通过 A/D—D/A 转换，将音频信号变为数字信号去进行处理、混合与传输，然后再变为音频信号输出。如果将数字调音台与磁带录音机，实时数字处理装置、中央控制装置、彩色视频监测系统组合起来，可以构成一个完整的数字联机混合调音控制系统，保证录音、扩音、广播等系统的信号处理完美无瑕。

近年来发展起来的由计算机控制的调音台，结构灵巧，功能齐全，操作方便，可以实现自动均衡补偿、限幅、延时、混响等多种功能。在使用这种调音台时，通过计算机控制，调音师可以根据节目内容去预编程序、修改程序，最后以最佳程序去控制音频系统，从而获得最佳录音和放音效果。

由于微处理机的发展和电荷耦合器件(CCD)技术成熟，音频信号处理也有了新方法：框图、流程、模块代替了传统的设计方法；键盘输入、程序控制、显示屏观察代替了大量旋钮开关及复杂的操作过程，图中每一路输入通道中均设有 1/3 倍频程均衡补偿、限幅、延时和混响等处理功能。电路显示由大屏幕 LED 矩阵构成，通过键盘可自动快速切换所需显示通道。调音台工作时，计算机通过不断地扫描键盘、命令解释和处理数据，并对各声道的各频段增益进行监控，同时定时提供显示数据，以达到对调音系统进行数字控制的目的。系统工作过程中，中央处理器(CPU)把各声道和各频段的输入信号(经 A/D 变换)所设定的状态信号以及由键盘输入或监控计算机形成的控制信号等全部存储在随机存储器(RAM)中，CPU 根据所执行的程序，不断访问、刷新这些数据，以完成全部控制功能。为了保证 CPU 控制准确，简化操作，电路上滤波、延时、混响单元用 CCD 器件组合，采用多路模拟开关去替代 A/D—D/A 的多路转换，输入通道和各段增益全部采用数字化方式处理，采用 D/A 变换器和译码电路，通过压控放大器完成多路分模拟量的输出。

8.2 频率均衡器

从早期的模拟器件到当今的数字多频段图示系统，音频系统利用均衡技术已有多年的历史，均衡器一直被用来修饰和提高音质，同时它也为当今应用广泛的复杂自动音频处理系统奠定了基础。均衡电路对频率响应调整的基本类型有三种，即斜坡均衡器、图示均衡器和参数均衡器等，有时采用它们的混合形式。值得注意的是，在许多场合的电声系统中，均衡器常常被过分滥用或误用。

8.2.1 频率均衡器的基本原理

均衡器的基本提升电路的频率响应如图 8-5 所示，其中心频率是指提升最大时的响应峰值的频率。在中心频率的两边各有一点，它们的值低于峰值点 3dB，这两点间的频率范围称为带

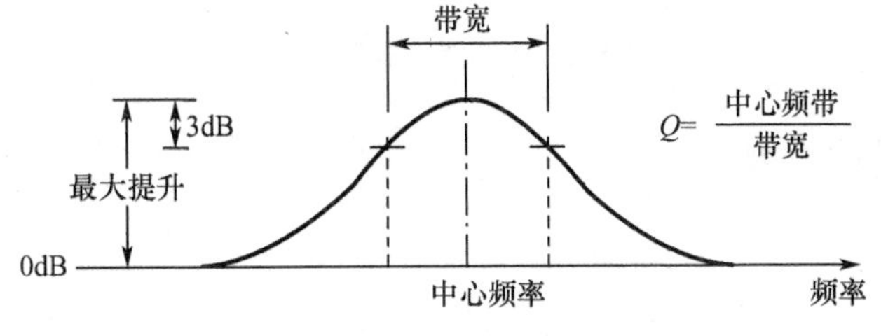

图 8-5 基本提升滤波器频率响应

宽，它的宽窄表示了滤波器的锐度。带宽越窄，信号受滤波器影响的频率范围也越窄。由于人耳能辨别1%倍频程尺度范围内的声音变化，因此一个给定带宽的滤波器，在中心频率低的情况下比中心频率高的影响大。

例如，一个带宽为50Hz的滤波器，在中心频率是10kHz时，响应的频率范围还不到倍频程的1%，这实际上是听不到的；而在中心频率是100Hz时却在整个倍频程范围内都有响应，它的调整对音质的改变有很大的影响。

滤波器的锐度是这样定义的，即用中心频率除以带宽，得到的数值就是滤波器的 Q 值。对于中心频率为100Hz，带宽为50Hz的滤波器，其 Q 值是2；而对于中心频率为10kHz，带宽为50Hz 的滤波器，其 Q 值是200。典型的提升滤波器的 Q 值介于1到0之间。

图8-6描述了滤波器的 Q 值恒定时，响应曲线随增益的变化情况。曲线描述了每个滤波器增益随频率的变化情况。主要特性如图中所示。图8-7表示当最大提升下降时，Q 值也变小了，但频率响应图的基本形状保持不变。随着提升幅度的变化，滤波器对中心频率周围所有的频率产生同等相对量的作用效果。这些特性被生产厂家应用于不同的机型中。虽然可能存在某种特性优于另一种特性的情况，但很难说明哪种特性最好，应以实际效果为准。

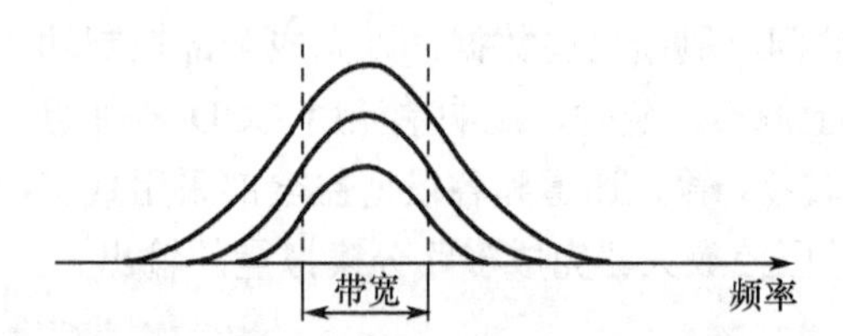

图8-6　恒定 Q 值的提升滤波器频率响应

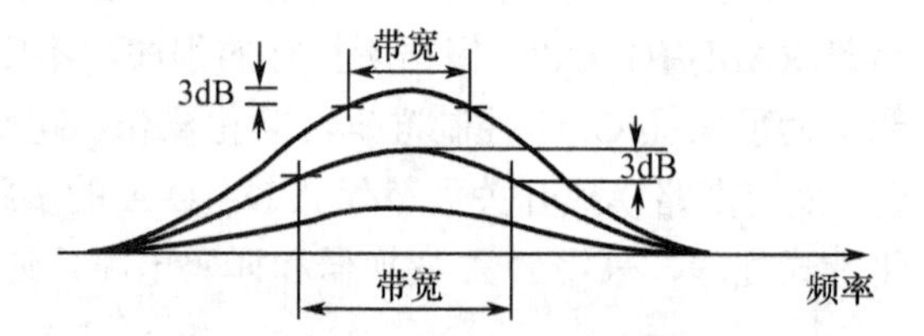

图8-7　波形恒定的提升滤波器频率响应

在实际应用中，当要求滤波器在某些频率段内的增益发生切除或衰减时，情况往往是非常复杂的。在衰减模式下，使用提升特性曲线的镜像更适合，这样的响应曲线如图8-8所示，此时 Q 值并非恒定。与响应位置的提升模式相比，它的 Q 值要低得多，这种特性的滤波器称为倒峰滤波器。大多数的图示均衡器都采用倒峰滤波器，大多数参数型的滤波器则采用 Q 值恒定的滤波器。

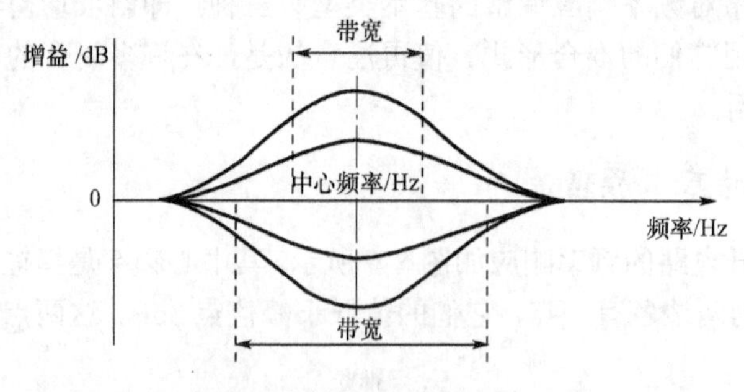

图8-8　倒峰滤波器频率响应

8.2.2　频率均衡器的类型

1. 斜坡均衡器

在专业应用中，常常需要提升或切除某个所选频率以上或以下的所有频率。实现这个功能的滤波器称为斜坡滤波器。低频斜坡滤波器的频率响应、高频斜坡滤波器的频率响应如图 8-9 所示。这些滤波器在消除或产生音频波段边缘处的滚降时非常有效。

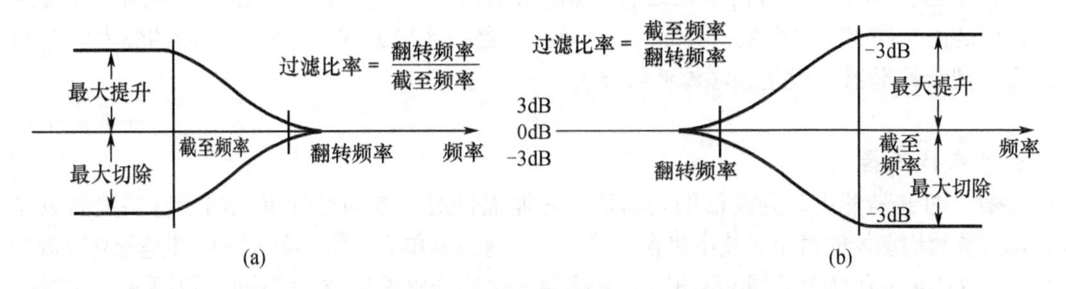

图 8-9　斜坡均衡器频率响应

(a) 低频斜坡均衡器频率响应；(b) 高频斜坡均衡器频率响应。

斜坡均衡器的提升或切除幅度由对滤波器正常增益偏离的最大值来定义。对于一个高频斜坡均衡器来说，它等于高频增益减去低频增益。而对于低频斜坡均衡器来说正好相反。斜坡滤波器的频率特性由翻转频率、截止频率和过渡比率来描述。

翻转频率是指在该点处增益在正常增益的基础上变化了 3dB，对于提升型的均衡器来说，它的翻转频率是指在该点处增益在正常增益的基础上提升了 3dB。

截止频率是指在该频率下增益停止增加或减少，即该点处的增益在最大值以下或最小值以上 3dB，分别对应提升或切除。在选择的提升或切除值很小的情况下，这些定义就变得模糊了。

过渡比率是指截止频率与翻转频率的比值，它类似于峰值滤波器的 Q 值。

2. 图示均衡器

图示均衡器之所以这样命名，是因为该均衡器包含以倍频程或分数倍频程为中心频率的一组滤波器，而这些滤波器在前面板上的增益控制滑动触头排成的位置正好组成与均衡器频率响应相对应的图形，如图 8-10 所示。这一排线性滑动触头给操作者带来了方便，使其能迅速了解每个频段的增益情况。通常图示均衡器有效的频率分辨率从 1 倍频程(覆盖音频范围的 9 个～10 个滑动触头)到 1/3 倍频程(27 个～31 个滑动触头)。图示均衡器绝大多数是固定频率和固定 Q 值的设备，这些限制主要是基于价格和面板尺寸方面的考虑。

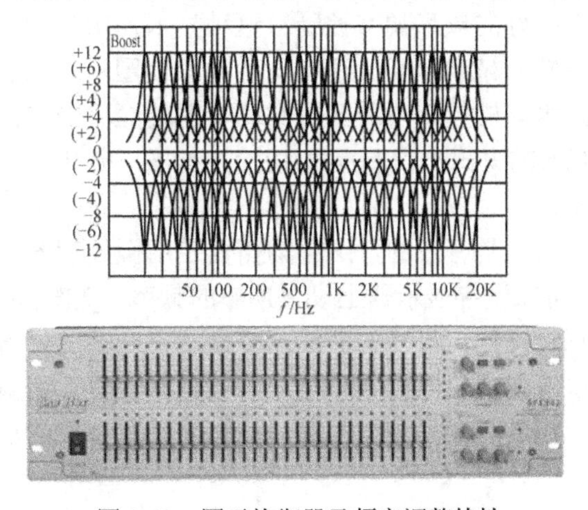

图 8-10　图示均衡器及频率调整特性

在图示均衡器中各滤波器是并行连接的，两个提升或切除滤波器同时作用的响应并不等同于它们单独作用时的响应之和。每个滤波器的Q值是基于中心频率的间距而选定的，但是也允许有某些余度。实际的Q值及滤波器的连接方式将影响滤波器的频率响应的组合。图示均衡器一般是倒峰滤波器设备。

3. 参数均衡器

参数均衡器是使用最为灵活的均衡器，它能提供对基本滤波器单元的所有参数的独立控制。这些参数均衡器的每个封装中包含 3 个～5 个滤波器单元，每个单元一般都是独立可调的。一般来说这些单元的频率范围并不相同，在各单元之间会出现相当一部分的频率重叠。如第一个滤波器的可调频率范围是 20Hz～2kHz；第二个滤波器的可调频率范围是 50Hz～5kHz。通过交错排列各单元的方法，可以覆盖整个音频频带，而不需在任一滤波器中增添额外的频带。

大多数参数均衡器把每个滤波器的频率调节范围分为2个～3个频段。这种滤波器通过一个多调节电位器在各频段内进行调节。为了简化跟踪要求，范围通常限制在10:1左右。用一个开关改变滤波器的电容容量可完成频段间(几乎总是10倍)的切换，这种方法提供了较好的频率设置分辨率，也便于在仪器前面板上做刻度标示。

某些参数均衡器提供了开关选择模式，例如，恒定Q值，倒峰响应型或峰值型以及斜坡型，这些特性能大大提高器件的灵活性，免去了在购买前选择频率响应类型的需要。恒定Q值的切除能力除了在降低声音系统反馈时用到外，其他情况很少被用到。

不受预定频率和Q值约束的灵活性及自由性使得参数均衡器成为一个强有力的工具，这种灵活性也使得参数均衡器成为一个复杂的工具，但是有经验的操作人员能获得与期望特性近似匹配的精确均衡器。因为均衡器实质上是几个简单滤波器单元的级联，所以两个单元同时作用的效果等于它们各自响应之和。两个控制间的无关性使得调节工作更容易。通过一次调节这些单元，系统响应的误差可以根据它们的有效性予以排除。复杂的频率响应调试可以通过连接两个均衡器为一组进行调节来实现。

4. 混合均衡器

在一些场合常采用混合均衡技术，它们往往是基于计算机技术的产物。在混合均衡器中，有一些产品能集中参数型及图示型均衡器的优点。其中有一种技术能使图示均衡器在线性衰减器中拥有很好的频率调节控制，这种技术使用户能调整滤波器中心频率与期望响应的波峰和波谷频率精确匹配。还有一种技术使图示均衡器和几个陷波滤波器相结合。另外还有一种技术能够使用户看到参数均衡器的频率响应，它是用类似于图示型均衡器中排列线性衰减器的方式来设置提升/切除控制器，提升/切除控制的位置有助于反映得到的频率响应曲线。

许多可编程的均衡器也是有效的，这种均衡器使用微处理器来控制模拟滤波器。通过可编程均衡器，用户可在数字显示器上设置期望的频率、Q 值和提升或切除量。这样既可保证精确度又便于重复操作，最终的曲线图将显示在合适的仪器上。通过鼠标及一些简单的控制操作，在系统能力范围内频率响应可被调整到任意期望的形状。这些可编程均衡器的最大优点是它们具有在存储器中存储均衡器设置参数的功能，并且在需要时可随时调阅。

另外，各种形式的均衡器也可以完全由软件来实现。

8.2.3 频率均衡器的技术指标

频率均衡器除了频率响应、谐波失真、信噪比(或等效输入噪声)以及输入、输出阻抗和输入、输出电平等常规技术指标外，还有中心频率和控制范围等指标。

1. 中心频率

均衡器的中心频率是指均衡控制电路中各谐振回路的谐振频率点，即衰减或提升频段的谷点或峰点所对应的频率点，中心频率的设置有一定规律，图示均衡器中心频率常分为倍频式、1/2 倍频式、1/3 倍频式、1/4 倍频式等形式。

倍频式均衡器，其中心频率通常设在 63Hz、125Hz、250Hz、500Hz、1kHz、2kHz、4kHz、8kHz、16kHz 等 9 个频点上。故有时称为 9 段均衡器。

1/3 倍频式均衡器的中心频率通常设在 20Hz、25Hz、32Hz、40Hz、50Hz、63Hz、80Hz、100Hz、125Hz、160Hz、200Hz、250Hz、315Hz、400Hz、500Hz、630Hz、800Hz、1kHz、1.25kHz、1.6kHz、2kHz、2.5kHz、3.15kHz、4kHz、5kHz、6.3kHz、8kHz、10kHz、12.5kHz、16kHz 和 20kHz。把整个音频范围分为 31 个频点，常称之为 31 段均衡器。

2. 控制范围

均衡器的控制范围是指均衡器调节钮在中心频率点对所对应的音频信号能够实际提升或衰减的最大能力，用 dB 来表示。常见的有±6dB、±12dB 和±15dB 等范围。

3. Q 值调整范围

Q 值又称品质因数，是谐振回路中重要的物理参量。*Q* 值越高，其提升或衰减曲线越尖锐，带宽也越窄；*Q* 值越低，其提升或衰减曲线越平滑，带宽则越宽。*Q* 值的调节范围通常在 0.3～20 之间。

4. 中心频率调整范围

参量均衡器的各个中心频率点都可在一定范围内变化。一般来讲，频点分得越多，则对应的中心频率点的调整范围就越少；反之，频点分得越少，中心频率点的调整范围就相应大些。例如，某参量均衡器设有 8 个独立调整的中心频率点，其调整范围从低频端到高频端依次是：20Hz～60Hz、40Hz～150Hz、110Hz～310Hz、230Hz～750Hz、480Hz～1900Hz、1.1Hz～4.5kHz、2.8Hz～9.0kHz、5.9Hz～2lkHz。

5. 转折频率

转折频率是指以全电平通过的信号与被衰减或截止信号的分界频率。例如，对高通滤波器而言，假设其转折频率是 100Hz，就表示高于 100Hz 的信号可以全电平通过，而低于 100Hz 的信号则不能通过(确切地说是迅速衰减)。为了扩大滤波器的应用范围，能使之满足各种需要，通常参数均衡器转折频率在一定范围内是可连续调节的。

6. 斜率

理想情况下，转折频率以外的信号应完全截止，即衰减量趋于无穷大，但这在实际中是办不到的。事实上，在转折频率以外的信号是随着频率的变化(对数规律变化)按直线规律下降的，该直线的斜率就可以用来描述转折频率以外的信号衰减的快慢程度，单位是 dB/oct(分贝/倍频程)。其典型值主要有 6dB/oct、12dB/oct、18dB/oct 和 24dB/oct 等几种规格，该数值越大，表示在转折频率以外的信号衰减的速度越快。

8.2.4 频率均衡器的应用

1. 满足不同节目源特征的需要

实际应用中节目源的带宽并没有覆盖人耳的听音范围。节目源的带宽以外往往是并不需要的各种低频或高频的噪声，所以使用者应该根据欣赏的节目源特点、音乐的种类合理而准确地实施对某些频率电平的提升或衰减，从而获得满意的重放效果。以下列出几种常用节目源的频率范围供参考。

(1) 电话系统的频率范围：300Hz～3.5kHz。

(2) 调幅(AM)广播的频率范围：150Hz～5kHz。

(3) 调频(FM)广播的频率范围：40Hz～15kHz。

(4) 粗纹唱片的频率范围：50Hz～7kHz。

(5) 密纹唱片的频率范围：30Hz～15kHz。

(6) 普及型卡式录音机的频率范围：150Hz～5kHz。

(7) 高级卡式录音机的频率范围：30Hz～18kHz。

(8) 普通录像机(VHS)的音频频率范围：80Hz～10kHz。

(9) Hi-Fi 录像机的音频频率范围：50Hz～18kHz。

(10) PCM 录像机的音频频率范围：20Hz～20kHz。

(11) CD 机的频率范围：2Hz～20kHz。

2. 适应人耳的听觉特性

人耳的听觉随着声压级的降低，对低频和高频的敏感度会明显下降，而且音量越小，敏感度下降越明显。所以，在小音量重放声音时，对低频和高频要做适当的提升补偿，其提升的量要参照人耳的等响度曲线图来进行。

3. 补偿听音环境的声学缺陷

听音环境对音质有着明显的影响。在室内听音乐时，除了来自音箱的直达声外，还存在着来自不同方向的反射声。听音场所的结构、室内陈设、墙面吸声材料和地面的光滑程度会引起早期反射声。早期反射声及房间的固有谐振频率直接影响了放音的频响特性。为此，在室内听音时最好使用多频点的房间均衡器对该听音房间的传输频率特性进行校正。

具体方法是：先用实时频谱分析仪测出房间的传输频率特性曲线，然后按照镜像对称、互相补偿的原则，用房间频率均衡器进行调整，即对房间吸收厉害的频点进行提升，而对房间的共振频点进行衰减。

使用图示均衡器还可以抑制房间中的声反馈。在室内扩音系统中，除直达声和早期反射声引起声反馈外，混响声也能引起声反馈。对于直达声引起的反馈，可以通过选用单指向性的传声器和音箱，并合理安置它们的相对位置来解决。而对于混响声所引起的反馈，改变传声器与音箱的相对位置效果往往不明显，有些调音师只能以降低音量为代价来换取系统工作的稳定，然而值得注意的是，这种反馈造成的自激并不发生在20Hz～20kHz的整个音频范围内，往往只出现在某一个或几个频点上，只要对这一个或几个频点作相应的衰减后，系统的总音量仍可按需要提高到相应的量。在应用中最好使用频点较多的均衡器或参量均衡器来调整，否则会因为衰减的频率范围太宽而影响扩音的音质效果。在操作中，通过实时频谱分析仪，能很容易地找到自激频点，从而对该频点进行衰减，使扩音系统的总音量得以进一步的提高。

4. 调节音色

在某些场合，除了要求各种声源的高保真度以外，有时允许对声源作适当的调整，以达到美化音质的效果。通常可把整个音频范围划分为以下几段，分别由均衡器来承担“美化”的功能。

(1) 超低音：是指频率低于50Hz的声音。它能使人产生沉重、压抑或强有力的感觉。提升这个音域的信号能使提琴、低音鼓、管风琴的声音以低沉和有稳重感的声音重现，如果过多地强调，反而会使音乐变得混浊不清。

(2) 低音：它的频率范围在50Hz～150Hz范围内，能控制吉他、鼓等的低音。

(3) 中低音：频率在150Hz～500Hz范围内的声音。包含着节奏声部的基础音，给人以圆润、有力的感觉。对这一频段进行均衡会改变音乐的平衡，使音域丰满或单薄。但此频段提升太多，会使乐声发出“隆隆”声。

(4) 中音：频率在500Hz～2000Hz之间的声音。包含大多数乐器的低次谐波，给人明亮、清晰的感觉。在男中音等人声的乐曲中，衰减1kHz左右的中音，会使歌手的歌声有来自远方或退到后方的感觉，从而大大地影响了临场效果。如果提升太多，则会导致音乐像电话那样的音质。提升500Hz～1000Hz这一频段的电平，会使乐器的声音变成大喇叭似的声音；而提升1kHz～2kHz这一频段时，则会使音乐发出像铁皮那样的声音。这段频率输出过量时，会导致人的听觉疲劳。

(5) 中高音：频率在2kHz～4kHz范围内的声音。这个频段的印象是刺激性强，有金属性或生硬的感觉，对声源亮度的影响很大，适当提升有利于提高清晰度和层次感。如能调整适当，可获得快而明亮的声音。这一频段提升太多，特别是3kHz处，会引起听觉疲劳。

(6) 高音：频率在4kHz～8kHz范围内的声音。此频段被认为生硬或柔和感觉的敏感区。提升时将会强调弦乐(小提琴等)或管乐器(长笛、短笛等)，可获得鲜明、多彩的声音；衰减时声音则会显得单调、平淡，但带有一种稳健的感觉。提升过多会感到声音脆而细，并易使音质发毛、齿音夸张、背景噪声增加。

(7) 超高音：频率在8kHz以上的声音。减小该频段的声音将使声音的扩展和细腻感觉的增强受到影响；增大时，超高音能增强细腻的感觉。

8.3 音频处理设备

由于人耳可听到声音的动态范围远远大于传统的录音系统，在实际工作中，某些音频处理器往往会产生各种问题，如放大器的过载、室内噪声的渗入及话音中夹杂着过多的咝咝声等，因此人们研制各种设备来压缩信号的动态范围，使得强音变得弱一些，弱音变得响亮，去除噪声，听感激励……

8.3.1 增益控制

动态增益控制设备的输出能不失真地反映输入的原信号，不同的仅仅是电平的大小。在理论上使波形的形状保持不变，但其幅度根据实际需要变大或变小。系统增益是这类设备一个很重要的特征参数，因此它们的稳态工作情况可以通过如图 8-11 所示的输入输出的电平关系曲线图来描述，通常称为转移曲线。对于一般放大器来说，转移曲线应该是一恒定斜率的直线，放大器的增益决定直线在图中的位置。

1. 压限器

压限器是压缩器与限幅器的总称。近年来的压缩器与限幅器多是合在一起出现，一般有压缩功能就会有限幅功能。目前压限器是一种用途很广的设备，其重要性往往被人们所忽视。压限器的主要作用是：①压缩或限制节目的动态范围，防止过载削波失真，保护功率放大器和扬声器系统等设备；②产生特殊的音响效果；③有时还起到“降噪器”作用。通常，音频系统的动态范围远远小于乐队音乐信号的动态范围。一般音频系统的动态范围在 80dB 左右，数字系统可达 90dB 以上。若使用一般磁带机则动态范围只有(40～70)dB，唱片录放声的动态范围只有 70dB 左右，而交响乐队的动态则高达 100dB，高潮时达 120dB 左右。怎样才能将大动态的节目记录在磁带上？怎样才能将大动态的音乐节目通过一个动态范围狭窄的媒介放音(如动态范围只有(20～30)dB 的调幅广播或(40～50)dB 的调频广播)？或从另一个方面说，怎样才能不因为节目动态范围过大而使音响设备严重过载而损坏？使用压限器就可解决这个问题。

1) 压限器的工作原理

压限器的压缩及限幅特性如图 8-12 所示。当输入信号电平增大到门限电平(压限器开始动作的电平值)后，增益才开始降低。输入信号电平增加的分贝数与输出信号电平增加的分贝数之比称作压缩比。常用的压缩比为 2:1～10:1 可调，压缩比大于 10:1 的称为限幅器，限幅的表示法为∞:1，即无论输入电平如何增加，输出都不变。有的压限器的特性如图 8-12 的虚线所示，压缩比随输入信号电平连续变化，当输入电平增大到某一值后就变成限幅器了，这种特性特别适合一般的扩音使用。

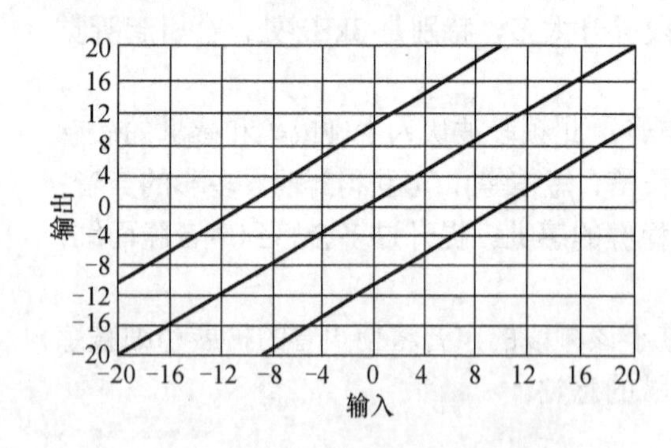

图 8-11 基本放大器的转移曲线

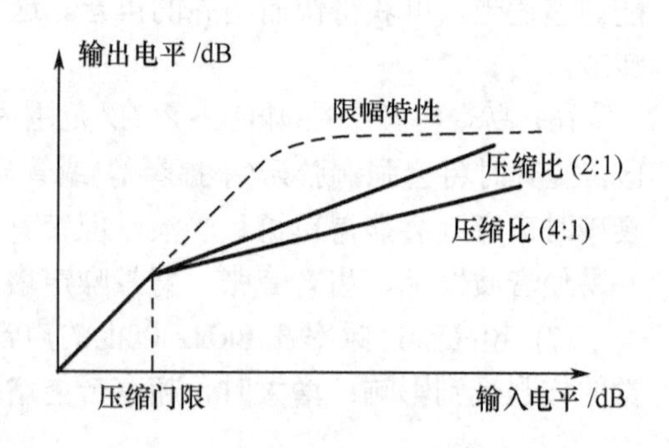

图 8-12 压限器特性

压缩变化需要时间，当输入电平突然升高到门限电平之上，压限器增益随之下降，延时 Δt_A 秒后，新增益才稳定下来，Δt_A 称为压缩动作时间；反之，当输入电平突然减小到门限电平之下，压限器的增益将缓慢上升，经过 Δt_A 秒后，才会恢复到不压缩的稳定值，

Δt_A称为压缩恢复时间。为了不让观众觉察出压缩增益的变化过程，动作时间应尽量快，一般设计在100μs～1ms之间。恢复时间应适当长些，否则增益变化使信号产生谐波失真和噪声“喘息”现象，但又不宜太长，否则压限器的变化速度跟不上节目的节奏变化，一般约在0.1s～3s之间可调。

压限器的电路形式有压控型和脉冲抽样型两种。图8-13是一种压控型压限器框图。它由检波器和压控放大器组成。

检波器不仅用来检出与信号电平相对应的直流电压或电流(以便控制压控放大器的增益)，而且决定动作时间和恢复时间的长短，因此检波器对压缩器的性能影响很大。检波方式有峰值检波和有效值检波两种，前者反应速度快，但是压缩量与响度的对应关系不好；后者反应速度慢，但是压缩量与响度之间的对应关系好。当同时采用峰值检波有效值检波时，可以兼有两者的优点。检波器的输入信号可从压缩放大器的输入端拾取，也可以从输出端拾取。

压控放大器一般都采用压控可变电阻来控制增益，常用的电路方式有：①场效应管压控可变电阻；②光电控制型压控可变电阻。前者适合于小信号电路，而后者适合于较大信号电路，而且线性和频率特性都比较好。根据电路结构特点，使用压控可变电阻构成的压缩器可分为衰减型和负反馈型。

图8-14给出了光电控制型压控可变电阻的电路原理图。图中R为光敏电阻，LED为发光二极管，两者封装在一起。控制电压U_i决定LED的亮度，LED越亮，R值越小。一般亮、暗电阻相差100倍以上，控制范围较宽。

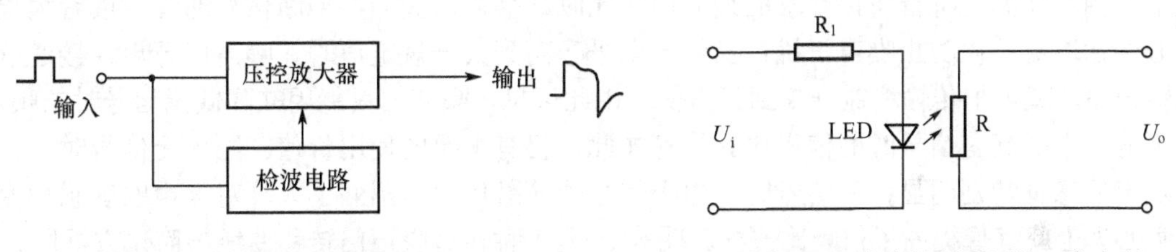

图8-13　压控型压限器框图

图8-14　光电控制型压控可变电阻

上述压限器由于应用器件本身的特性作可变电阻，因而非线性失真比较大。在要求比较高的场合，如高保真放声系统，要求的非线性失真很小，必须采用更好的电路形式才能满足要求，脉冲调制型电路就是其中的一种。

2) 压限器的应用技巧

压限器的主要技术特性包括压限特性和一般电声特性。压限特性包括：

(1) 压缩门限电平调节范围。

(2) 压缩动作时间调节范围。

(3) 压缩恢复时间调节范围。

(4) 压缩比。

压限器的典型应用主要在以下几个方面。

(1) 在扩音系统中接入压限器，则对于突发的信号、过强的信号以及误操作所产生的大信号和声反馈，压限器都能自动地将其信号幅度按一定的比例进行压缩或限幅，使过载问题得到解决，从而使昂贵的功率放大器和扬声器系统得到保护。

(2) 利用压限器产生一些特殊的音响效果。一般利用压缩动作时间和压缩恢复时间这两个参数的可调性来制造一些意想不到的音响效果。例如，对一件弹拨乐器，仔细调节动作时间、恢复时间、压缩门限电平和压缩比，特别是将恢复时间调快，就能得到一种类似手风琴的声音。又如用很短的恢复时间并将压缩比调得很大，则可将钹的声音变成一种奇怪的声音，就像将钹的录音带倒着放一样，这是色彩性很重的一种特殊声响。

(3) 当独唱演员或演奏者突然改变与传声器之间的距离时，则音量不好控制，加入压限器后可使音量变化平稳。

(4) 使用压限器可以使电吉他、电贝司等乐器的音量平稳。如电吉他的低音弦要比其他弦的音量大，利用压限器的压缩特性可解决这一问题。

(5) 在压限器前插入一带通滤波器(可用 EQ 代替)，滤出人声中过重唇齿音或乐器的高频噪声，它们触发压限器工作，可只对因话筒或调音均衡不当而产生的过重咝声起限幅作用，这种用途的压限器常被称为去齿音器。

2. 扩展器

扩展器与压缩器相反，当信号电平降低时降低信号的增益，当信号电平增大时提高信号的增益。换言之，当信号电平低(在扩展阈值以下)时，增益就低，节目的响度就被衰减；当信号电平高(在阈值以上)时，增益就增加，节目的响度就被放大。扩展器通过使强的信号更强，弱的信号更弱来增加节目信号的动态范围。扩展器除用于降噪系统外，一般多用于恢复经压缩过的节目的动态范围。

3. 噪声门

所谓噪声门，是安装在信号传输通路中，用信号电平来开启的门电路。无信号或者信号电平低到不能满足听音条件要求的最低信噪比时，噪声门关闭，截断信号通路，或者大幅度降低传输增益，以防止噪声干扰；当信号电平升高到某一规定值时，噪声门开启，接通信号传输通路，或者把传输增益升高到正常值。由此可见，噪声门只能用来降低无信号时的噪声，而不能用来提高有信号时的信噪比。尽管如此，仍有重要的使用价值。因为无信号时，人耳对噪声的感觉特别明显；有信号时，由于信号的掩蔽作用，削弱了人耳对噪声的敏感程度，听觉心理上就好像提高了信噪比一样。图 8-15 是一种典型噪声门转移曲线与简化方框图。

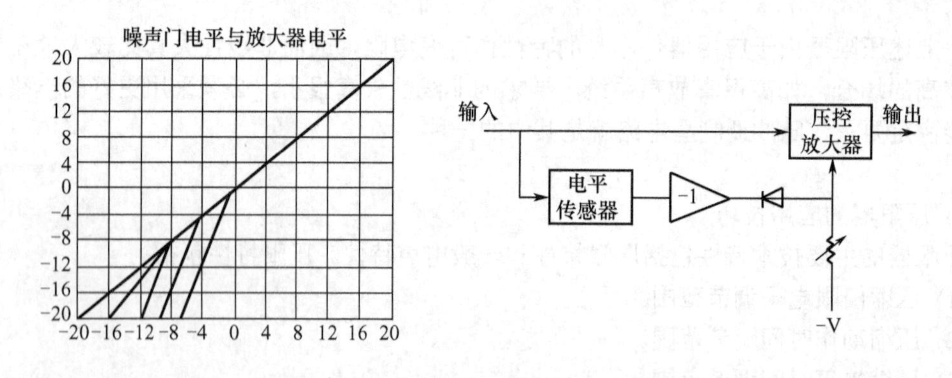

图 8-15 噪声门转移曲线与简化方框图

与压缩器相似，噪声门的启动时间要短，一般在 ms 级；而关闭恢复时间要长，但又不能太长，大约在几百 ms 到 1s 之间，否则信号突然停止时，人耳就能明显听到噪声从大到小的变化过程，产生极不舒服的感觉。解决办法除了适当缩小关闭恢复时间外，不能把噪声门关闭时对传输增益的衰减量设计得过大，即适当剩余一些背景噪声比把噪声衰减掉要更好些。

有些压限器上亦附有噪声门功能，如 FOSTEX3070 型压限器，它能将无节目时的低电平的噪声“关”在门外，在正常工作电平下，此“门”相当于一个单位增益放大器。噪声门的门限电平同样是可调的。

8.3.2 延时器与混响器

在现代电声技术中，为了弥补录音室、剧院、播音室、卡拉OK歌舞厅等场所自然混响的不足，改善和美化音色，或产生各种特殊效果，增强音响艺术的感染力，常常在系统中加入延时或人工混响。这是现代音响技术对音源加工处理的重要手段。延时器、混响器是电声系统中经常使用的设备。

1. 延时器

延时器是对音频信号进行时间延时的设备。常见的延时器有机械式延时器和电子式延时器两类，电子式延时器又分为模拟式和数字式两种。数字式延时器是利用数字技术来产生延时的，其音质好、体积小、功能多、使用方便，在电声设备中普遍采用。

延时器在厅堂扩音系统和电影、广播电视节目制作中有广泛应用，它有以下作用。

(1) 利用哈斯效应，方便地解决声像一致性，图8-16是厅堂扩音系统延时器的应用图解。

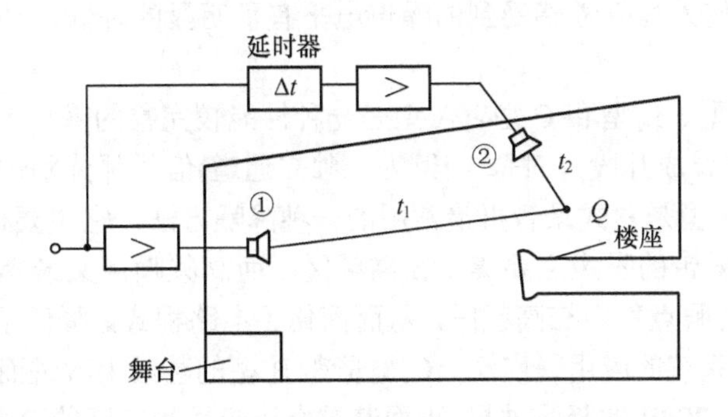

图8-16　厅堂扩音系统延时器的应用

(2) 模拟建声中近次反射声，改善厅堂中的听音条件。

(3) 改善大厅门后区的听音条件。

(4) 与混响器相结合组成立体混响系统，采用延时—混响方式模拟厅堂效果，并人为地造出一些特殊的音响效果等。

2. 混响器

混响器主要是指电子混响器，其混响功能就是在前述的延时器的基础上，加上各种形式的处理电路，叠加大量多种延时而实现的。它与机械混响器(如弹簧混响器，钢板混响器和箔式混响器等)相比，具有电声特性好、音色效果多、体积小、防震性能好等一系列优点，在各种电声系统中得到广泛的应用。

8.3.3 降噪器

音响系统中各种设备或多或少地都会产生噪声。如磁带的固有基底噪声(录制过程中伴有消音后磁带上的剩磁噪声以及偏磁噪声等)；电子元器件本底噪声；电路感应产生的噪声等。由于噪声的存在，系统的信噪比就会下降，造成音乐信号的动态范围缩小。为了提高信噪比，就必须采用专门的电路来加以抑制，即采用降噪系统(Noise Reduction System，NR)，简称降噪器。它是利用压缩、扩展等信号处理技术来降低噪声对音乐动态范围的影响。

1. 降噪系统分类

常见的降噪系统有以下的分类：

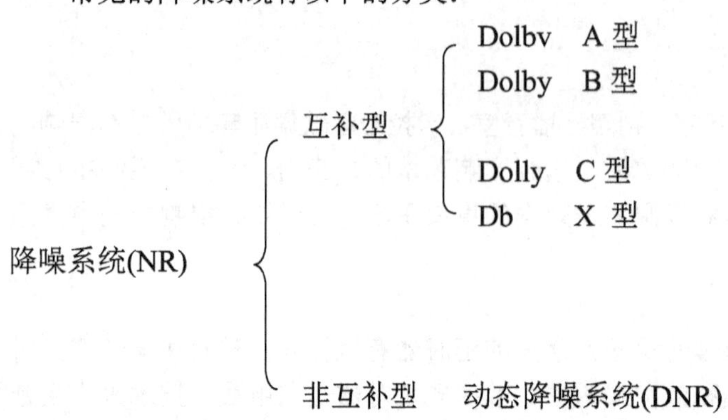

杜比降噪系统(Dolby-NR)是由杜比实验室发明的一种比较成熟的降噪系统。杜比降噪的依据是人耳的掩蔽效应。当信号较弱时，人耳对微弱的噪声十分敏感；当信号较强时，由于掩蔽效应，人耳是听不出噪声的。杜比降噪器通过压缩和扩张技术提高了磁带录、放过程中小信号的信噪比，从而使人耳听觉感受到的噪声电平有了明显的降低，动态范围也得到了相应扩大。

杜比系统分为A型、B型和C型。A型是一种性能较完善的降噪系统，它把整个可听频带(20Hz～20000Hz)划分成几段，对每一段(为一独立通道)信号都分别进行降噪处理，多用于专业盘式录音机中。B型是盒式录音机最常用的一种降噪方法，它主要抑制磁带的高频噪声，因为录音机的噪声和磁带的噪声主要集中在高频区，而高频噪声又最容易被人耳的听觉所感受。B型是把降噪的着眼点集中在高频段，从而简化了电路程式，降低了成本，降噪效果十分明显，所以B型降噪系统的应用最广泛。C型是在B型的基础上改进而成的一种降噪器，它对1kHz以上信号约有20dB的降噪效果。下面着重介绍应用最广泛的B型降噪器的工作原理。

2. DolbyB 型降噪系统

DolbyB 系统的工作原理图如图 8-17 所示。它在录音时，将经前级放大后的输入信号分成两路：一路经主通道直接送入后级加法器中；另一路是将分出的一部分信号经辅助通道再加到加法器中，辅助通道中含一个转折频率可变的高通滤波器(由 C_1、R_1 以及 C_2 与场效应管漏源极间的等效内阻 R_{DS} 组成的两级滤波器)，分离出高于这个转折频率的信号，经放大器 1 再分成两个支路：一条支路到加法器与主信号相加，作为信号传输通路；另一条支路作为实现高通滤波器的转折频率随输入信号中高频分量的电平而变化的控制环路，由放大器 2 进一步放大后进行整流，将形成的直流电压控制高通滤波器内场效应管栅极的电位。当输入主要为高电平的低频信号而高频信号较弱时，通过高通滤波器的信号很弱，经放大、整流所形成的直流电压很低，场效应管栅极的电位下降而趋于截止，它的内阻 R_{DS} 变大，这时高通滤波器的转折频率向低端方向移动，辅助通道提升高频的范围展宽，使所有低电平的高频信号经放大器 1 放大再送入加法器，与主通道的直通信号相加。此时，因从放大器 1 来的信号比直通信号强约 10dB，故加法器送至录音放大器的录音总信号中的高频低电平信号被提升了 10dB(即 3 倍)。换言之，在信号被录制到磁带上以前，已将易受磁带噪声影响的高频小信号增强了 3 倍，从而使其在与磁带噪声的“对抗”中处于优势。在主观试听时将感到磁带的基底噪声有明显的抑制。当图 8-17(a)所示的输入主要为高电平的高频信号时，经高通滤波、放大、整流后所形成的直流电压会上升，场效应管栅极的电位上升，它的内阻 R_{DS} 变小，辅助通道所提升的高频范围变窄，辅助通道的输出很少，加法器送至录音的总信号主要是主通道的较强高频信号，当重放时，磁带的噪声显然会被高频强信号所掩蔽。

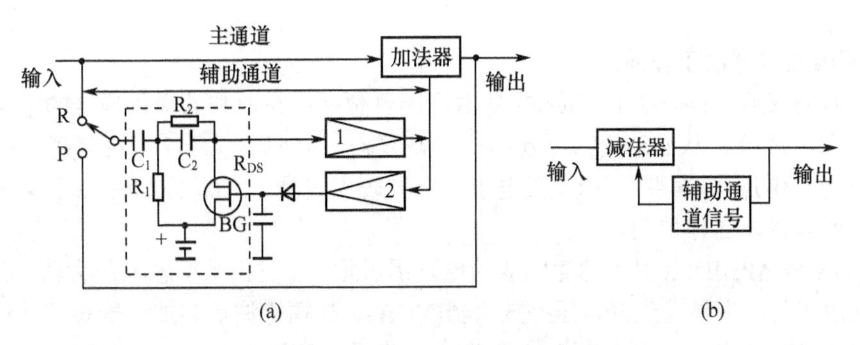

图 8-17　Dolby B 型降噪系统原理图

(a) 录音编码；(b) 放音解码。

由于 DolbyB 系统在录音时(具体地说，在录制到磁带上之前)提升了高频范围内的低电平信号，使原信号中高频区的动态范围受到了压缩。为了使信号恢复原状，DolbyB 系统的放音电路需将被提升了的录制在磁带上的高频低电平信号作相同比例的衰减，即对录音时所加强的分量在放音时需压低相同的倍数，作动态范围的扩展，这样才能使信号复原。在放音时将高频信号压低的同时，自然也对磁带所产生的这一频段的噪声一起压低，从而达到了抑制噪声的目的。DolbyB 系统就是通过上述录音时对信号的动态压缩，放音时对信号的动态扩展来抑制磁带的背景噪声。

DolbyB 系统的放音电路和录音电路通常是共用一块集成电路，不过需由录、放开关来控制电路内部加法器(录音时用)和减法器(放音时用)之间的转换。放音过程(见图 8-17(b))是从待重放的信号中减去辅助通道信号的过程，是与录音编码互补的解码过程。

3. DNR 动态降噪系统

DNR(Dynamic Noise Reduction System)是美国国家半导体公司推出的一种动态降噪系统，并已实现集成化。DNR 在录音时对信号不作任何处理，仅在放音过程中进行降噪处理。它除能降低磁带噪声外，还能降低其他音源(如收音机、电唱机等)的噪声，故适用范围较广。当然，DNR 的降噪是以损失音质为代价的动态降噪过程。当输入信号较大时，可变低通滤波器的带宽受控制电压的控制，自动加宽到 20kHz 以上，不影响原有节目源的频响；当输入信号减小时，控制电压降低，使可变低通滤波器的带宽变窄，高频噪声被抑制，从而改善了小信号时的信噪比。DNR 降噪系统是以损失高频特性为代价来换取小信号时的信噪比，其实际降噪效果为(10～14)dB。

8.3.4　听感激励器

在数字音频技术已相当完善的今天，声音信号从采样(录取)到重放的全过程仍然不能满足人们不断提高的需求。在一个完整的录音或扩音系统中，从传声器开始，到各个信号处理单元，最后到录音头或扬声器，各个环节都会产生一定程度的失真。如积累起来看，由扬声器重放出来的信号和原始信号相比，已丢失其中不少成分，其中主要是丰富的中频和高频的谐波成分，这一部分的减少并不会对重放功率有多大影响，但人耳的感觉却大不相同。一般情况下，人们听重放的声音总觉得缺少现场感、缺少穿透力、缺少细腻感、缺少明晰感、没有“色彩”等。尽管人们使用了种种方法来进行弥补，如使用均衡器、压缩/扩展器等，但收效甚微。一直到20世纪80年代以后，激励器的出现才在一定程度上解决了这一难题。

1. 听感激励器的工作原理

各种听感激励器(Aural Exciter)的基本设计思想是：在原来的音频信号的中频区域加入适当的谐波成分，从而改变其泛音结构，恢复自然鲜明的现场感、细腻感、明晰感，增加穿透力。这是“心理声学”和现代电子技术的研究结晶。下面以APHEXⅡ型听感激励器为例说明其基本工作原理。

图8-18是APHEXⅡ型听感激励器的电路组成框图。它由平衡输入放大器、高通滤波器、推动放大器、谐波发生器、压控放大器(VCA)、限幅检波器和加法器等部分组成。输入信号经平衡输入放大器放大后分成两路，一路不经任何处理直接送到加法器；另一路则经过高通滤波器、推动放大器、谐波发生器、压控放大器等增强电路，产生丰富的可调谐的音乐谐波，并在加法器中与直接信号混合。由于谐波的电平比直接信号的电平低得多，故不会增加输出的功率或电平，但人们听起来的效果却是令人惊异的。这就是“激励”的含义。

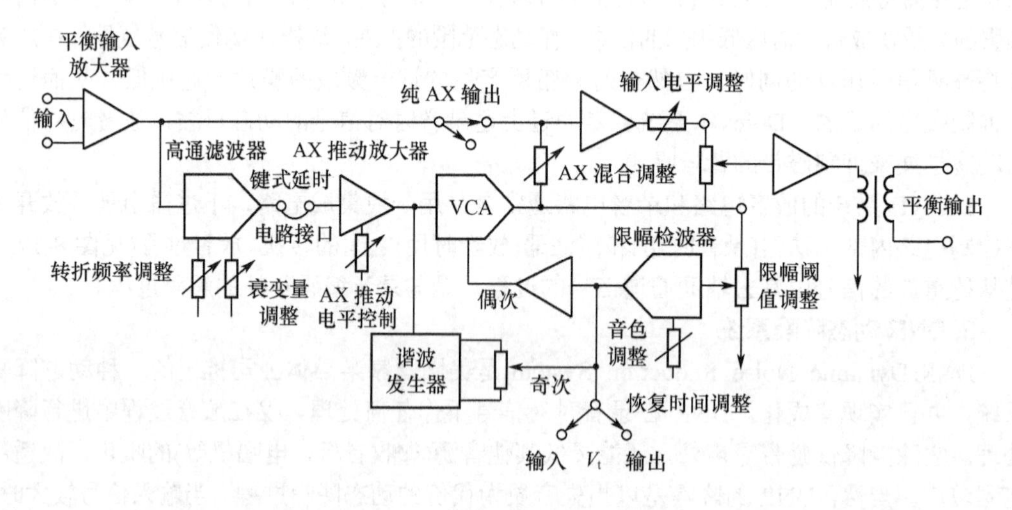

图8-18 APHEXⅡ型声音激励器电路组成框图

2. 听感激励器的应用技巧

听感激励器的技术特性包括电声特性和功能特性两部分。电声特性包括频率响应、噪声电平、总谐波失真(THD)、最大输入/输出电平、工作电平等；而功能特性对不同的型号有不同的特点，可参见用户使用手册。听感激励器近年来逐步为人们所认识，并逐步流行起来。可以毫不夸张地说，一个普通的歌手，在演唱时若能很好地使用混响效果并辅以听感激励器，只要有一定的演唱技巧，其音色可能达到与名歌星相比也毫不逊色的水平，这就是听感激励器近年来应用越来越广泛的原因。下面是听感激励器的一些应用实例。

(1) 录音——使各种乐器的音色更加突出和清晰，歌词更易听清楚，更具真实感，声音更具穿透力。在翻录磁带时使用激励器能使所翻录的磁带质量提高，接近甚至超过原版的磁带。

(2) 剧院、歌舞厅、公共扩音系统(体育馆、场等)——使用激励器可使声音具有穿透力，增加覆盖面积，并且不需要增加重放功率，大大提高了重放声音的质量，因此亦十分适用于监听系统。此外，激励器的使用能帮助声音渗透到所有空间，使声音在很嘈杂的环境中清晰可闻。

(3) 录制和重放音色丰满、力度强劲的流行歌曲——人声和伴奏声的比例往往是处于"临界"状态的，有时乐队伴奏的强烈音响和气氛会有"压唱"之感，若降低乐队的伴奏录声电平又会影响气氛。为两全其美，可用听感激励器激励演唱的声音，使得在既不降低乐队的录音电平，又不提高演唱录音电平的情况下，获得把歌声浮雕般地突出来的效果，歌词更显清晰，又保持了乐队的宏大气势。

(4) 家庭——可增加立体声音响的活力，使声音丰满、清晰，声像分布均匀。

8.3.5 反馈抑制器

在扩音系统中，由于环境或布置的原因，如果将话筒音量进行较大的提升，音箱发出的声音就会传到话筒而引起啸叫，这种现象就是声反馈。声反馈的存在，不仅破坏了音质，限制了话筒声音的扩展音量，使话筒拾取的声音不能很好再现；深度的声反馈还会使系统信号过强，从而烧毁功放或音箱(一般情况下是烧毁音箱的高音头)，造成损失。所以，扩音系统一旦出现声反馈现象，一定要及时制止，否则，就会贻害无穷。

能否消除声反馈是衡量一个调音师技术水平的重要标志，在反馈抑制器出现以前，调音师往往采用均衡器"拉"馈点(衰减反馈频率)的方法来抑制声反馈。扩音系统之所以产生声反馈现象，主要是因为某些频率的声音过强，将这些过强频率进行衰减，就可以解决这个问题。但用均衡器下拉可产生以下的不足：一是对调音师的听音水平要求极高，出现反馈后调音师必须及时、准确地判断出反馈频率和程度，并立即准确地将均衡器的此频点衰减，这对于调音师来说往往是难以做到的；二是对重放音质有一定的影响，在衰减反馈点频率的同时，很多有用的频率成分也会被除掉，这对声音会造成无法挽回的损失；三是在调整过程中有可能会烧毁设备，用人耳判断啸叫频率是需要一定时间和丰富经验的，假如这个时间过长，设备可能会由于长时间处于强信号状态而损坏。使用反馈抑制器就可以完全解决这个以上问题，既可以有效地消除反馈，又不会对重放音质造成影响。目前，峰值抑制反馈抑制器是一种自动拉馈点的设备。当出现声反馈时，通过检测电路检测出尖峰的中心频率点频率后，它会立即计算出其频率、衰减量，并按照计算结果产生一个与之恰好相反的幅频特性，并执行抑制声反馈的命令，来破坏反馈声信号中的尖峰，其效果令人满意，如图 8-19 所示。

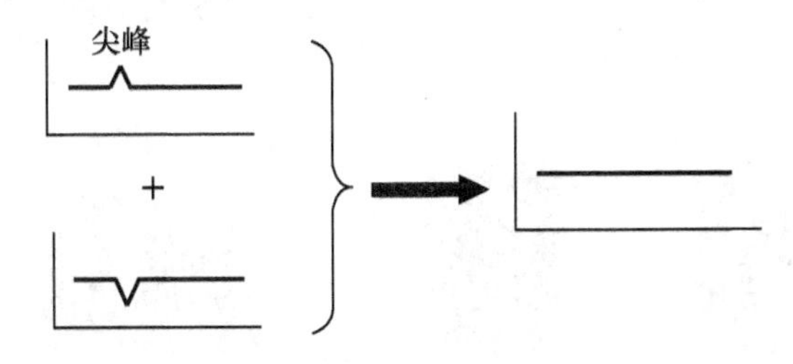

图 8-19 峰值抑制反馈抑制器处理特性

在峰值抑制反馈抑制器技术成熟之前，扩音系统中常常是采用频移器调相器来抑制声反馈。

8.3.6 数字音频处理器

数字音频处理器，往往拥有多个音响厂家生产的数码音箱的处理系统的部件结构，把周边设备组合在一起，运用数码技术处理，完成各个周边设备的功能运算，而且以模拟输入(输出)的方式串接在调音台和功放之间。输入的主通道上设有输入电平调节与指示、模/数转换、图示均衡器、压缩器；在输出的各个通道上设有电子分频器、移相器、数字电平调节、限制器、数/模转换、输出电平调节与指示功能。在主通道上装有先进的反馈抑制器(AFS)用来抑制声反馈，控制啸叫。另外，其声波合成器(SUBHARMONIC)可以使音乐声低音更圆润、浑厚、丰满。

数字音频处理器基本的应用系统如图 8-20 所示。使用数字音频处理器能为系统提供顶级专业的扬声器处理技术，满足追求最高的性价比、多功能和高保真度等方面的要求。它可针对市场上众多类型的扬声器系统进行处理，其中包括目前非常流行的有源扬声器。常见数字音频处理器的前面板可以进行控制、调校，使用方便、快捷；带有屏幕，显示直观。尤其是对均衡、分频等功能的调校非常便捷。数字音频处理器常具有使立体声扬声器系统获得最佳输出的众多功能，甚至包括支持对立体声或单声道超低音扬声器的控制。其中的高级反馈抑制(AFS)专利技术可以有效抑制声反馈啸叫，可以让系统产生更高的声压级……

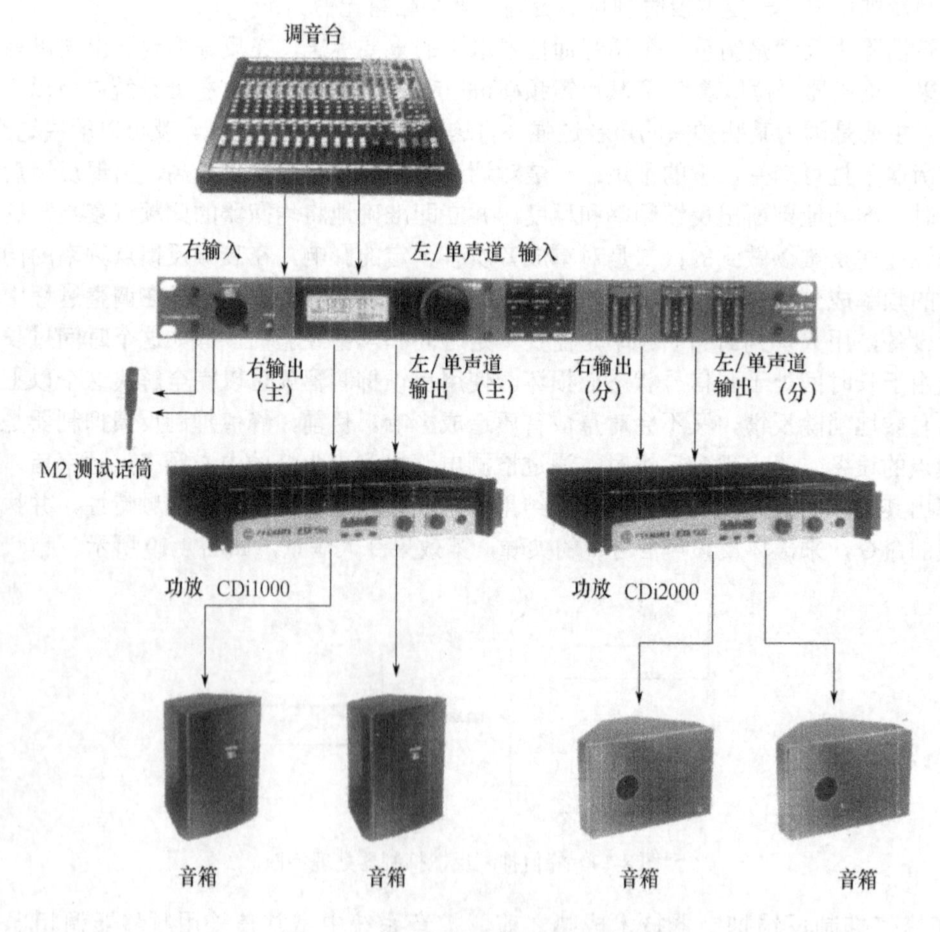

图 8-20 数字音频处理器的应用系统

某数字音频处理器面板如图 8-21 所示，其主要功能键和设备功能简介如下。

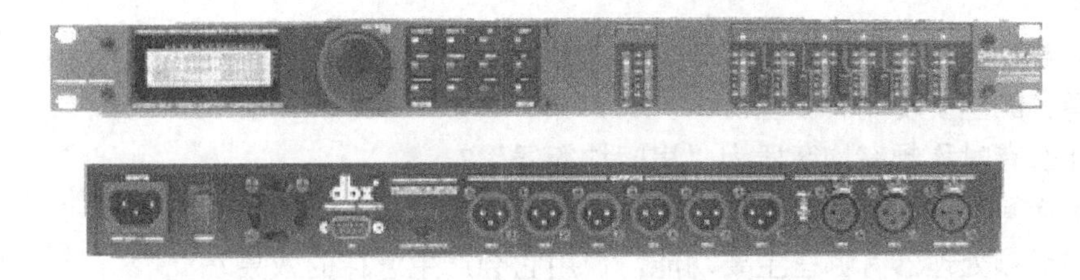

图 8-21 数字音频处理器前/后面板

(1) PREV PG：向前找任意一个模块的各页面。

(2) NEXT PG：向后找任意一个模块的各页面。

(3) EQ：运行均衡模块。如果连续按它，会从运行输入部分的 EQ 到运行输出部分的 EQ。包含立体声 28 段图示均衡和多段参数均衡器。

(4) SUBHARMONIC：启动次谐波合成器模块。120A 分谐波合成器，可加强低音效果。

(5) SETUP：启动电子分频器模块。

(6) AFS/WIZARD：运行反馈抑制器模块。

(7) COMP/LIMITER：运行压限器模块。

(9) PROGRAM：按下状态下是处于进入节目编程模式。

(10) PRESET/RECALL：用于调用工厂程序或用户程序项目菜单。

(11) STORE/UTILITY：用来存储各个节目程序的修改参数菜单。

(12) WIZARD：导航系统。它有三个主界面：主要包括系统设置(SYSTEM SETUP)，自动均衡导航系统(AUTO EQ WIZARD)，高级反馈抑制导航系统(AFS WIZARD)。

(13) INPUTS：输入电平指示表(指示范围：-30dB～+20dB，0.775V 电压为标准的 dB 值)。

(14) OUTPUTS：输出电平指示表(指示范围：-30dB～+20dB)。

(15) SUB OUTS：低音输出电平指示表(指示范围：-30dB～+20dB)。

(16) DATA[SELECT](PUSH)：编辑和选择程序参数的数据旋钮。

(17) RAT MIC：声场实时分析器测量话筒插孔；配合 AUTO EQ(自动均衡)功能可以自动补偿房间的频响缺陷。

(18) RAT INPUT：声场实时分析器测量话筒接入键，按下表示接通。

思考与练习

填空题

1. 调音台主要有：_________、________、________及_______等几大模块构成。

2. 频率均衡器的类型分为：_________、________、________、_______。

3. 根据是否集成功放，通常把调音台分成两大类，即_______和_______。

选择题

4. 听感激励器，又称“音响味精”，其主要作用是_____。 (　　)

A. 改变音量大小

B. 提高高频比例

C. 降低低频比例

D. 增加谐和的谐波充分

简答题

5. 常见音频信号处理设备有哪些?各自的主要功能是什么?
6. 调音台的主要功能有哪些?
7. 为什么有时称频率均衡器为“房间均衡器”?
8. 频率均衡器主要有哪些类型?
9. 数字音频处理器有哪些主要功能，使用它会产生怎样的效果?

环 境 篇

第 9 章 室内声学

- 室内声学的物理参量。
- 室内声波的传播特性。
- 混响与扩散。
- 声波的吸收。
- 回声与颤动回声。
- 混响时间的计算。

声源总是在一定空间中，通过媒介向周围传播声波的。无论是扩音工作，还是录音工作，也都是在一定的空间环境里进行的。从声源发出的声波在特定的空间内传播，直至被聆听者的耳朵或其延伸——接收器(如传声器)所接收。在这个过程中，首先改变声源特性的因素就是空间环境的声学条件。

9.1 声场

对于空间环境声学特性的研究，不仅是了解被接收声信号特点的关键，也为创造表现环境气氛提供了基本依据，而且是对声信号进行有效控制的第一个环节。一般来说，声源以及接收器所处的空间有两大类：一是自由空间。典型的自由空间是消声室，它是一种声波可以“自由”传播而不存在反射声的专门场所，无限宽广的室外空间可以粗略地看成是自由空间。二是封闭空间，任何室内空间，如大型厅堂、体育馆、演播厅、录音棚、播音室、洗手间等，都是封闭空间的典型例子。从声学性质上讲，声源在自由空间中形成的是自由声场，而在封闭空间内形成的则要考虑到声波的反射、声波的吸收、声波的共振等因素，往往要把它们作为混响声场来处理。除了为特殊用途而设计的空间外，任何实际声场都不是严格意义上的自由声场或混响声场。我们之所以将实际声场作这样的划分，只不过是为了使问题的分析简单化而已。

声波在自由空间中传播，亦即无限理想媒质中传播，由于其边界是无限的，问题就得以极大的简化。然而在实际问题中，声波在实际空间中传播时，一般都有确定的初始条件和边界条件，这时声波的传播就要受到实际存在的界面的限制。对于封闭空间而言，由于声波在各边界面的反复反射，就会出现许多干涉现象，情况就和自由空间大不相同。封闭空间内的声学条件对声波将产生很大影响。因此，研究分析各种不同空间环境的声学条件及其对声信号的影响，无论对于声音的艺术构思还是对于录音制作都是非常重要的；反过来，它又为创造特定的录音声学环境条件提供了必要的依据。本章将主要研究声波在封闭空间中的传播规律。

对于封闭空间声场的严密分析，可以用波动理论来进行。但这种理论分析的方法计算复杂，而且至今尚无完整的实用公式可供实际使用。因此，尽管它是从声波的本质出发考虑问题，但在实用中有很大的局限性。另一种方法是以“声线”为基础，运用几何图解的方法分析封闭空间中的声反射情况，这就是“几何声学”。用几何声学的方法研究分析封闭空间内的声场分布状况，虽然简单明了，易于掌握，也有一定的实用价值，但它受到许多限制，而且不能反映声场的各种特征，所以通常只作为一种辅助手段加以应用。在实际工作中最广泛使用的，是一种对封闭空间声场的“平均”情况作统计描述的近似理论，这就是“统计声学”。这种理论虽然不能给出声场中每一反射声及其相互干涉等个别情况，但它运用统计分析的方法可以得出描述声场总体特性的简单公式，具有很强的实用性。

综上所述，我们可以看出，描述封闭空间声场的三种基本理论各有其优缺点。统计声学简单实用，但它并不具体考虑各反射声的实际情况，而几何声学虽然可以分析反射声的分布情况，但却不能说明声场的特性，而这两种理论都不是从声音的波动本质出发，必然对许多声现象不能做出满意的解释，甚至还会出现某些谬误。在这种情况下，只能求助于波动理论了。录音室、演播厅、播音室、音乐厅等，就是我们实际工作中可能经常遇到的实际空间。

此外，声学环境的噪声控制，是保证音频工作正常进行的重要条件之一。振动与噪声控制涉及的范围很广，已独立形成近代声学中的一个重要分支学科。本章对此仅作必要讨论，以期对其有一基本认识。

9.2 室内声波的传播特性

声音在室内空间传输，由于受到封闭空间各个界面(顶棚、地面、墙壁)的约束，其声场特性远比自由空间复杂。由于厅堂体形各异、不同结构的反射面、驻波的形成、各位置声级的差异等诸多因素的影响，声波在厅堂内的传输规律便相应复杂起来。

声源在室内发出声波并向四周传播，形成复杂的声场，我们可以用声线来表达声波的传输路径，分析声波传播方式与特征，图 9-1 示出了室内声波传播状态。值得注意的是，一个接

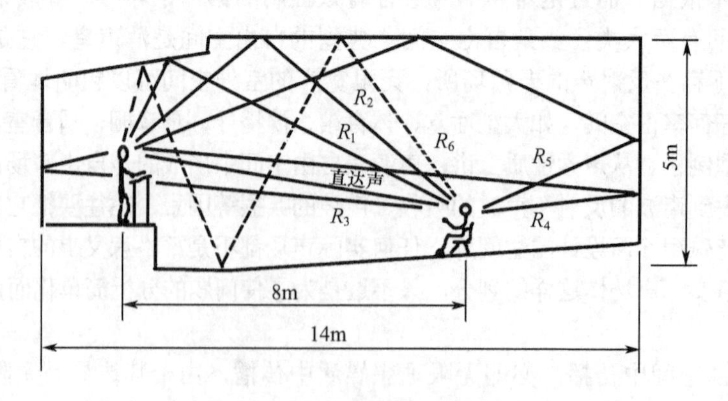

图 9-1　室内声波的传播

受点除了接受到直达声波外，还接受到一次反射声(R_1～R_4)、二次反射声(R_5)、三次反射声(R_6)等。根据图 9-1 中各个声线与直达声声线的距离之差，我们计算出各自的声程差和时间差。尽管室内声场比较复杂，可以认为任意一个接受点所接受的声波由三个部分组成：直达声、近次反射声和混响声。

直达声是声源直接到达接受点的声音，其声压级衰减与距离的平方成反比，不受室内界面影响。

近次反射声是指相对直达声延时小于 50ms 的反射声，如图 9-1 中的 R_1～R_5，由于人耳对于延时 50ms 以内的反射声难以将直达声区别开来，根据哈斯效应原理，近次反射声对直达声起加强的作用。在大型厅堂中，为了在不同位置获得足够响度，可依靠近次反射声来补足，特别是延时(20～30)ms 的较强反射声可使声音显得饱满、有力。

混响声是指延时超过 50ms 以后到达接受点的多重反射声，如图 9-1 中 R_6 及其他延时更长时间的反射声。混响声强弱，对接受点声音强度大小作用很大，其衰减速率对室内音质影响也很大。

图 9-2 是室内脉冲声响应特性图，它表达了室内声场建立的过程。反射声在直达声之后到达接受点，由于室内各界面反射，按其时间差先后到达该点，并且由疏至密，其强度随着路程增长和反射次数增多而逐渐衰减，而形成混响过程。

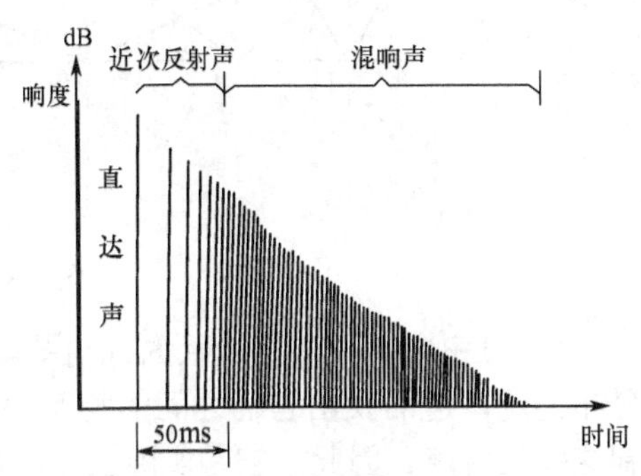

图 9-2　室内接受脉冲响应图

9.2.1　室内声场的几何图解

封闭空间声场的几何图解研究，即几何声学，是一门运用“声线”的概念研究声学问题的学科。采用声线研究分析室内声场，主要了解声波在室内经各反射面反射后的反射声分布情况。它的理论基础就是惠更斯原理。惠更斯原理是一种采用作图的办法，由原来的波阵面(或称波前)决定新的波阵面的原理，它可以扼要地叙述如下：对于任一前进波而言，波阵面所到达的媒质中的任何一点，都可以看成是独立的元波源；而新的波阵面则是所有已经发生的半球面元波的包迹。根据这个原理，声波的反射同光波一样，遵循相同的反射定律。这就是说，它和几何光学的假定相似，可以用类似于光线的“声线”来表示声传播途径，并且满足入射声线、反射声线和法线处于同一平面内，入射角等于反射角。必须注意，由于声波的波长比光波要大得多，这就要求在运用这一规律时必须满足一定条件，即只有在声波的波长比反射面的尺寸小得多的情况下才是正确的。

一般地说，采用几何声学的方法研究分析室内反射声分布情况时，可以从房间(封闭空间)的纵剖面和横剖面了解声波经若干次反射之后的可能分布。事实上，声波经室内各壁面多次(通常 2 次～3 次)反射之后，反射声的分布就已相当繁杂和紊乱，实际意义已经不大，因为这时几乎接近无规则分布了。

在具体进行作图分析时，利用“镜像”反射概念，可以使作图方法得以极大的简化。以点声源为例，这时声源辐射的声近似地看成是球面波，辐射的声波则可用一束声线表示。这线束在某一坚实光滑的平面(刚性面)上反射，就好像从反背面一点发出的声波一样。诚然，这点至反射面与反射面至镜像的垂直距离相等。由此可见，对于反射面而言，可以想象为镜像声源——虚声源，所有反射声如同从虚声源直接发出一样。图 9-3 是声波经平面反射时的几何图解结果，它可以按照反射作图，也可以采用镜像原理直接绘出。显然，后者更为简单、实用；如果以前一次反射声线为入射声线重复采用镜像原理作图，可以绘出下一次反射声，依此类推。

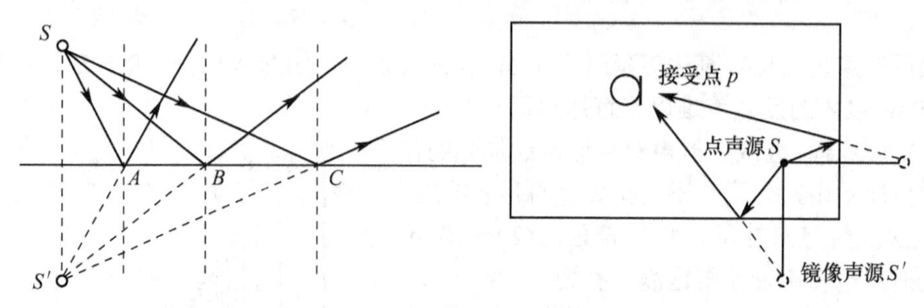

图 9-3　采用镜像原理作图法

通过室内声波传播途径的几何图解分析，可以直观地了解直达声和前几次反射声可能的分布情况，进而找出它们之间的相互关系等参量，也可以借此改变反射面的形状或位置来控制这些反射声。因此，它是实际工作中常用的一种方法。

从镜像反射的概念出发，在足够精确的限度内，可以采用点光源的凹面镜所服从的光学定律(图 9-4)：

$$\frac{2}{r}=\frac{1}{q}+\frac{1}{b} \tag{9-1}$$

式中：r 为凹面镜的曲率半径，即凹面镜曲面的球心 Z 与凹面镜顶点 S 之间的距离；Q 为光源；q 为光源与凹面镜顶点 S 之间的距离；F 为凹面镜的焦点；b 为镜像与凹面镜顶点 S 之间的距离。在运用式(9-1)时，以声源取代光源即可。必须注意：式(9-1)主要适用于射线紧靠主轴(入射线与法线夹角的正切很小)并且曲率半径很大的情况。对于大房间而言，这一条件大多可以得到满足。利用式(9-1)可对若干典型的反射面的反射特点作一简单分析。

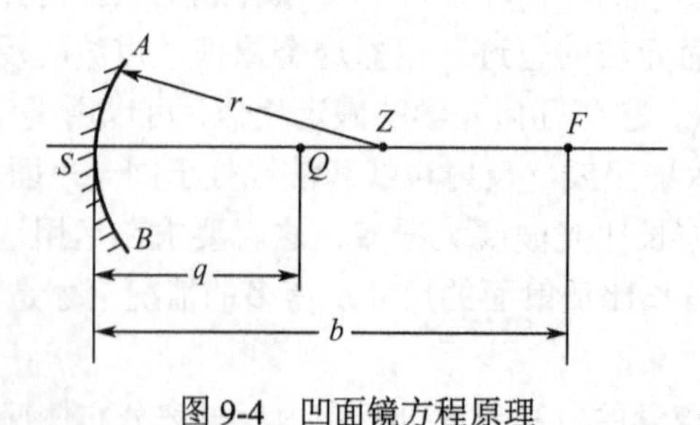

图 9-4　凹面镜方程原理

1. 圆柱形反射面的扇形反射

如图 9-5 所示，某一点声源处于圆弧的圆心 Z_1 上，则声源发出的声音经凹面反射后，又全部反射回起始点上。假定声源为一演员，此时他将听到很强的自己声音的反射声，此反射声有一定的延时。当他距这一反射面足够远(如 8.5m 以上)，则将听见回声。如果回声强度达到一定限度时，他的声音将受到严重干扰。

2. 椭圆弧面的反射

如图 9-6 所示，声源 Q 与凹面的距离 q 如果满足以下关系：

$$q=(3/4)r$$

式中：r 为凹面的曲率半径。代入凹面方程式(9-1)，可以求得镜像的位置 $b=2q$。换句话说，在这一实例中从声源 Q 辐射的声波经反射面反射后汇聚于 Q'，从而在 Q'处产生特别强的声音。如果 Q 移动，Q'也随之移动，声源在很小范围内移动，其声波的聚焦点就在相当大的范围内变化。为了避免这一情况的出现，则应尽可能不使用这种反射面，尤其是不希望把发声人安排在 $q>r$ 的位置上。

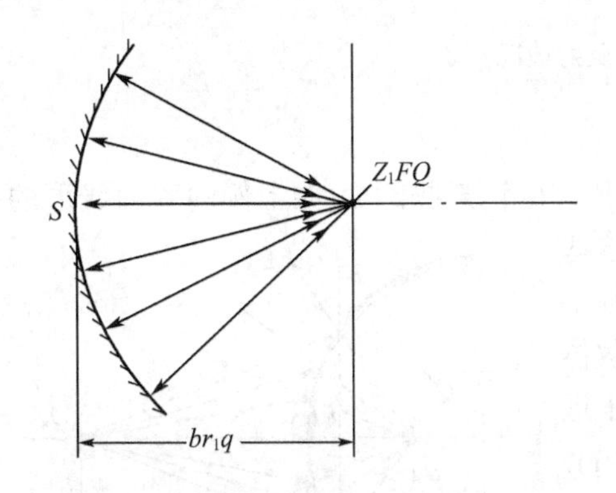

图 9-5　圆柱形反射面的反射情况

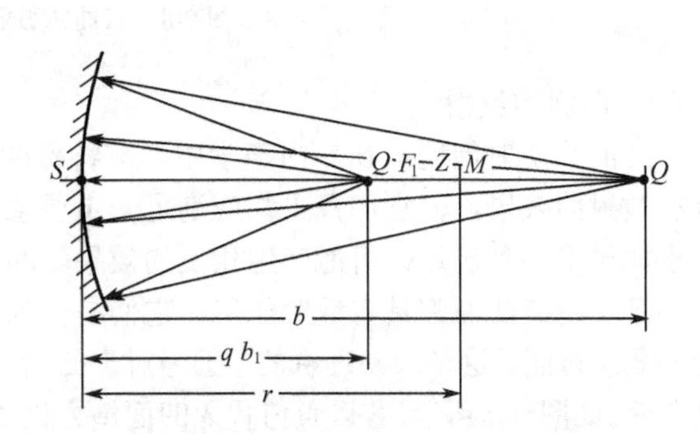

图 9-6　椭圆弧面的反射情况

3. 抛物面的反射

如果将声源放置在抛物面的焦点上，或者在上例中取 $q=r/2$，则情况就有很大改善，如图 9-7 所示。在这种情况下，反射声的特点是：①在大多数情况下，避免了声聚焦；②可产生一组平面形波阵面，即波阵面上的音量基本不变；③反之，反射面前方远处来的声波则将汇聚于 Q 点，从而对声源产生极大的干扰。

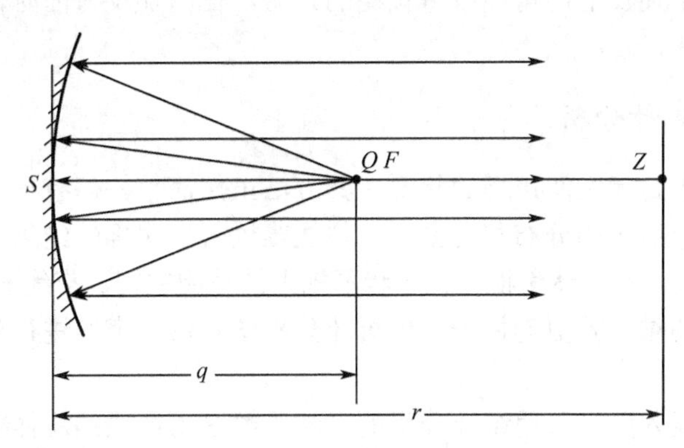

图 9-7　抛物面的反射情况

4. 双曲线形弧面的反射

在上述椭圆弧面的反射和抛物面的反射实例中，曲面基本上与圆弧相似。如果以圆弧表示，所得结果相差无几。对于双曲线形弧面，式(9-1)仍然适用。在图 9-8 中，从声源 Q 发出的声音在反射面上将散射开来。图中取 $r=4q$，即在 $q<F$、r 的情况下 b 为负值，镜像 Q'就移到反射面背后。这样，从它“发出”的声线显然就会散射开来。因此，在室内声学处理中需要采用凹面达到声扩散时，往往要用双曲线形弧面。

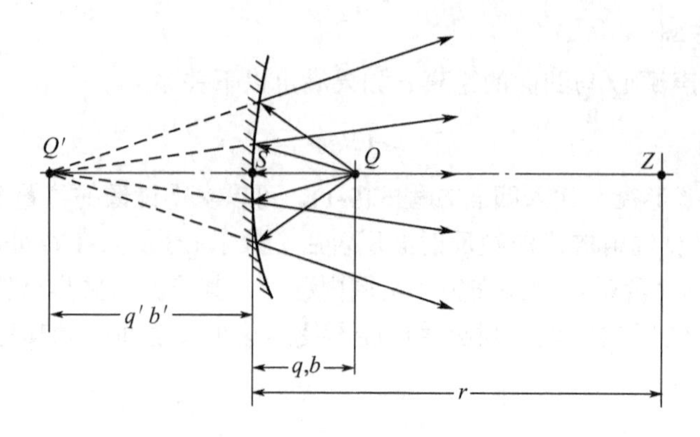

图 9-8　双曲线弧面的反射情况

5. 凸面的反射

凸面的反射问题，在室内声学中具有特殊的意义。尽管某些凹面(如上例的双曲线形的)具有散射的效果，但它们几乎都应满足一定要求。这些要求如果得不到满足，可能产生相反的效果。凸面则不然，几乎所有凸面都具有散射作用，它们是作为扩散体的重要反射面。这是容易理解的，因为对于凸面，r 永远是负值。如图 9-9 所示，若以负值代入凹面镜方程式(9-1)，b 必然也是负值。

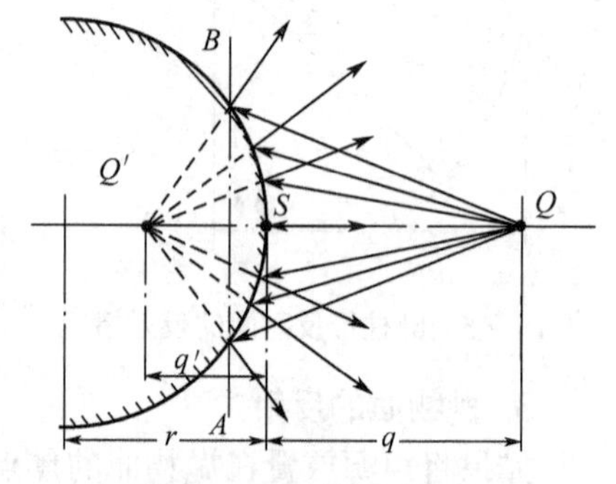

图 9-9　凸面的反射情况

在实际应用中，反射面的形状十分复杂，也不一定都作为扩散面使用，特别是在录音工作中这种情况尤为常见。以上所述主要针对通常的室内声场而言，而在了解了各种不同反射面的声反射特点后，就可以运用不同的反射面形状取得不同的音响效果，这是在声场处理(如扩音和录音)时，选用反射面时必须加以注意的。当然，为了使反射面可能取得预期的效果，在附加反射面时，必须考虑反射面的线度与波长之间的关系。

9.2.2　室内声场的统计分析

用几何作图法分析封闭空间声场的状况，其方法虽然简单，但有很大局限性，尤其是在声波经多次反射后，反射声的分布相当紊乱，往往难以得到明确的结果。因此，采用统计分析法，就显得非常必要。对于体积很大、形状不规则的封闭空间，声线的分布更加无规律了，当用统计分析法所得的结果就更为精确。用统计分析法对密闭声场进行分析研究又称室内统计声学。

统计声学是从声线入手，采用统计分析的方法了解室内声线的总体效果，它不去讨论各声线的具体状况。用以描述这一总体效果的是室内声能的变化状况。

室内某一声源 S 从开始发声至停止发声后的情况可用图 9-10 加以说明。当声源 S 在室内发声时，它首先在室内自由传播，经一定时间 t 后，由声源 S 辐射的某一声波，例如图 9-10(a)中的 Q 到达接收点 P。这时 P 就会接收到一定大小的声强，其值由声源的声功率和声传播距离(SP)决定。经过若干时间后，又有从不同壁面先后反射而来的反射声波(如图 9-10(a)中的 1、2、3……)先后到达 P 点，它们的强度分别由声源的声功率、各自的传播距离及壁面的声吸收能力所决定。如果声源 S 恒定地连续发声，则各反射声与入射声就必然相继叠加起来。在持续到某一时间之后，P 点的声强就达到恒稳状态，也就是说，这时到达 P 点的反射声能量已经很少，从而可以忽略不计，于是室内的声能不再增加。换句话说，这时壁面在单位时间内吸收的声能和声源补充的声能相等。这一过程可用图 9-10(b)加以描述。这时室内的声场达到稳定状态。当室内声场达到稳态时，P 点的声级与室内表面的声吸收能力有关。显然，在声源声功率一定的情况下，如果室内各表面的吸声能力很差，则每次反射所损失的声能就很少，反射声波所聚集起来的总声强就要比直达声本身高得多。只要声源连续发声，室内总是保持较高的声强。相反，如果室内各表面的吸声能力很强，则相应值就比较低。

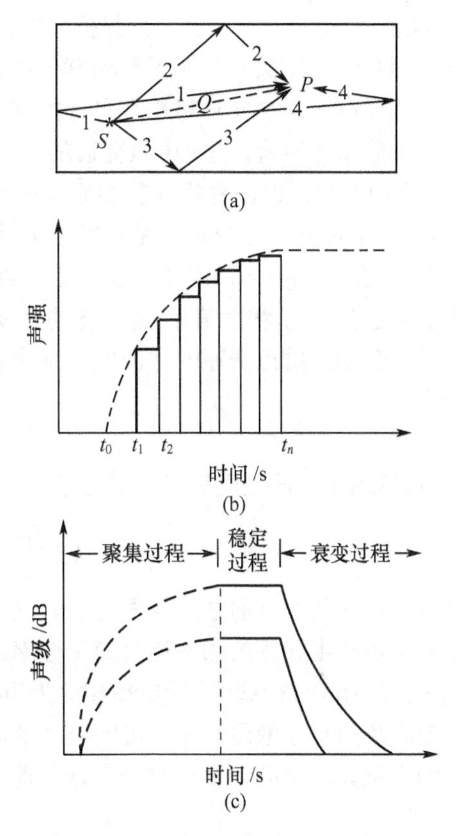

图 9-10　封闭空间声强的变化过程

在封闭空间(室内)中，由于边界面的存在，无论是直达或反射声都受到很大限制。从以上分析可知，除声源发出的直达声外，还存在着大量反射声。这些反射声在到达边界面并经过每次反射之前，均有一段自由传播的路程，称为自由程。经过这一自由程后，声波就要反射一次，而每次反射，因边界面的吸收就要损失一部分能量。在声源不断发声的情况下，损失的这部分能量将不断获得补充，直至声场达到稳态。一旦声源停止发声，虽然损失的能量得不到补充，但室内的声音并不会马上消失。这是很显然的，因为这时直达声虽然没有了，但反射声继续存在，这些反射声是由声源停止发声之前的直达声形成的，它不因声源停止发声而立即消失，而是按照原有的规律——每反射一次损失部分能量，持续进行下去，其声能不断减小，直至全部丧失殆尽。这时由于不再有新的反射声产生，因而封闭空间中的总声级也就逐渐降低，直至最后消失。这种在声源停止发声后仍然存在的声延续现象称为混响。混响的概念在封闭空间声场的统计研究中具有特殊的意义，它对室内的听闻条件有着重大的影响。因此，在后面的内容中将对此作进一步讨论。

9.2.3　室内声场的波动理论

无论是几何声学还是统计声学，其理论基础都是对声传播途径——声线的分析而得出的结果。前者着重于对个别反射声的图解分析，可以说意在了解反射声的微观状况；后者则采用统计方法研究声线的总体效果，应当说是从宏观上考虑问题。它们都没有从声音的波动本质着手来处理封闭空间的声学问题，因此对实际声场中的许多现象无法得到满意的解析，甚至对某些问题束手无策。例如，在某些录音室，尤其是小型对白录音室或演播室中出现的声染色现象，几何声学或统计声学都无法加以解析，因而也就不可能找到科学的解决办法。在这种情况下就必须求助于波动声学。

从声传播的基础理论可知，封闭空间中的声传播状况可以应用波动方程和边界条件求解，可以得出具有刚性壁面(包括天花、地面)的室内声压随时间与空间变化的规律。长方体房间中长、宽、高的三个轴向上存在着简正振动——简正波。

要理解这一现象，可以先从图 9-11 所示平行刚性壁面(一维)的声反射情况入手进行分析，以便使读者绕过高等数学，而从物理图像上对简正振动有一概念性的理解。

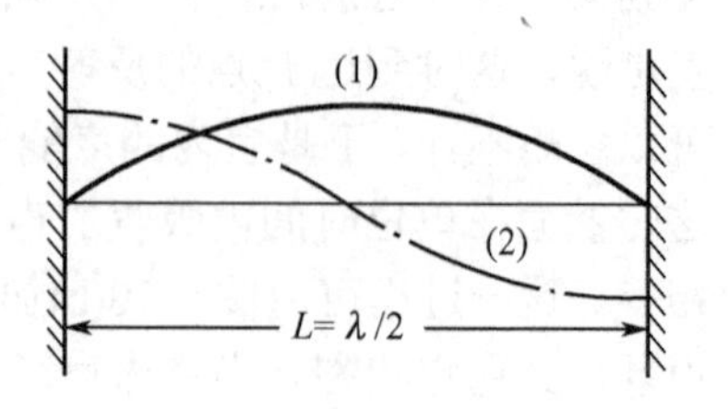

图 9-11 平行刚性壁面的声传播

假设有一声源向一对相互平行的刚性壁面连续辐射某一特定频率的声音，在此声源辐射的声波频率满足一定条件时，入射波与反射波将相互叠加而形成轴向驻波。对于驻波而言，在刚性壁面上的质点振速恒为零，称为质点振速的“波节”，如曲线(1)所示。对于声压而言，相应处的声压则等于入射声压的 2 倍(极大值)，是声波的“波腹”，如曲线(2)所示。而在距壁面 $\lambda/4$ 处，情况正好相反，分别为质点振速的“波腹”或声压的“波节”。可见，只要符合以下条件：

$$L=n\frac{\lambda}{2}\ \ (n\text{ 为正整数})$$

在这两个壁面之间就可形成驻波，否则驻波就不可能存在。这就是说，只有声波频率满足

$$f_n=\frac{c_0}{\lambda}=\frac{nc_0}{2L}(\mathrm{Hz})\,(n\text{ 为正整数})$$

才可能在这两个壁面之间形成驻波。这时上述各频率的声音将出现最大声压，即产生共振。这些可能产生共振的频率称为简正频率，每一简正频率相应的振动方式称为简正振动方式。式中：L 为两平行壁面间的间距；λ 为声波波长；c_0 为(空气中)声速；f_n 为简正频率。对于相距一定距离的平行壁面而言，可能出现的简正振动方式是无限多的，但它们的简正频率是不连续的。例如，对应于 n=1 时是最低的简正频率：

$$f_1=\frac{c_0}{2L}$$

此外还有 $f_2=\dfrac{c_0}{L}$，$f_3=\dfrac{3}{2}\dfrac{c_0}{L}$……

从以上一维的情况分析中，可以得出一个重要的结论：对于一定的边界条件而言，其简正频率和相应的简正振动方式也是一定的。这一情况对于三维的封闭空间同样是适合的，只不过比一维的情况要复杂些。

研究分析表明，在封闭空间内不仅在沿着与这两个平行壁面垂直的轴向产生轴向共振，即轴向波，而且还存在二维和三维空间内的切向共振和斜向共振，即切向波和斜向波。它们的情况则更为复杂。

在实际问题中，任何房间的简正频率及其简正振动方式均取决于该房间的形状(体形)和边界面的声学特性，至于它们的激发则与声源的特性有关。以矩形房间为例，一旦其长、宽、高确定，简正频率也就确定。尽管其简正频率的数目无限多，但在数值上并不是连续的。从简正频率的计算公式可以看出，当房间的长、宽、高相等或它们之中的两者相等时，将会出现几个简正振动方式具有同一简正频率的情况。这种不同简正振动方式对应同一简正频率的状况称为简正频率“简并化”。举例来说，若有正方形房间，其长、宽、高均为 7m，容易算出，它以最低频振动时的 10 种简正振动方式对应的简正频率值，如表 9-1 所列。

表 9-1 最低简正频率

简正方式	1，0，0	0，1，0	0，0，1	1，1，0	1，0，1	0，1，1	1，1，1	2，0，0	0，2，2	0，2，2
简正频率/Hz	24	24	24	34	34	34	42	50	50	50

从表中可以看出，在上述 10 种简正振动方式中，除(1，1，1)外，分别对应于简正频率为 24Hz、34Hz 和 50Hz 的简正振动时出现严重的“简并化”现象。由于简并化的结果，很可能在一频率范围内没有简正频率，而在另一频率范围内却有很多简正频率，使得简正频率的分布很不均匀。这种现象将会导致房间频率传输特性受到严重破坏。因为简正频率就是房间做自由振动时的固有频率，当声源的激发频率与房间的某一固有频率相同时，房间就产生共振。因此，为了保证房间的频率传输特性均匀，就必须保证简正频率的分布密集而均匀，否则，出现简并的简正频率所对应的声音将被大大加强，从而使室内的声音明显失真。为了避免简正频率简并化，并使其均匀分布，显然不应使房间体形过分规则。对于体形简单的矩形房间而言，应避免采用同一尺寸的长、宽、高，也不应使它们成为简单的整数比。在上例中，若将房间的长、宽、高的尺寸作一些改动，如改成 6m×7m×8m，则简并化的状况将大为改善。研究表明，对于矩形房间而言，取长(*L*)、宽(*W*)、高(*H*)之比亦即比例为无理数(近似地等于 2:3:5)时，简正频率的分布最均匀。

用数学方法从波动声学理论中可推导出房间高、宽、长尺寸的较好比例，这种比例可以用最佳方式分布简正频率。理查德・布尔特提出了房间高、宽、长尺寸的实用比例，图 9-12 的曲线标出了这些比例的范围。进一步的研究表明，位于这个范围内或接近这一范围的某些点对简正频率的分布均较合理，图 9-12 标出了三个这样的点 *A*、*B*、*C*，*A* 点高、宽、长的比例是 1.00:1.14:1.39，*B* 点为 1.00:1.28:1.54，而 *C* 点则为 1.00∶1.60∶2.33。这是我们所推荐的几个比例。应当指出，比例合适的厅堂并非一定就有良好的声学效果，但合适的比例却是追求声学效果的一个基本条件。

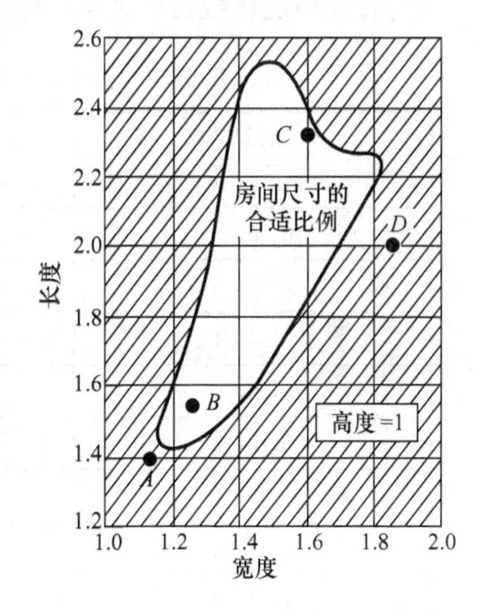

图 9-12 房间高、宽、长的较好比例

除了控制房间各边长的比例外，还可以对墙或天花板作扩散处理，或者采取分散式吸声措施以及将相对的表面处理成非平行面等方法，促使简正频率分布均匀。

室内的简正频率及其分布对于确定的房间来说是客观存在的，它们是房间声学特性的一种表征。一旦房间的体形确定，简正频率及其分布也就确定了。当然，这些简正频率所对应的简正振动方式必须在声源的激发下才能表现出来。例如，如果声源发出的是单一频率的纯音——正弦波形纯音，则房间中对应于这一频率的简正方式就被激发，室内将形成明显的驻波；如果声源发出的是宽带噪声，这时声场内将出现与噪声频率范围相对应的各种简正振动方式，这些简正振动方式将产生干涉，干涉的结果使得声波的极大值与极小值相互平均，驻波现象就不明显了。在进行室内声学测量时，通常不使用纯音而使用白噪声、粉红噪声或啭声，就是为了避免驻波对测量结果产生影响。

对于音乐、语言等一类具有明显周期性的声源，尽管它们发出的并不是单一频率的正弦波形纯音，但这类声音均可分解为一系列正弦波(谐振动)的叠加，因此，对于某一特定频率而言，可能产生较明显的驻波。在简正频率简并化时，这种现象尤为突出，其结果会导致声场的频率特性严重失真，即出现声染色现象，从而破坏了声音的音色平衡，这对音质要求较高的建筑，如音乐厅、录音室或演播室等的设计来说是十分重要的。

至于在某一频率以下的室内简正频率数目的估计，已有公式进行理论计算。对于体积为 V、表面积为 S、各边长之和为 L 的房间而言，在频率 f 以下的简正频率的总数为

$$N_f = \frac{4\pi}{3}V\left(\frac{f}{c_0}\right)^3 + \frac{\pi}{4}S\left(\frac{f}{c_0}\right)^2 + \frac{L}{8}\left(\frac{f}{c_0}\right) \tag{9-2}$$

式中：c_0 为声速。若房间的长、宽、高分别为 a、b、c，则 $V = abc$，$S=2(ab+bc+ac)$，$L=4(a+b+c)$。

式(9-2)代表了各类波的平均数，它同准确的数目之间有一定偏差。除非房间非常对称或长、宽、高之间成简单倍数关系，一般地说，这种偏差是不大的。例如，有一长、宽、高分别为 3m、4.5m 及 6m 的房间，可以算出，在 100Hz 以下的简正频率为 18 个，如表 9-2 所列。若用式(9-2)进行简正振动方式的估算，有 $N_{100}=18.1$ 个，即 18 个，两者符合得很好。但从表中可以看出：对应于简正方式(1，0，0)与(0，0，2)的简正频率均为 57.2Hz；对应于(0，1，2)与(1，1，0)的简正频率均为 68.6Hz 以及对应于(0，2，2)与(1，2，0)的简正频率均为 95.1Hz。因此，实际的简正频率只有 15 个。这是因为房间的长和高之间存在简单的倍数关系而导致简并化所引起的。

表 9-2　$(3\times4.5\times6)\mathrm{m}^3$ 房间的简正振动方式及频率的计算值

简正振动方式 (n_x, n_y, n_z)	频率 /Hz	简正振动方式 (n_x, n_y, n_z)	频率 /Hz
0，0，1	28.6	0，2，0	76.1
0，1，0	38.0	1，0，2	80.5
0，1，1	47.7	0，2，1	81.6
1，0，0	57.2	0，0，3	85.8
0，0，2	57.2	1，1，2	89.4
1，0，1	63.9	0，1，3	93.7
0，1，2	68.6	0，2，2	95.1
1，1，0	68.6	1，2，0	95.1
1，1，1	74.3	1，2，1	99.2

由上述讨论可知，处理封闭空间中的声场问题，前述三种理论各有长处与不足。由于统计声学处理问题的方法简单，结果明确，所以在实际工作中通常以统计声学为主，而以几何声学的图解分析作为辅助，再吸收波动声学中有益的结论作为指导。但是，必须清醒地认识到：无论统计声学还是几何声学，都是从实用的目的出发，为了避免繁杂的数学计算，而对大多数问题的处理作了某种简化；它们都包含了种种假定，所得的结果大多数是近似的；在某些情况下，这些假定得不到满足，从而可能出现某些谬误。因此，在实际应用中，必须牢记它们的适用范围。在适用范围内，这两种理论则是十分方便的。

在封闭空间中应用统计声学和几何声学时，主要包含以下一些假定。

(1) 从声源发出的声波以假想的直线——声线代表。声线经过多次连续反射后，声场处于扩散状态。

(2) 在声音的增长与衰变过程中，仅考虑声源的频率存在。

尽管这些假定使问题的处理大大简化，但事实并非真正如此。对于第一个假定，前面已经作了若干说明。完全扩散的声场，一般是难以实现的。这点从后面的进一步讨论可以看得更清楚。就第二个假定而言，实验研究已经清楚地表明，声音在室内增长和衰变的过程中除了声源的频率外，还存在其他频率，即房间的简正频率。因此，在声源停止发声后的声音衰变过程——混响过程中，所有被激发的简正振动方式的叠加，必然引起声压有很大的起伏。这就是在统计声学中假定声压按指数衰减实际上难以完全实现的原因。只有在高频段，简正频率是如此密集，以致于在声音衰变过程中声压起伏很小，这时两者的考虑方式才比较接近。对于不规则形状的大房间来说，简正频率密集而均匀，因此具有良好的连续性。只有在这种情况下，用统计声学进行处理才可能反映实际的声场状况。

总之，只有当声波的波长与房间的尺寸相比小得多时，几何声学或统计声学才与波动声学所得的结果近似。对于大多数房间来说，一般仅适用于250Hz以上的各频率。在体积较大的厅堂中，适用的限度可稍低一些。对于播音室、审听室及小型录音室而言，往往要求的频率范围非常宽，这时在应用几何声学或统计声学时就应十分注意其局限性。如上所述，统计声学是目前最广泛使用的一种理论，下面我们将着重从统计声学角度对室内声场作进一步分析。

9.3 混响与扩散

室内声场的统计研究是以分析室内混响过程为主要内容的。将统计声学用于分析室内声场时，要满足的第一个条件就是这一声场必须是扩散声场。可见，扩散与混响有着十分密切的关系。

通过前面的讨论，可以对混响作以下描述：在室内声达到稳定的情况下，声源停止发声，由于声音的多次反射或散射，而使其延续的现象即为混响。这种现象是封闭空间中(室内)声场的一个重要特征。

考虑一种极端的情况。设想一束声波(可用一条声线代表)在一个形状不规则的刚性壁面的大房间中传播。显然，这一声束在到达边界面(墙壁、天花板或地面)之前，它是以直线方式传播的。一旦到达某一边界面，它就按照反射定律反射。经反射后的这一声束将改变原来的传播方向继续传播。经过某一传播距离之后，它又到达另一边界面，并再次反射，以新的传播方向又继续向前传播，依此类推，对于形状不规则的大房间而言，任何方向的入射波经过若干次反射之后，总可以改变为沿某一特定方向传播的反射声。由于声波在室内各反射面上连续反射，并不断改变其传播方向，这种能使室内任一位置上的声波可以沿所有方向传播的声场称为扩散声场。这里所说的“扩散”，具有明确的物理意义。严格意义上的扩散声场必须满足以下三个条件：①室内的声能密度均匀，即声能密度处处相等；②声能在室内各个方向传递的几率相等；③从室内各个方向到达任一点的声波，其相位是无规则的。在这样的声场中，声波无论在空间位置上，还是在传播方向上都不会一成不变地“聚集”在一起，而是随着传播过程的进行逐渐扩展，并分散开来，直至充满全部空间并遍及所有方向。

在一般情况下，扩散声场的条件是难以满足的，但在一定条件下，把不规则的大房间中的声场近似地作为扩散声场处理，所得的结果与实际情况相差不大。然而，如果房间的形状简单而规则，情况则不然。这时在室内就可能出现声场的严重“不扩散”状况，声波就可能在某些位置或某些方向上特别加强，而在另一些位置或方向上特别削弱。例如，在圆形大厅中，声波将聚集在大厅中部；在正方形房间中，沿某些方向的驻波将较强等。为了尽可能在室内形成扩散声场，应避免采用凹形壁面，而凸面反射体的正确使用，则是使室内声场趋向扩散的一种有效方法。这种能够促进声场扩散的反射体通常称为声扩散体。

在以上分析讨论中，实质上包含着几何声学的基本概念。因此，虽然可以对室内声场与体形之间的关系作定性的说明，但却难以对某些假定作出明确的解析。例如，为什么要假定是形状不规则的大房间？形状不规则的小房间是否适用呢?对于这类问题，只能用封闭空间声场的波动理论才可能获得满意的说明，哪怕因计算异常繁杂而难以得到定量的结果，但至少在理论上可以给予指导性的解析。

混响声场通常指的是由反射声形成的声场。严格地说，它必须是扩散声场，亦即满足扩散声场的要求是混响声场的必要条件。在实际应用中，由于扩散声场的要求大多数是难以满足的，所指的混响声场基本上是通常意义上的反射声形成的声场。明确这一点是非常重要的，因为这是统计理论所得的结果与实际情况有一定距离的一个重要原因。

混响对房间的音质有重要影响，它是决定房间音质的必要条件，因此有必要对其进行定量量度。这一工作首先由赛宾于 20 世纪初提出并加以实践。为了使混响的量度仅仅取决于房间本身的声学特性，而排除其他因素 (如室内原声场声级的大小及背景噪声水平等)的影响，使其具有良好的重复性，目前国际上公认的是以室内声场的声能密度衰减到原始值的百万分之一时所经过的时间进行量度，称为混响时间。因此，混响时间可定义为室内声音已达到稳态后停止声源发声，平均声能密度自原始值衰减 60dB 所需的时间，并用 T_{60} 或 RT 表示。在实际测量时，由于种种条件的限制，往往不可能获得衰减 60dB 的相应时间，通常以开始一段的声压级衰变情况为基本依据，然后外推到衰变 60dB 时所需要的时间。

9.4 回声与颤动回声

回声是反射声中的一个特殊现象，它是在直达声到达以后又可以清楚地分辨出的反射声。换言之，回声是指听者在听到直达声之后，又听到一个分立可辨的反射声，或者他在听到某一反射声之后，又听到一个分立可辨的这一反射声的反射声。这两个先后到达听者的声音，在时差上，必须满足一定的条件，即随后到达的反射声与产生这一反射声的声音之间的时差应达到一定数值，而且强度又足够大。这种被人的听觉可以辨认出的两个声音的离散延时反射声，称为回声。回声是人的听觉可以辨认的反射声。至于两个声音之间的时差及其强度，则因声音的类型不同而不同。对于短脉冲声而言，其时差约为 50ms。回声产生的条件是其到达接受点的时间比直达声延时 50ms 以上，此时听起来有两个声音出现，因此，也称作双重声。通常，产生回声现象的反射声主要来自后墙，而且，离开声源近的位置比离开声源远的位置比较容易听见回声。图 9-13 和表 9-3 给出了回声出现的例子，假定厅堂长 27m，*A*、*B*、*C*、*D* 距声源距离分别为 9m、12m、16m、20m，距后墙 24m，此时反射声与直达声的声程差、时间差分别列于表 9-3 中，*A*、*B*、*C*、*D* 四点对回声的感觉也在表 9-3 中予以说明。如果厅堂混响时间较短，或者容积较大，吸声界面处理稍有不当，就容易产生回声。

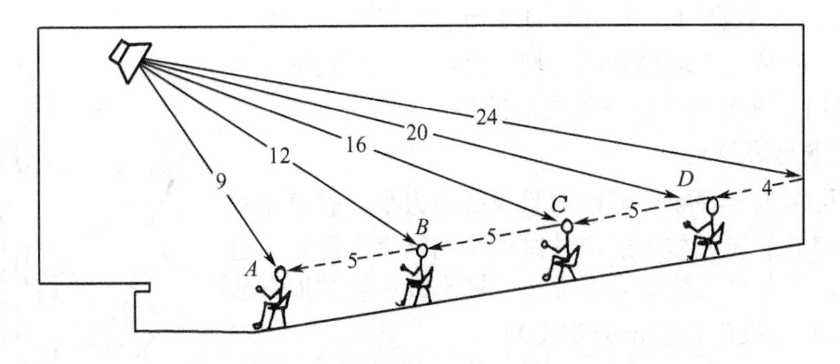

图 9-13　直达声与反射声的声程差示意图

表 9-3　回声出现条件比较

位置	声程差/m	时间差/ms	回声感觉
A	34	100	明显听到
B	26	76	听到
C	17	50	刚听到
D	8	23.5	听不到

必须指出，混响与回声是不同的。混响声尽管也是反射声形成的，但它是一系列时间间隔不同、但均不可辨认(即时间间隔很短)的反射声序列，而且在方向上也是无规的。这就是说，形成混响的反射声是满足一定统计规律的声音序列。封闭空间声场的统计理论正是以此为基础建立起来的。

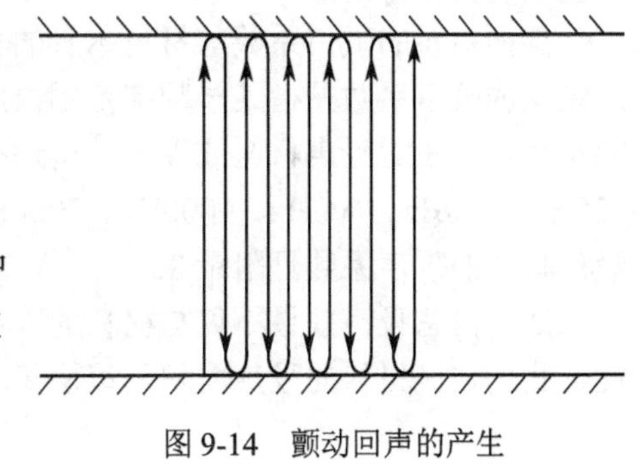
图 9-14　颤动回声的产生

颤动回声是室内平行壁面之间形成的一连串回声现象，如图 9-14 所示。一个单独的脉冲声(如火花脉冲声、掌声等)会在相对平行壁面上来回反射，产生多次脉冲回声。拍一下掌，可以听到一连串“啪”、“啪”声。这种现象主要发生在容积较大的厅堂，对厅堂音质有破坏作用。

回声与颤动回声消除的根本方法是在厅堂设计初始就避免不合理体形，增加吸声处理，如前侧墙可设计为带有凸面的八字形状，后墙作强吸声处理等。

9.5　声波的吸收

1. 声吸收

前面我们对声波在封闭空间的声场中做了基本的分析研究，研究的方法主要有封闭空间声场的几何图解研究、封闭声场统计分析及封闭空间的声场波动理论。无论哪种研究方法，都要涉及到空间的界面特性，如反射特性或边界条件。那么声波遇到界面时，会有怎样的情况发生呢？当声波遇到界面时，一部分被反射回来，一部分进入界面。进入界面的声波，由于界内材料的吸收作用，部分声能转化为热能而被消耗，这就是声波的吸收。还有部分继续传播，称之为透射，如图 9-15 所示。几乎所有的材料都具有一定的吸声能力，但是，合理地利用它们的这一特性，则是在约 1900 年赛宾提出了著名的混响理论之后的事。

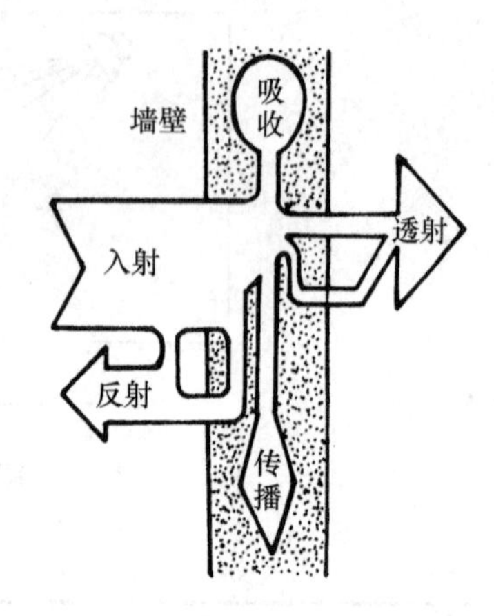

图 9-15　声波的反射与吸收

2. 吸声系数与吸声量

吸声系数可衡量一种吸声材料的吸声能力大小。吸声系数是指界面吸收声波的能量与入射声波总能量的比值。假定入射声总能量为e_i，反射声能量为e_r，那么，被吸收声波的能量应该为$e_i - e_r$。因此，吸声系数α的定义为

$$\alpha = \frac{e_i - e_r}{e_i} \tag{9-3}$$

实际中容易测定的是入射声强和反射声强，因此，吸声系数可用声强表示。若以I_i表示辐射到吸声材料上的入射声强，I_r表示从吸声材料上反射的反射声强，则吸声系数可定义为

$$\alpha = \frac{I_i - I_r}{I_i}$$

显然，当$I_r = I_i$时，亦即对于刚性壁面(完全反射的材料)而言，$\alpha = 0$；当$I_r = 0$时，即在材料全吸收的情况下，$\alpha = 1$。在一般情况，α值在 0～1 之间。必须注意，吸声系数除了取决于材料本身的性质外，还和背面的条件与安装方式(即结构形式)、入射声波的频率以及声波的入射角有关。因此，在说明某一材料的吸声系数时，必须同时注明这些条件。吸声系数通常是由实验测量得出的。

界面材料的吸声系数与材料本身的物理特性、入射声波的频率和入射方向均有关。我们所定义的吸声系数是指某一频率范围内所有不同入射角吸声系数的平均值，也称为无规入射吸声系数。在对吸声材料或吸声结构进行测量时，吸声系数所给的吸声频率主要在以 63Hz、125Hz、250Hz、500Hz、1000Hz、2000Hz、4000Hz 为中心频率的 7 个倍频程带宽范围。常见吸声材料的吸声系数见附录 3。

厅堂内总吸声效果不仅与材料的吸声系数有关，而且还与厅堂界面的吸声面积有关。因此，我们定义材料的吸声面积与该面积的吸声系数的乘积为材料的吸声量，即

$$A = S\alpha \tag{9-4}$$

式中：A为吸声量，通常 1m^2 面积内的声能全部被吸收($\alpha = 100\%$)时的吸声量为 1 个吸声单位；S为吸声面积；α为吸声系数。

评价厅堂内总吸声效果需了解厅堂的总吸声量和平均吸声系数，对应于不同吸声系数α_i与吸声面积S_i的吸声材料，厅堂的总吸声量A_0和平均吸声系数$\overline{\alpha}$分别为

$$A_0 = \sum_{i=1}^{n} S_i \alpha_i \tag{9-5}$$

$$\overline{\alpha} = A_0 / S_0 \tag{9-6}$$

式中：$S_0 = \sum_{i=1}^{n} S_i$，表示厅堂内总表面积。

严格地说，各种建筑材料都具有大小不同的吸声能力，它们都可以作为吸声材料使

用，但习惯上我们常把吸声系数大于 0.2 的材料称为吸声材料。吸声系数是衡量吸声材料及其结构性能优劣的主要指标。测定材料吸声系数常用驻波管法和混响室法两种测定方法。前者测量简便，试件也很小，一般仅需要 $0.1m^2$，但是测量值是材料的垂直入射系数 α_0，误差较大，只适用于测量多孔材料；后者测量的是材料的无规吸声系数 α_r，比较接近材料的实际吸声系数，但设备要求条件高，测量条件较难具备。因此，可以根据图 9-16，利用 α_0 与 α_r 这一关系曲线，将测量出的 α_0 值换算成 α_r 值。

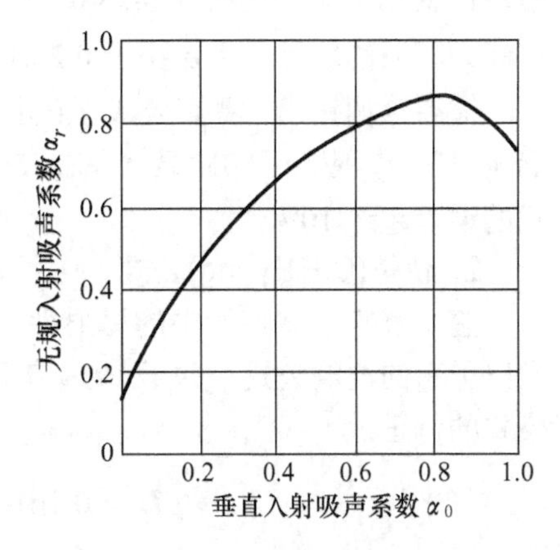

图 9-16　α_0 与 α_r 的关系曲线

9.6　混响时间的计算

混响时间是描述厅堂内声音衰减快慢程度的一个时间量，它是表征房间音质状况的重要物理量。其定义为：当声源连续发声至声场达到稳态后，从声源停止发声开始，声压级衰减 60dB(平均声能密度衰减到原始值的百万分之一)所需的时间，如图 9-17 所示。根据定义，假定其衰减匀速，环境噪声很低可以忽略不计。实际环境中，混响衰变不可能匀速而且由于本底噪声存在，在 60dB 内测定混响时间误差较大，这也就是实际测量中为什么常常采用测量声压级衰减 30dB 或 20dB 的衰变量来计算混响时间。例如，图 9-18 测得声压级衰减 30dB 所需的时间为 0.32s，那么实际混响时间应为 0.64s。

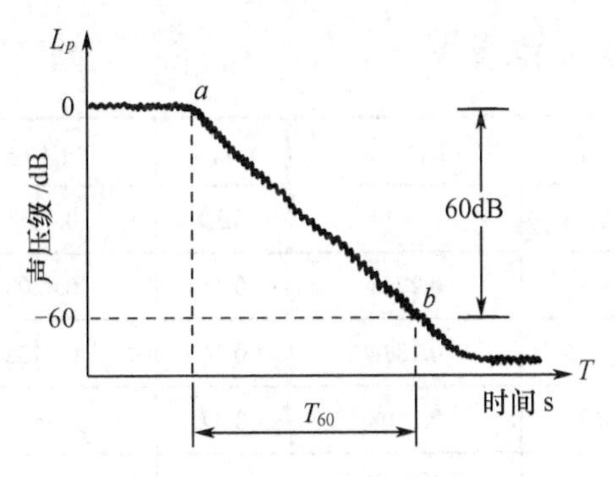

图 9-17　混响时间定义图解

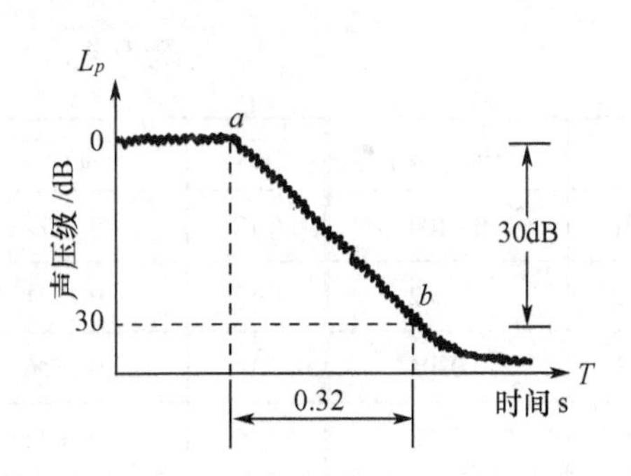

图 9-18　混响时间测量与计算

测量混响时间的计算公式如下。

1. 赛宾(Sabine)公式

$$T_{60}=\left(T_b-T_a\right)\frac{60}{L_{pa}-L_{pb}} \tag{9-7}$$

19 世纪末，赛宾为哈佛大学 Fogg 美术馆礼堂的音质改善进行了多年的研究，通过大量的实验，得出了著名的赛宾公式：

$$T_{60}=0.161\frac{V}{S\overline{\alpha}} \tag{9-8}$$

式中：V 为声室容积；S 为声室的内界面面积；$\overline{\alpha}$ 为室内界面平均吸声系数。赛宾公式假设室内声压变化率是时间的连续函数，任意一点声波的传播在各个方向上是均匀的。其适用于吸声能力较弱的厅堂，当$\overline{\alpha}$小于 0.2 时，计算值与实测值符合较好。

需要强调指出，赛宾公式存在着明显缺陷：如当$\overline{\alpha}\to 1$时，便无反射声存在了，此时室内混响时间 T_{60} 应趋于 0，显然和赛宾公式的计算结果相悖。实测表明，$\overline{\alpha}$大于 0.2 时，赛宾公式的误差超过 10%。

2. 伊林(C.F.Eyring)公式

鉴于赛宾公式使用中的局限性，伊林在理想模型的基础上，运用声线法及统计原理，推导出了新的混响公式，并于 1930 年正式发表了伊林公式，有时又译为艾润公式。它是对赛宾公式的修正：

$$T_{60}=0.161\frac{V}{-S\ln(1-\overline{\alpha})}\quad \text{(用于 1kHz 以下频段)} \tag{9-9}$$

式(9-9)也是实际工程中最常用的计算混响时间公式。

在容积较大的房间中，就必须考虑空气的吸收，此时混响时间的计算式(9-9)和式(9-10)比式(9-8)更接近实际情况，特别是当$\overline{\alpha}$值较大时，例如，当$\overline{\alpha}=1$时，

$$T_{60}=0.161\frac{V}{-S\ln(1-\overline{\alpha})+4mV}\quad \text{(用于 1kHz 以上频段)} \tag{9-10}$$

$-\ln(1-\overline{\alpha})\to\infty$，$T_{60}$ 值也将趋近于 0，能反映实际情况；而当$\overline{\alpha}$较小时，则$\overline{\alpha}$与$-\ln(1-\overline{\alpha})$比较接近，两种公式计算结果也基本相同。表 9-4 给出了$\overline{\alpha}$与$-\ln(1-\overline{\alpha})$的数值换算关系，可供计算时参考。

表 9-4　$\overline{\alpha}$与$-\ln(1-\overline{\alpha})$换算表

$\overline{\alpha}$	$-\ln(1-\overline{\alpha})$	$\overline{\alpha}$	$-\ln(1-\overline{\alpha})$	$\overline{\alpha}$	$-\ln(1-\overline{\alpha})$	$\overline{\alpha}$	$-\ln(1-\overline{\alpha})$
0.01	0.0100	0.12	0.1277	0.23	0.2611	0.34	0.4151
0.02	0.0202	0.13	0.1391	0.24	0.2741	0.35	0.4203
0.03	0.0304	0.14	0.1506	0.25	0.2874	0.36	0.4458
0.04	0.0408	0.15	0.1623	0.26	0.3008	0.37	0.4615
0.05	0.0513	0.16	0.1742	0.27	0.3144	0.38	0.4775
0.06	0.0618	0.17	0.1861	0.28	0.3281	0.39	0.4937
0.07	0.0725	0.18	0.1982	0.29	0.3421	0.40	0.5103
0.08	0.0833	0.19	0.2105	0.30	0.3565	0.45	0.5972
0.09	0.0942	0.20	0.2229	0.31	0.3706	0.50	0.6924
0.10	0.1052	0.21	0.2355	0.32	0.3852	0.55	0.7976
0.11	0.1164	0.22	0.2482	0.33	0.4000	0.60	0.9153

式(9-10)中的 $4mV$ 值代表空气吸收系数，频率较高的声音(通常在 1kHz 以上)在传播过程中，空气将产生较大的吸收。空气吸收系数决定于空气的相对湿度和温度，表 9-5 给出了在 20℃时空气吸收系数($4m$)值，可供计算时参考。

表 9-5　空气吸声系数 $4m$ 值(室温 20℃)

频率/Hz	室内相对湿度					
	30%	40%	50%	60%	70%	80%
1000	0.005	0.004	0.004	0.004	0.004	0.003
2000	0.012	0.010	0.010	0.009	0.009	0.009
4000	0.038	0.029	0.024	0.022	0.021	0.020
8000	0.127	0.095	0.077	0.065	0.057	0.053
注：一般计算时可取相对湿度 60%的 $4m$ 值						

上述公式所定义的混响时间含有如下假设：

(1) 不受声源和听音位置影响；

(2) 与厅堂形状无关；

(3) 取决于厅堂容积、吸声面积和平均吸声系数。

实际厅堂中，由于界面吸声状态不完全一致，并非完全理想扩散声场，因此应用上述公式计算出的数值与实际结果可能会有出入，通常允许有±10%～±20%的误差。

9.7　耦合效应

厅堂内建筑分成两个或多个部分时，常伴有耦合现象发生，如剧院内舞台与观众厅之间的耦合效应。耦合现象的形成是两个具有不同混响时间而又相互耦合的房间，在混响过程中，声能衰减速率不一致，通过开口相互影响，产生耦合效应。产生耦合现象房间的声能密度(或声压)的衰减不再遵循指数规律衰减，其混响时间的衰变曲线也不是一条直线，而是一条折线，如图 9-19 所示。折线前一段斜率取决于声源所在房间声能衰变率，后一段斜率取决于无源房间返回的声能衰变率。耦合房间的衰变过程主要决定混响时间较长的那个房间，特别是声源所处房间混响时间长时，在接收房间内会有很大的低频“嗡”声，严重影响语言清晰度。有些影剧院放映电影时，清晰度很差，很大程度是上述房间耦合现象造成的。

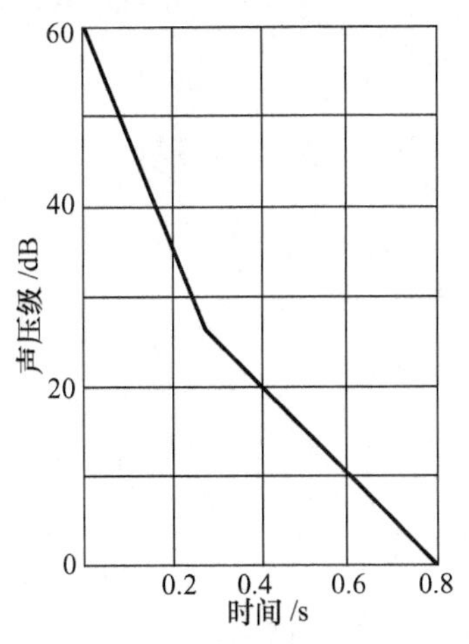

图 9-19　耦合房间混响衰变曲线

室内声学是一门综合学科，不仅涉及到物理学中的声波传播问题，而且涉及建筑科学(即建筑声学)中大量的实际问题。此外还涉及许多与艺术有关的问题，甚至还有生理学、心理学、音乐声学、语言声学等许多方面的问题。因此要完成好室内声学的各项任务，必须将各有关方面有机地结合起来。

关于如吸声、隔声、降噪等室内声学的处理，在第 10 章有进一步分析和讨论。

思考与练习

填空题

1. 被人的听觉辨认出的两声音的离散延时反射声，称为__________。

2. ___________是指界面吸收声波的能量与入射声波总能量的比值。

3.当声源连续发声至声场达到稳态后，从声源停止发声开始，声压级衰减 60dB 所需的时间，称为___________。

判断题

4. “混响时间”是描述厅堂内声音播放快慢程度的一个时间量。 (　　)

5. 室内混响时间主要是由界面的反射和吸收来决定的。 (　　)

6. 某一房间的长、宽、高的尺寸为 12m、8m、4m，它的声学效果应该较好。 (　　)

简答题

7. 何为“混响时间”？它在音响系统中有何重要意义？怎样估算“混响时间”？

8. 平面、凹面、凸面对声波有怎样的作用效果？实际应用中需要考虑什么？

应用题

9. 某一房间的长 7m，宽 5m，高 3m，天花板材料的吸声系数为 0.4，地面材料的吸声系数为 0.3，四周墙壁的吸声系数为 0.5，试估算其混响时间 T_{60}。

第 10 章

音频系统的声场处理

本章要点

- 音频系统声场处理的基本方法。
- 常用吸声材料及吸声结构。
- 厅堂音质设计。
- 室内噪声控制的常用措施及一般原则。
- 扩音系统音箱的布置。

声场环境是音频系统的重要组成部分，其重要性往往比电声设备还要强。要获得良好的声场设计，就必须从吸声处理、抗震减噪等方面入手来解决。

在第 9 章室内声学中，我们对室内声波的规律作了初步的分析。通过分析知道，有关闭室的一些声学参数与室内的吸声有着密切的关系。声场的设计可分为扩音和录音两大类。本章将对吸声材料与吸声结构、厅堂音质要求、噪声与振动控制等方面问题进行讨论，并对扩音系统声场的特性设计、音箱布置、声反馈的抑制及数字声场处理等作一基本介绍。关于录音的声学环境将在音频节目制作章节中作进一步讨论。

10.1　吸声材料与吸声结构概述

在进行厅堂音质设计时，假定厅堂的容积 V 和总表面积 S 已确定，其混响时间的控制，只剩下吸声系数 $\overline{\alpha}$ 的确定。使用吸声材料的主要目的是为了控制反射声，以在整个音频范围内获得均匀的混响时间，同时，还可以利用吸声材料去调节声场分布，消除回声，并降低噪声干扰，从而改善厅堂音质。吸声材料一般指可供直接使用、具有良好吸声能力的声学材料，而吸声结构主要是指按照一定要求、经过特殊设计的吸声构件。事实上，在安装吸声材料时，如果不将吸声材料直接紧贴在边界面上，那么它就构成吸声结构。因此，吸声材料与吸声结构并没有非常严格的界限。从后面的介绍可以看到，构成吸声结构的，不仅可以是吸声材料，也可以是吸声能很差的非吸声材料。从这个意义上讲，它们之间的差别又是十分明显的 。吸声材料和吸声结构的种类很多，从机理上讲，一般都是将声能转变为其他形式的能量(主要是热能)，但从物理过程来看，则因材料的种类不同而不同。这种差别主要是由于材料的结构形式的差异引起的。因此，可以按照材料结构的特点加以分类。

10.1.1　吸声材料(结构)的类型

吸声材料与结构种类很多，正确选择吸声材料，对控制吸声系数及其频率特性非常重要。吸声材料(结构)按其频率特性来分，可分为低频吸声、中低频吸声、中高频吸声、高频吸声和全频带吸声等五种类型，如图 10-1 所示。

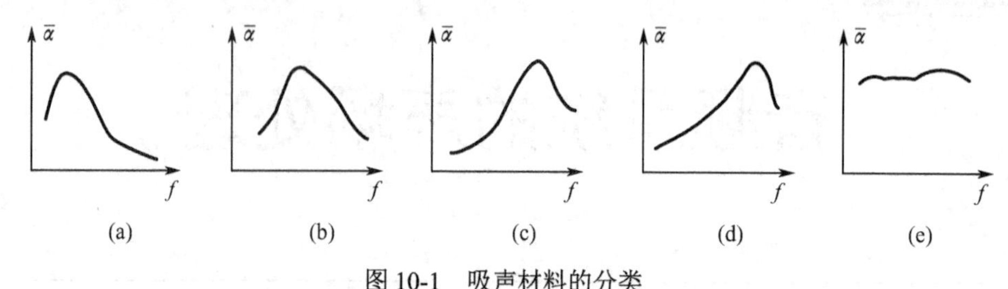

图 10-1　吸声材料的分类

(a) 低频吸声；(b) 中低频吸声；(c) 中高频吸声；(d) 高频吸声；(e) 全频带吸声。

吸声材料(结构)按其吸声机理来分，有多孔吸声和共振吸声两种类型。多孔吸声材料有纤维状、颗粒状、泡沫状、硬质板状等多种结构形式，共振吸声结构有薄板共振吸声、穿孔板共振吸声等多种结构。

10.1.2　多孔吸声材料

多孔吸声材料是应用最普遍的一种吸声材料，这类材料包括玻璃棉、岩棉、矿棉等无机纤维材料及采用上述材料制成的板材和毡材，例如，聚氨酯、聚苯烯和尿醛泡沫塑料、膨胀珍珠岩等，此外具有一定透气性能的纺织品帘幕也可归为这类吸声材料。

多孔吸声材料的结构特点是从里至外均有相当数量内外连通的极小间隙，因而透气性好，当声波入射到多孔材料表面时，声波沿微孔进入材料内部，并激发起微孔内的空气振动，由于空气的黏滞性和微孔内相对摩擦产生的黏滞阻力使空气振动，声能不断转化为热能而引起声能衰减。因此，多孔吸声材料在表面和内部均应该有大量的连续的微孔或间隙，以保证材料的吸声性能。

影响多孔吸声材料性能好坏的主要因素是材料的厚度、流阻、孔隙率、密度以及材料的背后条件、结构等因素。

1. 厚度

厚度对多孔吸声材料的低频吸声影响较大，对高频吸声影响很小。厚度增加，低频吸声系数增加，特别是中低频吸声系数较低的材料，效果尤为明显。图 10-2 为不同厚度玻璃棉板的吸声频谱。

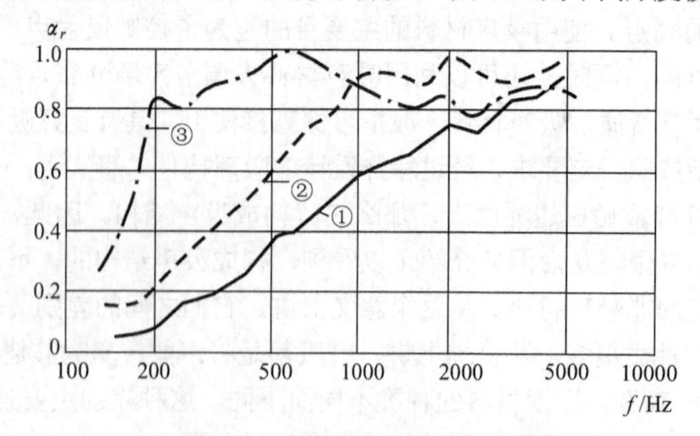

图 10-2　不同厚度玻璃棉板吸声频谱

2. 孔隙率

孔隙率是材料内部连通孔隙体积与材料总体积之比，多孔吸声材料的孔隙率一般在 70%以上，多数达 90%左右。同一种材料，密度越小，孔隙率越大，其吸声性能相应有所增加。孔隙率太高时，材料趋于稀松，反而会减少摩擦损耗，吸声反而变差。

3. 密度

密度在一定程度上可以衡量材料的孔隙率。材料的密度在一定条件下存在着最佳值，它可由实验得出。当厚度不变时，增大密度可以提高低中频的吸声系数，但是其增加程度要远小于增加厚度效果，而且在增加低频吸声效果同时，高频吸收将有所降低。图 10-3 为不同密度玻璃棉板的吸声频谱。

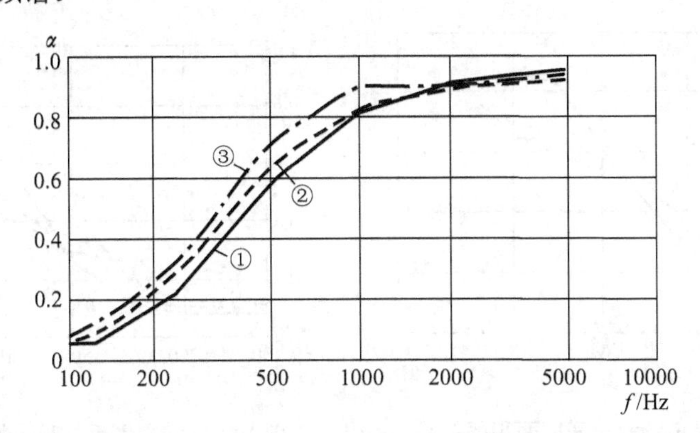

图 10-3 厚度 25mm 玻璃棉板不同密度吸声频谱

密度：① 32kg/m³；② 48kg/m³；③ 80kg/m³。

4. 材料背后条件

多孔吸声材料背后留有一定深度的空腔或空气层，其作用与增加材料的有效厚度相同，可以改善低频吸收。利用材料背后空气层，既可提高低频吸声系数，又可节省吸声材料。图 10-4 为背后空气层深度对玻璃棉板吸声系数的影响。

5. 面层的影响

多孔材料油漆或涂料面层会降低材料的透气性，在面层影响下，高中频吸声系数下降，低频吸声系数会稍有提高，如图 10-5 所示。

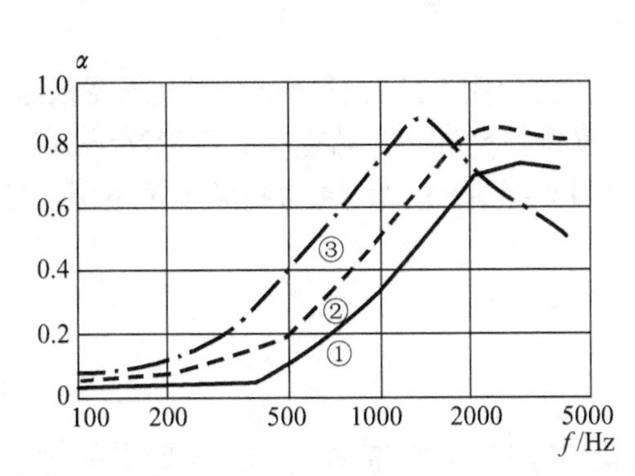

图 10-4 背后空气层对玻璃棉板吸声系数的影响

空气层深度：① 0mm；② 16mm；③ 50mm。

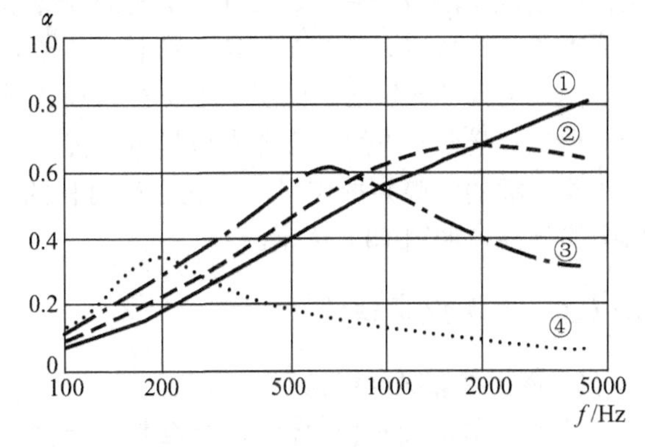

图 10-5 多孔吸声板上油漆影响

① 未油漆表面；② 喷涂一层油漆；

③ 刷一层油漆；④ 刷二层油漆。

6. 钻孔与压缝的影响

在硬质多孔吸声材料上钻孔或压缝，可使材料与声波接触面积增大，吸声性能获得改善，其改善程度主要体现在中、高频吸声系数有所提高。

钻孔或压缝面积对材料的吸声频率影响较大，面积增大，材料的吸声频率峰值移向高频，低频吸收下降，反之，材料的吸声频率峰值向低频移动。通常材料的钻孔或压缝面积应控制在5%～15%，图10-6为不同钻孔面积对材料的吸声频谱。钻孔或压缝深度对材料的高频吸声效果影响也较大，钻孔愈深，材料高频吸声愈强。通常，孔深宜控制在材料厚度的2/3～3/4。图10-7为几种钻孔深度对材料吸声特性的影响。

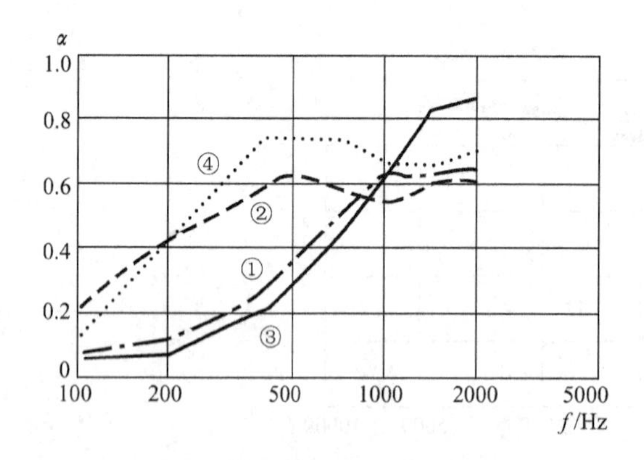

图10-6　矿棉板吸声特性与开口面积的关系

开口面积：① 2%(背后空腔0mm)；② 2%(背后空气层50mm)；③ 10%(背后空气层0mm)；④ 10%(背后空气层50mm)。

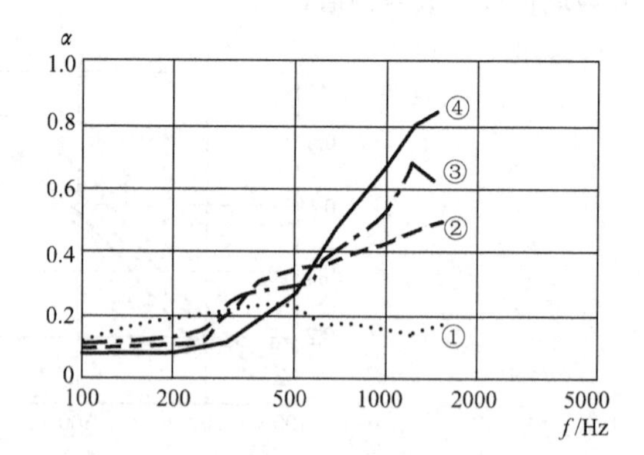

图10-7　粉刷素板材吸声特性与开口深度关系

① 未开孔；② 孔深4mm；③ 孔深8mm；④ 孔深12mm(开口面积为5%)。

7. 护面材料的影响

大多数多孔吸声材料，表面松散，强度差，需要使用护面材料来满足建筑或装饰需要。对护面材料要求透气性好，否则对多孔材料的吸声影响较大。护面材料大致可分为两类。

第一类为全透气性材料，这类材料包括阻燃装饰布、玻璃纤维布、麻布、金属网和穿孔率超过25%的穿孔铝板等。这类材料对大部分频率声波起全透作用，因此对原吸声材料的吸声效果几乎没有影响。在使用时，可以利用木龙骨(轻钢龙骨)控制好吸声材料的背后条件，以满足多段频率的吸声要求。为了保证强度和装饰要求，在多孔吸声材料上，可以根据不同装饰要求和结构形式选择护面材料、加装木压条。

第二类为穿孔板的护面层，如穿孔金属铝板、穿孔胶合板、穿孔石膏板、穿孔水泥板等，为了保证其全透声作用，穿孔率应尽可能提高，在强度条件允许下，希望穿孔率应高于10%。由于穿孔板的空腔共振作用，多孔吸声材料的吸声效果将有所变化，通常高频吸声下降，低频吸声提高，如图10-8所示。

10.1.3　共振吸声结构

1. 薄板共振吸声结构

将比较薄的板材(胶合板、纤维板、石膏板等)的四周固定在框架上，板后留有一定空气层，在某一频率入射波的作用下，薄板会产生振动，形成薄板共振结构。薄板吸声结构在共振频率作用下对低频有很好的吸声作用，其共振频率多在80Hz～300Hz，吸声系数为0.2～0.5。

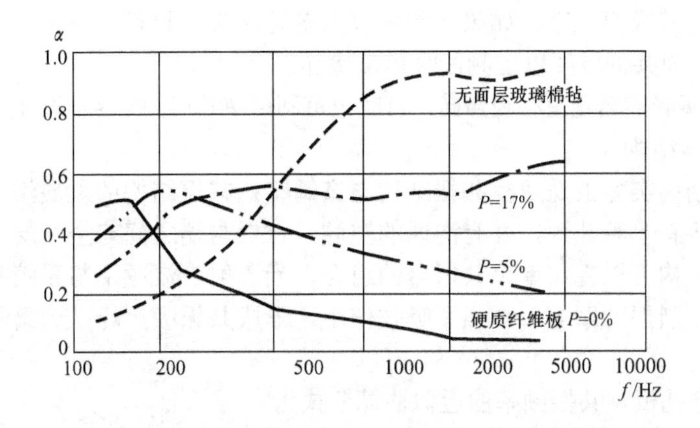

图 10-8　玻璃棉毡上覆不同穿孔率硬质纤维板的吸声特性

决定薄板吸声结构共振频率的主要因素是板材本身的质量与弹性系数，以及薄板的安装形式和板后空腔深度等。如果在空腔内填入多孔吸声材料，增加腔内空气运动阻尼，将会增加结构的吸声效率，特别是在接近其共振频率范围内。图 10-9 为几种胶合板材料后衬玻璃棉的吸声频谱。

厅堂内由各类板材构成的吊顶、墙裙、地板以及用板条或钢板网为基做成的石灰粉刷吊顶均类似于薄板共振结构，对低频有一定的吸声作用。

2. 单个共振器吸声结构

单个共振器吸声结构如图 10-10 所示，它是由空腔上插一小口径短管组成，也称作亥姆霍兹共振器。当声波进入短管，其振动频率接近共振频率时，短管内空气柱产生强烈振动，由于短管内的摩擦阻尼使声波衰减。因此在共振频率下，其吸声最大。单个共振器的共振频率为

$$f_0=\frac{c}{2\pi}\sqrt{\frac{S}{(l+0.8d)V}} \tag{10-1}$$

式中：f_0为单个共振器的共振频率；c为声速；S为短管面积；l为短管长度；d为短管直径；V为空腔容积。

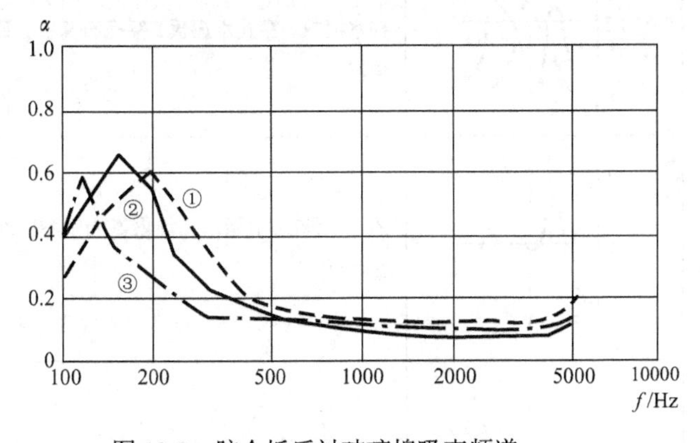

图 10-9　胶合板后衬玻璃棉吸声频谱

板厚：① 4mm；② 650mm；③ 9mm；后填 50mm 玻璃棉板。

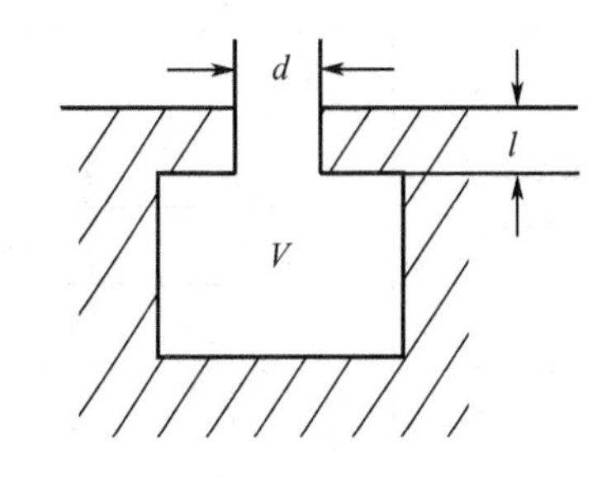

图 10-10　单个共振器

单个共振器的吸声特点是其吸声效果主要集中在共振频率附近。改变共振器的 d、l、V 值可以改变其吸声频率，如果在管口附近放一些轻质多孔性材料(如玻璃棉等)，可以增加空气振

动摩擦阻力，展宽其吸声频带。如果在腔内放入多孔性吸声材料，还可增加阻尼，提高共振时有效吸声作用，使共振频率以上频段吸声量增加。

常见的单个共振吸声器是空心吸声砖，有时也可利用空斗墙的空腔，配上多孔砖构成。

3. 穿孔板吸声结构

穿孔板吸声结构实际上是薄板共振结构与亥姆霍兹共振结构的发展演变。在薄板上穿许多小孔或狭缝，各有单独孔颈，并有沟通的空腔，在板与墙之间有空气层，构成穿孔板共振吸声结构。这种结构可以视作单个共振器的组合，当入射声波频率与系统共振频率一致时，穿孔板颈处产生激烈振动摩擦，加强了吸收作用，形成共振吸声峰；远离共振频率时，则吸收作用较小。

对于圆形孔穿孔板，共振频率的近似估算公式为

$$f_0=\frac{c}{2\pi}\sqrt{\frac{S}{(t+0.8d)V}} \tag{10-2}$$

式中：c 为声速；P 为穿孔率；t 为穿孔板厚度；d 为孔径；L 为板后空气层深度。

穿孔板的穿孔率、孔径、板厚、板后空腔深度以及板后多孔材料的衬放等因素的变化都会对其吸声性能有较大影响。

吸声结构的类型归纳起来有如表 10-1 所列的分类及特点。

表 10-1　吸声结构的分类及特点

类　别	基本构造	吸声性能	典型材料或结构举例
多孔吸声材料	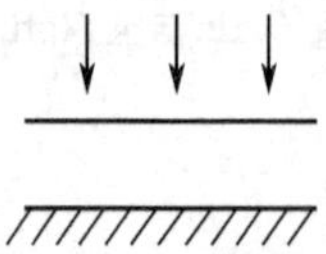	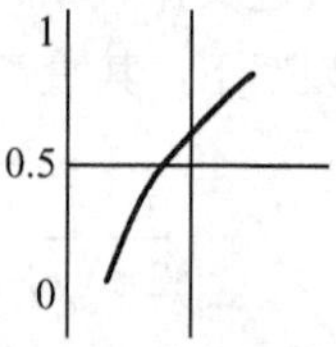 1 0.5 0	矿渣棉、玻璃棉及其毡制品；聚氨酯泡沫塑料；珍珠岩吸声块；木丝板凳
共振吸声结构	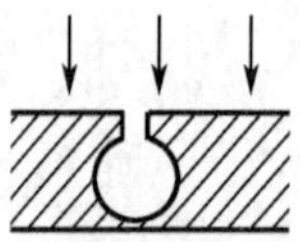	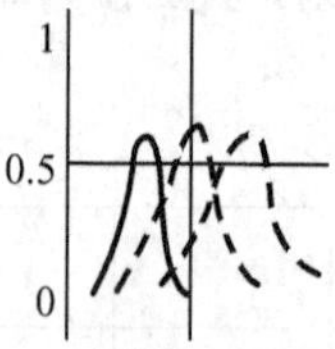 1 0.5 0	单个共振器；穿孔板共振吸声结构；穿孔石棉水泥板、穿孔水泥板、穿孔石膏板、穿孔铝板
柔性吸声材料	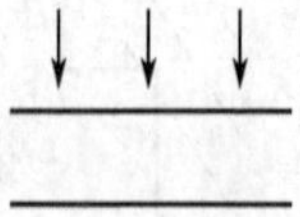	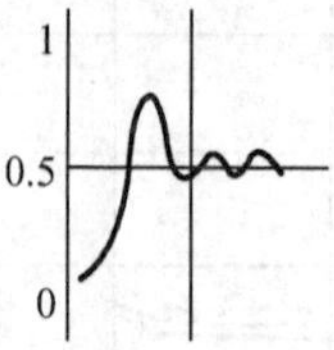 1 0.5 0	闭孔泡沫塑料(聚苯乙烯聚氨酯甲酸脂泡沫塑料)等
膜状吸声结构	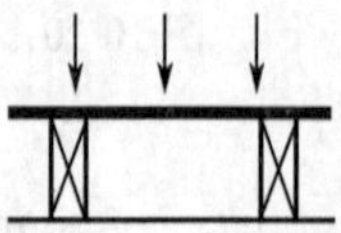	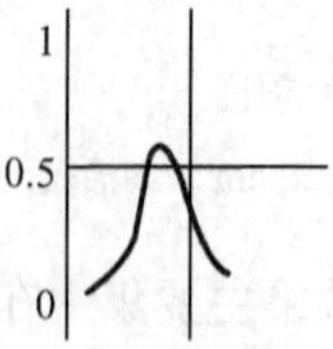 1 0.5 0	聚乙烯薄膜、帆布等

(续)

类　别	基本构造	吸声性能	典型材料或结构举例
板状吸声材料			胶合板(三夹板、五夹板、七夹板)、石棉水泥板、石膏板等
特殊吸声结构			吸声尖劈、吸声圆锥体、空间吸声体等

10.1.4 其他吸声结构

1. 空间吸声体

空间吸声体是一种预先预制好悬挂在厅堂空间的一种吸声构造。对于一些空间特别高大的厅堂(如体育馆)，混响时间长，需要大量吸声，而布置材料的位置又受到限制，此时可悬吊空间吸声体。空间吸声体有两个或两个以上的面与声波接触，其有效吸声面远大于其投影面积，计算吸声系数可大于1，对于复杂的吸声体，常用吸声量来代表其吸声特性。

空间吸声体的结构形状可以根据使用场合、吸声、装饰要求预制出多种形体，常见的有矩形体、平板状、圆柱形、棱锥形、球形、多面体形等，其尺度大小应与房间的大小与高度相适宜，表面积可从 $2m^2$～$10m^2$ 不等，通常平板状吸声体厚度多为 5cm～10cm。

空间吸声体的内部结构及吸声材料构成应根据吸声频带确定。一般空间吸声体为了获得较宽的吸声频带，大多采用纤维状多孔吸声材料(如玻璃棉板、袋装超细玻璃棉等)，表面采用穿孔铝合金板、钢板网、穿孔玻璃钢等作护面材料，板后衬玻璃丝布，防止内部松散材料飞散，护面材料的穿孔率需大于 20%。空间吸声体的吸声效果取决于吸声体本身的结构和吸声体内部的吸声材料。

2. 帘幕

透气性好的纺织品常在厅堂内用作帘幕，其吸声性能也非常好。帘幕可以视作是薄的多孔吸声材料，此类多孔吸声材料在距墙或窗有一定距离时，相当于设置了空气层，对中高频具有一定吸声作用。假定帘幕距墙的距离为 l，其吸声峰值频率为

$$f_0=\frac{(2n-1)}{4l} \tag{10-3}$$

式中：n 为正整数。

3. 可变吸声体结构

可变吸声体是为了适应不同音质要求厅堂而设置的一种吸声性能可以改变的吸声结构。利用可变吸声结构可以调节和控制厅堂的混响时间和声扩散，使其混响时间上限值满足音乐用丰满度要求，下限值满足语言用清晰度要求。

可变吸声结构如图 10-11 所示。一般可以设置在厅堂顶棚、侧墙等相应位置，它有翻动式、推拉式或旋转式等多种构造形式。通过调节，可以使吸声板面或反射板面根据厅堂音质或混响时间要求露在外面，达到调节观众厅吸声量、厅堂混响时间的目的。

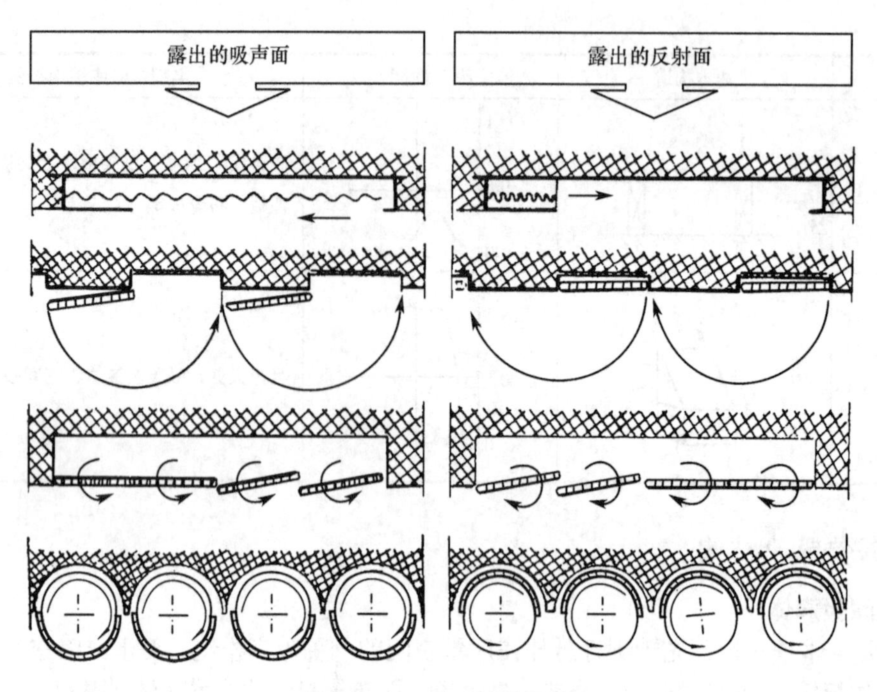

图 10-11 可变吸声体结构

可变吸声结构的混响时间可调幅度在 0.2s～0.4s，一般中频可调幅度较大，低频和高频可调幅度较小，而且结构复杂，目前在一般厅堂内应用不多。

4. 座椅和观众

在处理厅堂音质时，座椅和观众的声吸收要占厅堂内各种吸声材料(结构)相当大的比例，必须予以考虑。由于座椅的用料、结构式样的不同，其吸声效果有相当大的差别。表 10-2 给出了木质座椅、人造革座椅、软质蒙布座椅以及人坐在座椅上的平均吸声系数。

表 10-2 座椅吸声系数

平均吸声系数 \ 频率/Hz	125	250	500	1000	2000	4000
木质座椅	0.04	0.05	0.06	0.11	0.10	0.08
人造革座椅	0.42	0.36	0.52	0.40	0.33	0.21
软质蒙布座椅	0.44	0.66	0.80	0.88	0.82	0.70
人坐在座椅上	0.57	0.61	0.75	0.86	0.91	0.86

由表 10-2 中可以看出软质座椅吸声量较大，与人坐在座椅上的吸声量几乎相当，也就是说，软质座椅除了可使观众有一个舒适的视听环境外，还可以保证观众厅在空场和满场时，混响时间变化量减少。它在厅堂音质设计时是不可忽视的部分。此外，软质座椅表面应为布质，座椅和背部可填衬棕(竹)丝或泡沫海绵塑料，座椅底部还可开适量小孔，形成亥姆霍兹共振吸声结构，以展宽座椅吸声频率，增强座椅的吸声效果。

10.1.5 观众厅吸声材料的布置

吸声材料的合理布置对控制观众厅混响时间和提供均匀的声场扩散均十分重要，若其布置得当还可以起到良好的建筑装饰效果。厅堂千变万化，吸声材料多种多样，观众对建筑美学要求也不尽相同，吸声材料的布置至今没有统一模式，这里仅就观众厅音质要求，从声学角度提出几个布置原则。

(1) 观众厅的后墙(包括挑台沿)，特别是有大型凹面的弧形后墙，应布置强吸声材料，以消除回声、聚束和多重反射声。

(2) 观众厅的前中区，例如侧墙、天棚等部位可作适当吸声处理，以保证厅堂良好的扩散和均匀的混响时间衰减特性。

(3) 声源附近界面的吸声处理应慎重，它对厅堂混响时间衰减特性影响较大。图 10-12 示出了厅堂内相同吸声材料、不同位置对混响衰减特性影响的情况。

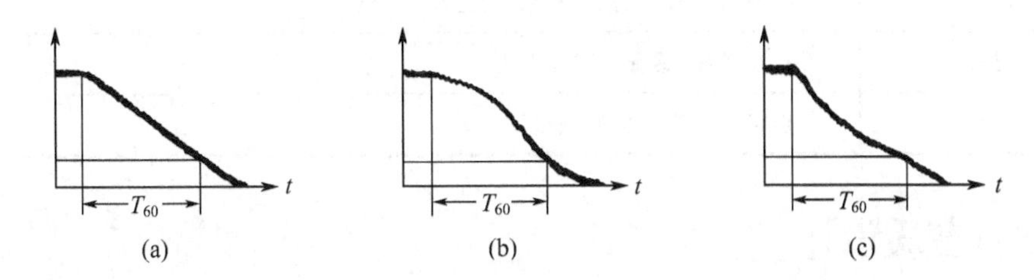

图 10-12 吸声材料置于厅堂内不同位置的混响衰减特性

图 10-12(a)为吸声材料均匀地布置在厅堂内各个表面，厅堂内有良好的扩散和均匀的衰减特性，听感为丰满度好，但语言清晰度稍差。图 10-12(b)为将吸声材料置于远离声源部位，例如侧墙声轴以上部分和顶棚后半部分，听感为丰满度不够，语言清晰度最差。图 10-12(c)为将吸声材料置于靠近声源部分及后墙全部，听感为丰满度尚好，语言清晰度最好。

对用于节目演出的厅堂，为了有效地利用哈斯效应，加强近次反射声，尤其是侧向反射声，前侧墙可不做或少做吸声处理，使混响衰减特性如图 10-12(a)所示。对于电影院，特别是立体声电影院，为了提高语言清晰度，前侧墙也可做吸声处理，使混响衰减特性如图 10-12 (c)所示。

10.1.6 舞台的吸声处理结构

舞台的吸声处理结构主要用于多用途厅堂。这一类厅堂舞台容积较大，基本上与观众厅容积相近，以巨大的舞台空间，在用作电影重放时，对舞台上电影扬声器声能的扩散和吸收不利。如果不注意舞台的吸声处理，会引起舞台与观众厅混响时间长短不一，声能衰减不一致，产生“耦合效应”，影响电影还音的清晰度。

对于舞台的吸声处理，可以采用可移动“吸声障”结构。放电影时，吸声障可移至扬声器后及银幕两侧，以形成封闭或半封闭空间，有效地减小舞台空间，增大舞台吸声量，降低混响时间，减少“耦合效应”。演剧时可移开吸声障，确保演出效果。

吸声障应采用强吸声材料，如玻璃棉条毡，并有足够大的吸声面积，确保舞台音质处理所必需的吸声量。

10.1.7 吸声材料的其他特性

吸声材料通常安装在厅堂壁面或顶棚上，也有做成吸声单元悬挂在厅堂中间，在选择吸声材料时，除了要考虑其在较宽频带内具有较强的吸声系数外，还应考虑其力学特性、防火特性、耐高温性、稳定性、质地、密度、装饰效果以及价格、运输等诸方面因素。表 10-3 给出了吸声材料其他的一些重要性质。

表 10-3 吸声材料的其他性质

性质分类	主要考虑的项目
力学性能	压缩性、耐冲击性、抗弯强度
热学性能	传热阻
防火性能	耐火性、引火、着火、发火、发烟
耐湿性能	吸水性、吸湿性
光学性能	反光系数
维护难易度	吸附(尘埃)性、耐酸碱性、耐磨性、清洁性
施工要求	尺寸规格、重量、可加工性
艺术处理	形状、外观、色彩、触感

10.2 厅堂音质设计

厅堂的音质应根据厅堂的具体用途来确定其设计要求。例如，以语言为主的厅堂，就要求有较高的清晰度，较短的混响时间；以音乐节目为主的厅堂，则需要有足够的丰满度。如果厅堂以自然声为主，要求扩散性能良好，声场分布均匀，响度合适，自然度好。近年来，国内大部分厅堂都配置了电声音响系统，用以改善厅堂音质，提高响度和声场分布均匀度。因此，本节所讨论音质设计要求的分析对象以采用扩音系统的厅堂为主。

对厅堂音质设计要求可以从主观听音评价要求和客观技术指标要求综合分析，拿出最佳设计与改造方案，以保证厅堂音质设计的最终目标。

10.2.1 客观技术指标

客观声学评价指标归纳起来有以下几个方面。

1. 合适的混响时间

厅堂音质好坏与混响时间关系很大，混响时间控制合适就能提高语言清晰度和音色丰满度，有助于增加响度和声扩散。合适的混响时间实质上是根据厅堂用途，选择一个最佳混响时间，满足主观听闻要求。

2. 均匀的声场分布

声场分布均匀，可使整个厅堂内各点声能分布均匀，各区域的观众听到的响度基本一致。通常，均匀的声场分布应保证整个厅堂内的最大声压级与最小声压级之间不超过 6dB，最大声压级(或最小声压级)与平均声压级之差不超过 3dB。

3. 良好过渡特性的频率特性

厅堂内声场频率特性可从两个方面评价，一个是混响时间的频率特性，另一个是声场特性的频率特性。

混响时间频率特性是指厅堂内所要求考核的各频段的混响时间在各个频率的不均匀性，通常要求厅堂混响时间的频率特性具有平滑的过渡，没有较大的起伏，并且允许低频混响时间稍有提高，高频混响时间稍有降低。

声场特性的频率特性，是指在厅堂内各个区域，在各个频段内声级的不均匀度。理想状态下，这一频率响应应为一条平直的直线，实际上由于受厅堂条件和扩音系统设备性能的影响，不可能完全平直，通常允许有±4dB 的容差，对于立体声系统，只允许有±3dB 的容差。

4. 美好的内装饰

音质设计与建筑设计密不可分，厅堂内所有声处理材料与结构，即室内装饰的面层与造型，直接影响观众的视觉效果。在满足声学条件的前提下，结合建筑艺术、色彩艺术、灯光布置等方面统筹考虑，尽可能营造一个美观大方、色调和谐的环境。

5. 减少声缺陷和环境噪声影响

厅堂中的声缺陷主要指回声、颤动回声、声聚焦、共振等声学现象。回声的出现会影响听音注意力，降低语言清晰度，破坏立体声聆听的声像定位效果；颤动回声的出现会引起听力疲劳，使人感到厌烦；严重的声聚焦现象会造成声能过分集中的那一点声音特别嘈杂，其他区域听音条件差，扩大了声场不均匀度，严重影响观众的听闻条件；共振现象所产生的声染色效应，所引起声信号的失真，会产生主观听感上的厌恶情绪，严重影响听音效果。

避免厅堂声缺陷的方法，主要是从厅堂的体形设计和吸声材料布置两方面入手，消除产生声缺陷的条件。例如，为了消除回声，应在可能产生回声的部位布置强吸声材料，减弱反射声到混响声以下。另一个方法是调整反射面角度，彻底消除回声，如图 10-13 所示，将后墙与顶棚交接处，做成比较大的倾角，将声音反射给后区观众，取得化害为利的效果。再如，为了消除声聚焦现象，应尽量控制厅堂界面的曲面弧度，并在弧面上布置扩散体和吸声材料。为消除声缺陷，应根据厅堂内声源的位置，采用几何作图法，由声线的分布，找出各种声缺陷产生的条件和部位，并采取必要的措施进行抑制。

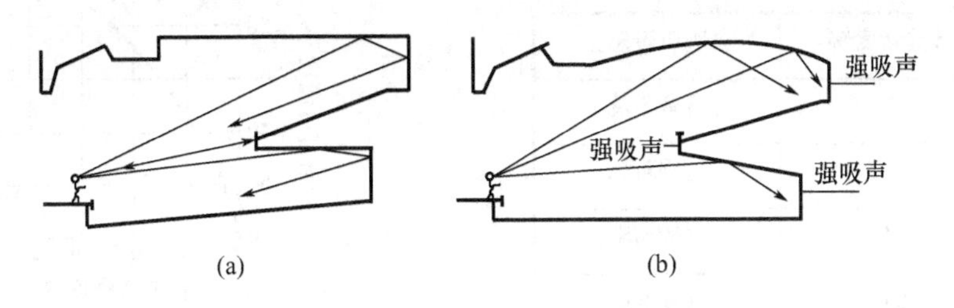

图 10-13　观众座位容易产生回声部位及处理方法

室外侵入和室内产生的环境噪声会严重影响主观听音条件，破坏厅堂内宁静的气氛。较强的噪声还会掩蔽节目信号，破坏节目信号主观听音的动态范围。因此，必须准确地找出噪声出现原因，进行必要的抑制处理，使之达到规定范围。

10.2.2　主观听音要求

具有良好听音条件的厅堂应具有如下条件。

1. 合适的响度

在厅堂内各个区域，特别是观众厅内距声源较远的后座区域，都应有合适的响度，并具有均匀的扩散，使观众在听音时既不感到吃力，也不感到震耳。

响度合适的厅堂应具有一定的音量动态范围，主观听音应感受到音域宽广，有力度，能较好地表现出音乐的高潮和低潮，并对环境噪声产生一定的屏蔽作用。

对于以语言为主的厅堂，响度在(60～70)方较为合适，对于以音乐节目为主的厅堂，为了适应较大的动态范围，响度应有(40～80)方。

主观听音的响度要求与声源的功率，厅堂的容积与扩散、厅堂的混响时间及背景噪声有关。通常，容积较小的厅堂，如果近次反射声与混响时间控制得当，响度控制也相对比较容易，对于容积超过 $2000m^3$～$3000m^3$ 的厅堂必须采用扩音系统。

2. 较高的清晰度

语言清晰度的高低直接影响主观听音效果，在一个听音吃力的厅堂，不可能产生良好的效果。语言清晰度就是指语言听清的程度，它通常用音节清晰度来表示。音节清晰度的定义为：在发出的一系列音节中，主观听到的音节数目与全部音节数目的比值，即

$$S_i=\frac{N}{C_i}\times 100\% \tag{10-4}$$

式中：S_i 为音节清晰度；C_i 为发出的全部音节数目；N 为主观听到的音节数目。

语音节清晰度可以按照国家标准(GB 4959—85“厅堂扩音特性测量方法”)采用“记音法”进行测量获得正确评价。根据实验，音节清晰度对主观听音感觉影响很大，表 10-4 列出了音节清晰度与主观听音感觉的关系。

语言清晰度还可以用语言可懂度来表示。语言可懂度的含义表示主观听音对整段语言的听懂程度，不苛求对每一个音节的听清程度。语言可懂度与汉语音节清晰度的关系如图 10-14 所示。

表 10-4　音节清晰度与听音感觉关系

音节清晰度/%	主观听音感觉
<65	听音不清
65～75	勉强可以
75～85	比较清晰
>85	清晰度高

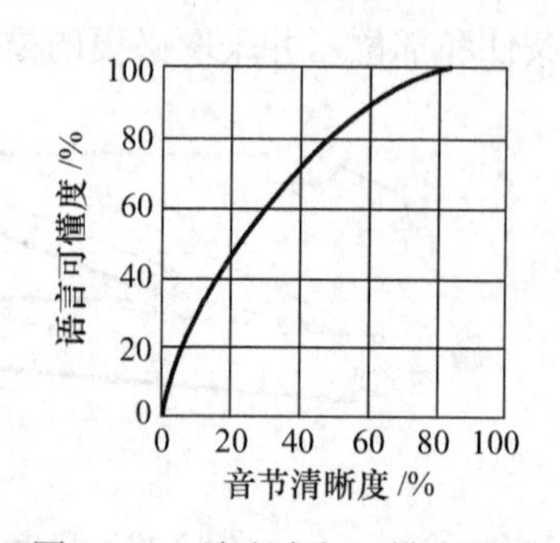

图 10-14　清晰度与可懂度关系

影响语言清晰度的主要因素是厅堂的响度、混响时间、背景噪声等。厅堂内较短的混响时间，合适的响度对改善语言清晰度有利。

3. 足够的丰满度

和语言清晰度一样，丰满度也是决定厅堂音质的主要因素。特别是用于节目演出的厅堂，应有足够的丰满度。足够的丰满度是指厅堂内声音活跃、坚实饱满、音色浑厚。特别是低频段的丰满度，可增加声音的力度感和亲切感，能烘托演出效果。

影响厅堂丰满度的主要因素是厅堂的混响时间及其频率特性。为了提高厅堂的丰满度可以适当延长厅堂混响时间，尤其是在低频段。

10.2.3 常见厅堂的声学设计

各类厅堂的声学设计，在音质上应满足上述主观听音要求和客观声学评价要求，由于厅堂的用途不一样，其声学设计要求也有侧重，不能苛求千篇一律。下面根据国家标准——《剧院、电影院和多用途厅堂声学设计规范》、建设部与广播电影电视部联合制定的《剧场建筑设计规范》和《电影院建筑设计规范》两个标准，归纳出具体设计要求。

1. 一般要求

(1) 观众厅内各处要求有合适的响度、均匀度、清晰度和丰满度，同时要保持视听一致。在演出和放映电影时，观众区内任何位置不得出现回声、颤动回声和声聚焦等音质缺陷，无来自室内设备和外界环境噪声的干扰。

(2) 以自然声演出为主的厅堂，其座位数以不超过(1200～1400)座为宜。

(3) 以语言为主的厅堂，必须充分考虑语言可懂度问题，观众厅内的音节清晰度应达到并且超过 75%。

2. 观众厅容积与体形

(1) 观众厅内每座容积应符合规定要求。

(2) 观众厅的平面与剖面设计，应使早期反射声声场分布合理、均匀。

(3) 没有楼座的观众厅，楼座下挑台开口高度与深度之比应≥1/2，楼座下挑台平顶宜有利于楼座下部听众席获得早期反射声，使扬声器的中高频部分能直接射至楼座下全部观众席。

(4) 吸声材料的布置应满足混响时间的计算和消除 50ms 以后的强反射声。

(5) 观众席每排座位升起应使任一观众的双耳暴露在直达声范围之内，避免直达声被遮挡和被观众掠射吸收。

3. 混响时间

厅堂的混响时间标准是指满场混响时间(当使用吸声系数较大的软质座椅时，空场混响时间与满场混响时间差别不大)。厅堂内的混响时间根据使用要求和容积大小，在 500Hz～1000Hz 范围内应有各自不同的最佳控制范围。由于混响时间的计算结果与实际测量结果的误差不可避免，因此，对最佳混响时间允许有±0.15s 的容差范围。

(1) 最佳混响时间。最佳混响时间通常以 500Hz～1000Hz 内数值为代表。由于人的主观感受差别，厅堂的用途不同，容积也不一样，对最佳混响时间的确定也有一定差异。通常，语言用厅堂的最佳混响时间要短于音乐节目用厅堂，容积小的厅堂的最佳混响时间要短于容积大的厅堂。表 10-5 为各类厅堂普遍采用的最佳混响时间推荐值，可供实际应用时参考。

表 10-5 各类厅堂最佳混响时间推荐

厅堂类型	最佳混响时间/s
普通电影院	0.8～1.2
立体声电影院	0.6～0.9
多用途厅堂	1.0～1.5
歌剧剧院	1.2～1.5
话剧、戏曲剧院	1.2～1.4

(2) 混响时间频率特性。当确定了 500Hz～1000Hz 的混响时间后，还需进一步确定 125Hz～4000Hz 的混响时间，这就构成了厅堂最佳混响时间的频率特性。厅堂混响时间频率特性希望基本保持平直，这对提高语言清晰度是有好处的。考虑到控制低频混响时间的吸声结构与工程量以及厅堂良好音质的获得，相比于 500Hz～1000Hz 混响时间，可适当提高低频的混响时间，低频混响时间不同程度的提升，可兼顾到丰满度和清晰度的要求。由于观众和空气对高频声有较强的吸收，高频混响时间也允许稍低一些。表 10-6 为各类厅堂在 125Hz、250Hz、5000Hz、4000Hz 混响时间相对于 500Hz～1000Hz 的推荐比值。

表 10-6 各类厅堂混响时间频率特性

频率/Hz	电影院	多功能厅堂	歌剧院	戏曲、话剧院
125	1.00～1.30	1.00～1.25	1.00～1.35	1.00～1.20
250	1.00～1.10	1.00～1.10	1.00～1.15	1.00～1.10
500～1000	1.00	1.00	1.00	1.00
2000	0.90～1.00	0.90～1.00	0.90～1.00	0.90～1.00
1000	0.80～1.00	0.80～1.00	0.80～1.00	0.80～1.00

舞台设计时应注意舞台声学条件对观众厅的影响。在大幕下落时，舞台的混响时间不宜超过观众厅的空场混响时间，特别是可兼放映电影的多用途厅堂，应控制好舞台声学条件，避免耦合现象产生。

4. 噪声控制

厅堂内的噪声是指无人占用时，来自外界环境和厅堂内部的噪声。在测量噪声时，厅堂内的通风空调、放映等设备均处于正常运转状态。各类厅堂容许噪声的极限推荐值如表 10-7 所列。

表 10-7 不同类型厅堂容许噪声极限推荐值

厅堂类型	普通电影院	立体声电影院	多用途厅堂	歌剧院	话剧、戏曲院
NR 评价标准	<NR35	<NR30	<NR35	<NR30	<NR35
dB/A	<42	<38	<42	<38	<42

厅堂内噪声主要来自室外和室内本身，室外噪声主要来自车辆、铁路以及室外设备(如建筑机械)等；室内噪声主要有空调机、放映机、人为的噪声等。对于噪声干扰，除了设计时须考虑将厅堂置于安静的环境中外，还要注意减弱室内噪声能量，降低干扰声源的噪声输出，同时还可在噪声源和观众厅之间建立隔声屏障。

为了减少室内的噪声，常采用下列几种基本方法。

(1) 将房址选择在安静的地方。

(2) 减弱室内的噪声能量。

(3) 降低干扰声源的噪声输出。

(4) 在噪声源和房间之间建立隔声屏障。

另外，在一些特殊场所，现在可采取有源消声的方法。

由于选择房址涉及很多因素(非声学因素)，所以，将监听室、播音室、录音室、听音室、家庭影院等建筑在远离干扰声源的地方，并不一定总是可以办到的。如果一间高保真听音室很可能是寓所的一部分，那么我们就应当适当地考虑家庭中其他的需要，至少要保持某种程度的安静。也许我们的录音室或播音室位于一个多用途的建筑物中，这时，同一建筑中的办公机器声、空调设备的噪声、人们来往所发生的噪声或来自其他房间的声音都有可能传到我们的房间中来。

10.3 噪声与振动控制

声波可以通过各种途径向四周传播，它既可以在气体中传播，也可在液体或固体物质中传播。因此要得到好的噪声屏蔽效果，就需要切断振动可能经过的所有路径，才能解决噪声控制的问题。

10.3.1 室内噪声控制的常用措施

1. 吸声处理

通过吸声处理，就可以降低声波的能量，减少声音反射。在本章第一部分中，已经作了较为详细的讨论。

2. 隔声处理

隔声处理就是在空气传播途径中通过加上屏蔽、隔墙、隔声罩等措施，尽量减少声音传到另一面去的方法叫隔声，也就是将声源阻挡在某个空间内。

3. 隔振处理

在振动源的基座上加隔振材料，在振动源与管道连接处加软接头，管道用弹性吊钩固定到结构上。

4. 消声处理

管道中加阻性或抗性消音器，在进风口和出风口或剧场的送风和回风口均要有消声措施。这样可以降低室外噪声的进入或室内声响的外传干扰。

10.3.2 隔声措施的一般原则

为了保证演播室、厅堂、声控室以及需要安静环境的房间的噪声标准，必须采取措施隔绝外界噪声的传入。

外界噪声包括城市噪声(交通噪声、人声等)、建筑物内其他房间的噪声以及空气调节系统产生的噪声等。

外界噪声传入室内主要通过以下两个途径进入。

(1) 通过“空气声”途径。它是指经过空气媒质传到本室墙壁外侧又透过墙壁(引起墙振动) 传进来的噪声，以及经过门缝窗隙、空气管道等空气孔洞传入的噪声。

(2) 通过“固体声”途径。它是指与本室有着建筑上的固体连接的其他建筑部分受到冲击产生振动后，又沿着上述固体连接部分传入室内的噪声。

因此，隔声措施必须有针对性。一般在工程中也常把对“空气声”的隔绝称之为“隔声”，而把对“固体声”的隔绝称为“隔振”。本书将把两部分统称为隔声，而以“空气声”和“固体声”加以区别。

对于有专业要求的单位，一般采取如下的原则来降低有关技术用房的噪声：

(1) 地址应选在低噪声的环境处，这样建筑物的隔声要求就可相应降低，房屋造价减小。

(2) 低噪声的技术用房可布置在建筑物中远离大街的较安静的一侧。

(3) 建筑物中各技术用房的布局应尽量考虑减小它们之间的相互干扰，一般可在各演播室之间插入编辑室、休息室等非技术用房。

(4) 播音室、录音棚、演播室等技术用房除设有通往控制室的专用隔声控制(瞭望)窗以外，不再开设对外的窗户，以尽量减少可能传入“空气声”的途径。

(5) 播音室、录音棚、演播室等技术用房应采用厚而重的专用隔声门，为减小门缝传入“空气声”，门缝处应进行专门的隔声处理。一般隔声门设两道，两道门之间的过道还要进行吸声处理，以便尽量吸收掉已传入第一道门的外界噪声，此过道专业中称为“声闸”。

(6) 这些技术用房的墙壁应尽量采用厚而重的结构，以便提高墙壁隔绝“空气声”的能力。为了进一步增加隔声能力，常采用双层墙的结构。

(7) 为减小经过地板、天花板传入的“固体声”，常采用房子套房子的双层结构，其中内房的地板与天花板和外房之间采用防振的弹性连接结构。对于在建筑物底层的大演播室，其内外房的地基应相对独立。

(8) 这些房间由于没有对外的门窗，室内空气的换新和温度调节需要专门的空气调节(通风)系统进行。为减小空调孔道引入“空气声”，这些孔道应进行专门的吸声(消声)处理，空调也宜采用大流量小流速的方式，以免空调气流再生摩擦噪声。

10.3.3 建筑构件中的空气声隔声量

声波在空气中传播，当遇到障碍物(如墙壁)时，一部分能量被反射出来；另一部分进入该障碍物。这些进入障碍物的声能中有一部分被屏障物吸收变成热能耗散掉；另一部分透过屏障物继续到空气中传播下去。为了描述屏障物透过声能的状况，可以用“透声系数”(又称“传声系数”、“传声率”)这一参量，它的定义式是

$$\tau=\frac{W_t}{W_{in}}=\frac{I_t}{I_{in}} \tag{10-5}$$

式中：τ 为屏障物的透声系数；W_{in} 为入射到屏障物的声功率；I_{in} 为入射到屏障物的声强；W_t 为屏障物透过的声功率；I_t 为屏障物透过的声强。

在工程中常用透声系数的倒数并取对数形式表示障碍物的“隔声量”，又称“透声损失”(或“传声损失”)

$$T_L=10\cdot\lg\frac{1}{\tau} \tag{10-6}$$

式中：T_L 为屏障物的隔声量(透声损失)；τ 为屏障物的透声系数。

可见，屏障物的隔声量越大(透声系数越小)，其隔声性能越好。通常为了描述隔声性能的频率特性，常用 125Hz、250Hz、500Hz、1kHz、2kHz、4kHz 为中心频率的几个倍频带(或 1/s 倍频带)的 T_L 值表示一个屏障物的隔声频率特性，有时也用各频段 T_L 值的平均值表示一个屏障物的隔声性能。

下面介绍常用建筑结构的隔声特性。

1. 单层密实均匀结构的隔声

这里所说的单层密实均匀结构指的是单层的砖墙、钢筋混凝土构件以及钢板、木等。

当声波入射到这些构件上时，引起它们的振动，振动的构件再作为一个新的声源向另一面辐射声波就是它的透声原理。可见要增大构件的隔声性能就需要抑制它的振动，不难理解，构件体沉重(单位面积质量越大)就越不容易振动，其 T_L 值也越高，隔声效果越好。这就是工程中所谓的“质量定律”。另外，频率越高构件也越不容易被激振动，因此高频时的隔声量要比低频时的大。

需要特别指出一点，当构件发生共振时，其隔声效果会大大下降。对于砖墙、水泥构件的楼板来说，它们的共振频率一般极低(低于 30Hz)，故在可闻声频率范围内对隔声影响不大，但玻璃、薄金属板等薄板材做成的隔声结构(如门、窗等)，其共振频率一般可到音频范围(如 100Hz～300Hz)，若不采取措施阻尼其振动，这些轻结构的隔声板反而会成为噪声放大器，这种情况应该避免。增加结构阻尼可采用涂覆一层软质材料的方法，如在轻型板材上涂沥青、橡胶、塑料都能减弱结构的共振幅度，在木隔墙一面抹一层石灰也能起到同样的作用。

2. 双层密实均匀结构的隔声

在两层密实结构中间空出一定距离，就成了双层结构。图 10-15 为双层墙的构造断面。双层结构比相同质量(相同重量)的单层结构隔声量要大，这是因为层中的空气与双层结构的声阻抗相差很大，声波在它们的分界面处将产生明显的衰减。

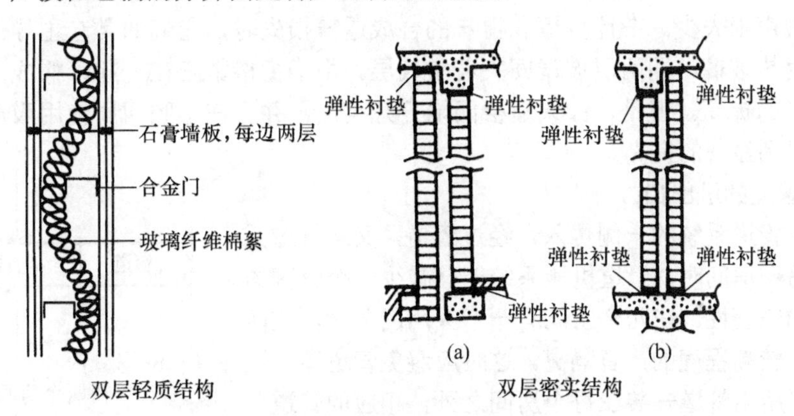

图 10-15　双层墙的构造断面

和单层结构一样，双层结构在共振时隔声效果也将大大降低，为了防止强烈共振，又在空气层中填入少量玻璃棉、矿渣棉等松软的多孔吸声材料，这种办法常在隔声门上使用。隔声窗通常使用多层玻璃，由于要求透明，层间不能填充吸声材料，可在层间边框处用穿孔板结构吸声，为了增大吸声效果通常在几层玻璃之间构成一定倾角。

3. 门的处理

任何工作场所都需要有给人进出的门，开了门的墙，其密闭性能变差，传输损耗将会大大降低。对于内墙隔声而言，门是噪声隔离的一个薄弱环节。虽然可以考虑加大门体的重量和采用复合结构并增加密封垫圈的设计，但很难获得合适的密封垫圈。此外，无论怎样好的噪声控制设计都不能保证经过过度使用之后的密封垫圈还能完好如初。因此，可以考虑采用一种有两个匹配完好且没有密封垫的设计。使门之间相隔 4in 可以明显地提高隔声性能。通过增加两扇门之间的间隔形成一个声闸，在其中使用吸声材料，可以使隔声性能得到明显的提高。显然两扇门必须朝相反的方向开，这种声闸的设计要占用很多空间。尽管如此，我们还是常常采用这种方法，因为它是行之有效的。

4. 天花板和地板

虽然许多墙壁隔声的设计技术也常应用在天花板和地板上，但它们有一定区别还是值得注意的。地板上的地毯对声波向下层空间传播的影响很小，但地毯确实能有效地减少鞋跟踏在坚硬地板上的声音和手推行李箱时轮子的隆隆声之类的冲击噪声。

在使用老式木地板作为革新设计时，噪声隔离设计就较为复杂。地板通常会有明显的裂缝，另一方面，如果木地板下面没有坚固的天花板，噪声透声损失可能达不到令人满意的效果。

如果地板结构的噪声传输损耗不够，可以通过在弹性槽上安装天花板来提高透声损失，天花板被依次固定在托梁(龙骨)上。更好的办法是，一个比较低的天花板可以用有弹性的挂钩来支撑，这些挂钩穿透上面的天花板并固定在托梁上。这样还可以把空腔当作通风管道，省掉了通风的管道和为此所做的噪声屏蔽处理。

5. 浮动房间

在振动隔离板上的建筑空间内，将房间“浮动”起来，就可达到所要求的最大噪声隔离指数，而花费却很少。由复杂的连接系统来提供所有的建筑服务。所有的门都是双层的，内层门和门框仅连接在浮动房间上。房间周围的空腔和地板下面的空腔都充满了吸声物质。

6. 窗的处理

大多数的窗户制造商都提供产品的声音透声损失数据(T_L)。从这些数据可以看出，单层窗户总比墙的透声损失少。在计算墙和窗户的合成透声损失时，它们通常起主导作用。窗户常常使用的是耐热玻璃，即两层玻璃间夹着空气层。由于窗格紧凑在一起，构成了谐振腔，限制了隔声性能的提高。但是，如果窗格间隔开几英尺，并且在空腔四周使用吸声物质，就会使隔声性能得到显著的提高。

7. 房间管道的进出口

当声波从管道系统的一侧传入，经过管道，又从管道系统传出进入另一房间时，管道机械系统能够减少一个分区的总传输损耗的完整性。在两个空间有一个共用的分区，这两个空间要求有较高程度的声音隔离，这时应避免管道穿过该分区。通常采用主管道安装在每个房间之外，相应的管道分支进入适当房间的方法。如果合成声压级过高，可以在管道中安装衰减装置。例如，把一个消音器如图 10-16 所示插入管道中。

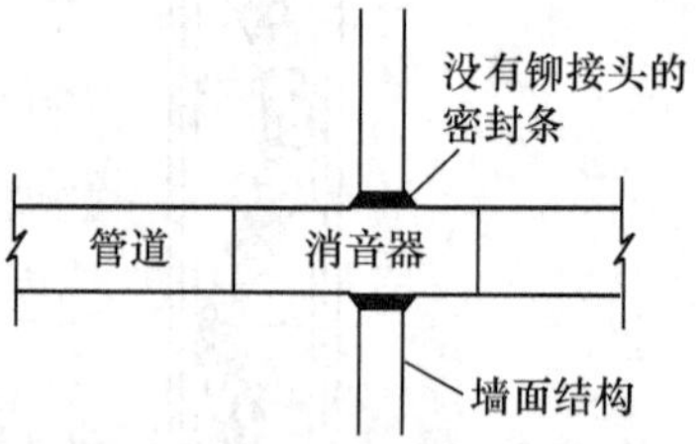

图 10-16 在两个房间之间安装消音器

10.3.4 固体声的隔离措施

在前面图 10-15 中已示出装弹性衬垫的隔离“固体声”措施，由于两个构件间不是直接接触，而是通过弹性衬垫连接在一起，这里弹性衬垫起着减振作用，“固体声”将受到衰减。实际上，这时弹性衬垫与建筑构件将组成一个力学的低通滤波器，当设计安装得当时，“固体声”受到这个滤波器的阻碍而不易通过。

在建筑中常用的弹性衬垫材料有钢弹簧、隔振软木(不是天然软木)、玻璃棉毡、矿渣棉毡以及橡胶制品等。在实际使用上这些材料都有标准型材规格以及有关的参考数据提供，设计使用还是比较方便的。

10.3.5 室内噪声标准

作为声音信号产生第一场所的演播室或厅堂应该是足够安静的，以保证室内的噪声不会对有用信号产生明显的掩蔽效应。同样，作为操作电声设备并监听声音的控制室也应该是安静的。这里的所谓“安静”应该用什么尺度来衡量，就必须借助前面讨论到的信号噪声比的概念：根据实际演出时的有用信号声压级来确定室内噪声的允许值；另外还要考虑到噪声是宽频带的信号，必须根据人的听觉的频响特性对噪声中的不同频率成分区别对待。目前在工程中常使用表 10-8 所示的 A 计权噪声级标，用 A 计权声压级来表征室内噪声就是考虑了人的听觉频响特性。

表 10-8　常见用房室内噪声允许值

房间名称	允许噪声级 dB/A	房间名称	允许噪声级 dB/A
播音室、录音棚	25	小型办公室	45
音 乐 厅	30	大型办公室	50
剧　　院	35	体　育　馆	55
会议室、教室、电影院、图书馆、电视演播室	40		

在建筑声学中还使用“噪声评价曲线”即 NC(Noise Criteria)曲线的方式表示室内各频带噪声允许值。NC 曲线是用倍频程(或 1/3 倍频程)带通滤波器分析噪声的频谱成分时，相应频带内噪声声压级允许达到的数值连接成的曲线。图 10-17 是用倍频带声压级表示的曲线，当使用 1/3 倍频带声压级表示时，其数值则相应降低，表 10-9 列出了几组数据。

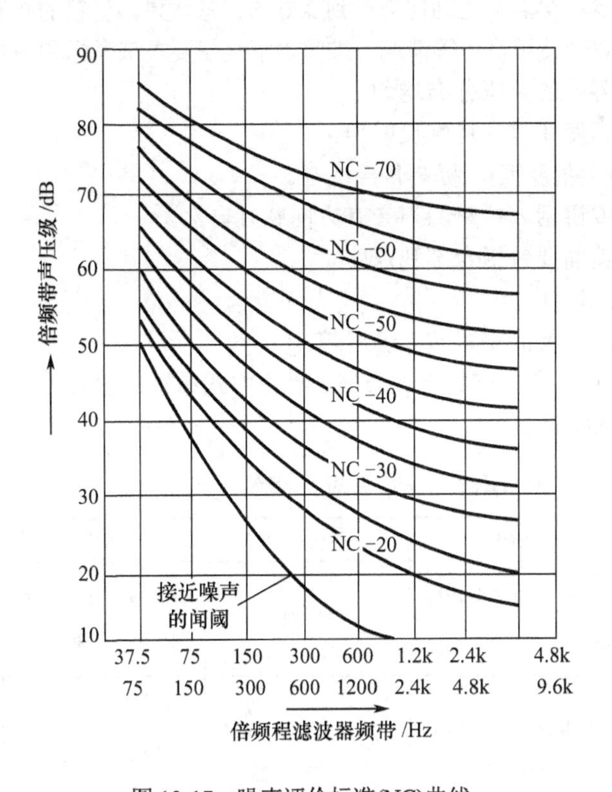

图 10-17　噪声评价标准(NC)曲线

表 10-9　噪声评价标准(NC)(部分)

1/3 倍频带中心频率/Hz	125	250	500	1000	2000	4000
NC－15 标准(dB)	34	25	18	12	9	7
NC－20 标准(dB)	37	28	22	17	14	12

曲线中低频允许较高的噪声级是与人类听觉低频不敏感相一致的。

对于专业用房间，一般应按表 10-10 的标准控制其室内的噪声级。

表 10-10　常见用房的 NC 允许值

房间名称	适用的 NC 曲线	房间名称	适用的 NC 曲线
播音室、录音棚	NC15～20	电　影　院	NC30
剧院、音乐厅	NC20～25	大型办公室	NC45
电视演播室、教室、图书馆	NC25	体　育　馆	NC50
会　议　室	NC25～30		

10.4　扩音系统音箱的布置方式

设计扩音用音箱系统时，首先应考虑其扩音声场，即对扩音房间的声学特性要有充分的把握，然后是考虑采用何种性能的音箱系统及怎样布置才能使效果最好。由于各个厅室或场所的情况各不相同，因此有时仅根据音箱的性能和布置方法是很难获得良好扩音效果的。反之，即使房间的声学特性良好，但布置不得当，也同样得不到良好的扩音效果。音箱的布置应当根据该场所的形状、大小、混响时间以及使用目的等情况，按照以下几点要求来考虑和布置。

(1) 应使厅室内各处的声压分布均匀。

(2) 不产生使清晰度变差的特殊反射声。

(3) 有利于克服回输(反馈)，提高传声增益。

(4) 能使演奏者或讲话人传来的声音有方向感且自然。

(5) 扬声器的覆盖面要包括全部观众席。

(6) 音箱不要紧靠墙面。

(7) 根据房间的结构灵活安置超低音音箱。

扩音系统的音箱布置方式有集中式布置、半集中式布置、分散式布置，表 10-11 汇集了这些方式的适用条件和优缺点。

表 10-11　音箱布置方式的适用条件和特点

音箱布置方式	适应条件	扬声器的指向特性	优点	缺点
集中布置	房间形状和声学特性良好时	较　宽	声音清晰度好，方向感好且自然	有引起啸叫的可能
半集中式布置	房间声学特性良好但房间形状不理想	主扬声器较宽，辅助扬声器应较尖锐	大部分座位的声音清晰度好，没有低音压级的地方	有的座位可以同时听到由主扬声器和辅助扬声器两个方向来的声音

(续)

音箱布置方式	适应条件	扬声器的指向特性	优点	缺点
分散布置	房间形状和声学特性均不好时	较尖锐	声压均高，容易防止啸叫	声音的清晰度容易被破坏，声音从六边或后面传来有不自然的感觉

1. 集中式布置

集中式布置多见于室内文艺演出和面积不大的歌舞厅、俱乐部、夜总会，由于这些场合所需的声功率都比较大，往往用数只音箱堆放在舞台两侧或是挂于两侧，这种方式方便实用，对音箱进行连接时，所需的馈线也不多。在悬挂时可以让音箱倾向于听众席或舞池一边。在台口较高的场合，可在舞台两侧加辅助音柱使声像下移，视听一致，得到自然的扩音。

音箱的集中式布置，可以只用少量的音箱，从经济上看是有利的。但是本方式存在容易引起啸叫的缺点，为此应该限定传声器的安置地点，考虑到音箱的指向性和摆位，并控制好，不应使扩音的音量过大。

2. 半集中式布置

音箱的半集中式布置也常用于上述场合，主要发声的音箱也是集中安放，只不过再使用一对或数对音箱作为辅助音箱，来弥补由于厅堂过大、过长或异形，而使主音箱不能照顾到的区域，通常称为“后场补声”。补声用的音箱应专门用单独的功放来推动；如有必要，还应在其系统中加入延时。但要注意，在不采用延时器的情况下，前后相邻两组音箱之间的距离最好在 12m 左右，最大不超过 15m，以确保后座观众听不出两个重复声音；靠近台前的一组音箱可以小一些，其供声范围也应小些。

3. 分散式布置

音箱的分散式布置方式多用于语言重放，在厅堂、广场或操场等场合多点安放，并在有关线路中使用延时设备以保证清晰度。某些要求较高的场合，甚至专门安装一套用作语言扩音的音响系统，采用分散式的方式将若干音箱安装在天花板上、墙上或座椅后背，而文艺演出时又启用专用的扩音系统，通常用于层高较低、或者混响时间过长的大厅，或容易出现异常反射声的厅堂，本方式可以提高直达声的比率。

本方式虽然音源的方向感易被破坏，但全部听众则可得到均匀的声压分布。由于音箱分开后，当两个声音到达的时间差在 50ms(距离差在 17m)以上时，将产生回声，清晰度会变坏，因此应使每个音箱的指向性尖锐些，并限制它的分布范围，房间的天花板越低，这种方式越有利。因为各个音箱的音量没有必要太大，所以这种方式不易产生啸叫。

10.5 声反馈的抑制

声反馈是扩音系统中经常遇到又是影响最大的问题。如前所述，声反馈会造成扩音系统的频率响应畸变、干扰加剧，使声音模糊、发闷、可懂度下降，还容易产生啸叫，使扩音设备过载甚至损坏。为了抑制声反馈，首先应该在建筑声学方面精心设计，扬长避短。若建声条件已不能再作调整，则可从扩音系统的关键环节入手解决声反馈问题。常用的方法有以下几种。

(1) 尽量选用具有平坦频率响应特性的扬声器系统和传声器，特别是歌手使用的传声器，应选用强指向性的专用近讲型产品。经验表明，心型指向性传声器和无指向性传声器相比，可以使扩音系统的稳定度大约提高 4dB。另外，在室内扩音系统中，增加传声器的数目会增大声反馈。若在混响声场中增加一只传声器，则放大器反馈输入信号增加 3dB。为了保证扩音系统工作稳定，它的总增益应降低 3dB。同理，当使用 4 只传声器时，扩音系统的总增益应降低 6dB。因此，传声器的数目和选型是抑制声反馈非常重要的一个环节。

(2) 从拾音技术和技巧方面入手消除声反馈。尽量拉开传声器和扬声器的距离，使传声器远离扬声器系统的覆盖角。一方面手持话筒的歌手应注意定位，一些容易引起声反馈的危险点不要去；另一方面对于舞台上用于乐器拾音的传声器应予以注意，特别是爵士鼓用的传声器较多，应对传声器的摆位多加试验，找出最佳位置。最好用透明材料制作鼓房，使爵士鼓拾音用的传声器与扬声器系统在空气中有明显的隔离。这样做的另一个好处就是爵士鼓的清晰度可大大提高。

(3) 在扩音系统中插入频移器。频移器低频信号受到频率调制，其对音质的影响已达到难以容忍的程度，因此只能用于语言扩音系统，一般不能用于音乐扩音系统。国外有人采用调相器来抑制声反馈，调相器可以用于音乐扩音系统中。

(4) 使用图示均衡器。图示均衡器由一组以频程为单位的增益可调的窄带滤波器构成，可以用来调节扩音系统的频率响应中某一或若干频率点的增益大小，使整个传输频率特性得到改善，防止声反馈的发生。图示均衡器最好用专用测试仪器来调定，如 RANEKA27 型实时频谱分析仪配备粉红噪声源和标准测试传声器。使用时将粉红噪声送入调音台，然后用接有标准测试传声器的分析仪直接检测整个放声系统的频率特性曲线，这种方法相当直观、准确。图示均衡器一经调定就不要随便再调动。图示均衡器应优先选用 1/3 倍频程的品种。

(5) 使用专用的反馈抑制器。例如，美国 Sabine 的 FBX-900 型反馈抑制器，可以自动跟踪反馈点频率、记忆 9 个频率点、自动调节 Q 值带宽，并可自动检索启动将声反馈消除而又最大限度地保护了音质。

10.6 DSP 数字声场处理

DSP 即数字声场处理(Digital Sound-field Processing)技术，是 YAMAHA 公司的专利技术，它是 AV 功放中又一种声场处理方式。DSP 的实质是在前方加上第 2 个 DSP 声场，改善了靠近银幕的声音，增加了真实感，使人体验到前所未有的最真实的电影感受。同时，它还可将真实的音乐厅、剧场、教堂、体育馆等场所的音质特性再现，创造出自然生动的声场效果。

DSP 的成功，不只是影像加上优质音响，更是它将两者配合得天衣无缝。DSP 再生的直达声、早期反射声和后期混响声共同带给听众非常清晰的主观尺寸和房间的形状。

DSP 调节有关参数营造所需的声场。例如，调节早期反射声的时间，模拟发声房间的大小；调节初始延时时间，可改变音源到达聆听者的外观距离，从而改变了听音环境音源的定位；调节早期反射声的衰减率，从而改变房间的活度；调节混响时间可改变听音环境的尺寸；调节混响延时，比如增大，则迟到的混响声音使听者感到听音环境变大了。

YAMAHA 公司的 DSP 为什么会再现真实音乐厅、大教堂之类听音场所的声场呢？原来，YAMAHA 公司研究小组曾携带测量仪器到欧美各国著名的音乐厅、大教堂、歌剧院、体育馆等现场用“单点四传声器”方法直测直达声、反射声、混响声等数据，用计算机进行分析，得到数字声场处理程序，再将这些程序固化在 DSP 处理器里。重放时，按用户选定的 DSP 模式调出相应场所 DSP 软件对数字音频进行处理，再还原成模拟信号由 5 只～7 只音箱把声场重现出来，使听音者有如同在所选听音现场听音的感觉。

数字声场处理技术的发展非常迅速，目前已较为成熟。主要的技术及发展过程为：Dolby Surround→Dolby Pro-Logic→THX→Dolby AC-3→DTS。其中 AC-3 和 DTS 已经在 DVD 等音视媒体中普遍应用。

10.7　家庭影院系统的布置

在家庭影院的系统中。环境对器材和听觉影响很大，它的音箱多又加上一个视频系统，因而它们之间的关系也就更为复杂。必须处理好以下几方面的工作。

1. 环境的隔声、吸声与声扩散

家庭影院的隔声、吸声、声扩散的原理及改善措施，基本上与前面讨论一致。所不同的是由于家庭影院至少有 5 只音箱(甚至 8 只音箱)，这就更增加了声场的复杂性。由于影院音响比普通音乐更具震撼力，所以对隔声就提出了更高的要求。

2. 家庭影院的音箱摆位

音箱摆位问题，看似简单其实相当困难。由于各房间尺寸不同，放置家具形状、数量各异，所选音响器材特性不一，加之个人的爱好、听觉心理的区别等诸多因素，很难找出一个最佳方案。这里只提几点供参考。

1) 前方主音箱摆位

前方主音箱即双声道立体声中的一对左右音箱，其摆位问题在有关章节已有讨论，这些讨论基本上对家庭影院也适用。所不同的是家庭影院中又多了几只音箱，可能对其摆位有些影响。

2) 中置音箱摆位

中置音箱应尽量靠近电视机，以达到声、像和谐的目的。通常将中置音箱放在电视机上面，若方便的话也可放在电视机下面，但不能放在电视机的旁边。为了减少电视机对中置音箱发出的声波反射，要尽量把中置音箱放得比电视机靠前一些。另外，还需使中置、左右主音箱三者到听者的距离相等。

3) 环绕音箱的摆位

环绕音箱原则上摆在听者后侧方，可以在侧墙上，也可以在后墙两侧处，高度应在 1.8m 以上，但又不宜过高。环绕声的效果应使我们既能感觉到它的存在，又不宜感到它的准确位置，如同在音乐厅听音乐一样，我们能感到直达声来自舞台，但环绕声却没法判明方向，这就是所谓真正的空间感。环绕音箱的最佳摆位还要靠多次试验鉴别。

当有 4 只环绕音箱时(通常所说的用七声道放大器时)，其中两只前方环绕音箱可挂在电视机后面的端墙靠两侧处，这样可增加舞台声场深度；也可挂在两侧墙靠前处，以增加声场的宽度。到底放置在什么地方好，则因人因地因设备而异。

4) 超低音音箱摆位

通常认为超低音音箱摆位比较自由，因为低音特别是超低音无明显的方向性。事实并非如此。超低音选址虽无严格要求，但不宜把超低音箱放在听音人的背后。

当有两只超低音音箱时，通常是将它们放置在聆听者左右对称的位置上，并以此为基础反复试验找出各音箱的最佳位置。

思考与练习

填空题

1. 吸声材料(结构)按其吸声机理来分，有__________和___________。

2. 室内噪声控制的常用措施有________、_________、________ 和________等。

3. 扩音系统的音箱布置方式有_____________、____________和____________。

选择题

4. 下列材料的吸声系数由小到大排列的是： （ ）

A. 丝绒布、大理石面、厚棉毡、胶合板面

B. 大理石面、胶合板面、丝绒布、厚棉毡

C. 胶合板面、厚棉毡、丝绒布、大理石面

D. 丝绒布、厚棉毡、大理石面、胶合板面

5. 房间声学和形状特性都不好时，我们常常采用________，来解决扩声声场不均匀的问题。 （ ）

A. 集中式布置音箱

B. 半集中式布置音箱

C. 分散式布置音箱

D. 以上三种都可以

简答题

6. 减少室内噪声的基本方法有哪些？

7. 厅堂音质的客观指标有哪些？

应用篇

第11章 音质主观评价

本章要点

- 进行音质主观评价的重要性。
- 进行音质主观评价的可行性。
- 音质评价术语。
- 音质评价的基本方法。

对声音质量进行评价，包括客观评价与主观评价两种方法。客观评价就是利用有关的仪器来测量已经认定的各种技术参数。主观评价就是通过人耳的听音感觉，对声音质量作出评价。由于音响技术的最终目的是要得到听感良好的声音，最终的服务对象是人耳；目前客观评价技术测量方法还不够完善，而且其测量的方法也十分复杂；主观音质评价能很好地反映客观指标，对音质作出明确的评价。因此在一定意义上讲，音质主观评价比客观评价更为重要。

11.1 引言

声音质量评价包括客观技术测量(客观评价)与主观听音评价。客观技术测量就是利用有关的仪器来测量已经规定的相关技术参数；音质的主观评价，就是通过人耳的听音感觉，对声音质量作出评价。

实际工作中，为了在电声器件、设备器材的设计与制造、音响工程及节目制作中有一套便于定量和检测的标准，我们引入了许多技术指标。这些技术指标在一定程度上反映了音质的优劣。既然如此，我们为何还要进行主观评价呢？这主要有以下几个方面的原因。

首先，音响技术的最终目的是要得到听感良好的声音，因此最终的评判标准是人耳的听感。然而由于实际声音信号的复杂性以及人耳听觉特性的复杂性，至今许多客观测试的结果与主观音质评价仍存在一些不符合之处，所以要进行主观听音评价。

其次，目前的技术测量方法还不够完善，而且测量的方法也十分复杂。客观评价必须有相应的测量设备，否则无法完成，而且在许多场合进行这样的测量显得很不方便。而主观评价无需任何仪器设备，只需要一对训练有素的耳朵即可。

再则，人耳的听音感受与客观的技术指标在一定范围有着良好的相关性。例如某声音听起来发劈，则意味着声音有严重削波失真，其失真度可能已大于 10%；再如声音发闷，是频率响应曲线的高频段严重不足，声音缺乏层次和明亮度。这说明主观音质评价可以综合一组隐含的客观技术指标，对声音的音质作出明确的评价。

综上所述，对声音进行音质评价时，仅仅依靠客观测量的技术指标来衡量音质的优劣是远远不够的。必须采取主观评价与客观评价相结合的方法，而且在某种意义上来说，主观评价显得更为重要，因为声音最终是给人听的，因此，主观评价是对音质的最终评价。然而，影响人耳听到的声音优劣因素很多，不仅有节目的质量，还包括声音传输系统的指标，以及人的生理——心理特性。人们对声音的感受是一个复杂的生理——心理过程，受民族、地区、时代、文化程度等诸多因素影响。所以，我们必须从多角度来思考问题，对主观评价引起足够的重视。

声音质量评价包括三个方面的内容。其一是对电声设备在传输和处理声音信号的过程中质量变化进行评价；其二是对声音节目(如碟片、音带、广播剧及电视节目)的声音质量的评价；其三是对声音工作环境的音质效果的评价。在进行音质评价时，主要从以下几方面来讨论。

(1) 确定统一的主观评价用语(即音质评价术语)。

(2) 构建合适的声场环境。

(3) 采用高指标的放声系统及设备。

(4) 运用科学的统计方法，组织专业的人员队伍。

(5) 选择典型的节目源。

有关声音质量的评价，在国外早已引起重视。如前民主德国电台曾在 1965 年成立了专门的评价小组，对所录制的音乐节目及其他节目成品采用抽样调查给予评价；国际广播电视组织(OIRT)对主观评价专家小组规定了相关项目进行评价；日本音响专家北村采用图解法力求使音质主观评价方便明了；20 世纪 80 年代后期，由广播电影电视部科学技术委员会、电声专业委员会组织有关部门起草的主观音质评价用语，经过讨论修改后最终成为国家标准。

下面就如何进行音质主观评价进行一些讨论。

11.2 音质、频段与听觉

音质即声音的质量。具体地描述声音，则包括音响、音调、音色及音型等方面的内容。

音响中的高保真就是高保真度的简称，高保真度的英语原词是 High-Fidelity，简称 Hi-Fi。高保真度指音频或电声系统和设备如实反映声音信号的音色、音调、音强、音型等音质状况原来面貌的能力，也包括对声音信号进行必要的修饰、加工的能力。总之，它是使声音逼真并美化。要评价一个电声系统是否达到高保真度，可以拿它重放的声音与现场的声音进行比较。

人耳的可听声范围为 20Hz～20000Hz。不同频率的声波，给人的听觉感受是不一样的。为了描述的方便，我们常把可闻声分为基本的四段，频域界定和音质描述如下。

低频段(低于 150Hz)，它是声音的基础(厚度)；中低音(150Hz～500Hz)，它是声音的力度(响度)；中高音(500Hz～5000Hz)，它是声音的亮度；高音(高于 5000Hz)，它是声音的色彩(层次)。

有时又细分为 7 段，其频域界定和音质描述如下。

(1) 超低音(低于 50Hz)：它能使人产生沉重、压抑或强有力的感觉。打开这个音域的信号能使提琴、低音鼓、管风琴的声音以低沉和有稳重感的声音重现，如果过多地强调，反而会使音乐变得混浊不清。

(2) 低音(50Hz～150Hz)：它能控制吉他、鼓等的低音。

(3) 中低音(150Hz～500Hz)：它包含节奏声部的基础音，给人以圆润、有力的感觉。对这一频段进行调整会改变音乐的平衡，使音域丰满或单薄。此频段提升太多，会使乐声发出“隆隆”声。

(4) 中音(500Hz～2000Hz)：它包含大多数乐器的低次谐波，给人明亮、清晰的感觉。在男中音等人声的乐曲中，衰减 1kHz 左右的中音，会使歌手的歌声有来自远方或退到后方的感觉，从而大大影响了临场效果。如果提升太多，则会导致音乐像电话那样的音质。提升 500Hz～1000Hz 这一频段的电平，会使乐器的声音变成喇叭似的声音；而提升 1kHz～2kHz 这一频段时，则会使音乐发出像铁皮那样的声音。这段频率输出过量时，会导致人的听觉疲劳。

(5) 中高音(2000Hz～4000Hz)：这个频段是人耳听觉最敏感的区域，中高音给人的印象是刺激性强，有金属性或生硬的感觉，对声源亮度的影响很大，适当提升有利于提高清晰度和层次感。如果调整适当，可获得快而明亮的声音。这一频段提升太多，特别是 3kHz 处，会引起听觉疲劳。

(6) 高音(4000Hz～8000Hz)：此频段的声音被认为是音质产生生硬或柔和感觉的敏感区。提升时将会强调弦乐(小提琴等)或管乐器(长笛、短笛等)，可获得鲜明、多彩的声音，衰减时声音则会显得单调、平淡，但会产生一种稳健的感觉。提升过多，会使人感到声音脆而细，并易使音质发毛、齿音夸张、毛燥背景噪声增加。

(7) 超高音(高于 8000Hz)：减小该频段的声音将影响到声音的扩展或细腻的感觉；增大时，超高音能扩展细腻的感觉。

进一步细分声音又可为 9 段，其频域界定和音质描述如图 11-1 所示。

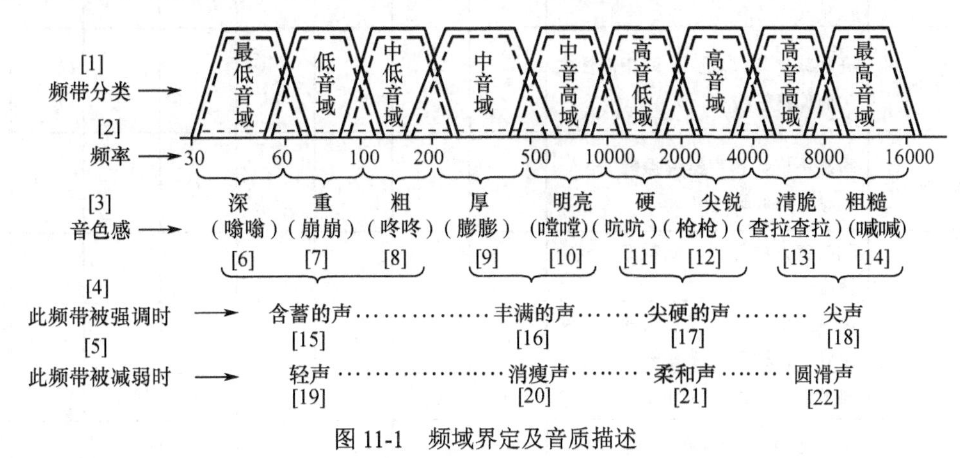

图 11-1　频域界定及音质描述

一个好的高保真度系统应该能够无畸变地、如实地重放以上整个频段的声音。

11.3　听音评价术语

人的听觉器官加上大脑，能迅速地按不同比重综合声音信息的各个指标，作出音质判断。但听音评价的最大问题是不能排除评价人的主观因素(如习惯、爱好、听音经历和文化修养等)，结果造成评价意见的分散性大，一致性差。因此，有时评价结果说明不了问题，使电声设备的设计者、放音场所建造者及音频节目制作者无所适从。为了解决这个问题，需从以下方面做出努力：研究改进听音评价的方法，使它标准化，规定听音评价的标准环境；确定评价术语的技术含义，统一术语，使在评价中有共同语言、统一的标准。例如，声音发闷表示缺乏高频、中高频，声音发破表示两种非线性畸变很大，已到百分之几至百分之十几的数量级等；训练评价队伍，改进评价结果的表达方式。

要把许多个评价术语的评价结果用文字或图表综合表达出来，是一件十分困难的事，国内外直到目前都还未找到理想的方法。但必须肯定的是，应该经常记住把主客观评价结果紧密结合起来加以分析，只有这样才能使高保真的具体内容向更高级的阶段发展。

20 世纪 80 年代初期，国内有关专家归纳总结出一套具有代表性的音质主观评价术语，如表 11-1 所列。

表 11-1　音质主观评价术语

听音评价术语	技术含义分析	有关的技术指标							
		频率特性	谐波畸变	互调畸变	指向性	瞬态特性	混响	响度	瞬态互调畸变
1. 声音发破(劈)	严重谐波及互调畸变，有“噗”声，已切削平顶，畸变大于 10%		*	*					
2. 声音发硬	有谐波及互调畸变，被仪器明显地测出，畸变 3%～5%		*	*					
3. 声音发炸	高频或中高频过多，存在两种畸变	*	*	*					
4. 声音发沙	中高频畸变，有瞬态互调畸变		*	*					*
5. 声音毛燥	有畸变，中高频略多，有瞬态互调畸变		*	*					*
6. 声音发闷	高频或中高频过少，或指向性太尖而偏离轴线	*			*				
7. 声音发浑	瞬态不好，扬声器谐振峰突出，低频或中低频过多	*	*			*			
8. 声音宽厚	频带宽，中低频、低频好，混响适度	*					*		
9. 声音纤细	高频及中高频适度且畸变小，瞬态好，无瞬态互调畸变	*	*	*		*			*
10. 有层次	瞬态好，频率特性平坦，混响适度	*				*	*		
11. 声音扎实	中低频好，混响适度，响度足够	*				*	*		
12. 声音发散	中频欠缺，中频瞬态不好，混响过多	*				*	*		
13. 声音狭窄	频率特性狭窄(如只有 150kHz～4kHz)	*							
14. 金属声(铅皮声)	中高频个别点突出高，畸变严重	*	*	*					
15. 声音圆润	频率特性及畸变指标均好，混响适度，瞬态好	*	*	*			*		

(续)

听音评价术语	技术含义分析	有关的技术指标							
		频率特性	谐波畸变	互调畸变	指向性	瞬态特性	混响	响度	瞬态互调畸变
16. 有水分	中高频及高频好，混响足够	*					*		
17. 声音明亮	中高频及高频足够，响应平坦，混响适度	*					*		
18. 声音尖刺	高频及中高频过多	*							
19. 高音虚(飘)	缺乏中频，中高频及高频指向性太尖锐	*			*				
20. 声音发暗	缺乏高频及中高频	*							
21. 声音发干	缺乏混响，缺乏中高频	*							
22. 声音发直(木)	有畸变，中低频有突出点，混响少，瞬态差	*	*	*		*	*		
23. 平衡或谐和	频率特性好，畸变小	*	*	*					
24. 轰鸣	扬声器谐振峰严重突出，畸变及瞬态均不好	*	*	*		*			
25. 清晰度好	中高频及高频好，畸变小，瞬态好，混响适度	*	*	*		*	*		
26. 透明感	高频及中高频适度，畸变小，瞬态好	*	*	*		*			
27. 有立体感(指单声道)	频响平坦，混响适度，畸变小，瞬态好	*	*	*		*	*		
28. 现场感或临场感	频响好，特别中高频好，畸变小，瞬态好	*	*	*		*			
29. 丰满	频带宽，中低频好，混响适度	*					*		
30. 柔和(松)	低频及中低频适量，畸变很小	*	*	*					
31. 有气魄(势)力度好	响度足，混响好，低频及中低频好	*				*	*	*	

表中有不少术语，含义重复，但又各具特点。例如，“清晰度好”和“有层次”均表达了混响适度、瞬态特性好这样的概念，但前者更含有畸变小，中高频及高频好这样的意思，后者则反映了整个频率特性较平坦。

有些术语含义是相同的，但各有习惯的叫法。如过去一段时间北京惯用的“金属声”，在上海称为“铅皮声”。又如高音飘或说为高音虚等。

表中各个指标的重要性是不同的，其中以频率特性最为重要，其次为谐波畸变，再次将按瞬态特性、互调畸变、混响特性、响度与指向性等顺序排列。

混响一项本来与被评价设备或元件无关，主要取决于评价素材原来录制时的混响条件以及评价房间本身的混响特性。但是这项指标与主观评价关系较大，实际上在评价时无法分割开来，因而亦列入表中。

一般对某一放声系统进行听音评价时，大多要求评价者在听音后进行座谈，或填写简单明了的统计表格，如表 11-2 或表 11-3 所列。显然，若能对表中术语进一步进行归纳，则对听音评价是有利的；但这也是很困难的，因为这样会失去某些含义。所以，应首先正确理解术语的含义，评价结束后，要进行整理和综合分析。也有人尝试用更为一目了然的方式来表达听音评价，但迄今未能获得理想的结果。

表 11-2　评价结果统计表(一)

<table>
<tr><th colspan="2">评价项目</th><th>评语单项总分</th><th>评语单项
平均分 P_{m}</th><th>标准偏差 S</th><th>总项平均</th><th>计权百分率</th><th>计权分数</th></tr>
<tr><td rowspan="7">音质评语总项</td><td>清晰</td><td></td><td></td><td></td><td></td><td rowspan="7">50%</td><td></td></tr>
<tr><td>平衡</td><td></td><td></td><td></td><td></td><td></td></tr>
<tr><td>丰满</td><td></td><td></td><td></td><td></td><td></td></tr>
<tr><td>圆滑</td><td></td><td></td><td></td><td></td><td></td></tr>
<tr><td>明亮</td><td></td><td></td><td></td><td></td><td></td></tr>
<tr><td>柔和</td><td></td><td></td><td></td><td></td><td></td></tr>
<tr><td>真实</td><td></td><td></td><td></td><td></td><td></td></tr>
<tr><td colspan="2">立体声效果</td><td></td><td></td><td></td><td></td><td>20%</td><td></td></tr>
<tr><td colspan="2">总体音质</td><td></td><td></td><td></td><td></td><td>30%</td><td></td></tr>
<tr><td colspan="2">计权总分</td><td></td><td>应扣分数</td><td></td><td>实得分数</td><td></td><td></td></tr>
</table>

表 11-3　评价结果统计表(二)

评价项目	评语单项总分	评语单项平均分	标准偏差/S	总平均分
清晰				
丰满				
圆润				
明亮				
真实				
平衡				
应扣分数			实得分数	

日本专家北村首先找出了能够全面说明音质状况的若干对反义评价术语。把一对反义评价术语作为一根直线评价尺度的两端，在其间再划成 7 级；然后把这些评价尺度作为一个圆心的放射线，把表示优质的评价等级放在靠外边，把表示劣质的评价等级放在靠圆心，如图 11-2 所示。评价时，在每一评价尺度上定出等级，把这些等级点连成一个多边形。很明显，多边形的面积愈大，则综合音质愈好。因此，图中实线多边形所示的音质要远比虚线多边形所示的音质要好。

20 世纪 80 年代后期，由广播电影电视部科学技术委员会、电声专业委员会组织有关部门，制定了音质评价术语的国家标准。它先后经过电声专业委员会两次讨论，最后采用以下评价用语。

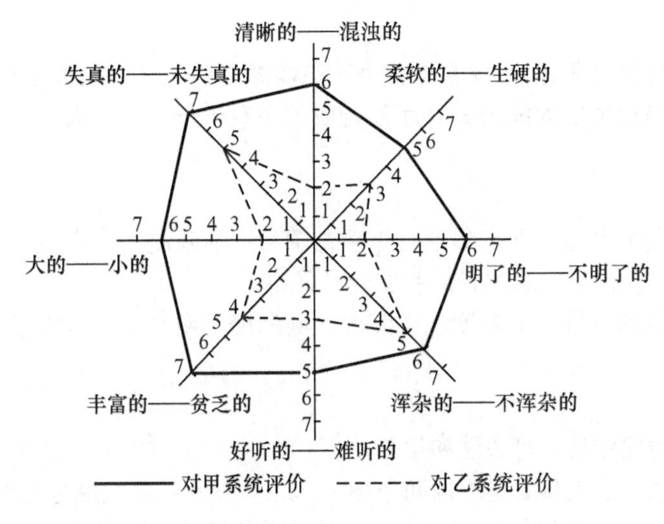

图 11-2　北村音质评价综合表达方式示意图

(1) 清晰：指语言可懂度高，乐队层次分明。层次分明不仅指声像的轮廓，还包括旋律、和声、复调等。

清晰的反面是模糊、浑浊。明亮、平衡状况和瞬态特征不好，低音和混响声过量等常带来模糊、浑浊的感觉。

(2) 平衡：指节目各声部比例协调，高、中、低音搭配得当。反之则是不平衡。

(3) 丰满：指声音融汇、响度合宜，听感温暖厚实、有弹性。丰满的反面是单薄、干瘪。

(4) 圆润：指优美动听，有光泽而不尖噪，乐音形象自然，高音润泽、剔透，中音结构匀称。主要用于评价人声和其他乐器声。圆润的反面是粗糙。

(5) 柔和：指声音舒展，不尖利，有舒服悦耳之感。柔和的反面是尖、硬。

(6) 明亮：指高、中音充分，听起来明朗、活跃。明亮的反面是灰暗。

(7) 真实：指保持原有声音特点。真实的反面是失真。

(8) 立体效果：指声像群构图合理，有景深层次；分布连续，方位基本明确，宽度感、纵深感适度；厅堂室间感真实、活跃、得体，给人以立体的主观感受。

(9) 总体音质效果：指节目处置是否恰如其分，音质变化是否流畅自如，气势、色调、动态范围等是否与作品相符，是否形成协调、统一的整体，是否统筹兼顾地运用艺术、声学、技术手段求得亲切、舒适、完整、统一的效果。

为了确保标准样件的技术质量以及达到一定的水平，1987 年由电子部电视电声研究所(简称电子部三所)向国家标准局提出，由国家技术监督局组织专家组编审《电声产品声音质量主观评价用节目源编辑制作规范》标准文本并制作出节目带，并在 1996 年首次出版了《电声产品声音质量主观评价用节目源》国家标样 CD 版。

11.4　音质评价的基本方法

1. 组成专业的评定小组

进行主观评价要组成评定小组，评定小组成员的确定既要注意性别的比例(必须有女性评价人员参加)，又要考虑年龄的层次(通常年轻人听力优于年老者)。他们应包含录音工作者、调音技术人员、乐队指挥及演员等人员在内，应具有一定音乐素养和音乐理解力、高保真及临场听音的经验。

此外，评定人员的双耳对 1kHz 单频信号，应能感知约 3dB 声压级差和 1%的音调变化，并且具有准确判断声像位置的能力。对厅堂音质的主观评价，评定人员的审听位置应分布在厅堂的各个区域。

2. 评价项目

对于音乐或戏曲节目通常选定如下几个评定项目：清晰度、平衡度、丰满度、圆润度、明亮度、真实度、柔和度以及总体音质和立体声效果。

语音节目的评定项目有：清晰度、丰满度、圆润度、明亮度、真实度、平衡度以及立体声效果。

3. 评分方法

评分方法有成对比较法、等级法和记分法。

成对比较法要求评定人员对呈现的两个信号作相对判断。此法原是心理学上常用的方法。其优点是判断准确，重复性好，但对声音节目质量进行评价，因为各个节目不同，无法相互比较或与参考节目进行比较，故无法采用成对比较法。

计分法要求直接数字评判，由于它利用细节记忆的评判过程很复杂，故更为困难。

等级法要求用评价术语进行评判。它建立在听音人对术语和定级标准的理解和统计的基础上，但事实上对术语和标准的理解因人而异，即使同一人，对音质印象的记忆也很难持久。但此法可在短时间内获得大量数据。因此，一般采用等级法。

采用等级法进行评价，通常设 5 个等级。

(1) 5 分(优)质量极好，十分满意。

(2) 4 分(良)质量好，比较满意。

(3) 3 分(中)质量一般，尚可接受。

(4) 2 分(差)质量差，勉强能听。

(5) 1 分(劣)质量低劣，无法忍受。

4. 数据处理方法

按表 11-2 及表 11-3 内容填写评价结果统计表。统计计算后，得出综合性评价结论。

OIRT 国际广播电视组织主观评价方法

广播电视节目录制质量主观评价是对节目本身或者说对节目源进行质量的主观评价。

评价小组由录音导演、录音工作人员、音乐编辑及音乐工作者等人员组成。在标准监听室采用技术指标优良的放声设备播放录制的节目，对评价的节目聆听后，填写表 11-4 中的各项内容。

表 11-4　评价结果统计表(三)

评价项目	不好/坏	不佳/有欠缺	及格/尚可	好	优秀/很好	评语
空间感						
立体感						
清晰度						
音乐平衡						

(续)

评价项目	不好/坏	不佳/有欠缺	及格/尚可	好	优秀/很好	评语
音色						
干扰噪声						
录音技术						
艺术质量						
总体印象						
	太小	略小	最佳	略大	太大	
响度						

由于流行音乐一般采用电子乐器演奏，加上表演者的即兴发挥，与采用传统乐器演奏、并已形成规律的严肃音乐相比，无论在音色或风格上都有较大的差别。故而要用造型来评价流行音乐。

所谓造型原意为戏剧、电影等表演艺术为塑造角色外部形象采用的艺术手段。它有以下几个方面。

1) 音乐造型

音乐可解释为“通过有组织的乐音所形成的艺术形象表达人们的思想感情、反映社会现实生活”。基本表现手段为旋律和节奏。因此音乐造型是评价所演奏的曲子在旋律和节奏上是否表达了一定的艺术形象。

2) 空间造型

人工制作出来声音的空间感是否符合演奏乐曲的要求。

3) 立体造型

认为安排的声音是否合理，生动、宽度感、深度感、层次感是否明显。

4) 技术体现

指技术手段的运用是否达到预想效果。

5) 音响效果

这里所说的音响效果指演奏出来的曲子是否受人喜欢，包括声音响度及音色。

11.5 音质评价的试听环境

音质评价的试听环境，主要是指节目源、音响器材及听音场所等。

(1) 节目源是电声、音频系统进行听音评价的重要部分，它的音质优劣，在很大程度上决定了评价的“可靠性”，它就好似测量工具的精度。应力求是高保真度的，具有代表性的典型节目，否则就无法鉴别系统中其他部分的优劣。

(2) 评价用电声设备和器材应从专业磁带录音机、CD 唱机、DAT、DVD(VCD)、 MD、配置高级声卡(或音频接口)的多媒体计算机等方面来寻找较为合适的音源，选择高保真放大器、监听扬声器系统、高档耳机等。这些设备的技术指标应尽可能的高。

(3) 一个优质放音系统除对系统中各设备的技术指标有严格的要求外，对于设备间的连接需给予充分重视，以保证设备性能得到充分发挥。

(4) 听音场所是常常被人们忽视的内容。其实它对听音的影响是非常巨大的。应该从以下几方面来考虑。

容积——立体声用为 120m^3～150m^3，单声道用为 90m^3～120m^3。

尺寸比例——最佳比例是 1.0:1.4:1.9，可用 2 的 1/3 次方的整数方尺寸(如 1:1.26:1.59 等)，若选用其他比例，应进行室内简正振动频率计算，要避免孤立的、成群的简正振动发生。

混响时间——听音人员在场时的混响时间，可在 0.25s～0.4s 间选取。在 125Hz～4kHz 频率范围内可选取平直特性，或低频稍长，高频略短的频率特性。推荐在 125Hz～160Hz 间取(0.35±0.05)s，200Hz～4kHz 间取(0.3±0.05)s，实测值与选取值间允许误差可在±0.05s。

噪声级——在灯光、空调和音频设备都开启，有人时不超过 NR30(35dBA)，无人时最好不超过 NR20(25dBA)。并且不得有低频嗡声、高频咝声或颤动回声等缺陷。

听音人员位置——排列在听音室中部，最佳为 7 人，最多 10 人。座位高度逐排上升 12cm，离墙应大于 1m。听音人员与所用扬声器系统的相对位置如下：

在单声道情况下，扬声器系统放在听音人员正前方，其声轴指向最佳听音位置上方 1.25m 高度，声中心与任何位置的连线与地面水平线的俯角应在 5°～20°间。听音近距离可取 1.5m～1.7m，最佳距离为(3±0.5)m。

在立体声情况下，俯角与听音距离与单声道时的要求相同，左右两个扬声器系统对称地分置在室内中线两侧，其间基线宽度应为 3m～4.5m(视房间尺寸而定)，与听音人员位置所形成的水平张角应在 60°～90°间，最佳角为 60°～70°。

扬声器系统的声轴离地面高度应不低于最后排的人耳高度，且指向听音区中部，扬声器系统放在离后墙至少 0.7m，离侧墙至少 1m 处，或按厂家规定放置，以保证低频放声幅频特性。

听音室内，除供听音用的扬声器箱和听音人员座椅外，不宜放置其他设备。

11.6 主客观音质评价的矛盾及统一

实际工作中，主观评价与客观评价的结果出现矛盾是常有的事。这种现象往往由多种复杂因素造成。为了做到放声系统的高保真度化，应不断改进两种评价的方式方法，进行综合分析，将两种评价结果逐步统一起来。为了逐步消除主客观评价的矛盾，除在测试时，需全面掌握以上各项指标，做到既有重点(频率特性和两种畸变)，又不忽视其他各项指标带来的影响外，还应注意减少以下几方面的误差。

1. 音源选择带来的误差

音源包括节目片带和播放器材两大部分。

(1) 原录节目监听机组质量不好。例如，原来录声监听机组高频段只能到 10kHz，而现在放声展宽到 20kHz，此时听原来的录声会感到高频、中高频略过多。这是因为原来录声时受监听机组频带限制，会感到高频声不足，因而有意识地多录入了一些高频。

(2) 节目原录或复制有畸变，或者拾音处理不当。

(3) 所选素材不好，如原录声中缺乏高音或低音。

(4) 放音机功放质量不好，常出现的问题是功率储备不足。

所以，把一个声源的信号轮流送到几套待比较的放声系统，以比较谐波畸变、互调畸变、瞬态响应等指标是可以的，但对于比较频率特性，有时会带来误差甚至可能得到相反的结论，即把好的评定为不好，要引起足够的重视。

采用将放声情况与录音现场作比较的方法时，可以先请评定者在录音室内听几遍演奏，熟悉乐队及拾音布置，然后，再到录音室外来评定重放乐队现场声音的几个系统，这种办法误差较小。

对素材则要求音域、频带宽广，有交响乐、独唱、合唱、对白，有民族乐器及地方戏曲等，节目代表性要广泛一些。节目可以是片段，也可以是一首完整的曲目，但无论怎样，都必须具备针对性或典型性。

1996 年首次出版《电声产品声音质量主观评价用节目源》国家标样 CD 版。针对性强，选定的节目片段时间约在 40s，并保证乐句完整。各节目段之间的响度要平衡。为方便使用，编辑成套评价节目和节选节目两种版本。

全套评价节目段的目录

语言如下。

① 女声说明：整张碟片的内容介绍。

② 男声朗诵："美谈不美"。放假后，我回老家看爸爸，碰到何乐大办喜事，画典中贴了几个"朱陈好合"的字样，引人注目。这源出一个典故：唐朝抑或更早些，徐州丰县的朱陈村那里，只有两个姓，他们世代通婚，白居易用一诗盛赞以极，说这是仁、德、义、寿的所在。

③ 女声朗诵：北宋文坛魁首苏东坡也到其地，写了"我是朱陈旧使君"的诗，权当美谈流传了近千年，其恶果对广大农村影响特别深重。要按当今的观念，应该说是美谈不美，道理再明晰不过了，可前贤却不懂聚族而居的要旨是封建宗法制度。

这段是根据汉语普通话各音素出现的概率专门编辑的，分别由知名播音员雅坤和方明朗诵。

声乐如下。

④ 男女声二重唱《茶花女》。歌声柔和、细致。男女既特色分明又平衡、谐调。同时表演环境体现真实、开阔。

⑤ 童声合唱选自《留在老师身边》。童声合唱特点鲜明，艺术平衡，整体感和环境感好。吐字清楚，声音清晰、嘹亮、爽利。

⑥ 川剧选自《武家坡》。厅堂演出特色，剧种特点很强烈，男女声、打击乐均声音清脆、挺拔，空间感充分。

器乐如下。

⑦ 钢琴独奏选自贝多芬的《月光》奏鸣曲。本段大约包括 5 个八度，富于室内乐特色。旋律流畅，琴声透亮，钢琴演奏起伏较大，技艺特点体现得好，声音结实而富有弹性，和谐而又有"颗粒清晰"。

⑧ 管弦乐选自德沃夏克的第九交响曲。声旋律艺术动态较宽，各声部的特点显示合度，较全面地反映了交响乐队的良好声音状况。低音松弛、柔畅；木管圆润舒展；小提琴清脆、纯净、细腻；定音鼓挺拔有力；和弦铿锵、饱满。

⑨ 选自穆索尔斯基作曲、拉威尔配器的《图画展览会》。本段由大型交响乐队演奏。演出厅堂感强烈，声音旋律气势磅礴起伏大。各声部发挥得淋漓而又自然，尤其是定音鼓扎实有力，大军鼓声浓厚，听觉及触觉都可以感受到惊天动地之势。

⑩ 弦乐四重奏选自德沃夏克的弦乐四重奏。此段为较为典型的大厅堂室内乐。演出特色是空间感充分，声间旋律舒展，各声部演技特征真实，生动，艺术平衡，良好地显现出独奏风姿。

⑪ 木管四重奏选自让·弗朗赛的木管四重奏。这是一段典型的室内乐作品，4 个声部均自然真实，特色鲜明，相互配合得平衡、谐调。连按键声、换气声都明晰可辨。

⑫ 铜管选自柴可夫斯基的第四交响乐。此节目段演出场面宏大，总体气势高亢、浑厚。开头的圆号远而明晰，后来的长号雄壮有力，小号清晰柔润。

⑬ 打击乐选自安托里尼的《CRASH》。各乐器的激励特性表现得逼真，听起来特色充分，声像真切。此段的乐音属于建立时间短促的类型。对评价电声产品及扩音系统的瞬态特性会有贡献。

⑭ 民族管弦乐选自《大漠戍边图》。全部乐器真实、自然、纯净。各自特点鲜明，又融合为一体，声像群景深充分、层次分明。

⑮ 电子音乐选自《致爱丽丝》改编的电子音乐。几件电声乐器和打击乐器演奏得强烈有力。特点鲜明，层次清晰。

⑯ 火车声。一辆满载货物的火车，由远而近行驶的声音变化过程清晰、活跃，通过岔道口时更是强劲有力、细节真切，车轮撞击铁轨接口处的铿锵声分外突击。

⑰ 钟声。钟声激励特点鲜明，衰减自然悠长。

另外，如《卡门序曲》、《凤凰于飞》、《夜深沉》、《恰似你的温柔》、《真的好想你》……这些高素质演唱演奏、高质量录音的曲目，都可以作为评价节目使用。

由此可见，声音质量主观评价用节目源是由各种类型节目段组合，凭借听觉来审听电声产品及重放系统声音质量的有机整体，它有别于物理参量的测量，不是用某段内容孤立地来衡量一项或几项指标。而是用多段节目来综合评价。

2. 评定者可能带来的误差

(1) 要使评定者事先熟悉素材。如有些民乐合奏，其本色是低频成分很少，如果不熟悉就可能误认为是放声系统低频出不来。

(2) 评定者应能区别艺术质量与技术质量。高保真度系统，往往对演奏中出现的演奏杂音(如翻乐谱声、演唱换气声、齿音、碰弦声等)反应灵敏，这本是好事，但往往会评定为缺点。艺术工作者在评定时往往把演奏水平、作曲水平也包含进去了。特别是有些演奏员，容易只评定自己演奏的乐器的重放声音，而忽视整体的音质。另外，对技术质量也要正确评定，如磁带噪声听出来了是好的现象，而不是坏的现象。

(3) 要求评定者尽量避免个人爱好。如有些评定者喜欢过重的低音，也有些评定者对正常的较亮的高音不习惯等。

(4) 注意评定者座位与扬声器组指向性的关系。

3. 审听房间声学条件带来的误差

房间的容积、混响时间及其频率特性，影响对扬声器频率特性的评定，以及对声功率和功率储备的要求。不同的审听室，由于它们的混响时间和频率特性出入较大，在听音时对放声系统的高、低段评定将有明显影响。

另外，混响时间过长，给鉴定带来不利，特别是对瞬态响应的鉴定不利；过短，则听音感到不舒服。一般认为，若一间 $90m^2$ 左右的审听室，其混响时间在各频段应控制在(0.5～0.6)s，效果较好。此时，审听室的混响声比重占得很小，不致影响放声系统重放节目的本来面目。也有观点认为，审听室的混响时间应可能短一些，这样声音纯净、定位准确、效果好。

思考与练习

填空题

1. 在国标的音质评价术语中，__________是指节目各声部比例协调，高、中、低音搭配得当；反之则为__________。__________是指高、中音充分，听起来明朗、活跃；其反面是__________。

2. 音质评价的“八条(对)评价术语”是：__________、__________、__________、__________、__________、__________、__________及__________。

判断题

3. 在国标的音质评价术语中，平衡指语言可懂度高，乐队层次分明。 ( )

4. 在音质评价时，若听到噪声了就可以判定此音响系统的音质不佳。 ( )

简答题

5. 为什么要进行音质主观评价？为什么可以进行音质主观评价？

6. 按照可闻声的频率范围，可以将其分为怎样的 4 个频段？各部分的音色特点是什么？

7. 何为音响高保真度？

8. 音质评价术语有哪些？

9. 音质评价有哪些基本方法？

应用题

10. 请对“声音质量主观评价用节目源”的内容作简单介绍，并进一步阐述它在音质评价中的作用。

第 12 章

音频系统的构成

- 音频系统的基本组成。
- 常见音频系统，包括：扩音系统、高保真重放系统、节目制作系统、无线传输系统、家庭影院系统及数字音频系统等。

音频技术的核心是电声技术。现代的电声设备大多是综合了电子、精密机械、激光、材料、计算机等一系列先进科学技术的产物。各种器材只有在组成一定的系统后，才能实现相应的功能。

12.1 概述

音频系统按其信号类型可分为模拟音频系统和数字音频系统，按其构成的类型可分为家用音响系统和专业音响系统。从系统工程的观点来看，音频系统包括：人、机、环境三个子系统：

音频系统
- 人(听觉系统)
- 机(各种设备如传声器、放大器、音箱、各类节目片或带等)
- 环境(音乐厅、剧院、听音室、录音室等)

设备系统主要包括：信号源的前端设备、信号传输及处理的中间级设备、信号重发的末级设备。这三大环节均处于一定的环境中，连同环境在内都是为人类听觉(往往包含视觉在内，如 AV 系统)服务的。图 12-1 为音频或视频系统组成图。

音频技术的核心是电声技术。现代化的电声技术是综合了电子、精密机械、激光、材料、计算机等一系列先进科学与技术的产物。按照电声系统的功能和应用范围来分，又可将电声系统分为如表 12-1 所列的类型。

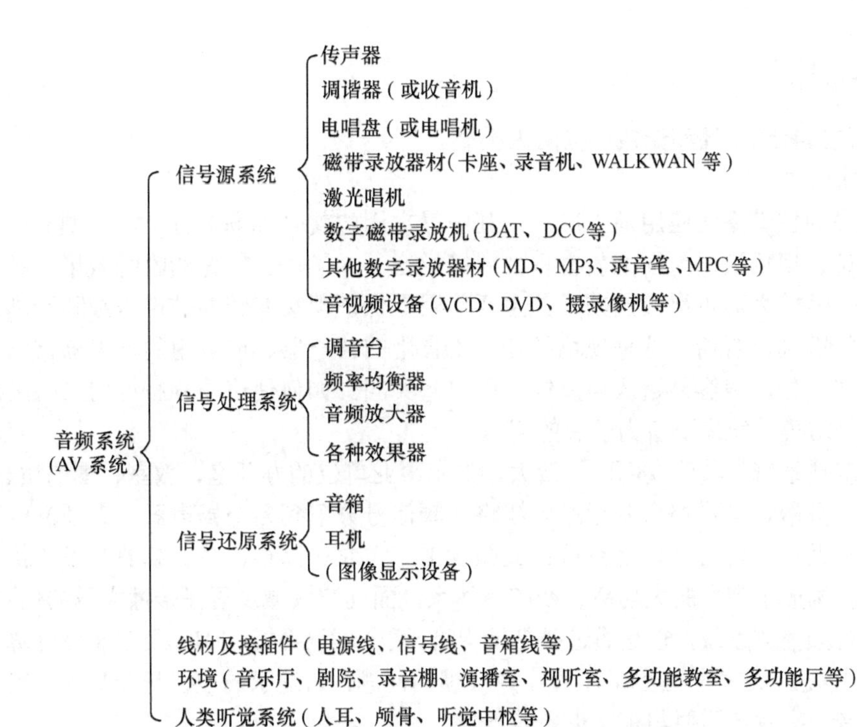

图 12-1 音频或视频系统组成图

表 12-1 音频应用系统的分类

电声系统		分系统类型		主要应用
广播系统	有线广播	扩音系统	现场扩音	教室、会场的扩音、同声传译等，有线广播台(站)，智能可寻址广播
			广播台站	
		放音系统		教学资料的播放、背景音乐等
	无线广播	音频无线广播		学校、厂矿、车间等
		无线传声		教室、会场、舞台、演播等的扩音
		射频广播	调幅	学校、社区或地区性教育广播台
			调频	外语学习广播台等
			数字立体声	广播节目(音乐、多种语言广播)
节目制作系统		主传声方式		一般性教育节目、古典音乐节目等制作
		多声道合成		流行音乐节目制作、大规模软件复制
语言学习系统		听音型		语言学习的放声系统
		听说型		听力会话等多种功能的语言学习
		听说对比型		进行独立的语言学习和练习
		视听型		兼有以上功能的较完善的学习系统
		多媒体网络型		功能完善、资源丰富、交互性强的学习系统
网络应用系统		音乐播放		有声网页、背景音乐、音视频播放……
		网络音频交互		音频聊天、网络电话、实时问答……
		音频数据下载		MP3、WMA、APE、RM、MID、铃声……

12.1.1 广播系统

广播系统包括有线广播和无线广播两大类型。

1. 有线广播

有线广播中的扩音系统应用最为广泛，其中最常用的就是现场扩音。如大型集会、报告讲演、座谈讨论、现场演出、在大教室里授课等场合。为了达到较好的收听效果，经常将人声用扩音机把信号放大后再播放出来，其主要作用是保证现场有较高的声压级和清晰度，使各处的听众都能听到、听清。这种现场扩音，拾音用的传声器、放音用的扬声器常常是与讲演者及听众同在一处，很容易造成声反馈，而引起啸叫。如何使声场分布均匀、响度适中而又稳定地扩音是这类系统需要着力解决的问题。

还有一类广播系统，其受众面广、量大，如企事业单位的办公室、教室、图书馆、宿舍、食堂分布得比较分散，其广播台常通过电缆将音频信号分配到各个扬声器；大型商业营业场所、车站、码头及广场等公共广播系统；又如我国广大农村以县、乡、镇的有线广播台站，它们以站为核心构成了庞大的大功率有线广播体系，面向广大城乡居民传播大量的信息。

另外还有音频播放系统，它是通过磁带录音机、激光(视)唱机、MP3 及多媒体计算机等放(录)设备来播放信息。这类扩音系统不存在声反馈的问题，它追求的往往是音响的完美和高保真的立体声还音，有时还需要与视觉形象统一。

利用录音设备把教学所需要的各种真实的、规范的声音，诸如教师的授课，名人的讲演，标准的语音，乐曲的演唱、演奏，自然界的、日常生活中的各种声音、音响等记录下来，作为有声资料存储起来或放在网络服务器上，就如同文字、图书资料一样，随时提取重放，使得信息传久、传远、传得更为广泛。目前多媒体计算机及网络系统、放(录)音设备非常普及，节目制作容易。因此，通过电声媒体在提供音乐欣赏、标准语言示范、强化语言技能训练以及方便个别化学习等方面功能特别显著。

2. 无线广播

有线广播中，传声器与扩音设备、扩音机与扬声器之间的连接，都是通过电缆线来实现的，这不仅限制了信息传播的范围，在应用中有时也颇感不便。如授课教师需要走动，演员要表演，现场直播时需要临时布线，这时无线广播就显示出它独特的优势。

在广播电视已高度发达的今天，广播仍具有灵活、快速、覆盖面积大等无可替代的优势。在重大的突发事件中，广播可及时传达各种信息，具有不可低估的作用。特别是遍布全球的成千上万广播电台，能使世界各地的人们普遍受益。

12.1.2 节目制作系统

从听广播、听录音、到使用激光唱片欣赏音乐，这些音频节目都是通过专用的节目制作系统编制出来的。

音频节目制作的基本方式主要有两种。一种是主传声方式，它是在录音室或演播室，有时在现场布置有若干个传声器，通过调音设备将音频信号送到录音机直接录制成节目，适用于一般教育节目的录制或现场采访。简单的甚至只用一台录音机，利用机内的传声器来完成记录，方便灵活。对于正规节目而言，就需要有完善的系统设备和专用的录音用房，高品位的古典音乐等艺术作品，最好是在音乐厅中精心制作完成。

现代流行音乐制品大量采用另一种编制方式，即多声道合成方式。它将各个声部或各种音响预先分别录在各自的音轨上，然后加工合成。值得一提的是，目前，随着数字化音频技术的发展，高性能多媒体计算机的日益普及，各种数字音频工作站已逐渐成为音频节目制作系统的主流，它给音频节目制作带来了极大的方便和性能的提高。

12.1.3 语言学习系统

这是教育电声系统所特有的一种系统。它用于高效率、高质量的语言教学和训练。

语言学习系统主要由电声器材装配起来的语言实验室构成。电声器材主要包括录、放音机，传声器、扬声器、耳机等电声器件以及声音的传输、分配和控制装置。先进的语言学习系统还把多媒体计算机、网络、有线电视、光盘、电影、幻灯投影设备、学习反应分析器等整合在其中，构成为多媒体的网络学习系统。

语言学习系统为语言教学特别是外语教学提供了一个良好的语言学习环境。在这样的课室里，学生能听(录音)、能讲、能录、能与教师联络；师生可以双向对话，学生之间可以相互交流；教师可以面对全班、小组或个人讲话，既可以进行集体教学又可以进行个别教学；全班学生可以学习同一个内容的材料，也可以学习不同的材料。利用语言学习系统进行语言、外语教学能有效地强化训练，提高单位时间的学习强度和质量。

语言学习系统按装备和功能的不同可分为听音型、听说型、听说对比型、视听型、多媒体网络型等几类。目前使用最为广泛的是多媒体网络型的语言实验室。

12.1.4 网络应用系统

它是近年来随着计算机及网络技术而迅速发展起来的一个系统。主要技术包括数字音频制作，音频格式转换，网络数据传输等技术。是目前使用最频繁，使用群最广泛的系统。它主要有网络音乐播放，如有声网页的音乐欣赏、背景音乐及音视频播放；网络音频交互，如音频聊天、网络电话及音频实时答疑；音频数据下载，如 MP3、WMA、APE、RM、MID 及手机铃声等下载。

综上所述，音频系统是一个学科门类交叉性强，应用范围广泛，类型众多的复杂系统。本章只对常见的几个系统作一简单介绍。

12.2 常见音频系统

12.2.1 扩音系统

在大型厅堂中，若声源的功率不足，就需要考虑扩音。一般认为容积超过 $3000m^3$ 的大厅就需要安装语言扩音系统，容积大于 $20000m^3$ 的音乐厅，也应安装音乐扩音系统。目前，扩音系统成为各类多功能厅堂不可分割的一个组成部分。

近年来，高质量扩音技术有了很大的进展。它不但可校正厅堂音质，而且可采用电声系统来调整大厅内的混响时间和方向性扩散。采用立体混响的多功能厅堂甚至可按照演出节目的音质要求实时地给出厅堂内的最佳听闻条件。

1. 扩音系统的基本构成

典型的电扩音音响系统一般由调音台、声音处理设备、扬声器系统、传声器、音源设备等组成。系统的配置应根据实际需要出发，切忌使用“多而全”的配置方法。因为在系统中过多地插入并无实际需要的设备，不仅使造价提高，造成浪费，而且还应认识到音频信号多经过一级设备则会多引入一些噪声、失真以及受干扰的机会。最简单的电扩音系统如图 12-2

所示，它由传声器、音源设备、调音台，功放、扬声器等组成。如仅作会议扩音等用，音源设备也可根据实际情况省去不用。传声器的数量和音源设备的种类、数量根据实际需要而定。图 12-2 所示的系统仅具备“增音”功能，基本上不具备声音处理能力，因此它适用于建声环境良好的会场及礼堂。由于该系统没有配置监听设备，所以最好将设备放在场内，以便音控人员能听到场内音响情况。当然它也可装置于能听到场内音响状况的音控室内或用耳机监听。

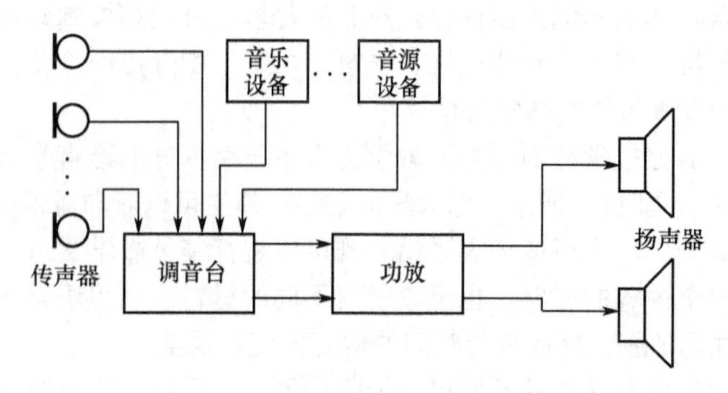

图 12-2　基本的扩音系统

图 12-2 是最基本的电扩音系统，较复杂的功能、完善的系统都是在上述简单系统的基础上根据实际需要添加设备(主要是声音处理设备以及监听、返听子系统)而构成的。例如，在设计会场、礼堂电声音响系统时，如遇到厅堂本身频率特性不理想的情况，则应考虑在图 12-2 的基本系统中增设房间均衡器，以补偿建声上的缺陷，如图 12-3 所示。图中传声器、音源设备与扬声器未画出，其连接与图 12-2 所示完全相同。图 12-3 与图 12-2 所示系统的差别仅在于插入了房间均衡器。

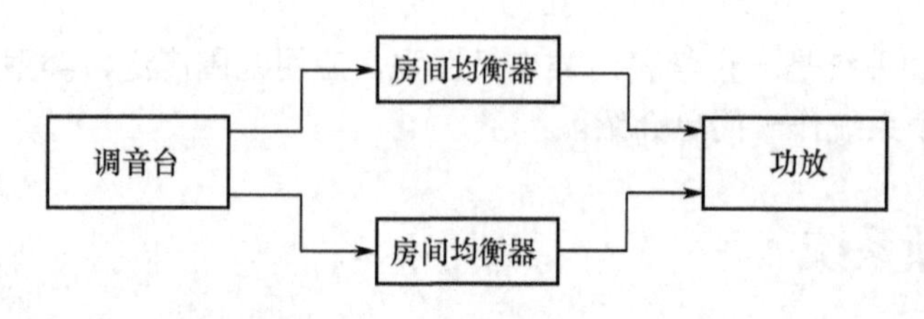

图 12-3　增设房间均衡器的系统

对于歌舞厅、剧院以及文艺演出所用电扩音系统的设计，往往要考虑配备混响器/效果器、激励器等声音处理设备，这样就组成了较完善的具有声音处理能力的电声系统。在这类系统中往往还要配备舞台返听系统和音控室监听系统。在厅堂扩音系统设计时，往往要求考虑扬声器的声辐射尽可能均匀地覆盖听众区，这样在舞台上的表演者可能会听不到(或听不清)场内的音响效果，不易找准表演时的“感觉”。因此在剧场，大型文艺演出和体积较大的歌舞厅的舞台上要设置给演员听的“返听”扬声器。在大型文艺演出中，返听系统有时会很复杂，这是因为有时要“分区”进行返听，即让乐队的一个声部听到除他们之外的声音，而他们自己的演奏则不在自己的返听音箱中出现，这样可以防止声反馈造成啸叫，提高扩音增益。当音控师不在场内而在音控室内进行调音，音控室内又不能很好地听到场内音响效果时，则要考虑设置监听系统，监听系统要求很高，因为它向音控师提供调整音响的依据。图 12-4 给出了一个较完备的电扩音系统的例子。在这个例子中，采用了一个“多路分配器”，它用于扩展设备(在此是调音台)带负载的路数。如果调音台有多路主输出则不必使用分配器。如图 12-4 所示的系统并不能算是大系统，在音响工程中充其量只能算是中小规模的，可见专业音响系统所用设备一般都较多，其连接自然也就比普通家用的要复杂。

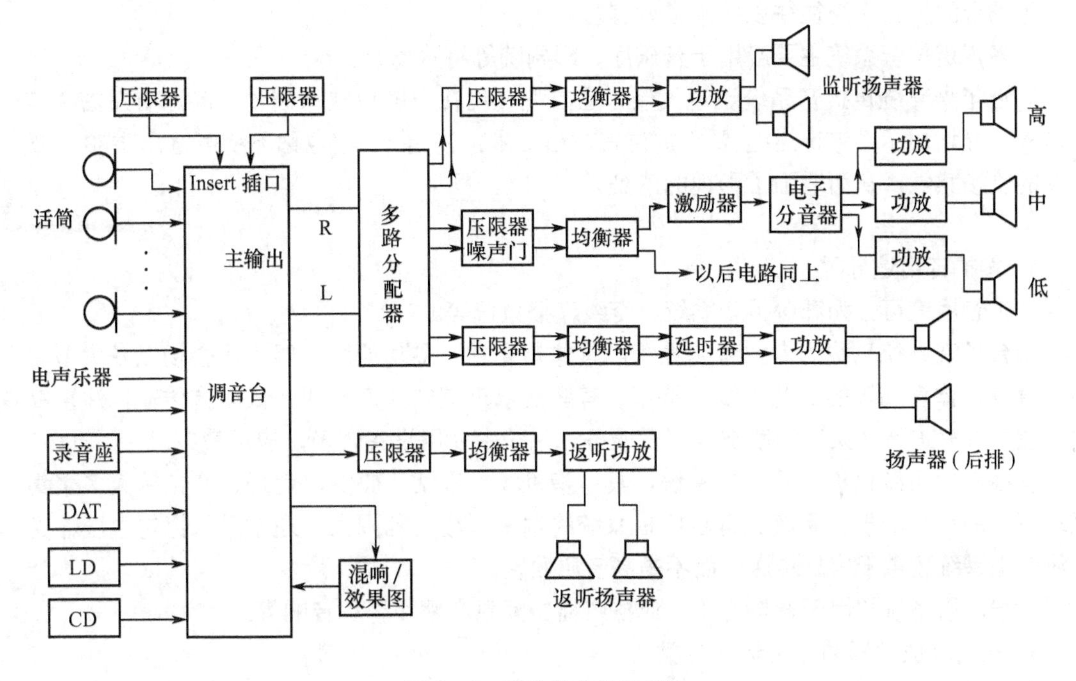

图 12-4　常见的电扩音系统

2. 扩音系统的分类

1) 按工作环境分类

扩音系统按其工作环境可分为室内扩音系统和室外扩音系统两大类。

室内扩音系统要求较高，扩音质量受房间的建筑声学条件的影响较大。

室外扩音系统的特点则是：反射声少、有回声干扰、扩音区域大、条件复杂、干扰声强、音质受气候条件影响比较严重。

2) 按声源性质分类

扩音系统按声源的性质可分为语言扩音系统、音乐扩音系统、音乐与语言兼用的扩音系统。

语言扩音系统主要在清晰度、可懂度上有一定要求，频响通常为 250Hz～4000Hz，声压级≥70dB 即可。

音乐扩音系统相对于语言扩音系统其各方面要求较高，对声压级、频响、传声增益、声场不均匀度、噪声、失真度等均有较高考核指标。音乐与语言兼用的扩音系统按照音乐扩音系统进行音质设计。

3) 按扩音的声道分类

扩音系统按声道可分为单声道扩音系统、双声道扩音系统、多声道扩音系统和环绕声扩音系统。

单声道系统多用于一般会场、厅堂(大教室、多功能厅)的语言广播、背景音乐、有线广播等场合，有些俱乐部、歌舞厅等场合也采用这种形式。

双声道系统(立体声系统)是目前使用最广泛的一种形式。立体声形式在高要求下只有中间的听音区效果最佳，而在靠近左、右声道音箱的位置效果不佳。因而体育场、体育馆等场合的扩音系统往往以单声道为宜。

多声道扩音系统主要应用于音乐厅、影剧院等特殊场合。

近年来环绕声扩音系统迅速发展，它首先使用在电影放映系统中，除原有左右主声道外，又增加了中置声道(主要重放语言对白信号)、效果声道(也称环绕声道)，提高了观众的临场感觉，从而增强了影视的感染力。

4) 按扩音用途分类

按扩音用途可分为舞台扩音系统、有线广播系统等。

舞台扩音系统也称为专业音响系统，具体指礼堂、多功能厅、舞厅、会场以及大型集会的体育馆、体育场等的扩音系统。该系统有些是双声道立体声形式，低阻抗传输，注重高音质重放，讲究扩音效果，为欣赏与享受服务。系统中使用设备较多，应用最广。

有线广播系统也称公共广播系统，具体指机场、车站、码头、商场、宾馆等人多聚集、流动量大的场合的扩音系统。有线广播系统终端多，覆盖范围大，通常采用恒定电压输送。有线广播系统注重于信息传送，而不是高音质欣赏。

有线广播系统常用于背景音乐、业务广播、紧急广播和客房音响等。

5) 按功率放大器的输出形式分类

扩音系统按功放的输出形式来分类，可分成定压输出扩音系统和定阻输出扩音系统两类。

定压输出扩音系统中功率放大器向负载传送功率是通过中继输送变压器输送的。功放和音箱的匹配主要是功率匹配，这种系统的优点是传输距离远、走线方便、造价低。

定阻式输出扩音系统中功放的输出功率大小取决于负载的阻抗，只有当负载的额定阻抗值等于功放的额定输出阻抗时，此功放才能输出额定的功率。因而这种系统功放和音箱的配合注重于阻抗匹配。

3. 扩音系统例解

1) 语言扩音系统

纯语言的扩音似乎比较容易实现，因为语言频谱绝大多数集中在中频(200Hz～4000Hz)，所以整个系统频带不宜过宽，低频过多会觉得讲话含混不清，高频过多又会觉得很刺耳。通常频响选 200Hz～6300Hz 已足够，如果能在 6300Hz～8000Hz 稍作提升，则可增加语言的谐波，有利提高语言的可懂度。

语言系统通常都采用单声道模式扩音，要求声场均匀，尤其是横向要求高，对噪声控制严格，最大声压级在 80dB 左右即可。语言扩音系统一般根据输出形式可分为定压输出和定阻输出。

2) 卡拉 OK 扩音系统

卡拉 OK 扩音系统一般采用卡拉 OK 专用功放，或采用具备卡拉 OK 功能的影碟机，功率的要求按 $0.65W/m^2$ 计算，对厅堂的建声方面要求不高。因演唱者大多是业余的，所以音箱尽量选用听感较“软”一些的，不宜选用太大口径的扬声器单元，这样演唱者和听众的感觉会好些。整个系统如图 12-5 所示，是几款一般不采用电子分频器，而采用单台功放直接扩音。有条件的可以增配声激励器、压限器等器材。需注意音箱安放的位置，应尽量减小声反馈引起的啸叫。

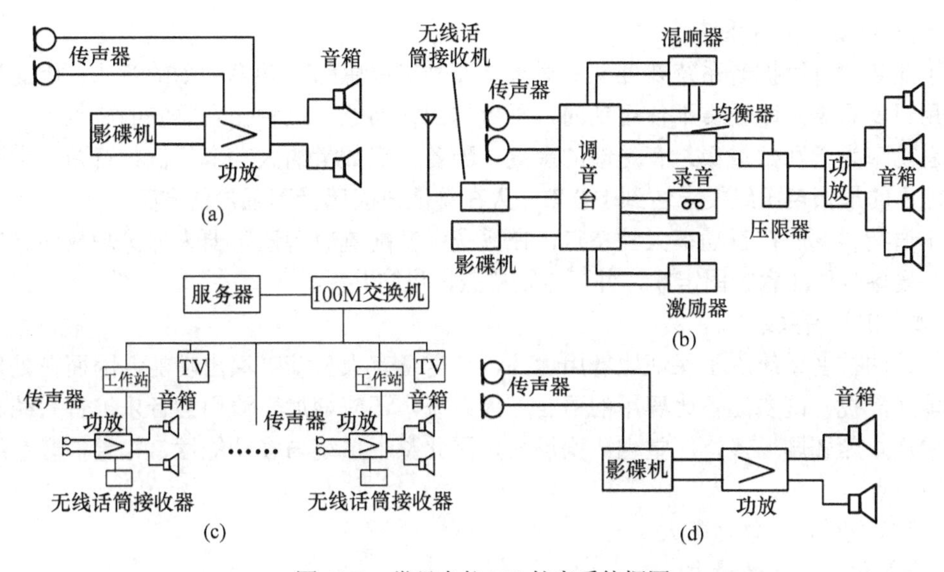

图 12-5　常见卡拉 OK 扩音系统框图

(a) 功放卡拉 OK 扩音系统；(b) 独套专业卡拉 OK 扩音系统；

(c) 网络卡拉 OK 扩音系统；(d) 影碟机卡拉 OK 扩音系统。

3) 多功能厅(剧场、礼堂)扩音系统

多功能厅扩音系统，顾名思义就是要兼顾各种类型的语言或音乐的扩音，因而整个系统的音箱是多样化的。

从功能上看，配有会议音箱(剧场、礼堂一般采用声柱，装在厅堂两侧)、主音箱(音乐扩音系统装在舞台台口两侧)、环绕音箱(播放效果片)、返听音箱(乐队或演唱者返听)、监听音箱；系统中配有多台功放、均衡器，功率余量也较大；为了修饰各种不同的声源和加强演出效果，还需配备功能较多的数字效果器；选用的话筒类型也要多一些，以适应不同的需要。功能较全的扩音系统框图如图 12-6 所示。

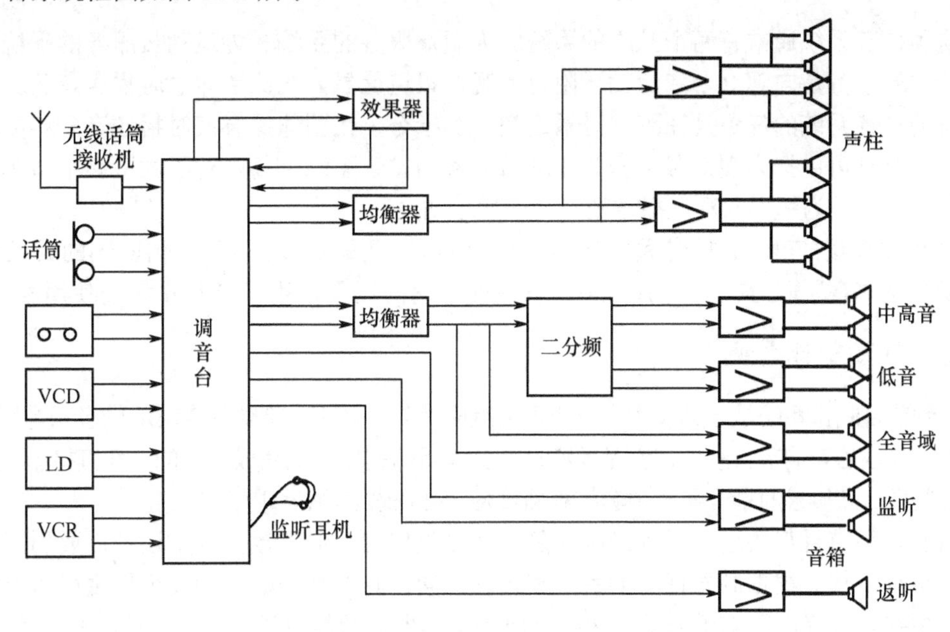

图 12-6　多功能厅、剧场、礼堂扩音系统框图

4) 迪斯科舞厅扩音系统

由于迪斯科舞厅扩音系统要处理的对象是那种节奏感强、功率强劲的音乐，因此迪斯科舞厅采用封闭系统，即通常不使用话筒，不考虑回输问题。这种扩音系统的特点是：功率放大器的总功率为千瓦数量级，有足够的余量；配备一定数量的大功率超低频音箱、中高频音箱；舞池内的最大声压级要求达到110dB，人在舞池内能感受到强烈的震感。

鉴于迪斯科舞厅扩音功率大的特点，在系统中都配置数台压限器来保护功放和音箱，同时在安装设备时要注意紧固牢靠，并要定期检查，以防共振。

5) 体育馆扩音系统

体育馆的扩音系统除了保证比赛用途外，还需备有大型演唱演出功能，因而在处理上应向多功能厅靠拢，既要配备比赛用的语言广播系统，还应增加表演用的音乐扩音系统。由于体育馆的观众席较剧场多，厅堂也比剧场大，因此整个系统与多功能厅、礼堂扩音系统相比具有以下特点。

(1) 功放数量多，总功率大。

(2) 音箱种类多，数量大。

(3) 混响时间较长，要适当增加直达声比率。

体育馆不同的区域，如观众席、休息廊、运动员休息室等，有时需要不同的广播内容。对此，要采用编组输出的调音台。此外，体育馆的休息廊、过道、门厅、办公室等可采用定压式传输的功放和吸顶(或挂壁)音箱。

6) 体育场(广场)扩音系统

体育场(广场)由于场地大、观众多，且各种噪声大，没有反射声，因此系统的总功率需求量很大。众多的音箱可采用分散式布置的方式，也可考虑用集中式加辅助声源的办法。无论何种布置方法均需在场地中央设置一套活动式直达声设备，以供团体操等使用。

因场地的宽广，使声音路程变长，会引起高频衰减较多，同时为使场内各区域观众同时听到、听清声音，系统中必须适当增加话筒和高频扬声器的数量，并使用较多的延时器。

这种扩音系统通常有两个独立的系统：为观众服务的系统和为运动员服务的系统。前者扩音的主要任务是向观众台和运动场附近的观众报道信息，在比赛休息时播送音乐。为运动员服务的扩音系统的任务是在练习时播送消息和指令，在团体操表演时播送音乐伴奏。小型运动会场有时可以把为观众服务和为运动员服务的扩音系统合并，对于大型和中型运动场则不希望合并，因为那样向观众播送消息会干扰运动员。

整个体育场(广场)的扩音系统如图 12-7 所示，凡是安装在场外(即露天)的设备，都要采取防护措施(防雨、防雪、防冻等)，以保证系统的正常使用，延长系统的使用寿命。

12.2.2 节目制作系统

音频节目制作系统是音频技术中一个重要组成部分。目前，除部分 MIDI 的音乐是用合成的方法外，其他的音响节目软件，都是要通过录音编辑的制作才能完成，它的好坏直接影响重放声的音质效果，高质量的录音需要全套的高档设备，并在录音棚(室)内完成。

有些音频节目直接进行现场录制或复制便可供使用，但多数情况下还是需要利用音频制作系统进行制作。根据制作任务的目的和要求不同，制作系统构成的复杂程度相差很大。简单的、主要有广播新闻电子采访、声响一般采集、电视新闻电子采访的简单系统。如图 12-8 所示，有时它们只是由单个设备构成。

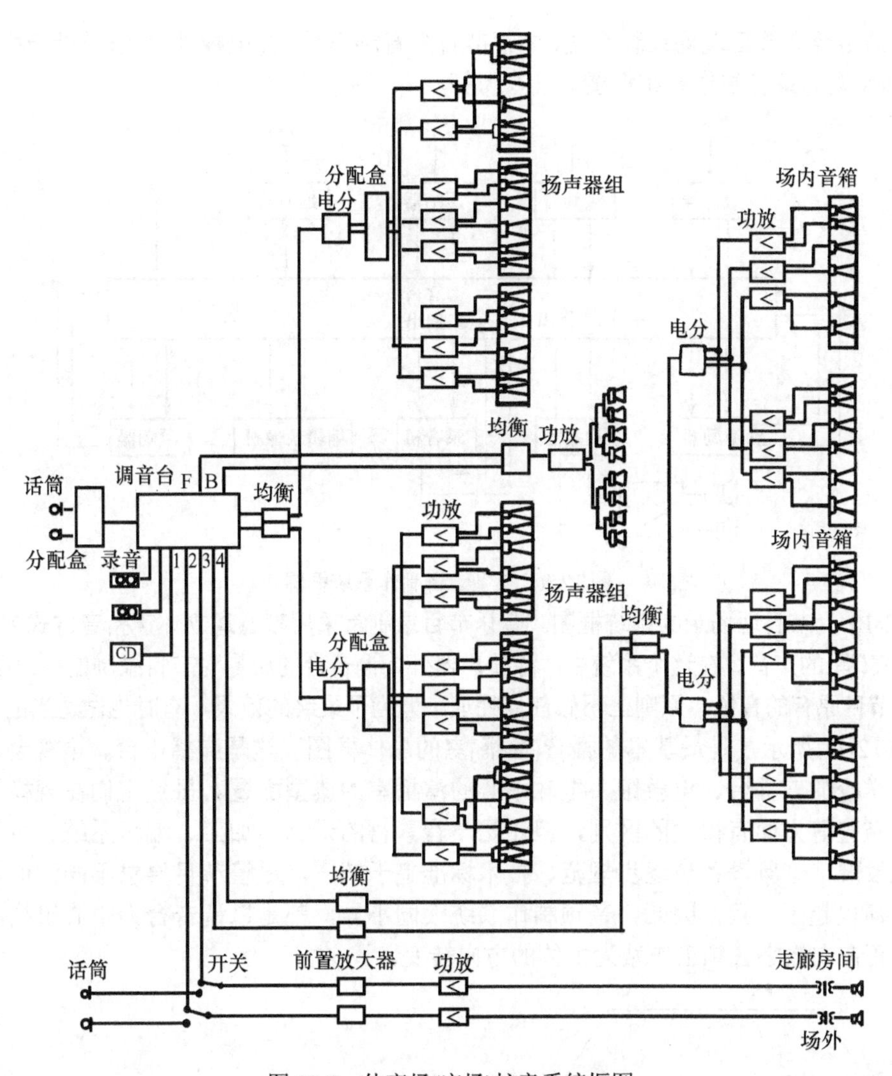

图 12-7　体育场(广场)扩音系统框图

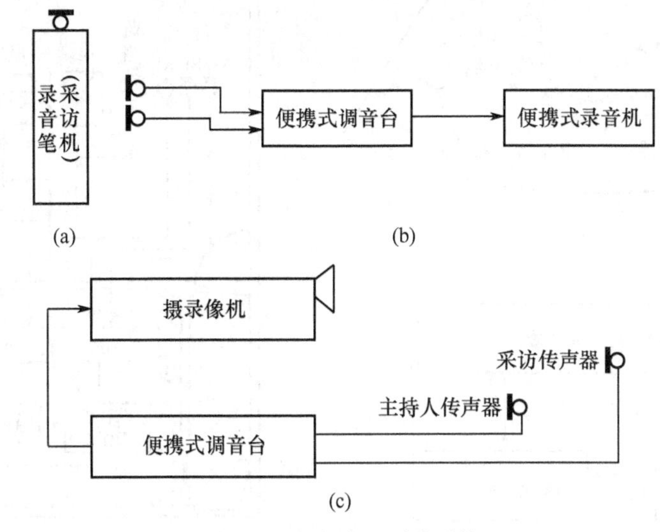

图 12-8　新闻电子采访系统

(a) 简单采访；(b) 广播电子采访；(c) 电视新闻采访。

复杂的主要有节目现场录制系统、电视节目配音制作系统、电视演播室(或录音棚)系统等。图 12-9 为典型的录音制作系统框图。

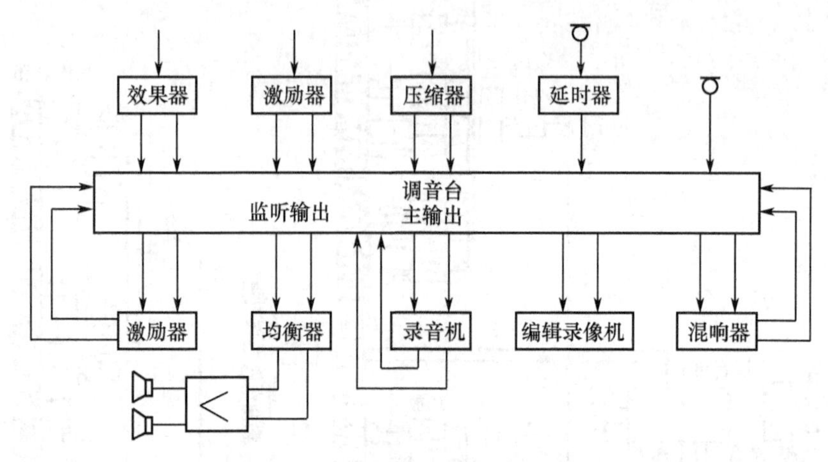

图 12-9 典型录音制作系统框图

图 12-10 为节目现场录制系统框图。音乐节目录制常采用双通道立体声拾音方式来拾取来自舞台上演奏(唱)的声音。在这个系统中，除传声器外，调音台的质量对节目录制的效果影响极大。为了保持节目原有的音色，原则上不做任何处理，但为了最终的效果，有时也做适当的处理。

如图 12-11 所示，是最基本的播音(演播)室的总体框图。这是广播电台、电视台、电影制片厂乃至学校的广播台、电教馆、电教中心的演播室的典型配置。虽然它们在规模、设备等级、音室布置等方面有很大的区别，但还是声音素材的录制、加工、编辑系统。由于音频技术的飞速发展，音频设备也逐步规范、技术标准趋于统一。尽管节目要求不同，但对音频质量的要求却也趋于一致，因此，音频制作系统大同小异，都是以调音台为中心组构起来的系统。目前正在向数字音频工作站为主体的方向转变。

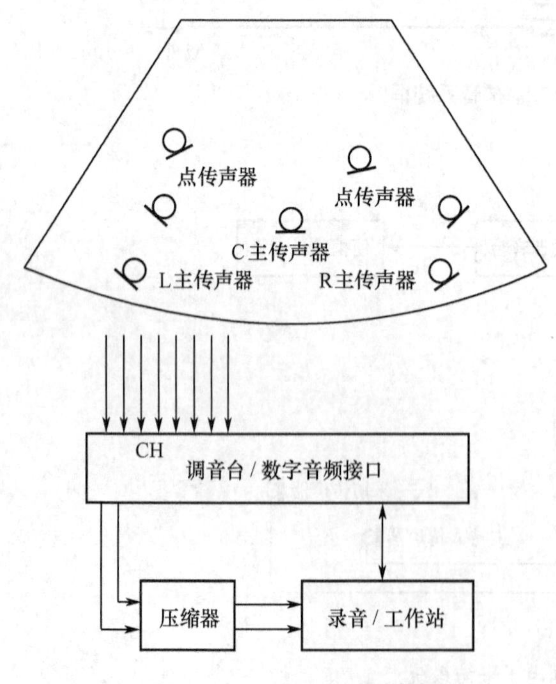

图 12-10 节目现场录制系统框图

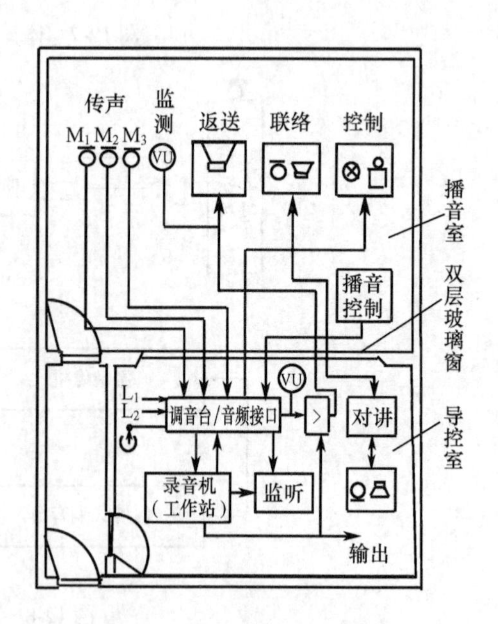

图 12-11 基本播音室总体框图

录音系统在功率方面的要求不高，但录音系统的监听部分的要求与一般扩音系统的监听有所区别，扩音系统的监听声压要求为(94～106)dB，录音监听则要求达到(106～118)dB。在系统连接上，周边设备均接在传声器或乐器与调音台之间，混响器、均衡器接法与其他扩音系统相同。监听均衡曲线要求在63Hz～5000Hz频段尽量平直，不均匀度控制在±3dB以内；5kHz～16kHz的频响应以每倍频程下降3dB，以补偿一般家用扩音设备在5kHz以上的高频衰减。

此外，在选用调音台和其他电声设备时，应充分考虑各设备的动态范围、信噪比、失真等各项技术指标以满足录音的要求。

早期的录音是以磁带录音机、唱片刻纹机作为设备；后来，则以数字磁带录音机(DAT、DCC等)、盘片刻录机(CD系列、MD等)为主；现在，计算机数字音频工作站已逐渐成为主流，它以硬盘或光盘为载体，方便、灵活、高质、高效，是发展的必然趋势。

12.2.3 高保真重放系统

高保真就是要求如实地记录和重放原来声源的特性而在主观上不引起畸变(失真)的感觉。这里之所以要强调“主观”上不引起畸变，是因为客观上做不到不畸变，只不过畸变小到我们主观上觉察不到罢了。因此，高保真系统是指建立在客观物理基础上并得到大多数听众确认的音质的声音记录与重放系统，当然也包括对录、放声进行必要的修饰与加工，按照主观的爱好来美化声音的技术(如频率校正、信号延时、人工混响、听感激励等)。

评价音频系统高保真度的主要技术指标是频率响应、谐波失真与信噪比，此外还有互调失真、相位失真、瞬态响应与瞬态互调失真等指标。对高保真度的评价包含客观和主观两个方面，即测试评价(技术指标)与听音评价(主观感受)。

1978年国际电工委员会提出的《高保真声频设备和系统最低性能要求》(IEC581-3，1978)文件中，对各项指标做了较详细的规定。例如，涉及到放唱设备的最低性能要求中有抖晃度(计权)小于0.2%、信噪比大于50dB、声道不平衡度小于2dB、声道分隔度大于20dB。不难看出，音响技术经过近几十年的发展，尤其是数字音频设备，达到以上指标是很容易的。应该指出的是，随着技术的不断发展，这个指标也需要作相应的提高，以反映当时的技术水平，适应人们的需求。

表12-2列出了常见高保真系统的主要技术特性。

表12-2 常见高保真系统的主要技术特性

系统	频范围/Hz	谐波畸变/%	信噪比/dB
扩声系统	40～15000	1	55～60
立体声唱片(LP)	40～16000(或20～20000)	1	55～60
盒式磁带	50～10000(或30～15000)	3	50～55
调频广播	50～14000	2	50～55
数字音频	20～20000	0.05	70～95

12.2.4 家庭影院系统

家庭影院系统是近年来在家庭娱乐中发展得最快的部分。近几年由于DVD播放机和碟片的价格下跌，高清晰大屏幕电视设备的普及，以及宽敞的住房条件，家庭影院的扩音系统也得到了许多人的青睐，高水准的家庭影院也渐渐在家庭营造起来。家庭影院系统的特点是声道多(5.1 声道或 7 声道)，具有杜比环绕声解码器和声场处理器(DSP)，配备了大功率超低音系统(多为有源超低频音箱)，如图 12-12 所示。这样，家庭影院扩音系统有着逼真的环绕声，明显的震撼力让人有置身于现场的感受，似乎是将立体声电影院里的声音效果带入了家庭中。

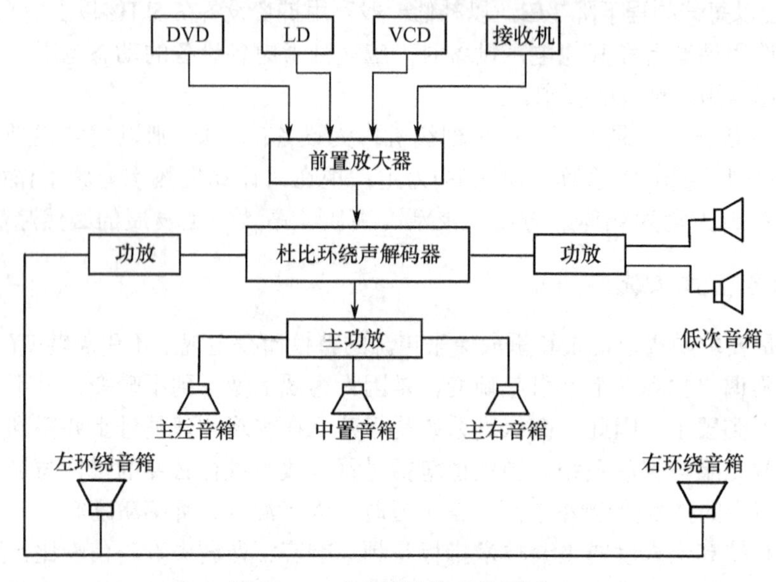

图 12-12　家庭影院的系统框图

图 12-13 所示为家庭影院系统的布局图。家庭影院和立体声系统不同，中置音箱对声像系统来讲是非常重要的，它置于屏幕的中央位置，重放画面中对象发出的声音，通常是演员的说白。一般来说屏幕越大，两只前置主音箱的距离就越远，中置音箱就更显得重要，若没有中置音箱时，观众听到的声音就像是从最近的音箱所发出的，而不是来自屏幕上演员的方向。在理想状态下，三个前方的音箱会使观众中的每一个人都感受到同样的声音效果；后方的两个环绕音箱使观众有置身实际环境之中的感觉，如远方的枪声、头顶上飞过的飞机以及其他戏剧性的声音效果，都得通过这两个音箱才能获得逼真的实现。在比较壮观的电影音响效果中，超低音音箱可以让观众增加厚度、力度感及能包围气氛。超低音音箱一般可使用一至二只， 其摆位的要求不太严格。

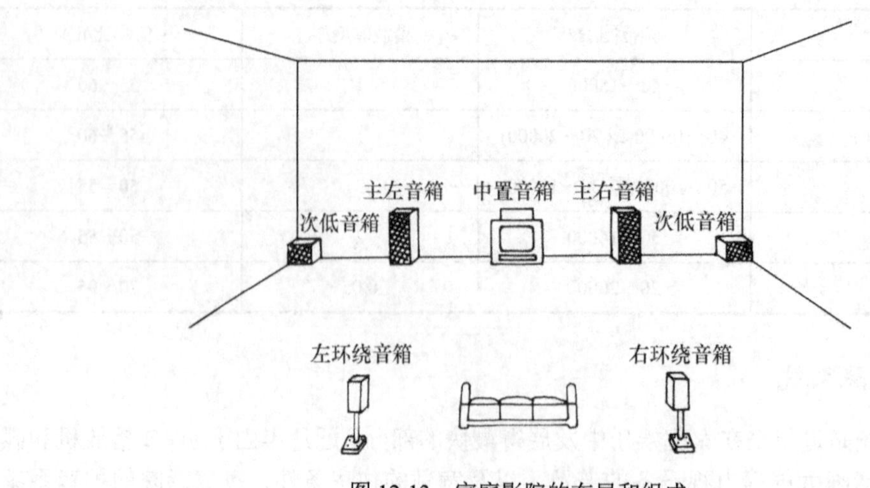

图 12-13　家庭影院的布局和组成

家庭影院又称家庭音像-AV 中心(AUDIO-VISUAL)，就是通过 AV 器材的合理组合，人们在家中可欣赏如同电影院的音像效果。家庭影院要求立体声电影院的音像效果在家中重现。这种音像的重现，最大的困难是家庭空间不足，因而家用音像器材的基本原理虽与立体声电影的器材相同，但具体构造、配置则又有其自身的特点。家庭影院的设备由音频和视频两部分组成。音频部分包括 AV 综合功放、卡拉 OK 混响器和扬声器系统；视频部分有大屏幕电视(或投影电视机)、影碟机(如 VCD、 DVD 及多媒体播放器等)和高保真立体声录像机等。

传统的环绕系统是杜比定向逻辑编码解码处理系统，由两声道解码为四声道(前左、中、右及后环绕声道)。这四声道信号放大后分别为前左、前右主声道、前中央声道和后环绕声道扬声器，后环绕声道接两只音箱，但其实只是一个声道。杜比 AC-3 解码系统是杜比实验室目前最先进的音频编解码系统。它的任务是将两声道信号解码为 5.1 声道：前左、前右、前中、后左、后右 5 个全频道及一个重低音声道。这个重低音声道最高频率为 120Hz，带宽受到限制，不算一个完整的声道，而称为 0.1 声道。AC-3 的声音效果远远胜过杜比专业逻辑技术处理的效果。此外，DTS 是一种效果更为卓越的环绕系统。AC-3、DTS 已成为 DVD 环绕编解码系统的标准。

杜比定向逻辑及杜比 AC-3 的标志如图 12-14 所示。

(a) (b)

图 12-14 杜比定向逻辑及 AC-3 标志

(a) 杜比定向逻辑标志； (b) 杜比 AC-3 标志。

12.2.5 无线传输系统

无线传输是借助无线电波来传送信号的，它具有“开放”的特点，无线传输不需要使用任何导线，就能传到很远的地方，这是有线传输无法比拟的。无线传输覆盖面大、接收方便、听众容量大。

1. 无线传输的基本原理

无线传输的基本原理如图 12-15 所示。 首先由一个声电转换装置把这种机械振动转换为相应的音频电信号——音频电压或电流。经过处理输送到发送天线上以电磁波辐射到空间去。接收端通过天线将信号耦合到接收电路，经处理后送出音频电信号，或去放大并还原成声波(即扩音)，或供给录音设备(即录音)……

由电磁学理论可知，低频率的电能很难以电磁波的形式从天线有效地辐射，只有当输送到天线的电流的频率足够高，即波长足够短，短到与天线的尺寸可以相比拟时，才会有足够强的电磁能辐射出去。音频范围所对应的波长大约从十几千米到几千千米，要制造出能辐射这种波长的电磁波的天线，是不容易做到的。而且即使有可能把这种低频信号发射出去，由于各个电台所发出的信号频带相同，也将在空间混淆起来，使接收者无法选择出所要接收的信号。因此，直接音频无线传输仅仅应用于很小的范围内。大多数情况下，无线电通信采

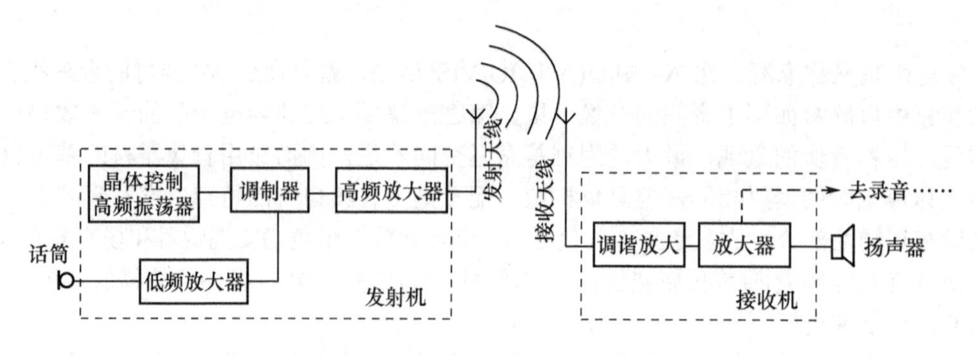

图 12-15　无线传输基本原理框图

用高频电磁波来传递信号，由它将低频信号携带到空间，一方面使天线尺寸减小、容易安装；另一方面可使不同的电台采用不同的频率的高频电磁波，彼此不互相干扰。

高频振荡“携带”低频信号，是由低频信号去控制等幅高频振荡的某一参数(振幅、频率或初相位)来达到的。用低频信号控制高频振荡的过程称为调制，当被控制的是高频振荡的幅度时，这种调制称为调幅。同样，若被控制的是高频振荡频率或初相位时，则分别称为调频或调相，如图 12-16 所示。这种经过调制后的高频振荡称为已调振荡或已调波，它可以用电磁波的形式向空间辐射。由此可见等幅的高频振荡，在这里实际起着运载低频信号的运输工具的作用，所以称为载波，载波的频率称为载频或射频。低频信号则起着控制高频振荡的作用，所以也称为控制信号或调制信号。

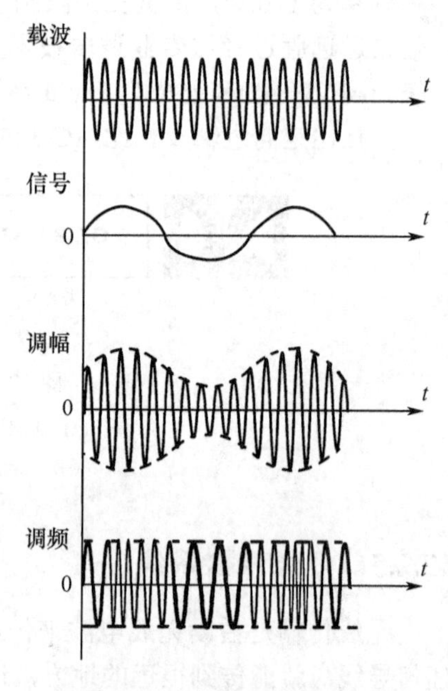

图 12-16　调幅、调频原理

低频信号控制高频振荡的过程是在发送设备(发射机)中完成的，如图 12-15 所示。发送设备的主要任务是利用高频振荡器产生载波，并借助调制器把低频信号寄托在载波上，然后向发射天线输送已调制的高频电振荡(无线电信号)。天线的作用就是把已调制的高频电流转换为相应的电磁波向周围空间辐射。

无线电波在向远处传播时，其强度将减弱，但它所含的信号特征都保持不变，在接收点接收天线截获无线电波将其还原为信号电动势。接收设备(如收音机)的最重要的任务是：首先在于从天线上许许多多的电动势中选择出所需要的信号，这种选择是利用调谐回路来实现的；其次，要从无线电信号——已调高频电振荡中还原出音频电信号，这种从已调波中取出携带于其上的低频电振荡的过程称为解调。可见，解调是一种反调制的过程。通过接收设备还原出音频电信号，最后这种低频电振荡通过电声转换设备(扬声器或耳机)就可以还原为声音。

目前国内广播电台普遍采用调幅广播和调频广播，接收调幅广播的收音机叫调幅收音机，接收调频广播的收音机叫调频收音机。调频广播具有频带较宽、保真度高、噪声小和传播稳定等优点。常用的无线传声器都采用调频方式。

2. 无线电波

无线电波是应用于无线电技术中的一种电磁波，一般按其波长分下述几个不同的波段。

(1) 超长波段：波长 104m～105m、频率 30kHz～3kHz，用于无线电导航和通信。

(2) 长波段：波长 103m～104m、频率 300kHz～30kHz，用于无线电导航、通信和广播。

(3) 中波段：波长 102m～103m、频率 3000kHz～300kHz，用于无线电广播、导航和通信，其中 535kHz～1650kHz 是国际规定的广播波段。

(4) 短波段：波长 10m～100m、频率 30MHz～3MHz，用于无线电通信广播。

(5) 超短波段：波长 1m～10m、频率 300MHz～30MHz，用于无线电广播、电视、导航和移动通信等。

(6) 微波段：波长比 1m 更短的分米波到毫米波范围内的电波均属于微波段，用于微波中继通信、电视、雷达、导航、无线电天文学、工业和医学使用微波加热和干燥专门用途。无线电波频率 f 和波长 λ 之间有如下关系

$$\lambda = c/f$$

式中：λ 的单位为 m；c 为波速，c=3×108m/s；f 的单位为 Hz。

上述各种波段的划分是相对的，因为在波段之间并没有绝对的分界线，但是各个不同波段的特性却存在着明显的差别。

不同波段的无线电波，在空间的传播方式是不同的。通常国内短距离广播用的中波，主要靠地波(沿地球表面推进)传播，传播距离约达几百千米。它的天波部分(向高空反射传播)在白天受空间电离层影响，被吸收的情况比较严重，因此不能传播到较远地区。傍晚后电离层变薄而且升高，对中波段的吸收减弱，同时也加大了天波的反射距离，所以收音机接收中波广播时，夜晚比白天能够收更多的电台。此外，由于电离层随气候改变而变化，所以接收效果还要受到天气条件的影响。

普通远距离的国内或国际广播和通信多用短波波段(频率为 3MHz～30MHz)，短波段的电波波长较短，地面对它的吸收较强，沿地面只能传播几十千米。然而电离层与地面间的往复反射能形成远距离传播，由于电离层很不稳定，其厚度、高度和密度受季节、昼夜气候变化影响很大。从普通收音机中接收到的短波信号(或夜间从中波段中收到的远地电台信号)，强弱变化有时显著，这种情况叫做“衰落”现象。收音机要有良好的自动音量控制电路和较高的灵敏度才能改善这种电波衰落现象。

超短波的特点是在空间直线传播的，它的传播距离较短，约几十千米。由于是直线传播，不受电离层的影响，传播性能比较稳定。电视和调频广播通常采用超短波段。

3. 无线传声器

无线传声器(Wireless MIC 或 Radio MIC)又称无线话筒，它实际上是一个小型无线电调频发射机。在接收端是用调频接收机接收后再由扩音机放大的。常见的有手持式、领夹式及台式，如图 12-17 所示。

无线传声器在发射时将音频信号调制为甚高频(VHF)或超高频(UHF)的调频信号，接收时解调为原来的信号。由于无线传声器不用传送电缆，因而特别适用于移动声源(如歌剧、话剧、小品、歌舞厅、电教课堂等)的拾音。其主要优缺点如下。

1) 无线传声器的优点

(1) 由于传声器不便用传送电缆，录音设施变得非常简单、省事。

(2) 它特别适用于移动声源(如歌剧、话剧演员、小品演员、教师等)的拾音。

(3) 使用佩带式传声器可以很好地满足简洁画面(如拍电视、拍电影、课堂摄录等)的要求。

(4) 利用无线传声器拾音，可减少混响声的拾取，提高声音清晰度。

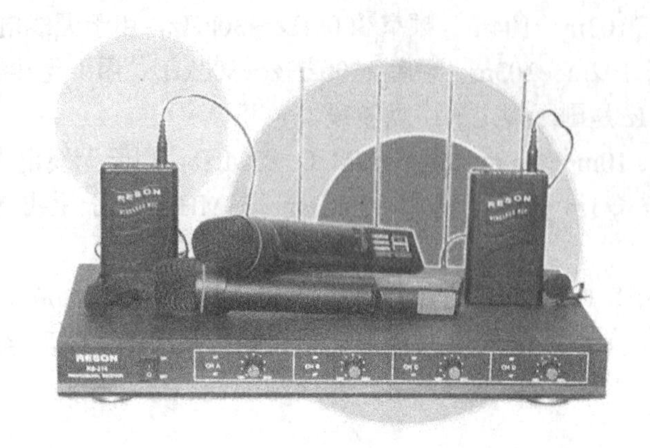

图 12-17　无线传声器

近几年来，由于驻极体电容传声器的技术指标已做得很高，体积很小，加上集成电路的发展和应用，因此发射机也可以做得很小，这就使得无线传声器的应用更加广泛。

2) 无线传声器的缺点

(1) 由于它是射频传送，保密性差，同时也容易引进外来干扰信号。另外，在一定情况下，对其他电子设备将产生干扰。

(2) 有信号失落(Drop out)现象。也就是说，当传声器与接收机的相对位置改变时，有时会出现信号跌落，音质变劣，甚至无法接收的现象。

对于第一个问题，如使用超高频频段的高端频段(150MHz～216MHz)或特高频段(包括400MHz～470MHz 及 900MHz～950MHz)，则情况会有很大改善，因为它不受调频广播和民间通信的影响。

至于第二个问题——有时会产生信号失落，是比较难以解决的问题。因为产生信号失落时，不仅使传声器的信号接收不好或接收不到，而且会将强于传声器信号的其他背景噪声串扰进来。经研究发现，无线传声器的信号失落，主要是由以下两种原因引起的。

① 由多路传输引起的反相抵消造成的。接收点附近有金属物，对超高频或特高频电波产生反射，而反射波又与直达接收点的电波反相，引起电波互相抵消或部分抵消。

② 由电波吸收引起的，这主要是在发射机与接收机之间的视线上，存在着吸收电波的物质。

对于上述第二种原因，主要依靠选择“视线传输”的有利条件，避开吸收电波的物体。对于第一种原因，可采用分集接收的办法解决。

所谓分集接收，就是对某一发射机，利用装置在不同地点的接收天线进行接收，将接收状态最佳的信号自动送入工作系统。

近几年来，专业无线传声器大量使用于录音室、摄影棚和舞台上。发射机通常采用100mW，功率不允许再大，以免干扰其他通信系统。这种无线传声器系统，由于采用了压缩限幅器，所以当发射机与接收机之间的距离不断改变时，接收的音频音量能保持恒定。另外一个重要的原则是，每只无线传声器只占用一个独立的频道，不能把两部发射机调在同一频道上，而用一部接收机接收。因为接收机总是对收到的最强信号进行跟踪，而对另一信号失去控制。专业用无线传声器，除自身配备的驻极体电容传声器极头外，通常可以从另外的插座接入其他类型的高质量的极头，有的发射机还可向普通电容传声器的极头提供幻象电源。另外，在接收机上一般都配有静噪电路，以改善接收质量。静噪电路的控制旋钮有一个最佳点，通常把它调到比最强背景射频噪声略高一点，不要把控制旋钮开到最大，那样会降低无线传声器的音频动态范围。

有些高级无线传声器具有动态扩张设施，它可以把音频动态范围扩展到100dB，而使本底噪声下降35dB左右。在这种情况下，如录制雪地脚步声，可以达到极清晰的程度。在一些无线传声器系统中采用杜比降噪电路，提高了信噪比，加宽了动态范围。专业级无线传声器，发射器用晶体稳频。可放在使用者的上衣口袋里，或别在腰带上。

3) 无线传声器的使用及注意事项

(1) 装接电池时要特别注意“+”、“-”极性，不得装错。

(2) 使用前需检查电池电压，当电池电量不足时就必须更换，否则噪声较重。

(3) 将接收机对准无线话筒发射频率，调节到最佳效果，要注意接收机和无线话筒两者之间的适当位置，控制接收机音量，以免引起回输啸叫。

(4) 使用时，将话筒戴在胸前口袋处或手持话筒，话筒头朝向嘴距离大于10cm。过近或口吹话筒，以及讲话声音过强，将会使话筒阻塞，发音不清。

(5) 使用结束时，放下天线和插头(或切断电源)。

(6) 使用有发射天线应自然下垂，不能使其卷曲。

(7) 无线话筒是灵敏度很高的传声器，不要敲打、吹气、乱拆。

(8) 如两只话筒同时使用，需选用发射频率不同的话筒，并分别调整相对应的接收机频率。

(9) 话筒较长时间不使用时要将电池拿出，以免在壳内腐烂。需要用或更新电池时，应将电池小心插入机芯，切勿过猛，以免造成损坏。

4. 音频无线传输

音频无线传输方式，是20世纪80年代中期在我国主要是高校外语教学中开始广泛使用的系统。其基本组成如图12-18所示。它主要由三个部分组成。

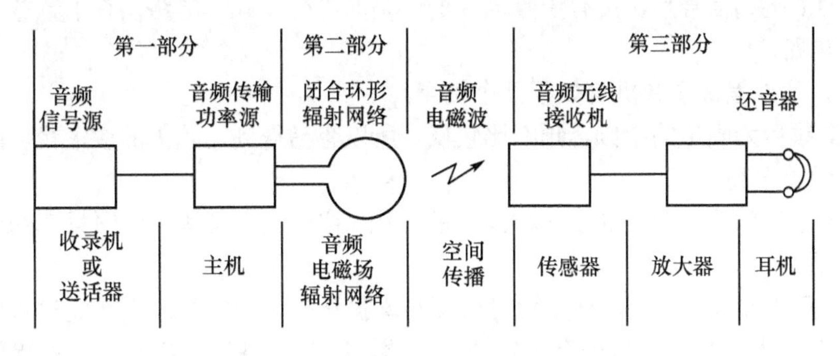

图12-18　音频无线传输系统组成框图

(1) 主机，即音频传输功率源(它可以是音频放大器、收音机、收录机和电视机等音像设备)。

(2) 音频电磁场辐射网络(即音频环形发射天线)。

(3) 音频无线接收装置。

音频无线传输系统直接采用音频发射与接收，无需使用载波和调制、解调的变换，就能以无线电波的方式完成信息传递。由于其设备简便，造价低廉，耗资省，便于维护管理，使用效果好，而且工作于音频，远在极低射频端外，不属无线电波管理条例所列控制范围，便于组织实施。实践证明，在有限距离内，运用音频电磁辐射、传播与接收进行音频信号传递，在技术上简单易行，其效果也是令人满意的。并且该系统正在向其他范围扩展。

5. 收音机

收音机是普及率最高的一种音频器材。收音机的种类很多，按其调制的方式常见的可分为调频和调幅；按使用的电器元件可分为电子管收音机和晶体管收音机；按电路程式可分为直接放大式、外差式和超外差式。因为采用超外差式电路的收音机灵敏度高、性能好，对不同频率的电台信号放大均匀，所以被所有生产厂家所采用。

常用的超外差式收音机由天线、输入电路、变频、中放、检波、低放、功放等部分组成，如图 12-19 所示。

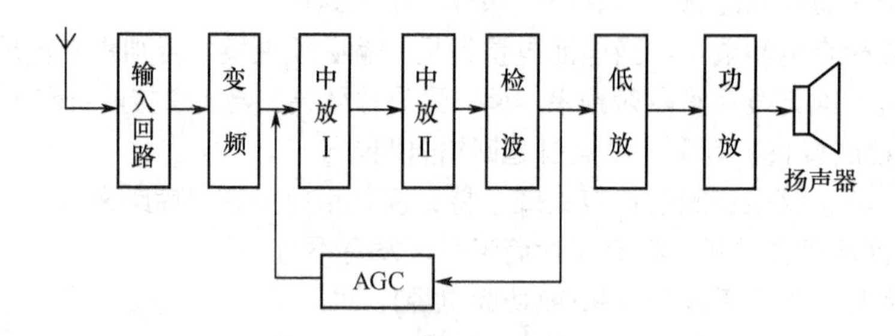

图 12-19　超外差收音机组成框图

超外差收音机的工作原理是：接收天线收到的电台信号通过电磁感应和调谐选频(由输入回路完成)后，输送到变频器输入端，与收音机本身产生的一个振荡电流(简称“本振”，其频率较外来高频信号高一固定中频，我国收音机的中频频率为 465kHz)进行“混合”(称混频)，混频结果在变频器负载回路(选频)中就会产生一个新的频率，这就是“外差作用”，产生了“差额”即中频；再经中频放大器放大后送入检波器进行检波，从而还原出音频信号；最后通过低频电压放大器和功率放大器推动扬声器发出声波。

在得到差额(中频)信号后，没有中频放大的，则叫“外差式”电路；有中频放大的，则叫“超外差式”电路。

概括起来，超外差式收音机有如下几个优点。

(1) 由于变频后为固定的中频，频率比较低，所以容易得到比较大的放大量，因此收音机的灵敏度可以做得很高。

(2) 由于外来高频信号都变成了一种固定的中频，这样就容易解决不同频率的电台信号放大不均匀的问题。

(3) 由于采用“差额”作用，外来信号必须与本振相差为预定的差额才能进入电路，而且选频电路、中频放大电路等又是一个良好的滤波器，因此混进收音机的其他干扰信号就被抑制，从而提高了选择性。

12.2.6　校园智能可寻址广播系统

这种系统主要采用 FM-FSK 技术，可将多路音频信号和控制信号通过现有 CATV 网共缆传输，基本满足了当代学校教育的需要。系统主要功能特点有：多路同时播放，授权管理，电源管理，定点广播，分区广播，自动播放，播放多种文件格式，可预排播放课表，音频插播功能，教室遥控功能，工作状态显示，无线遥控功能，自动开关机功能，可寻址功能，网络控制功能，共缆传输及多网合一等。其基本构成如图 12-20 所示，主要功能如下。

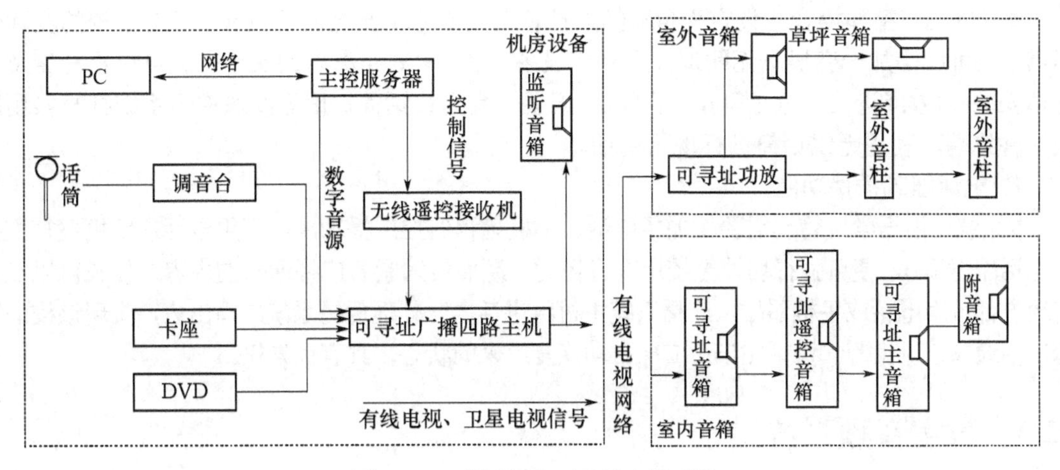

图 12-20　校园智能可寻址广播系统

1. 多路广播功能

采用 CATV $+FM_1+FM_2+\cdots+FM_n$ 的频分复用共缆传输方式，闭路电视、校园广播、FSK 可寻址控制信号采用一根同轴电缆进行共缆传输。系统可以实现多达近百套节目同时传输，满足学校的多种要求。除具有传统广播的全部功能外，每个年级还可拥有自己的频道，同时播放各年级不同的内容且互不干扰，特别适合外语听力教学及考试。

2. 自动播放功能

系统由专用 PC 机作为主控计算机，通过播放和控制软件可实现手动、自动定时播放和多路播出功能。计算机同时兼做数字节目源，可以提供多套数字节目源。学校可将校园歌曲、广播体操、眼保健操等常用曲目，存储在硬盘上，实现全自动非线性播出。也可预先设置每周一至周日播放工作列表，自动定点定时播出上下课铃声、外语节目、音乐、广播体操、校园歌曲等，无需人工干预，即可自动播放，实现了真正无人值守。还可按春、夏、秋、冬季节不同设置多套作息时间表存放于系统内，根据季节变换随时调用。

3. 可寻址功能

控制软件操作简单、界面醒目、功能强大、性能稳定、可实现任意分区控制。通过操作主控计算机，可自动或手动进行按年级等分组广播、分区域广播(如教学区、办公区，操场区)，如针对某一年级播放外语听力教学考试节目；可做到单独控制，如对某一班级播放通知等；也可进行全校广播。操作方便，真正实现了可寻址到点控制。

4. 外语听力教学、考试功能

将各年级外语听力教学节目直接以数字格式(MP3、WAV 等)存储在计算机硬盘内，可按预先设定播放菜单自动播放，并可对同一年级同时进行听力测试。对已定为高考考场的学校，可直接接用于高考听力考试。学校也可利用课间、饭后播放外语歌曲、英语新闻，寓教于乐，提高学生外语听力水平。

5. 自动音乐铃声、背景音乐功能

系统内置上百首歌曲及音乐，悠扬的音乐代替传统的刺耳的电铃声，上下课响起悦耳的音乐，课间响起动人的歌声；让背景音乐自动或手动播放到指定区域，使学生不再承受噪声干扰，使校园氛围更加轻松和谐，使学生在轻松的环境中学习，既陶冶了情操，又接受了艺术的熏陶。

6. 操场无线遥控播放功能

将升旗及广播体操音乐设定为自动播放往往会与学生队形排列不同步，针对学校的实际使用需求，可以增加一套操场无线遥控子系统设备，在 800m 距离内的操场上就可遥控升旗及广播体操的播放(或选曲，停止等)，也可以再配置一套无线话筒，用无线遥控子系统打开操场区域音柱终端，利用无线话筒进行现场讲话。

7. 电话强制插播功能

本系统还根据学校管理需要增加了电话、手机远程遥控广播功能，利用电话或手机拨打主控室电话(需密码)，便可强行切掉全校所有音箱的音源而转入紧急广播通知的内容，校长可以在任何地方都可用电话或手机遥控，广播系统主机将讲话内容处理后经系统广播出去，实现该校的紧急广播通知、讲话等。讲话完毕后立即自动恢复原来的状态，具有优先权。

12.3 数字音频系统

1. 数字化扩音系统

数字化扩音系统的基本构成如图 12-21 所示，传声器把声波信号转变成电信号，经模拟/数字变换器(A/D 变换电路)将模拟信号变换成 PCM 数码(数字)信号，进行相应处理后，由数字/模拟变换器(D/A 变换电路)作相反变换，将数字信号变换为模拟信号输出。其中的数字信号处理器可以完成延时、混响、音调调节、频率均衡、调相及降噪等多种效果处理(与数字信号处理器的功能有关)。这样扩音系统动态范围大、抗噪声能力强、控制灵活方便。它是扩音系统发展的方向。

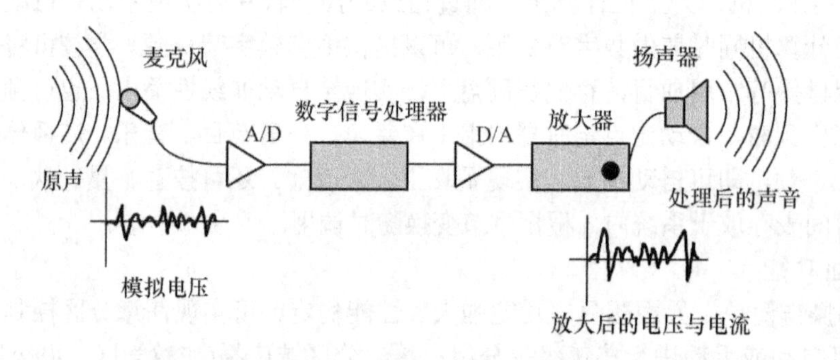

图 12-21 数字化扩音系统的基本构成

2. 数字化录放音系统

以 PCM 为基本技术的数字记录(重放)音响设备的原理方框图如图 12-22 所示。音频信号经低通滤波器带限滤波后，由取样、量化、编码三个环节完成 PCM 调制，实现 A/D 变换，形成的 PCM 数字信号再经纠错编码和调制后，记录在媒介上。数字音响的记录媒介有激光唱片、磁带、集成芯片和硬盘等。放音时，从记录媒介上取出的数字信号经解调、纠错等处理后，恢复为 PCM 数字信号，由 D/A 变换器和低通滤波器还原成模拟音频信号。值得指出的是，上述数字处理过程必须在同步信号的严格控制下才能进行。

3. 数字音频工作站

数字音频工作站(Digital Audio Workstation，DAW)又称数字音频制作系统，是计算机技术深入到音频制作系统的具体表现。数字音频工作站是在硬盘上记录存储声音的基础上增加了对声音信号加工、编辑、缩混及外部实现声画同步等多种功能。由于采用计算机技术及软件

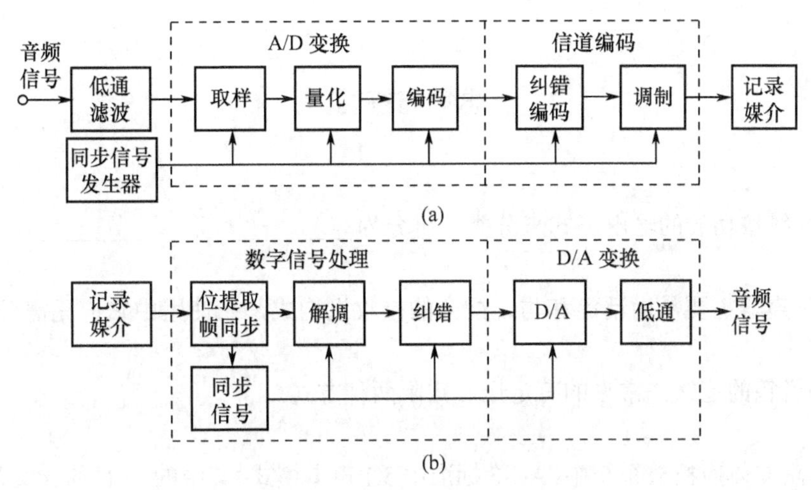

图 12-22　数字化录音系统的构成

(a) 录制过程；(b) 放音过程。

使 DAW 对其所记录的声音具有强大的编辑管理能力，故而非常适用于影视、广播、音像节目的后期制作，称之为制作 DAW，类似视频节目制作系统。数字音频工作站还可以进行电台自动化播出，称为播出 DAW。它还可以对播出资料进行集中管理，称之为编单 DAW。

依据结构，数字音频工作站也可分为：专业型、主控型及主机型等。

① 专业型属于专用设备。特别为节目后期制作设计的数字音频制作工作站，一般为固定型设置。

② 主控型即由主机用于控制的数字音频工作站。大量的工作要由专门的硬件完成，包括各种信号处理器，控制主机一般由 MAC 苹果机来构成。

③ 主机型是以 PC 机为核心的工作站，其中所需的各种信号处理器、硬件不需要专门设计，而是在音频接口插入一块专业录音声卡即可，比主控型工作站节省了大量硬件。在整个系统中，主机将完成大部分工作，主机的好与坏将决定整个系统性能，而专业声卡(常为数字音频接口)将决定声音质量。它是目前应用最为广泛的类型。

主机型制作 DAW 系统是以计算机的硬盘为主要记录存储载体，声音由普通声卡或专业数字音频接口设备，经 A/D 变换为数码以音频文件形式在计算机内采用专用的应用软件进行记录存储、编辑、复制、传送等处理，以图形菜单或按钮形式作为人机对话的界面，利用键盘或鼠标(计算机)进行操作，或者专用功能键(专业机)来进行操作。如图 12-23 所示是数字音频工作站的基本结构，数字音频接口设备、计算机和音频软件是其组成的主体。

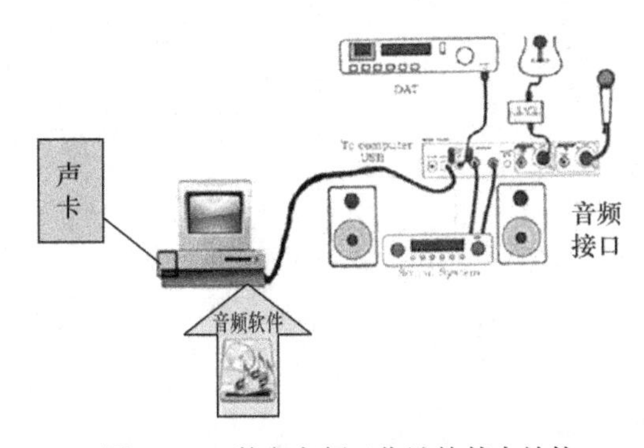

图 12-23　数字音频工作站的基本结构

思考与练习

填空题

1. 扩音系统按功放的输出形式来分类，可分为__________和__________。

判断题

2. 无线传声器主要是由话筒和与之配套的接收机构成，在使用中它们无需任何连接设备的线缆。 (　)

3.功放和音箱的连接，常见的有定压、定阻两种方式。 (　)

选择题

4.家庭影院立体声播放系统中，AC-3标准中5.1声道模式，其中的“0.1”的含义是________。

A. 超重低音声道的信号频带只占全音域一小部分

B. 超重低音声道的声压只占其他声道声压的0.1倍

C. 超重低音声道的音箱体积只占其他声道0.1倍

D. 超重低音声道的功率只占其他声道0.1倍

问答题

5. 无线传声器的使用及注意事项有哪些？

6. 何为数字音频工作站？它们是怎样分类的？

7. 数字化扩音系统与传统扩音系统有何区别？优势何在？

8. 校园智能可寻址广播系统的主要功能有哪些？

应用题

9. 请根据实验的内容，对以调音台为中心扩音系统的构成，配合简单的框图加以阐述，并就它们的连接和操作作简单的说明。

第 13 章

音频设备的连接与安装

本章要点

- 连接器与连接线缆。
- 音频设备连接的一般规律。
- 音频系统连接与安装的基本方法。

任何音频系统的构成都需要连接，任何音频器材都需要置放，它们就是音频设备的连接与安装的基本内容。一台设备往往有多种接口与连接方式，不同的连接方式往往会产生截然不同的效果，不恰当的连接则会导致系统无法正常工作，甚至使器材损坏。因此器材的连接与安装是音频技术的又一重要内容。

13.1 引言

音频系统中各器件、设备的连接是音频技术的重要内容，其中，家用音频系统的连接较为简单。家用音响有“组合音响”和“音响组合”之分。“组合音响”是由生产厂商根据功能和一般使用要求，已经将各个单元固定搭配而构成的系统，用户只需连接上喇叭线及很少的信号线即可。“音响组合”则是采用不同厂商生产的单元进行自行配置的系统，其连接也不太复杂。

与家用音频系统相比，专业音频系统的组装，连接要复杂一些。首先，专业音频系统一般都要根据设计的要求选配不同厂商的产品，然后将它们综合成完整的系统。专业音频系统所用的设备一般都较多，系统结构也较庞大，输入、输出用的连接器与连接形式也较家用的要复杂一些。其次，专业系统的连接电缆有时会很长，因此专业音响系统的连接往往牵涉到建筑弱电的管线工程问题。另外，由于专业音频系统中设备多，线缆长，环境干扰又可能较大，因此干扰的防止必须认真对待。本章将主要介绍专业音频系统的连接问题。

13.2 音频系统连接的原则

任何音频系统在器材选定之后，都需要根据实际情况，将它们在一定的场所中连接、组装起来。系统的连接既有基本的规则，又具有一定的灵活性，如图 12-4 所示的实例中，从多路分配器输出到后排扬声器功放输入之间的三部设备压限器、均衡器、延时器的连接顺序就不是唯一的接法。尽管接法不同对总体性能和设备的正常使用不会有太大的影响，但还是有少许差异。若将压限器移至功放之前紧邻功放，则对保障功放不至于过激励最为有效。若按图 12-4 那样连接，则在压限器之后还要经过均衡器和延时器，这两部设备往往都有一定的增益调整(输出电平调整)功能，为保护功放可以在压限器上设定限幅的某个启动电平，此时限幅器不会输出高于设定电平的值，但由于均衡器、延时器可能调成正增益将电平提升，功放可能得到的最大输入就会高于规定值。可见将压限器移至功放前(紧邻功放)，只要其限幅的启动电平调在功放可安全运行的最大输入范围之内，无论其前面的均衡器、延时器怎么调整，功放总是安全的。若将压限器按图 12-4 那样连接也有其优点：可以防止均衡器、延时器过载。这时只要系统在调试完毕后，不随便去调整均衡器和延时器的增益(电平)，则仍然可以保证功放工作的安全。

上述分析说明了系统连接具有一定的灵活性。具体操作应根据需要和实际情况来综合考虑。当然系统的连接也必须遵循一定的规律，主要有如下几个方面的内容。

(1) 目前调音台输入端有很宽的灵敏度调节范围，可以接受从话筒级电平到线路级电平的各种信号输入，因此话筒、电声乐器、音源设备以及其他音频设备送来的线路电平的节目信号都输入到调音台。

(2) 调音台的输出、功放的输入、周边设备的输入输出都是线路电平，在专业设备中大多是+4dB(1.228V)，也有是 0dB(0.775V)的。

(3) 设备的连接按照对信号处理所需的顺序，在满足“前级输出连接后级输入、前级输出电平与后级输入电平范围一致”的前提下，才可以进行连接。

(4) 注意设备输入/输出方式(有平衡和不平衡之别)，以及接地方式(有设备地与信号地之别)，必要时应考虑用传输变压器来耦合信号。

(5) 选用合乎标准的连接器和线缆，小信号传输的电缆应尽可能短且屏蔽良好。

(6) 设备的每路输出，在其驱动能力足够的情况下可带数台设备作负载，也就是在前级输出带负载能力较强的前提下，允许将几台后级设备输入端并联起来挂在前级输出端上；但不允许将两路或两路以上设备的输出端并联起来。

(7) 在数字音频设备的配接中，要注意格式的对应，必须与模拟接口严格地区分开来。

下面就上述几个方面的内容，作具体的介绍，以便从原理上理解系统连接的规则。

13.2.1 阻抗匹配原则

在传统的音频系统中，设备的输入、输出之间的连接需要满足阻抗匹配的条件。所谓阻抗匹配就是指前一级设备的输出阻抗与后一级设备输入阻抗相等。阻抗匹配的连接方式是基于最大功率传输原理。音频系统中一般规定线路电平输入输出端口为 600Ω 阻抗(也有为 1000Ω)，以便于连接。

现代音频设备由于普遍采用晶体管电路和集成电路，即使在不用变压器耦合的情况下也可实现较低甚至很低的输出阻抗，还可以实现较高或很高的输入阻抗，于是在新型的设备中都普遍采用“跨接”方式。所谓跨接就是指前级设备具有很低的输出阻抗，而后级设备具有很高的输入阻抗，并且满足后级输入阻抗远大于前级输出阻抗 (至少 5 倍以上)。跨接方式的基本出发点是将前级输出的电压信号尽可能多地传递到后级去。现今使用的系统和设备多是采用跨接方式连接的，匹配方式已很少见到。因此不必讲究前级的输出阻抗和后级的输入阻抗的具体数值。通常现代音频设备的输入阻抗都在几个千欧姆以上，输出阻抗一般不高于数百欧姆，因此若一路输出带一个后级设备一般不需考虑阻抗问题。但是当一路输出带几个后级设备时，则要分析一下是否满足上面所讲到的“跨接”的条件，并由此决定可带后级设备的数量。关于匹配和跨接方式的原理，如图 13-1 所示。

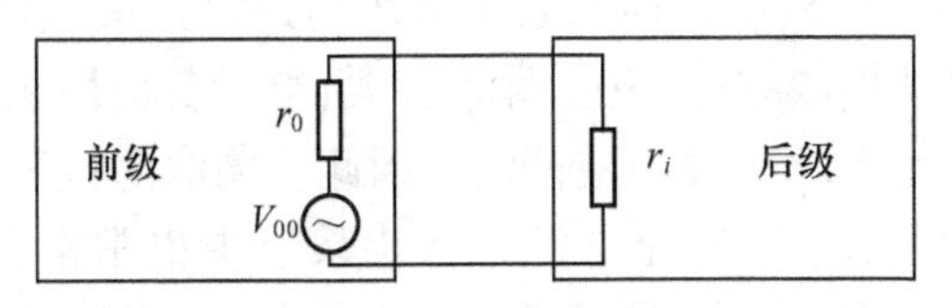

当 $r_0=r_i$ 时，匹配；当 $r_0<<r_i$ 时 ($r_0<5r_i$)，跨接

图 13-1　连接的匹配与跨接原理

13.2.2　系统连接中传送信号的类别

音频系统连接的目的是为了传递信号，在系统中通过设备外部的电缆连接传送的信号可以分成以下几类。

(1) 话筒级信号类
- 传声器输出信号(mV 级)
- LP 唱机输出信号(mV 级)

(2) 线路级电平类
- 音源设备输出(一般为-10dB，250mV)
- 调音台输出(一般为+4dB，1.228V)
- 周边设备输入/输出(多为+4dB，1.228V)
- 线路传送来的节目信号(0dB/+4dB，0.775V/1.228V)

(3) 功率级传输类
- 功放的输出
- 扬声器系统的输入

(高电平，大电流)

显而易见，在系统连接中，必须注意输出、输入电平的适配。否则要么出现设备过励激，造成削波失真，要么励激信号不足，造成整个系统信噪比下降，对于某些信号处理设备还会因为输入电平不对而达不到应有的效果。通常音频设备(调音台、周边设备、功放)之间的连接是以线路电平传递信号的。一般有两种线路标准：一种是+4dB(1.228V)，这种标准是最普遍、最多见的；另一种是 0dB(0.775V)不如+4dB 的普遍。系统中采用的设备的线路电平最好能统一，这样调整和使用时都会方便一些。但是，只要各级设备都有电平调节(level adjust)功能，0dB 和+4dB 的设备一般也可共存于一个系统中，不会发生什么问题。另外，有一些声音处理设备，特别是效果器，为了兼顾电声乐器与专业音频系统的需要，设置了接口电平转换功能，该转开关一般设置于设备的背后，可分为+4dB、-10dB、-20dB 几挡，在电扩音系统中使用，应将其调整在+4dB 挡。

13.2.3　平衡与不平衡信号传输方式

平衡与不平衡传输是扩音系统设备相互连接时应注意的一个重要问题。所谓平衡接法是指信号传输过程中，将信号线与传输线的接地屏蔽层用分开连接的方法，即一对信号线的两根芯线对地阻抗相等；而不平衡连接则相反，信号线的负端与屏蔽层是连接的，即两根信号线中，其中一根接地。当有共模干扰存在时，由于平衡接法的两个端子上所受到的干扰信号值基本相同，而极性相反，因而干扰信号在平衡传输的负载上可以互相抵消，即平衡电路具有较强的抗干扰能力。在专业音响系统中，除了功放与扬声器间的功率传输以外，一般都采用平衡输入、输出。因为专业音频设备一般都能提供平衡输入、输出功能。而在家用音箱系统中，为了降低成本，往往采用不平衡输入、输出。但不平衡电路容易受外界干扰，极易产生噪声和诱导噪声。

平衡方式信号传输采用三线制。用二芯屏蔽电缆连接，其金属屏蔽网层作为接地线，其余两根芯线分别连接信号热端(参考正极性端)和冷端(参考负极性端)。由于在两条信号芯线上，受到的外界电磁干扰将在输入端上被相减抵消，因此传输线的抗干扰能力很强。

在许多场合，由于种种原因，专业电扩音音响系统中也常常使用一些家用的音源设备，它们的输出是不平衡的。此外一些电声乐器，如电吉他、电贝司、电键盘、合成器等也采用不平衡输出方式，因此电扩音音响系统的连接不可避免地会采用一些不平衡方式的连接。这时就应该采取以下的措施。

(1) 采用不平衡方式时，尤其传送电平较低时，应尽可能缩短连接电缆的长度。

(2) 必要时可在不平衡输出设备附近就地设置放大器提升电平，并转换成平衡传输方式后再进行长距离传输。

(3) 也可用变压器将信号转换成平衡方式后再进行长线传输。

由于系统中有平衡和不平衡信号传输的设备存在，就常常需要进行平衡/不平衡，不平衡/平衡的转换，这种转换大多数情况下并不困难，但有少数情况就比较棘手，必须借助变压器耦合才能较好地解决问题。

13.2.4 定阻与定压的功率传输方式

扩音系统按功放的输出形式来分类，可分成定阻输出扩音系统和定压输出扩音系统两类。

定阻式功率输出的传输系统中，功放输出的功率大小取决于负载的阻抗、信号强度及音量控制等几个方面。只有当负载的额定阻抗值等于功放的额定输出阻抗时，此功放才能输出额定的功率，音质才能有所保证。因而这种系统功放和音箱的配合注重于阻抗匹配。定阻式功率输出传输方式是有高保真要求、短距离连接、家用系统及大多数专业等场合中的主要形式。这种连接要求阻抗匹配、功率匹配。高音质的重放还要求有足够的功率富裕量。如图 13-2 分别为功放与音箱间的定阻连接实物图。

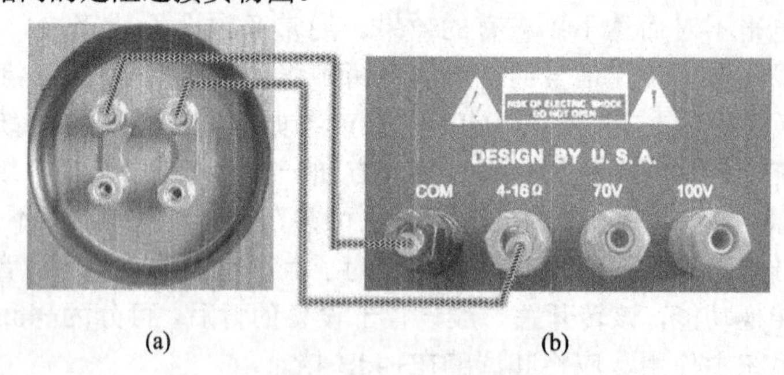

图 13-2　定阻连接图

(a) 音箱；(b) 功放。

在一些音质要求不高、传输距离较远的场合，则往往采用定压传输的形式。定压输出扩音系统中功率放大器向负载传送功率是通过中继输送变压器输送的。功放和音箱的匹配主要是电压匹配(一致)，功率的匹配，即负载总功率小于功放的输出功率，就可以安全工作。这种系统的优点是传输距离远、走线方便、造价低。如图 13-3、图 13-4 为功放与音响间的定压连接方式图。

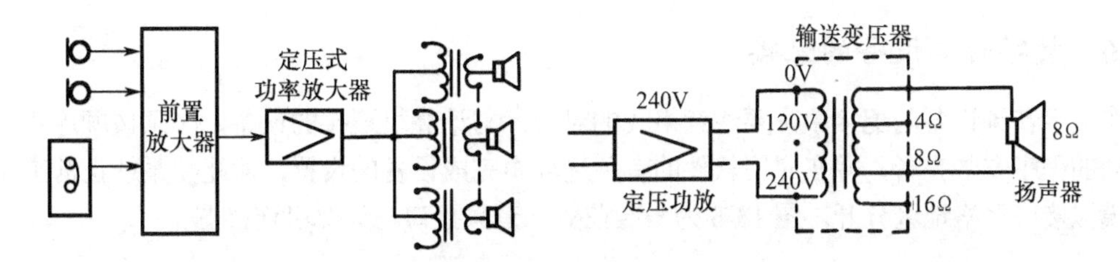

图 13-3　定压连接原理图

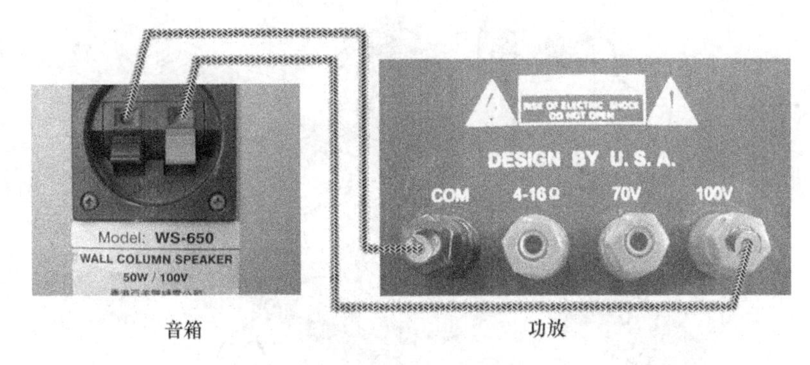

图 13-4　定压连接图

13.2.5　OCL 输出功放的桥接

所谓桥接，实质上就是将原来两套(路)功放的 OCL 电路形式接成一路差动放大的 BTL 形式。这样，输出电压的最大幅度将比原来增大一倍，由于输出功率正比于输出电压的平方，显然输出功率将变成原来的 4 倍。一些立体声功率放大器上设置了桥接开关，当该开关置于“立体声”(STEREO)位置时，功放作为两路的立体声功放使用；将此开关置于“BRIDGE”(桥接)位置时，则作为较大输出功率的单声道功率放大器来使用。桥接时信号的输入端，扬声器的接线端应按功放背后标明的桥接时的接线方式连接。通常桥接时扬声器应接在原来左、右两个声道的输出“+”极性端之间，两个输出“-”端不用。

对于一些设备上并未设置桥接开关的立体声功放，或两台独立的单声道功放，只要其内部不是 BTL 形式而是普通 OCL 形式，也可以进行桥接，具体方法如图 13-5 所示。判断功放桥接的方法很简单，只要用万用表的“Ω”档测一下功放输出端有一个端子是接地的(通常黑色的“-”端是接地端)，若两个都不接地则内部可能是 BTL 形式不能再作桥接，只有一个端子是接地时，方可进行桥接。

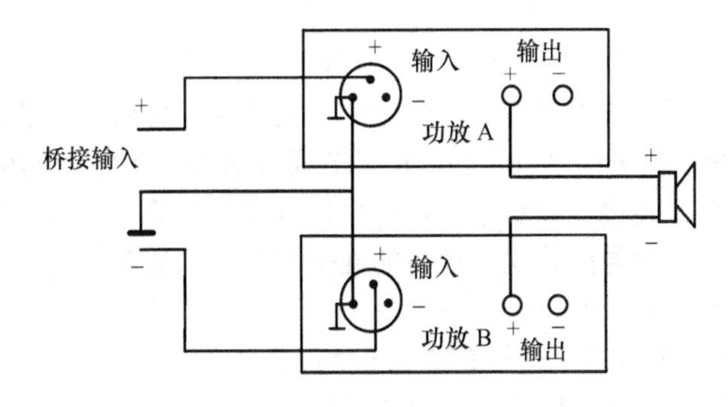

图 13-5　功率放大器桥接原理图

13.2.6 数字音频设备的配接

在数字音频设备的配接中，要注意格式的对应。与计算机连接的设备，必须按顺序将设备及其驱动的程序安装完备，并在应用软件的有关选项中完成设备的设置，才能使系统正常工作。必须与模拟接口严格地区分开。图 13-6 为一专业数字音频接口与计算机连接图。

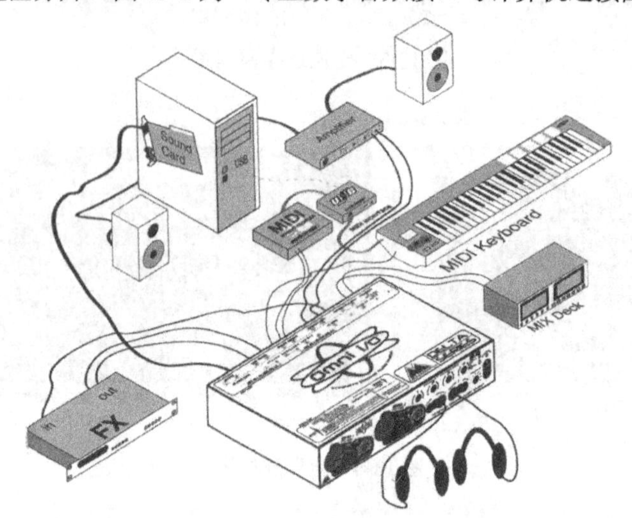

图 13-6　专业数字音频接口配接图

13.3 连接器与连接线缆

在音响系统中，用于设备之间连接的连接器(又称接插件)种类较多，总体上分为模拟与数字两大类。模拟接口主要有卡侬连接口，也称标准连接器，卡侬插头(Cannon Connector，或 XLR Connector)、6.35mm 三芯插头(1/4inch Phone Jack 或 TRS Jack，又称大三芯插头)、6.35mm 二芯插头(1/4inch Phone Jack，又称大二芯插头)、3.5mm 三芯插头(又称小三芯)、3.5mm 或 2.5mm 二芯插头(又称小二芯)；RCA 插头(俗称莲花插头，RCA Type connector)；大功率的音箱插座等。其中 6.35mm 的大三芯和二芯插头又分别俗称作大三芯话筒插头和大二芯话筒插头，这些大、小二三芯的插头也被称之为耳机插头。数字音频接口主要有 AES/EBU 接口、S/PDIF 光缆口或同轴口、ADAT 多信道光学数字接口、TDIF 多声道数字接口以及 R-BUS 八声道数字音频接口等。下面对这几类连接器作分别的介绍。

13.3.1 卡侬插头

卡侬插头是专业音频系统中使用最广泛的一类接插件，可用于传递音频系统中的各类信号，包括微弱信号、标准电平信号直至功率信号的模拟信号，以及 AES/EBU 格式的数字音频信号，都可由卡侬插头来连接，是当今专业音频设备信号传输、设备连接使用最广泛的一类接插件。在某种意义上说信号的传输、设备的连接使用卡侬插头也是专业器材、系统的特征之一。使用卡侬插头有以下几个好处。

(1) 信号采用平衡传输方式，抗外界电磁干扰能力较强。

(2) 具有弹簧锁定装置，连接可靠，不易拉脱。

(3) 接插件本身屏蔽效果良好，不易受到外界电磁场的干扰。

(4) 接插件规定了信号流向，便于防止连接上的差错。

卡侬插头头有公插头(J)与母插头(K)之分，插座也同样有公插座与母插座之分。公插头(或插座)的电接点是插针，而母插头(或插座)的电接点是插孔。按照国际上通用的惯例，以公插头或插座作为信号的输出端；以母插头、插座作为信号的输入端，卡侬公插头与母插头的外形如图 13-7 所示。

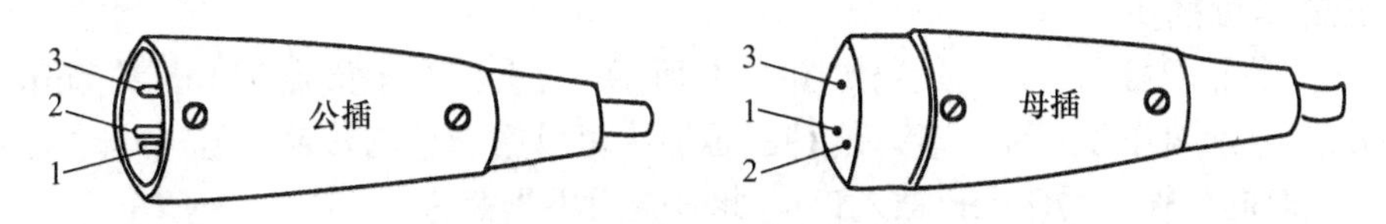

图 13-7 卡侬公插头与母插头

按照标准，卡侬插头的 1 脚为接地端，2 脚为信号热端(参考正极性)，3 脚为信号冷端(参考负极性)。尽管绝大部分设备按照上述标准设计，但也有个别例外的(如英制规定，2 脚为信号冷端，3 脚为信号热端)。因此接线时应注意先看一下说明书上对卡侬插头三个脚的定义，否则可能会接错，造成没有声音或者反相的情况。卡侬插头除了上述三个接线端以外，还有一个外壳接地端，此端应根据外壳屏蔽接地的具体情况进行连接。有些设备信号地与机壳地是分开的，此时则应另行处理，不要将 1 脚与外壳地端连接。

卡侬插头在专业音频系统中可以连接从微弱信号直至功率信号以及 AES/EBU 格式的数字音频的各类信号。采用卡侬插头连接的情况主要有：

(1) 传声器与电缆的连接。

(2) 传声器电缆与调音台的连接(一般调音台低阻 Low-Z 输入习惯上用卡侬插头，而高阻 Hi-Z 输入则采有 6.35mm 话筒插头)。

(3) 调音台的主输出。

(4) 功率放大器的输入。

(5) 专业音源设备的输入、输出。

(6) 扬声器箱与电缆的连接(扬声器箱与电缆的连接采用卡侬插头、6.35mm 话筒插头以及接线端(柱)的情况都有)。

(7) 传声器电缆与数字音频接口的连接。

(8) 数字音频接口与数字音频设备(AES/EBU 格式)的连接。

另外，调音台与周边设备的连接，周边设备的输入、输出虽然也可以采用卡侬插头，但大多数有代表性的产品都采用 6.35mm 话筒插头，而采用卡侬插头的并不多见。现代的一些卡侬插头座常常采用与大三芯兼容的形式，如图 13-8 所示。

卡侬插头头的拆卸方法较特殊，其拆卸螺钉(远离电缆那一端的一颗螺钉)一般是顺时针方向向内拧紧后方可向外拉出卡侬插头的插芯。也有少数卡侬插头的拆卸螺钉是采用逆时针方向向外拧下后拆卸的。因此拆开卡侬插头头连接电缆时应注意方向，不要强行硬拧以免损坏螺纹。

两端都采用卡侬插头的连接电缆，按照卡侬插头信号流向的规定，一端必然是卡侬公插，另一端是卡侬母插。这样的连接电缆可以一根接一根地连接加长，非常方便。两端都采用卡侬连接器的连接电缆一般都将两端插头上对应的引脚相连接，即两端的 1-1，2-2，3-3 是相互导通的，有时我们将它连成 1-1，2-3，3-2 的形式，这就构成了“反相线”。将这样的反相线插入到传声器与调音台的连接电缆中(即将话筒输入经反相线过渡)，便可实现话筒信号的反相。对于没有反相开关的调音台，备用一些这样的反相线就可以实现调音台上输入信号倒相开关的功能。

13.3.2 6.35mm 话筒插头

6.35mm 话筒插头(1/4inch Phone Jack)有两种：一种是三芯的(TRS Phone Jack)；另一种是普通二芯话筒插头。

1. 大三芯话筒插头

6.35mm 三芯话筒插头(TRS 插头)如图 13-9 所示，它有三个电接点 T(Top 或 Tip)，R(Ring) 和 S(Sleeve)，分别叫作顶、环、套。这种三芯插头可以用于单向传输信号，此时采用平衡传输；也可用于双向传输信号(Insert 插入口)，此时采用不平衡方式。

用于平衡单向传输信号时规定：顶(Top)——信号热端，环(Ring)——信号冷端，套(Sleeve)——地。TRS 插头的这种用法主要用于调音台上话筒的输入(高阻 Hi-Z)，调音台的线路输入、调音台的辅助输出，周边设备的输入、输出在采用平衡方式时也采用 TRS 插头。

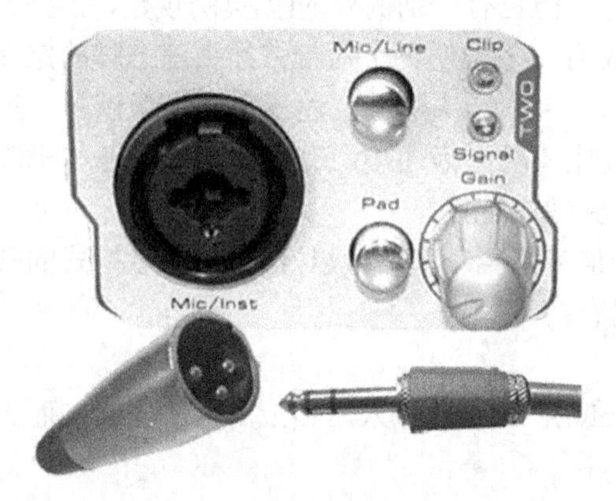

图 13-8 卡侬与大三芯接口

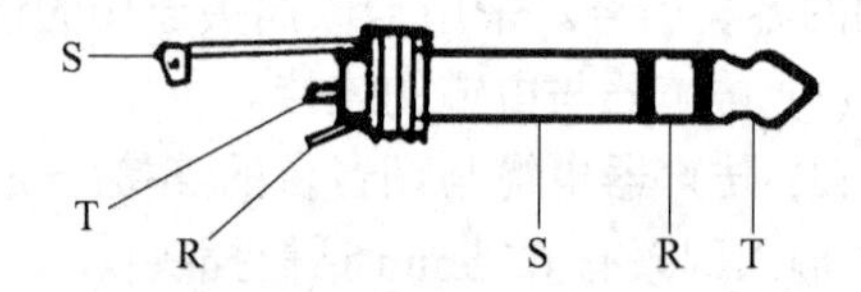

图 13-9 TRS 插头

TRS 插头用于不平衡双向信号传输，主要是调音台的 Insert 插入口，通过 TRS 插头的一个电接点将信号引出调音台送至外接的声音处理设备进行处理，然后再通过 TRS 插头的另一个电接点返回调音台，第三个接点则作为地线端。TRS 插头在作双向信号传输时一般规定：顶(Top)——送出(Send)，环(Ring)——返回(Return)，套(Sleeve)——地，如图 13-10 所示。

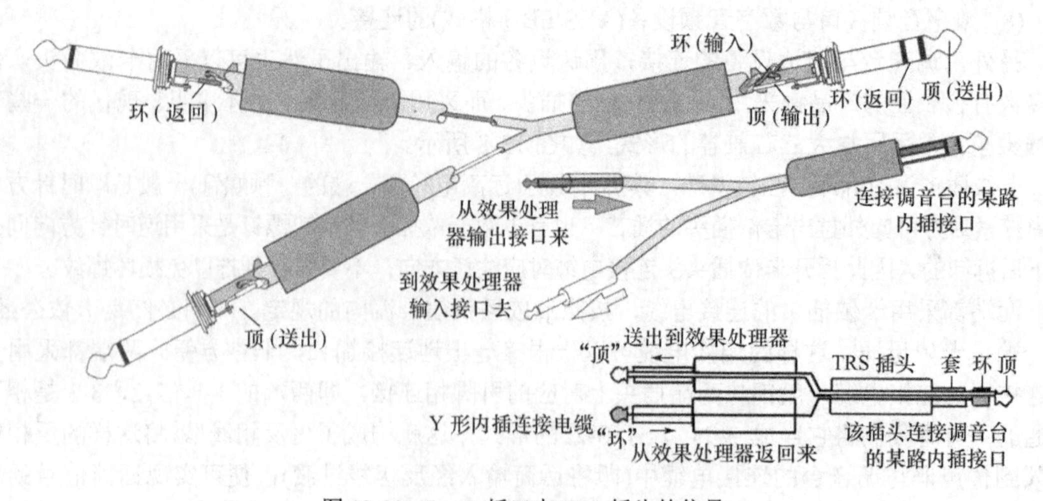

图 13-10 Insert 插口中 TRS 插头的信号

2. 大二芯话筒插头

6.35mm 二芯话筒插头，就是普通家用设备中最多见的普通大二芯话筒插头，它与三芯的TRS 插头的外形和尺寸基本一致，只是少一个电接点 R，只有顶和套两个电接点，如图 13-10 中左边的插头所示。因此这种插头只可用于信号的不平衡传输。二芯话筒插头规定顶(Top)是信号端，套(Sleeve)是接地端。这种普通的二芯话筒插头可用于调音台、周边设备信号的不平衡方式输入、输出，有时也用于扬声器与电缆的连接。

二芯和三芯(6.35mm)话筒插头外形尺寸是一致的，因此二芯话筒插头可以插入三芯的插座，三芯的插头也可插入二芯的插座。对于信号输入的情况，将二芯插头插入三芯插座(即将不平衡信号送入平衡输入口)一般可以自动实现不平衡/平衡的连接，此时二芯插头将三芯插座内信号冷端与地相连。对于信号输出端，则要先弄清内部电路形式方可将二芯插头插入三芯插孔。设备的平衡输出电路有两种方式：一种是变压器输出；另一种是差动电路输出。当设备平衡输出为变压器输出方式时，将二芯话筒插入三芯的输出插座即可实现平衡/不平衡转换。此时将变压器的输出冷端接地。但对于采用差动电路进行平衡输出的情况，则一般不能将二芯插头插入三芯插座的方法来实现平衡/不平衡转换。现代音频设备的输入、输出口一般都不用变压器，必要时采用外接方式，因此将二芯话筒插入三芯话筒插座的输入口是可行的，但一般应避免将二芯话筒插入三芯话筒插座的输出口。

卡侬插头头、大三芯插头、大二芯插头的接线如图 13-11 所示。

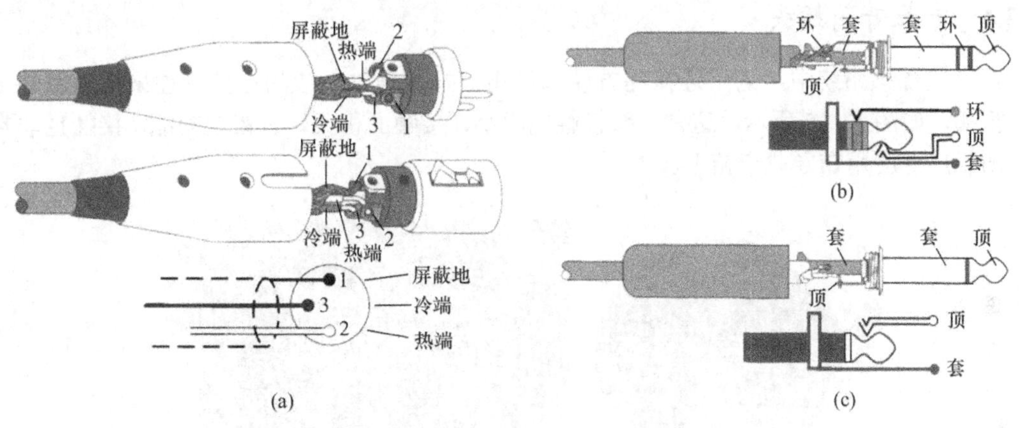

图 13-11 卡侬、大三芯、大二芯插头的接线

(a) XLR 插头；(b) 1/4 英寸 TRS 插头；(c) TS 插头。

3. 小三芯和小二芯插头

3.5mm 三芯插头、3.5mm 或 2.5mm 二芯插头，也是应用很广的插头，它们的结构分别与大三大二芯插头相似，如图 13-8、图 13-9 所示，只是尺寸较小一些。常用于个人计算机(PC)的声卡耳机或线路输出，随身听、袖珍收音机、MD、MP3、录音笔等耳机输出或音频输出接口或话筒输入插口。图 13-12 为三芯插头用于双声道耳机的连接方式。

13.3.3 RCA 插头

RCA 插头是家用器材最常用的接插件，它是二线制的，只能用于信号的不平衡传输，如图 13-13 所示。由于专业音响系统中也常常使用家用的音源设备，这些设备的输出一般是 RCA 插座。数字音频设备中的 S/PDIF 接口也使用这样的接口。

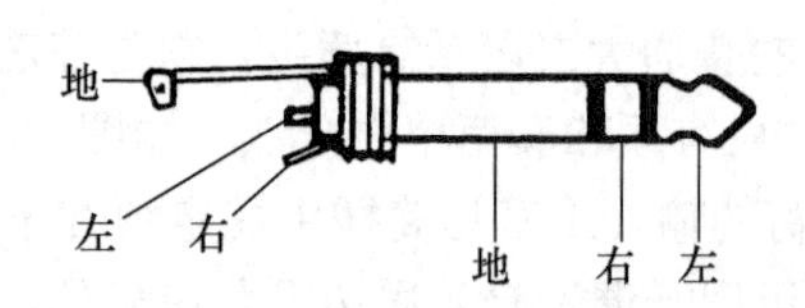

图 13-12　双声道耳机插头

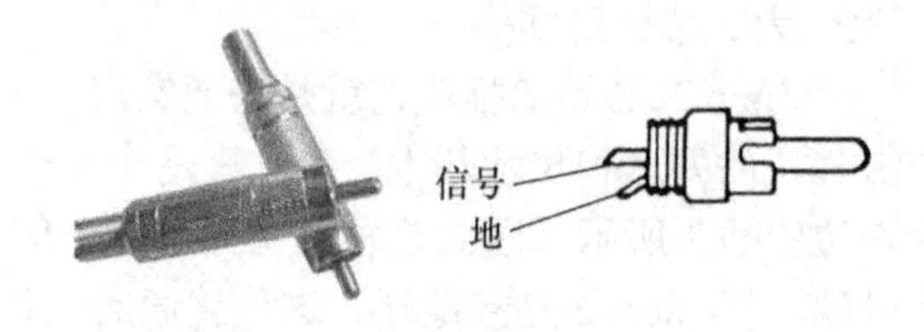

图 13-13　RCA 插头

RCA 插头的外壳有塑料的与金属的两种，在电声工程中应选用质量较好的具有金属外壳的那种 RCA 插头。

在实际使用和工程安装中，有时要借助于如图 13-14 所示的转换接头来完成互相的插接。

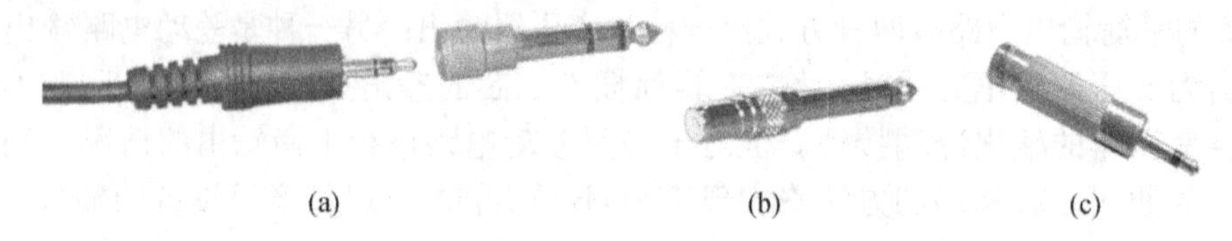

图 13-14　插头转换接头

(a) 小三芯转大三芯；(b) RCA 转大二芯；(c) 大二芯转小二芯。

13.3.4　专业音箱插头

在专业音频系统中，为了连接的方便和可靠，扬声器与功放的连接往往采用专用的专业音箱插头，如图 13-15 所示。这种插头接触电阻小，接触面积大，有锁定功能，接插也非常方便。所以广泛应用在专业音箱上。

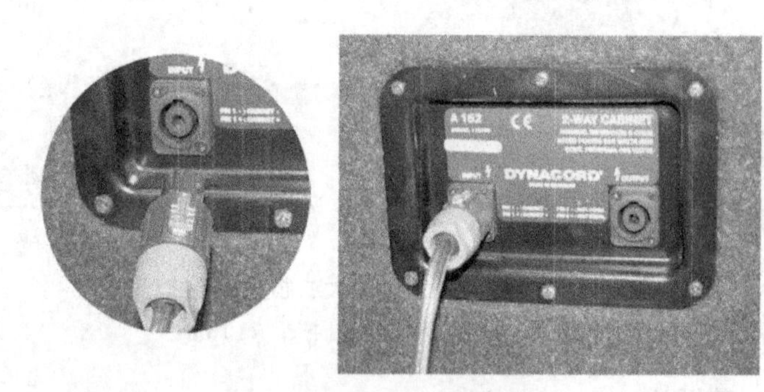

图 13-15　专业音箱插头

13.3.5　音频系统中的线缆

音频系统中各个设备之间的连接，传声器、扬声器与设备的连接都要用线缆(cable)。系统连接中用的线缆不仅与整个系统的信噪比有关(因此对电平较低的信号传输线缆都用屏蔽线)，而且线缆的材料，分布参数特性对音质也有很大的影响。高档发烧器材在连接中仅线缆的价格就是一笔不小的数目。在电声音响工程中虽然不一定去使用“发烧级”的“神经线”、“发烧喇叭线”，但是也应充分重视线缆的选择，选用一些性价比较高的合适线缆。

按照所传输信号的不同，电声音响工程中用的线缆可以分成三类：第一类是微弱信号传送线缆，主要是指话筒线；第二类是标准电平信号传送用电缆，用于各类设备间的连接；第三类是功率信号传送电缆，即喇叭线。下面分别介绍这几种线缆。

1. 话筒线

话筒线必须是屏蔽电缆。因为传送信号的电平很低，通常为毫伏级信号，为了防止周围环境的电磁干扰，主要是50Hz的工频干扰，必须采取屏蔽措施。话筒线有二芯屏蔽线与单芯屏蔽线之分，二芯的可用于平衡传输，单芯的只能用于不平衡传输。话筒线除了有电气性能上必须采用屏蔽的抗干扰结构的要求以外，对机械特性也有要求。由于话筒要经常移动，话筒线容易受到牵拉，而且也容易打结。为了满足使用要求，话筒线比一般的屏蔽线应该更柔软一些，并具有较高的抗拉强度，一般是在电缆中加入纤维线。图13-16为话筒屏蔽线的结构。

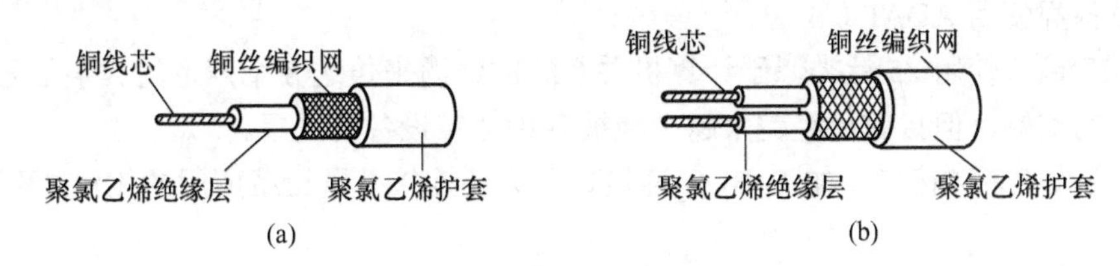

图13-16　话筒屏蔽线的结构

选择话筒线时应选金属屏蔽层紧密，质地柔软，最好有纤维线的那一种。

2. 标准电平信号传输线

标准电平信号是指1V上下的线路级电平，标准电平信号传输线用于电声音响系统中各个设备间的连接。这些连接线也应用屏蔽线以防干扰。标准电平信号传输线对机械特性没有特别的要求，用普通的屏蔽线即可，但线的材质对音质会有一定的影响，高保真“发烧友”们称这种标准电平信号传输线为“神经线”，不惜重金使用昂贵材料制成的信号线的确在一定程度上会对音质有所改善，使声音层次更分明，声音更通透。但在音响工程中因为线缆用量较大，使用发烧级信号线难以承受，因此在普通电扩音音响系统中并不使用这种高档信号线。不过对于音响工程中用的标准电平传输线应尽量选用无氧铜线。这有助于改善音质，价格也较合理。

3. 喇叭线

功放送往喇叭的信号是高电压、大电流的。电压在几十伏，电流瞬时可高达百安培。对于喇叭线无需采用屏蔽措施。

首先喇叭线应具尽可能低的电阻。这一点在电声音响工程中尤为重要，因为电声音响工程中往往不可避免地要使用较长的喇叭线，其电阻不可忽视。我们已经介绍过，功率放大器应尽可能降低输出电阻来提高阻尼系数，以增强功放对扬声器的控制能力。在连接了喇叭线之后，喇叭线的电阻即可看作是功率放大器输出电阻的一部分，当喇叭线较长时，其电阻值可能会使阻尼系数大为降低。因此喇叭线应该尽量粗一些、短一些。当音控室与喇叭距离太远的情况下，必要时可以将功放就近安装于喇叭附近，以线路电平长距离传输节目信号。

其次喇叭线的材料对音质也有影响，就音响工程而言可采用无氧铜(OFC)的专用音箱线。其纯度越高，音质越佳。

在喇叭线选择时应尽量选择截面积大一些，股数多一些的OFC线。通常优质产品质地都很柔软，这也是鉴别喇叭线的一种方法。在电声工程中因为喇叭线一般都较长，因此它对音质的影响也较大，不容忽视，在无条件使用OFC喇叭线时也应尽量选择截面大一些、股数多一些的优质铜线。

13.3.6 数字音频系统中的接口与线缆

前面我们已经对数字音频系统中的接口作了介绍。常见有如下几种。

(1) AES/EBU 高级的专业数字音频数据接口。插口硬件主要为卡侬口。

(2) S/PDIF 是 SONY 和 PHILIPS 公司制定的一种音频数据接口。主要用于家用和普通专业领域，插口硬件使用的是光缆口或同轴口。

(3) ADAT 数字接口。它使用一条光缆传送 8 个声道的数字音频信号，由于连接方便、稳定可靠，现在已经成为了一种事实上的多声道数字音频信号格式，越来越广泛地使用在各种数字音频设备都使用 ADAT 口。

(4) TDIF 接口使用 25 针类似于计算机并行线的线缆来传送 8 个声道的数字信号。开始获得许多厂家的支持，但目前已经越来越少地被各种数字设备所采用。

(5) 其他数字音频接口。如 R-BUS 连接口，方便连接外置设备所用的 USB 及 IEEE1394 接口等。

数字音频系统中连接所用的线缆，都要求是品质上乘、线芯相配和屏蔽良好的线材。同时要充分考虑各种格式标准规定传输的距离(一般指线长)。

13.4 系统的连接与安装

根据使用要求设计音频系统、选定所用设备、器材之后，便要将它们连接起来，整合成达到设计目标和满足实际要求的系统。对于固定安装的场合还要将设备安装在机柜中，并要将所有系统的连线按照一定的标准、规范(建筑弱电的有关规范)进行固定安装。对于移动式系统，如演唱会、露天演出等临时装置的系统，则应对设备、线缆采取有效的临时固定措施，以确保其安全。

音频系统的连接、安装涉及许多工程问题，包括机房(音控室)的设计与建设，音响系统电缆的管线工程，系统的供配电电源等。下面将重点讨论这些工程问题。

13.4.1 设备的连接与安装

为了将各个分立的音频设备连接起来，必须根据所连接设备提供的输入、输出插口，制作一些相应的连接电缆。所用的连接器和电缆在上一节中我们已作过介绍，连接电缆的制作并不复杂。但在实际工程中有时会碰到平衡/不平衡的转换与连接问题，有时还会遇到需将两路输出接到同一路输入端的问题。这种情况就稍复杂了一些。下面我们分别介绍。

在系统连接中经常会遇到平衡/不平衡信号的转换问题。关于此问题必须首先搞清楚输入、输出口的电路形式及其原理。图 13-17 给出了无变压器的平衡输入与输出电路。图 13-18 则给出了变压器耦合的平衡输入、输出电路。

从图中我们可以看出，无论是无变压器的差动式平衡输入，还是变压器输入平衡输入口，都可以将其信号端之一(通常是信号冷端)与“地”连接而转换成不平衡方式。对于变压器耦合的平衡输出口也可采取上述方法。但是对于无变压器的平衡输出口，如图 13-17(a) 所示，一般不能将输出信号的冷端与“地”短路来实现不平衡输出。因为这样做将使该电路

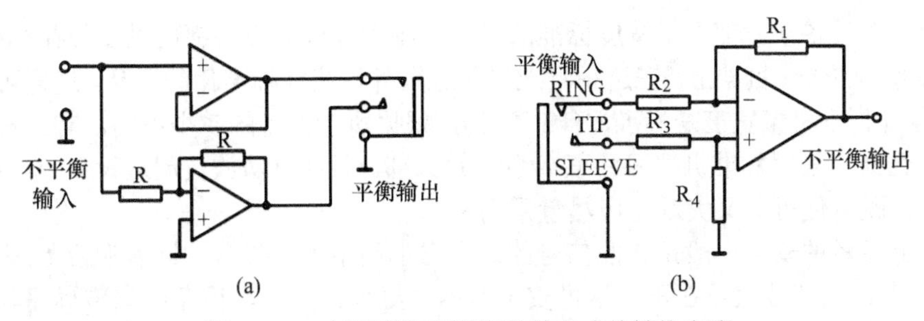

图 13-17　有源平衡/不平衡传输方式的转换电路

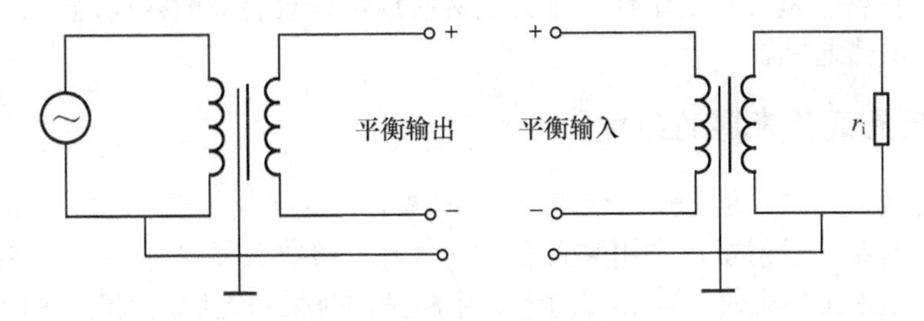

图 13-18　变压器平衡传输方式

中的运放输出短路，导致运放损坏。在采用这种电路的设备中，若将 6.35mm 二芯话筒插头插入三芯平衡输出插座的话，等于将其中一块运放的输出短路，很不安全。因此对于无变压器的差动输出口应避免用将一个信号端与“地”连接的方式来实现平衡/不平衡转换。(一些厂商为避免连接不当造成的损坏，在运放输出端串联上电阻，这样，即使在输出插座上将输出信号端与地短路也可确保设备的安全。但是这样做会使输出阻抗增大)。对图 13-17(a)所示输出结构的设备，若要连接不平衡负载也很简单，只要取其信号热端输出即可，当然也可通过变压器耦合来实现。实际工作中，可以用三用表直流电阻 R×10 挡，测量信号正端和负端之间的直流阻值来判断输出端口的类型(若在十几欧～几十欧的即为变压器输出)。

我们知道，现代电声器材、设备的连接都采用“跨接”方式，因此设备都要求具有低的输出阻抗和高的输入阻抗。在实际工程中有时会遇到需要将两路输出叠加起来送入一路输入端的情况，例如，在采用电子分频器时，如果低音单元的分频点很低(即采用所谓超低音扬声器系统)，此时由于 100Hz 以下低频的波长很长，没有方向性，可放置于室内任何位置，且不必采用左右声道对称的形式而往往采用一路超低频扬声器和相应的放大器，这样就需要将电子分频器左路的超低频输出与右路的超低频输出叠加起来送入功率放大器。由于电子分频器是低阻输出的，将两路输出并联起来将会损坏设备，因此要采用一个“立体声/单声道”转换电路，实现二路输出信号的叠加，如图 13-19 所示。这里再次强调，绝对不能将两台设备的输出端并联起来。

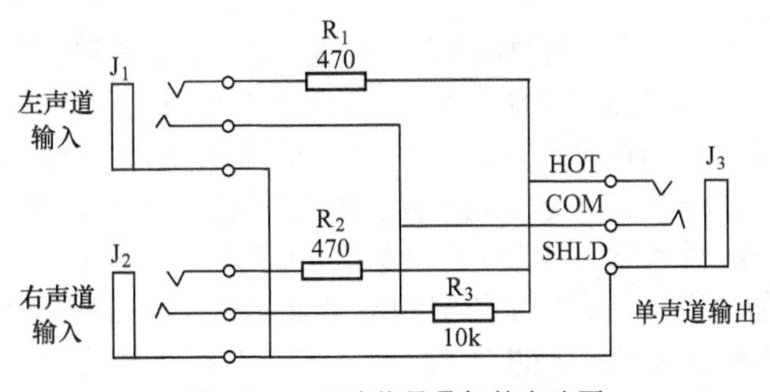

图 13-19　两路信号叠加的电路图

专业电声设备一般都采用宽度标准的机壳，绝大部分的设备都可供安装在标准的 19 英寸(1 英寸≈2.54cm)机架上。在选择时应尽量选用外形尺寸标准化的产品，这样可便于安装。19 英寸标准机架宽度是标准的(19 英寸)，根据所装设备的多少不同，有几种不同的高度可供选择。采用标准机架可将整个系统的大部分设备 (功放及周边设备)安装连接成一个整体，既方便可靠又美观，应尽量采用。

机架上设备的安装一般是按照信号的流向自上而下安装设备，即音源及处理设备(周边设备)在上，功率放大器在下，这样安装有两个好处：第一，设备的安装顺序与信号流过的顺序是一致的，便于逐级调整、检查；第二，系统中最大、最重的设备功率放大器装在最下面，使整个机架的稳定性更好。安装时应考虑设备的散热问题，必要时要配置风扇以确保其散热通风。

13.4.2 专业用无线传声器的组建

在使用无线传声时，为了解决“信号失落”问题，保证接收效果，常常采用所谓的分集接收。那就是对某一发射机，利用装置在不同地点的接收天线进行接收，将接收状态最佳的信号自动送入工作系统。例如，2 个～3 个教室同时采用无线话筒时，由于距离不一、途径不同，因此应将一根金属单鞭无线装置在使用无线话筒教室的黑板上方，用高频同轴电缆引入控制室，然后接到无线话筒接收机的外接天线插孔上。几个教室的天线电缆可同时并接在外接天线插孔上，接收的效果好。舞台用无线传声的分集接收系统如图 13-20 所示。

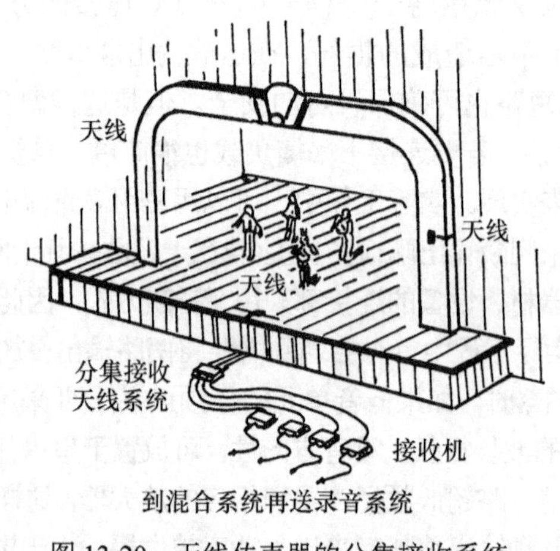

图 13-20 无线传声器的分集接收系统

13.4.3 音控室的建设

在实施电声音响工程时，音控室的建设是十分重要的。过去常常认为主要保证听(观)众厅的装修及音响效果即可，音控室只要能容纳设备和音控师即可，无需讲究。这种观点是错误的，因为音控室是整套电声音响系统控制中心，其中装置有绝大部分的设备器材。音控师在音控室中根据监听系统的声音，并通过观察窗了解场内情况，及时、准确地操作、控制音响设备，使场内音响达到最佳状态。对音控室的设计与布局应注意以下几点。

(1) 在条件许可的情况下，音控室的容积应尽量大一些。在录音时，一般要求录音师的监听室有较大的容积以保证监听的效果。对于扩音音响系统的音控室也不例外，应尽量使用大一些容积的音控室来保证监听效果，这样音控师才能根据监听的情况作出准确的判断。

(2) 音控室应有较大的观察窗，使音控师能观察到场内的情况。音控室内的观察窗、调音台位置(音控师工作时的主要位置)与其他设备的位置布局要合理。最好能够做到音控师在调音台前的座位上低头可以看见调音台进行操作，抬头可以通过观察窗看到场内情况，侧头可以看到机架上的所有设备。

(3) 音控室内应至少配有一套专用的监听音响，与调音台的返听输出相接。总输出节目信号则使用耳机监听。音控室应有较好的声学特性便于监听。若作为播控室或录音室的机房，应进行声学处理，以控制混响时间，调整机房的均衡曲线。如有可能，音控室最好能直接听到场内的声音效果。

(4) 机柜离墙要留有至少 60cm 的空间，地槽的高度大于 5cm、宽度大于 20cm，若有条件可铺设架空地板。

(5) 音控室内因为装置了大量音响器材、设备，所以要注意防尘、防潮、避振。应备有空调与通风系统，保证设备的通风、散热。

(6) 为了便于与场内联络，音控室与舞台监督，灯光控制室 (若另设灯光控制室时)之间应该具备对讲、联络设备。

13.4.4 音频设备的供电

音频设备在安装和使用中应避免受到干扰而引起的噪声。音频设备的外壳，设备间的连接都采取了屏蔽措施，这有助于防止空间电磁场对系统的干扰。各类干扰进入音频系统的另一条途径便是通过供电电源，因此在电声音响工程中对设备的供电不可马虎。

从电源“窜”入电声音响系统的干扰最主要是来自于大功率电器设备(如空调机组、电焊机等)及可控硅调光设备，可控硅调光设备的干扰会使音响系统发出较强的“吱吱”声。在剧场、歌舞厅中所使用的灯光设备一般都用可控硅调光，因此在系统设计中一定要采取有效的措施。

可控硅之所以会干扰电声音响设备是因为它们在工作时会将大量谐波电流注入电网，造成电力系统中谐波含量剧增，电压波形畸变的所谓“电源污染”。当用这种受到污染的电源向电声设备供电时，势必造成危害，严重破坏音频系统的放音音质。

为了防止可控硅调光设备对音频系统的干扰，其最基本的方法便是设法以较“干净”的电源向音频设备供电，这里有几条常用的措施，可以根据具体情况和条件加以采用。

(1) 对要求较高的大型剧场，应考虑采用两个变压器供电的方式，如图 13-21 所示，电声音响设备与灯光设备各自使用一个变压器，这样就可较为彻底地解决来自电源的可控硅干扰。

(2) 对于中小型剧场、歌舞厅，在没有条件使用两台变压器时，则应从变压器输出端专门拉一路电源供给电声音响设备使用，最好是分相供电，在必要时可再增设交流电源滤波器和稳压器，如图 13-22 所示。当总功率较大而稳压装置不能满足要求时，则采取将功率放大器以前的设备接在稳压电源上，功率放大器直接接在普通电源插座上。

(3) 尽量选用抗干扰滤波性能好的可控硅调光器，以减少“干扰源”注入电网的谐波量。

(4) 灯光的供电线路，应远离音频线路，特别是传输低电平信号的话筒线，同时加强音频线路的屏蔽。

(5) 音频设备系统应有独立的接地端，该地线要专门埋设，不能和别的强电接地端相连，尤其不能和声光设备地线相连，以防其他设备的噪声、干扰通过地线进入音频系统。

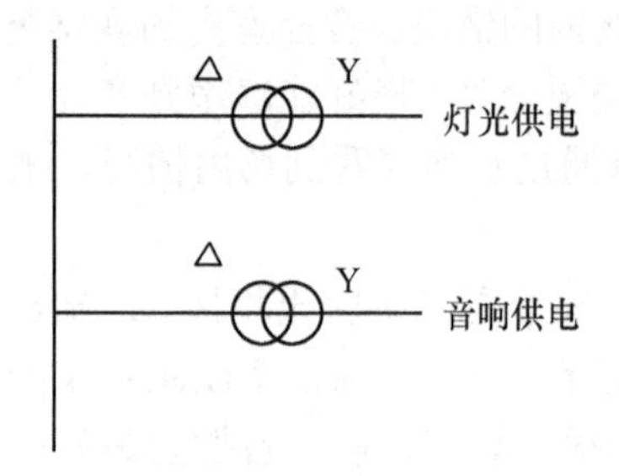

图 13-21　采用两个变压器供电

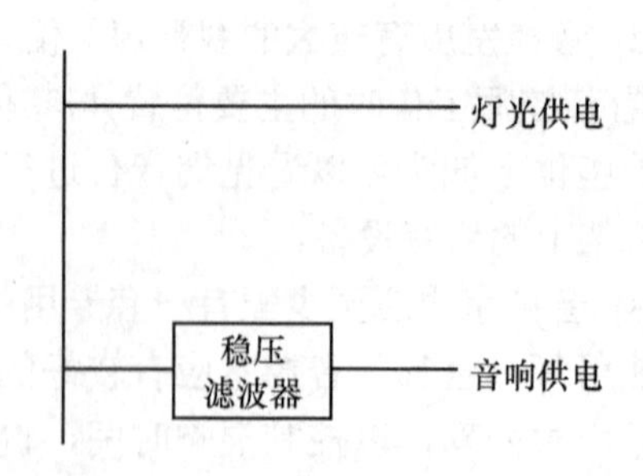

图 13-22　采用滤波稳压供电

(6) 总电源容量要留有余地，通常应取全部用电量的 3 倍。电源线要使用铜芯线，线径要足够粗。所有的电源插座都应统一使用标准的三脚插座，并将保护地线、零线、火线正确连接。每个插座保护地线最好直接接到音控室的专用接地端。

另外在供电方面要尽量使三相负载较为平衡，这对于电源质量的提高也有好处。

13.4.5　电声音响的管线工程

固定安装的电声音响系统，一般要将舞台上的传声器、电声乐器的信号经线缆送入音控室，又要将功放输出经喇叭线送至扬声器系统安装的位置，这些线缆都应穿管敷设。为了方便起见，在舞台上应装备传声器接线盒，扬声器附近应安装扬声器接线盒，这些接线盒最好应采用金属盒，并良好接地，以屏蔽空间电磁场的干扰。同时应注意这些接线盒不要与电源插座共用，以防感应 50Hz 交流声。

虽然电声音响工程中使用的信号线(不含扬声器线)都采用金属编织的屏蔽线，但作为固定设备的安装，不论暗管敷设还是明管配线，最好要用金属管敷设。所有的金属管道之间应当连接牢固，再由一根 $4mm^2$ 以上的铜线直接接到音频系统的接地点处。用金属管有几个好处：①线缆受到金属管的保护，可以防止受损；②防止空间电磁场的干扰，具有良好的屏蔽效果；③可事先作好配管工程，最后穿线，十分方便，而且更换线缆也较容易。

在电声音响工程的敷管、穿线中应注意以下几个问题。

(1) 灯光线与音频线要分管敷设，并且保持一定的距离。在平行敷设时，间距应在 1m 以上，最好是 1.5m 以上。互相垂直交叉时，也应在 0.5m 以上的间距，要避免平行走线。传声器引线应采用平衡接法，若能使用四芯平衡接法则更好。

(2) 三根以上电缆穿一根管子，总的导线截面积不应超过铁管内截面积的 40%，两根电缆穿同一铁管时，铁管的内直径应大于线缆直径的 1.2 倍。

(3) 为便于穿线，应该保证直管敷设时，长度不超过 50m；1 个～2 个弯时(95°～110°)长度不超过 30m; 3 个～4 个弯时 (95°～110°)长度不超过 15m。如果超过上述长度，则应在其间加设接线盒以便于逐段穿线。

(4) 所有的铁管、接线盒，都需连成一个整体不可间断，并保证其可靠接地。这一点十分重要，敷设铁管必须接地，否则会引起干扰。

在电声音响工程中，对于规模不大，音控室与舞台距离也不远，为了方便一些，此时也可用硬塑料管代替铁管。这样就无需对管子进行接地，但是塑料管仅有保护线缆的作用，没有屏蔽电磁干扰的功能，一般只用于管线不长的场合。

13.5 系统的接地

接地在电声音响工程中不仅起到防止触电事故的作用，而且对防止干扰，提高整个系统的信噪比有着不容忽视的作用。

为了防止通过地线将某些干扰引入音频系统，所以音频系统要设置专用的接地线，尽量不要与其他设备共用一根地线，尤其是可控硅调光设备。

在音频设备的接地中，总的原则是确保整个接地系统是一个“等电势体”，接地的各点不应有电位差，因此接地点不应构成回路。在工程上采用“一点接地”的方式来确保上述基本要求。

在音频系统中，信号的参考零电平称作信号地；埋设于地下的地线称作“真大地”；而设备的外壳构成机壳地，有时也称保护接地。在音频工程中，应将所有的信号地汇集于一点，通常是汇集于调音台，其连接是借助于信号电缆的金属编织屏蔽网层。此时应注意信号地需以调音台为中心，呈辐射状连至各个设备，不能有地线回路。外壳地的汇集点通常是 19 英寸(48.3cm)机架，它汇集各设备的外壳接地端以及管线工程中铁管的接地。同样，外壳地也从一点(19 英寸机架)并呈辐射状，不可有回路。最后用粗铜线将调音台的信号地汇集点与机架上的外壳地汇集到为电声音响系统专门埋设的地线上。

固定安装的扩音音响系统由于采用上述机壳地、信号地各自先汇集一点，然后再从机架和调音台上将其引接至真大地端的方法，因此在设备连接中应该注意卡侬连接器上的外壳地不要和屏蔽线的金属编织网层相连，也不要使金属网层碰到卡侬插头的外壳，否则这样的接地方式就会造成有“地线回路”存在的情况，影响接地效果。对于经常移动的系统，有时采用在单件设备上将信号地与外壳地接于一点的方法也是可以的，此时卡侬插头上的外壳地端与信号地端(1 脚)相连。在这样的系统中，与真大地连接端只能取自调音台一点，否则也将出现地线环路。

接地电阻理论上越小越好，在没有特殊要求的情况下，常年能保证小于 2Ω 即可。系统接地的方式及装置，如图 13-23 所示。

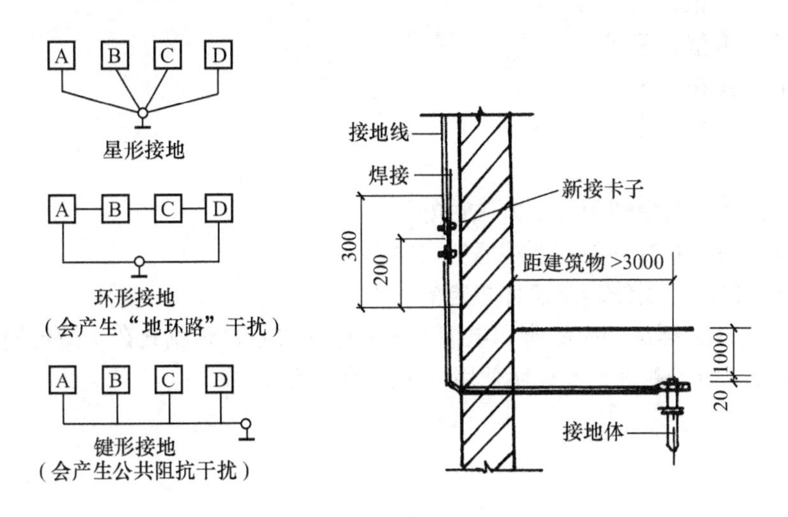

图 13-23　系统接地的方式及装置

总而言之，接地的原则是使整个接地系统成为一个等势体，不允许存在地线环路。在工程中若出现交流声等问题，应首先从接地方式是否合理着手考虑解决的方法。

13.6 设备的保养

(1) 所有设备不能长期搁置不用，要定期开机预热和检查。

(2) 插头、插座要事先试用再正式使用，保持接触良好，决不允许系统工作时产生断路或短路现象。

(3) 电容话筒头受潮极易变劣，在不使用时应放进干燥箱内保存。

(4) 传声器引线要编号使用(用颜色区分更好)，要经常检查插头、插座接触是否可靠，对已发现有问题的插头、插座要及时更换。

(5) 无线话筒电池接触要可靠，做到及时更换。

(6) 对有关设备已作调整的旋钮状态要记录下来(尤其是房间均衡器的旋钮状态)，以防不小心碰乱。

(7) 所有设备在接上电源前，应仔细检查电压、选择开关是否正确。

(8) 扩音系统开、关机前均应将调音台总音量关掉，否则极易损坏音箱。

(9) 在发生啸叫等异常情况时，应及时减小音量，否则会损坏音箱，甚至于损坏功放。

(10) 操作过程中音量与效果的改变应缓慢进行，切忌大起大落。

(11) 系统开启后，操作人员不能随便离开岗位，应时刻监视、监听整个系统的工作状态，若有异样情况要及时处理。

思考与练习

选择题

1.下列插头都可以用于平衡式传输的有　　( )

A. 大三芯、卡侬、大二芯

B. 大三芯、卡侬、莲花

C. 大三芯、莲花、大二芯

D. 大三芯、卡侬、小三芯

简答题

2. 在各类接地系统中哪种接地方法最好？

3. 音频设备的保养有哪些需要注意的内容？

4. 卡侬插头的三个引线脚是怎样规定的？

5. “三芯”(TRS)插头的引线脚和电接点是怎样的关系？请就其在平衡传输和立体声连接中的应用作详细说明，并进一步说明使用插头时的注意事项。

第 14 章

音频节目制作

本章要点

- 音频节目制作的目的与要求。
- 音频节目制作稿本的编写。
- 音频节目制作的主要环节。
- 音频节目制作的环境。
- 声音素材的拾取与采集。
- 常用的导播手语。
- 声音的后期编辑。

音频节目制作是一个涉及范围很广的系统工程。它是音频技术的一个重要内容，是达到音响技术最终目标的关键环节，被称作音乐的“三度创作”。开展这项工作既要有包括制作场所、设备系统及信号处理在内的技术手段，又要有对声音结构整体构思的艺术创意。

14.1 音频节目及制作过程

音频节目制作是一个涉及范围很广的系统工程。这项工作的开展既要有包括制作场所、设备系统及信号处理在内的技术手段，又要有对声音结构整体构思的艺术创意。作为音频制作工作者，应熟悉音频制作过程中的各个环节，掌握所需设备的性能及灵活运用硬件去进行创作。音频制作工作者不只是声音记录员，同时是制作者或创作者。因此，音频节目制作往往被称作音乐的“三度创作”。

14.1.1 音频节目的分类

(1) 根据声音信号的频域及响度范围，音频节目可分为语言、音乐、音响。

(2) 根据节目的制作方式可分为同期声录制和分轨拾音后期合成制作。

(3) 根据播出的形式可分为直播与录播。

(4) 根据节目的用途可分为广播节目、网络音响、娱乐欣赏和音频教材。

(5) 根据记录的媒体类型可分为磁带录音(含模拟和数字)、唱片录音(LP 和光盘)、胶片复制录音、硬盘存储及 IC 集成芯片录音。

14.1.2 音频节目制作的几个环节

(1) 确定选题、总体设计及稿本编写的前期工作。每一个选题都有它的明确目标和要求，对它的具体内容、结构、表现形式及效果处理等方面，进行技术与艺术的设计是非常必要的。为此将内容、构成设计等用书面形式写出来的就是“稿本”，有时也称“文字稿本”。

(2) 搜集资料、素材采集和拾取录音的中期工作。在确定了选题之后，应围绕选题收集资料，包括有声资料和文字资料。素材采集包括转录、复制、下载及数字音轨抽取的方法。拾取录音就是通过传输器、录音机等设备对新素材的录制。

(3) 素材的加工处理、编辑和合成的后期工作。利用音频节目制作设备，将前期采集、录制的各种声音素材进行加工、编辑以合成为符合要求的节目。

本章我们主要从稿本的编写、声音素材的拾取与采集、音频制作环境及声音的后期编辑等方面进行介绍。

14.2 稿本的编写

听众和读者是在两种完全不同的条件下接受作品所表达的内容的。阅读时，自己可以掌握进度，甚至于可以停下来思考、推敲以至于反复研读；聆听就没有这个方便，声音过耳不留，没有充裕的时间推理判断，听到语言和解释、理解语意是一个非常短暂的过程。因此，有声语言的文字稿应“为说而写、为听而写”，最基本的要求就是口语化和通俗化。

下面从词汇、语音、句子结构和修辞手段的运用等 4 个方面介绍有声语言写作的一些问题。

1. 词汇

使用词汇应注意多选用现代词、口语词，控制使用文言词、书面语。现代汉语词汇中，多数词语在口头和书面中都可以通用，但有部分词语只适于书面，例如，缄默、适逢、涉足、心悸等，就不宜在口头里使用；口头应多选用口语词以提高清晰度，增加可懂度。尽量避免使用生僻的词字，如奋勉、巡览、寂聊、迅捷等。文言词离口语太远，无论是在书面还是在口头都尽量少使用，写作是应注意控制使用，如“耄耋”，“锱铢必较”等。如“山穷水尽”、“鸟语花香”、“继往开来”、“肝胆相照”、“荣辱与共”等，人们已经十分熟悉，一听就懂，意义也深刻，应多加采用。

此外，一些方言土语，社会上不通用的简称，人们不熟悉的行话、专门术语等也应慎重对待，非用不可时，应加以解释。

2. 语音

词汇的选用还要充分考虑播出的音响效果，做到语音清晰、响亮，避免近音相混，造成误听误解。

1) 选用响亮字

字音的响亮与否，主要取决于元音开口度的大小，说话时嘴张得大的字声音比较响亮，反之，就不够响亮。如：

至—到　日—天　取—拿　立即—马上　迅速—很快　清楚—明白

汉字四声中，平音字声音可以拉长，仄声短促，一发即停。因此，平音字比仄声字音感较为强烈，而且余音连绵，恰当地使用平音字，能提高语言的清晰度，便于听众辨别词意。

要使声音响亮，除了注意单独字音外，还应注意音节之间的音差，讲究音节的对比度。同音或近音相连，音差小，即使是响音的字相连，听起来也不清晰，如“只知自己”、“聚居区”等，这一点在遣词造句时也必须引起注意，才能获得清晰、明朗的听觉效果。

2) 处理好同音、近音词

汉语中有许多同音、近音词，它们的声韵、声调完全相同(或相近)，但词义却截然不同，例如，单音节的：长—常　　终—中—钟……

　　　　　　双音节的：致癌—治癌　　受奖—授奖……

同音、近音词在书面上不会产生误解，广播则容易引起歧义。

如何避免同音、近音相混的现象呢？解决的方法如下。

(1) 改写。汉语中词汇非常丰富，遇有同音、近音相混的情况，应选用别的字词替代，或改用另外一种写法，例如，“产品全部合格”与“产品全不合格”，改写成“产品全都合格”与“产品都不合格”。“期中考试”与“期终考试”，将“期终考试”改写成“期末考试”。“致癌物”与“治癌物”，可以将“致癌物”改写为“引起癌症的物质”，可以将“治癌物”改写为“治疗癌症的物质”或“防治癌症的物质”。

(2) 尽量使用双音词。汉语里，一般地说一个字就是一个音节。一个音节的词叫单音词，两个音节的词叫双音词，两个以上音节的词叫复音词。单音词只有一个音节，同音近音的词容易听混；双音词音感强烈，比单音词好辨别，人们交际时一般也多用双音词，不但能使语言清晰、明朗，还会使内容表达得更具体明确。

(3) 用上下文限定词的含义。词语的使用都有一定的语言环境，用上、下文来限定词义，听众联系上、下文就能正确判断，如“越剧”与“粤剧”可以用“上海越剧”和“广东粤剧”加以区分。

(4) 加以解释。当上述办法都不能避免同音相混的现象时，就必须加以解释说明，例如，《十叟长寿歌》易听成《十首长寿歌》，可以解释：“叟”指老年男人。

(5) 读出声调上的细微差别。有些近音词，它们的音素相同，但声调不同，或轻重音不同，这类词播讲时如读得清晰准确，音差明显，让听众觉察出它们的微细差别，也可以避免听混、听错。

音素相同，但声调不同，例如，可喜—可惜、防止—防治、时事—逝世等。

轻重音不同，第二字重音，例如，近来、文字；第二字轻音，例如，进来、蚊子。

(6) 译制片中还要注意口形的协调。

3. 语句构成

语句同样应该采用口语句式，力求简洁明了。

(1) 多用短句、简单句；少用长句、复杂句。短句字数(音节)少，结构简单，说起来上口，听起来易懂，适用于口语；长句字数较多，修饰语用得多，往往句子叠句子，结构复杂，只适用于书面。用于广播的语言多用短句、简单句，少用长句、复合句。例如，“位于四川省西南风光秀丽的九寨沟吸引了成千上万的旅游者。”这句话很长，如改成“九寨沟位于四川省西南，她以秀丽的风光吸引了成千上万的旅游者。”听起来就清晰了。

(2) 善用设问句，少用倒装句。口语里常用自问自答的设问句，用以启发听众思路，或引出下文。例如，《话说长江》中的解说词：“俗话说：‘河有头，江有源’，那么长江的源头究竟在哪里呢？”又如，“在这样的冰雪世界里，这些动物为什么能够生存，而且还有这样大的能耐呢？”这两段话都是用设问句提出听众急于想弄明白的问题，紧紧抓住了听众的思路，语气活泼，犹如亲切的交谈。

为了表达的需要，书面上有时采用倒装句式，如“你的实验一定能成功，假如你坚持下去的话。”这样的语句结构并不合乎说话的习惯，在口语中应改成“假如你坚持下去的话，你的实验一定能成功。”

(3) 适当应用语气词、感叹词；少用关联词、代词。说话时恰当地应用语气词、感叹句，能使音色、语气、语调婉转多变，造成书面语体所没有的特殊语感。例如，“嘿！我们兰州哇，可真是个好地方。到夏天，瓜果可多呢，白兰瓜呀、香瓜呀、西瓜呀、又多又便宜，你使劲吃吧！”这段话先后用了几个语气词和感叹词，听起来语气活泼，很有情趣。但在书面文章中，用这么多的语气词，则反而显得累赘而令人厌烦了。

书面语常用“因为—所以”、“虽然—但是”、“不但—而且”等连词和介词来连接上下句，口述则较少使用关联词，常靠意合连接。例如，书面文章写道：“由于这座水库位置高，而且沟通官厅、密云两大水库，所以不仅有防洪、拦沙、灌溉、养鱼、旅游等多种作用，并且还是合理调配首都水资源的重要枢纽。”口头表达的说法是：“这座水库位置高，它沟通官厅和密云两大水库，能够防洪、拦沙、灌溉……还可以发展旅游事业，这座水库是调配首都水资源的重要枢纽。”

为了使文章简洁，避免重复，书面中常常使用代词或包含代词的词组代替上面已经出现过的词语。在口头表达时应尽量避免使用“以上”、“以下”、“前者”、“后者”等，对于人名、地名也一样，常把人名、地名重复说出。

4. 修辞手段

在准确表达内容的前提下，应注意运用恰当的修辞手段，充分发挥汉语的语音优势，加强语言的形象性和感染力，造成语言的声感美。以下列举几种。

1) 模拟

模拟是用语言把事物的形、色、声、味等逼真地描摹出来，绘声绘色，给人以真实、具体的感受。如轰隆隆打过一阵闷雷，哗啦啦就下起了大雨……。笔“唰唰”地写着，闹钟“嘀嘀哒哒”地走着，“稀里哗啦”是打碎物品的声音，“叽叽喳喳”是杂乱的说话声等，都能起到传声达情，让听众借声联想的作用。

2) 音节整齐匀称

音节整齐匀称，念起来就朗朗上口，听起来就悦耳动听。使音节整齐匀称的办法如下。

(1) 选择音节。《人民解放军九个师继续渡江》改成《人民解放军百万大军横渡长江》，单音节“渡”和“江”改成双音节“横渡”和“长江”。又如，胜不骄，败不馁，是多音节对多音节。

(2) 调整音节。出现音节有多有少，不能整齐划一时，可通过调整把音节少的词语放在前面，音节多的在后。例如，……欢迎来我们水乡亲眼看看这几年的变化，还可以尝尝我们的特产：香莲、甜藕、大鲤鱼”中，最后三个并列的词。音节少的在前，音节多的在后，有时也可以按从多到少的次序排列，例如，“生活区的一条大街上，百货大楼、邮电大楼、新华书店、食品店、服装店、照相馆一家挨一家；建筑别致的海滨影剧院、海滨饭店、学校、医院，矗立其间”。

(3) 扩充音节。适当增添一些音节，使语句节奏和谐。如“建立党的组织，传播马列主义，发动工人群众，组织罢工斗争，揭露反动组织，一件件都需要毛泽东同志亲自领导”，其中“建立党的组织”一句中“的”字，从意义和结构上看都是可有可无的，但从音节的配合上，则很有必要，加入“的”字，补足了音节，使前几句都保持了6个音节的均衡结构、整齐划一。

(4) 压缩音节。遣词造句时适当削减某些音节，使语句的节奏符合双音节化或四字格。例如，“用科学这把金钥匙打开回汉族人民的致富之门”，“回汉族”和“人民”搭配，三音节配双音节，如改成“回汉人民”的四字格，听起来就顺耳多了；又如，“知道不知道”、“同意不同意”在口语中可压缩成“知不知道”、“同不同意”。

3) 声调平仄相同

声调的变化(语音高低、升降、长短的变化)也是汉语语音的一个重要特点，老舍先生说：

“即使是散文，平仄的排列也该考虑，是‘张三李四’好听，‘张三王八’就不好听，前者二平二仄，有起有落；后者四字皆平，缺少抑扬。四字尚且如此，那么连说几句话就更应该好好安排一下了。”口语表达可以不必像写诗词那样讲究平仄的运用，但适当注意平仄变化，使声感优美还是必要的。

现代汉语普通话的语音中，阴平、阳平合称平声，上声去声合称仄声。平声字读起来音调高昂，声音能拉长，音感强烈，容易感知，但缺乏起伏；仄声字，字音短、拉不长、送不远，声音不明朗，但有动感。平仄相间能使语句抑扬顿挫，相得益彰。

有声语言如何利用声调变化的规律呢？

(1) 句子里的字音安排要平仄相间。以下是四声配合和谐，富有变化的例子，如“金色的十月，正是北京最好的季节。蓝天万里，一碧如洗，明丽的阳光洒满了广场……”

以下是四声配合不好，声调不和谐的例子：“今年的雨水真够多的，打立夏起就断断续续下雨……大片菜地被泡在雨水里。”

(2) 一句话里，如有并列的词或词组，它们之间，特别是最后的音节，也要注意平仄相间，例如，《话说长江》中《峨眉凌云》中的句子：“文静多姿的峨眉山，有小桥，有流水，没有多少人家；但是在丛林里，在溪流边，你可以听到山蛙在‘击鼓’，你可以看见猴子在‘传花’。”

(3) 上、下句终端的音节，要注意平仄呼应，抑扬起伏，避免“一边顺”(终端都是平声字或全是仄声字)，特别要注意避免相连的几句都是仄声字压尾。例如，光明磊落，不藏私心，任劳任怨，从不居功；讲究实际，不尚空谈，严于律己，宽以待人。

(4) 注意韵脚的和谐自然。押韵就是韵母相同，通过同韵相押，形成声音的回环。音节整齐匀称，能有节奏感，声调平仄相同就有抑有扬，如果再安排好韵脚，回环荡漾，就更富有和谐的美感，例如，这里有辽阔的牧场，这里有肥壮的牛羊，这里有勇敢彪悍的兄弟民族，这里有别具一格的院落和村庄。在这段话里“场”、“羊”、“庄”押的都是 ang 韵。

口语用的多半是散句，结构不那么规整，字数也长短不齐，押韵可以采取自由形式，具有较大的跨度。

叶圣陶先生在“关于广播语言中的一些简单的意见”中说过：

广播稿完全是让人家听的。

写稿的自己好好念一遍，就是自己先来检查一下，写下来的那些语言上不上口，顺不顺耳……要是不怎么上口，不怎么顺耳，必然是语言有毛病，就得修改。

念下去觉得里唆，意思必然不清不楚，不明不白，那大概得下手删除。

念下去觉得连不上气，意思必然有不怎么贯通的地方，那大概得重新说，或者换几个词，或调一些句式，或者颠倒一下语句的次序……

修改成什么样儿才了事呢？到自己满意，觉得“上口顺耳为止”。上口顺耳的稿子就是意思明白通顺的稿子，人家不必花费无谓的力气就可以了解，而且决不至于发生误会。

14.3 音频节目制作的环境

音频节目制作的环境包括制作场所和设备系统。有关房间环境的声学处理在第 9、10 章室内声学中已经讨论过，设备系统也在第 12 章常见音频系统的组成中有了初步介绍。本节主要从音频节目制作的需要出发，对环境场所和设备系统作一具体讨论。

14.3.1　音频节目制作场所

音频节目制作场所是指对声源的拾取、采集以及音频节目的后期合成、加工处理的地方。根据所完成的任务分为室内、室外。室内的有音乐录音棚、语言录音室、广播电视演播室、译配室、配音室及室内演出的音乐厅、剧场等。室外则是泛指户外演出场地、体育馆以及在街道、商店进行的新闻电子采访，或在机场、车站的电子新闻报道。

环境的声学特性直接影响着音频节目制作的质量，因为场所、声源和传声器之间构成了音频节目制作中的第一个环节。其声学环境主要包括：隔声隔振、吸声处理、混响时间、房间频率均衡特性、声场均匀度、反射与扩散、房间的尺寸比例及体积、调整控制等方面的参数。

录音棚又称录音室。它是为了创造特定的录音声学条件的环境而建造的专用录音场所。录音室的声学特性对于录音制作及其制品的质量起着十分重要的作用。录音室的形式多种多样，性能也各不相同。我们常常可以根据需要对其进行分类，例如，可以按声场的基本特点划分为自然混响录音室、强吸声(短混响)录音室以及活跃端—寂静端(LEDE)型录音室，也可以从用途角度划分为对白录音室、音乐录音室、音响录音室、综合录音室等。为叙述方便我们常常将录音室进一步划分为如表 14-1 所列的几种基本形式。

表 14-1　录音室基本形式及其主要使用特点

名称	基 本 形 式	使用特点
对白(语言)录音室	(1) 混响时间一定 (2) 不同混响时间组合 (3) 混响时间可调	(1) 单声轨单声传声器 (2) 单声轨主—辅传声器 (3) 双(多)声轨主—辅传声器
音乐录音室	(1) 混响时间一定 (2) 混响时间可调	(1) 单声轨单声传声器 (2) 单声轨主—辅传声器 (3) 双(多)声轨主—辅传声器
	(1) 短混响(强吸声) (2) 活跃端—寂静端(LEDE)型	(1) 双(多)声轨多传声器的(一次合成) (2) 多声轨传声器后期加工
综合录音室	混响时间一定	综合录音

在录音室的新建或改建中，有时对录音室的声学状态进行某些调整。为了造成不同的声音效果，需要在录音室内设置反射面或吸声面，或者对室内的混响时间作临时性调整等。应该强调的是，录音室犹如其他录音设备一样，也是用于对声信号控制的重要“设备”；正确地使用录音室，甚至可以起到调音台、延时器及混响器等音质处理设备难以起到的作用，而这一切都基于环境设计者和节目制作者对声场及影响声场声学特性因素的深刻理解。

在综合考虑了上述种种因素之后，并结合声源特征和节目任务要求，有针对性地设计满足不同需要的录音室(棚)。常见的录音室(棚)如下。

1. 对白录音室

对白录音室又叫语言录音室，它是以录制语言(节目)为主的专用录音场所，包括电影中的对白、旁白、独白、解说以及广播电视中的新闻、报告、广播剧等。这种录音室的主要特点是体积小、混响时间较短，一般体形比较简单、规则，除地面外，边界面吸声处理通常采用分散式均匀布置。尽管都是语言录音室，对于音质不同录制的对象，声学特性要求也有所差别。就体积而言，用于广播录音的录音室(或播音室)一般体积较小，通常不足 $100m^3$，许多播音室的体积均在 $45m^3$～$75m^3$ 之间，有的甚至只有 $30m^3$ 左右；用于电影、电视剧等语言录音的录音室，体积一般在 $200m^3$ 以上，有的甚至近 $800m^3$。就音质要求来说，前者偏重于清晰、自然、真实，而后者除了保证应有的清晰度外，根据节目内容的不同，往往还要求具有空间环境感、空间方位感及其他音色特点。

1) 混响时间及其频率特性

各种不同用途的房间，最佳混响时间各不相同。总的趋势是以语言为主的房间，最佳混响时间比传输音乐信号的房间短得多，并且与房间的体积有关。我国广播电视系统曾在提出了 0.4s 的单一最佳值的同时，对其频率特性作了具体规定，如表 14-2 所列。混响时间随频率的提高逐渐加长，其比例为 0.875∶1∶1.125。这是容易理解的，这种频率特性首先在于保证语音的清晰度与明亮度，并减小低频嗡声出现的可能性。这对于广播而言是至关重要的。

表 14-2　中国广播电视系统关于播音室最佳混响时间及其频率特性的规定

低频段 (125Hz～250Hz)	中频段 (500Hz～1kHz)	高频段 (2000Hz 以上)
0.35s	0.4s	0.45s

必须强调指出，在播音室或小型对白录音室中，扩散声场在许多频率上是不可能建立的，尤其是目前大多采用近距离拾音技术，混响对拾取的声信号影响很小。在这种情况下，改变音质状况的主要因素与其说是混响时间，不如认为是前期反射声了。因此，混响时间短、体积较小的各种语言录音室中近距离拾音，应把注意力放在反射声的控制上，不然的话，就应改变拾音技术或同时改变房间的混响时间。混响时间较长或混响时间可调的电影、电视剧或广播剧录音用的对白录音室就是因此而建立的。

电影及电视剧等录音用的对白录音室的一个重要要求是要创造一定的环境气氛，亦即表现人物所处的不同环境。为了满足这一要求，许多电影制片厂和电视剧制作部门几乎都不只建立一个固定混响时间及其频率特性的对白录音室，或者有一混响时间可调的对白录音室。

作为可调混响对白录音室的另一种形式，则是在广播剧一类节目的录音中兴建的一种称为文学录音室的组合式对白录音室。这种由若干功能不同、声学性能各异的录音室组成的一组房间，为一次合成制作技术提供了必要条件，从而大大缩短了节目的制作周期。这类录音室往往包括几种不同混响特性的对白录音室、混响室、(准)消音室以及音乐配音室和控制室等。这样就可以十分方便地模拟从室外到室内各种不同环境声学特点的声音效果。图 14-1 为一个文学录音室的平面示意图。图中还示出了该文学录音室各部分的混响特性，其中一部分(独立房间)用厚帘幕分隔成三个区域。帘幕的隔声值为 7dB～10dB(500Hz)。

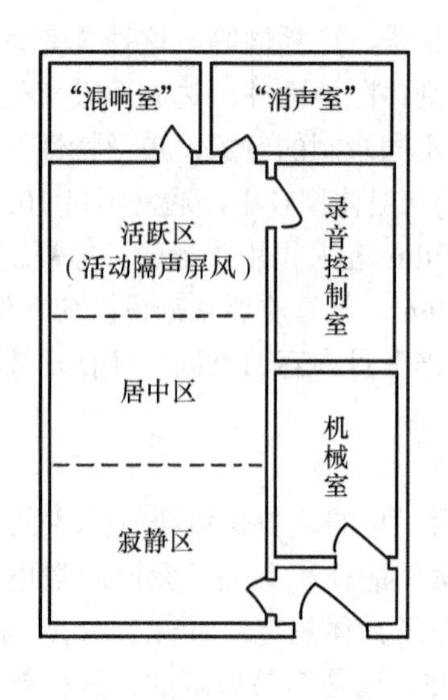

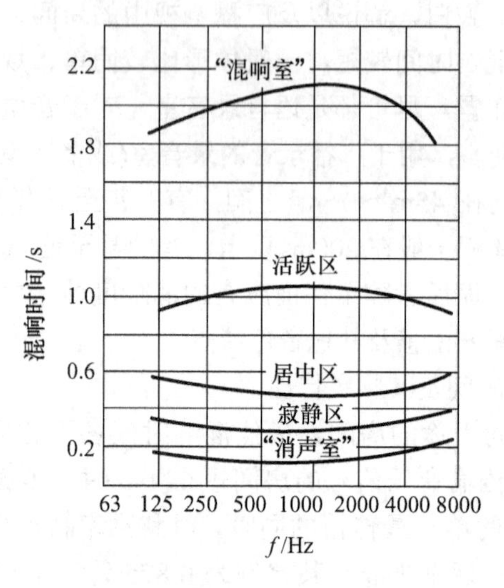

图 14-1 文学录音室的平面示意图

为了模拟各种声音效果，室内还设有门、窗、楼梯及各种路面等。当然，也可以以录音控制室为中心建有若干混响性能各不相同的独立录音室，甚至某些录音室的混响特性还可调节。

2) 小房间的声染色问题

低频嗡声是在小房间中录音时经常可能遇到的问题，处理不当将严重影响语言的音质，甚至导致录音失败。低频嗡声是一种声染色现象，许多电声系统及其他声传输系统都可能出现这一现象，只不过出现染色的频率不同而已。所谓声染色是指在信号传输过程中，由于各种原因使得声源中某一频率得到过分加强，从而改变了声源特性的一种现象。小型录音室，尤其是体积较小的对白录音室，这种现象尤为常见。

根据封闭空间波动理论，解决这个问题的基本思路有两个：第一，房间的体积应足够大；第二，房间的体形应不规则或有合适的长、宽、高之间的比例。若第一个条件无法满足，即使将小房间的体形设计成不规则型，要想达到较好的效果也是十分困难的。研究表明，消除声染色的有效而简便的办法，是增大房间的平均吸声系数及减小出现声染色频率对应的简振方式的能量。在一般情况下，当房间的平均吸声系数大于 0.3 时，小房间的声染色现象就不明显了。

另外，在小房间中录音出现声染色现象，除房间本身的因素外，还与声源以及声源和传声器的位置有关。

至于声源与传声器的位置对出现声染色的影响，应从简振方式激发的程度和其声压分布进行考虑，它们并不可能改变房间的原有特性。从理论上讲，简振方式被激发的状态与激励源的位置有关。在低频段，由于简振方式的数量较少，声源位置的影响相应加大。在一般情况下，当声源处于简振方式的声压腹点时，该简振方式就容易被激发。相反，如果将声源置于简振方式的声压节点，则较难激发。在实际录音时，一种已被实践证明的较好位置是矩形平面对角线的 1/3 处；如果出现声染色，适当地改变声源和接收点的位置，亦即改变房间简振方式的激发状态或简振方式的声压值，可望减小声染色频率的强度。

3) 对白录音室的声场特点

对白录音室由于体积小、混响时间短，声源又是高频能量小、低频能量大的语声，而且在大多数情况下，拾音点附近的声场以直达声为主，因而直达声场的有效范围比一般要大得多。在这情况下，前期反射声对音质的影响比混响声大得多。拾音时应注意分析和控制可能到达拾音点的反射声及其延时时间。

对于房间体积较大和混响时间较长的对白录音室，近距离拾音技术是难以发挥这种录音室的应有作用的。对于混响时间一定的录音室而言，可以通过对声源和传声器各自在空间中的位置，以及它们之间的相对距离；传声器和声源的声学特性，尤其是它们的指向性等方面的控制，来获得好的音响效果。

随着录音室声学特性的改善，目前已出现了从近距离拾音到根据不同的声音要求采取不同距离拾音的趋势。

2. 自然混响音乐录音室

近几十年，用于录制音乐的专用场所——音乐录音室的发展很快，形式也不断变化。它和录音制作工艺与拾音技术相互配合、互相促进，极大地推动了音质处理设备和技术的发展和更新。在这期间，先后出现了混响时间可调的自然混响音乐录音室、短混响音乐录音室、强吸声音乐录音室以及活跃端—寂静端型音乐录音室等。与此同时，隔声小室(Booth)和隔声屏风等附属设施在录音室中得到广泛使用。尽管如此，自然混响音乐录音室在音乐录音中仍然占据不可替代的重要作用。

传统的音乐录音室几乎都是混响时间一定的自然混响音乐录音室。与对白录音室一样，有人也称之为音乐录音棚。这种录音室的基本特点是房间的体积相当大、体形尽可能不规则、混响时间及其频率特性具有不同类型音乐所要求的最佳值、背景噪声水平很低，因此，在这一声场中扩散状态良好、声场分布也比较均匀。一句话，这是一种比其他所有录音室更加接近扩散声场的声学空间。实际上它就类似于一个音质良好的音乐厅。

一般地说，音乐的演奏几乎都需要一定的混响。就自然混响音乐录音室而言，至少应对以下几个问题加以考虑。

(1) 混响时间及其频率特性：任何音乐节目都要求各自的最佳混响，虽然这种混响可以由演奏音乐的环境声学条件直接获得，也可以利用人工混响进行混合而成，但根据音乐的类型和风格，通常都有一个选定值。自然混响音乐录音室的一个基本特点是录制的音乐节目的混响完全取决于录音室本身，而无需利用其他手段加以补充。

(2) 房间的体积：用于录制如交响乐一类严肃音乐的长混响自然混响音乐录音室，要求有相当大的体积，这不仅是混响时间和声扩散的要求，更重要的是为了避免室内的声饱和。

所谓室内声饱和就是室内声压级过高。过高的声级在听感上是声音“发炸”，震耳欲聋；而对于频率分布相当宽的音乐(特别是交响乐一类的严肃音乐)而言，在某些频段上就可能过传声器的最高允许声级，因此，很难通过传声器之后的声衰减加以纠正。通常的看法是，完全利用自然混响的音乐录音室，效果最好的实际上是体积在 10000m^3 以上的音乐厅。

解决声饱和问题的有效方法是适当增加室内的声吸收。室内边界面吸声系数的增大，从效果上讲相当于加大了房间的体积，但是也不可避免地减小了室内的混响时间。就录音而言，实用中当然可以采用人工混响的方法加以补充，只不过这样的录音室已不能再作为自然混响型的了。

(3) 房间的扩散：尽管严格意义上的扩散声场是难以实现的，大多数体形不规则或长、宽、高比例合适，室内的吸声面或反射面布置得当的大型音乐录音室是可能满足扩散声场基本要求的。值得注意的是，由于这类音乐录音室的体积相当大，如果处理不当，很可能缺乏必要的前期反射声。它将对音乐的亲切感、宏厚感及力度等感受有重要影响。在室内，早期反射声和直达声、混响声一起还对距离感和房间体积大小等感受起重要作用，即使混响时间合适，如果拾音点缺乏 50ms 以内的前期反射声，同样可能出现音质问题，如声音“发飘”等。

(4) 混响半径：尽管房间的混响半径并非描述房间声学状态的独立参量，但它对于描述室内不同位置的混响情况却有着十分重要的实用意义。在室内的不同位置上拾得不同的混响量。

在自然混响音乐录音室中录音，一个基本的要求是尽可能保持音乐演奏时的全部信息。由于这类录音室的体积都相当大，混响时间也比较长，混响半径的理论值与实测值不会相差太大。这就可以通过录音室的体积和混响时间求出混响半径值。利用混响半径的概念，适当地选取拾音点，就有可能只用一个传声器成功地拾取整个乐队的声音。通常的做法是，首先以混响半径为依据，然后再根据听感进行具体调整，以精确选定传声器与声源之间的距离和传声器放置的具体位置。

3. 可调混响音乐录音室和自然混响加人工混响型音乐录音室

这两种类型的音乐录音室主要都是为了满足不同风格、不同类型的音乐对最佳混响时间的要求而建造的，因此，它们都可称为“多功能音乐录音室”。这种多功能录音室并不是以牺牲音质要求而采取折中方案来实现的，因此从经济和制作上讲都具有一定优越性，是目前较流行的音乐录音室形式之一。随着近代录音工艺，尤其是拾音技术的变化，音质处理设备和技术的多样化，它们越来越受到人们的重视。我国 20 世纪 70 年代以后新建或改建的录音室大多采取这种形式，它们甚至还可适用于对白录音或混合录音。这是非常经济实用的。

可调混响音乐录音室的混响时间是以预期录制的音乐所要求的最佳混响时间及其频率特性为其调节依据的。其关键在于可变换的吸收面与反射面的面积。对于体积一定的房间而言，它是决定混响时间可调范围的唯一因素。

4. 短混响音乐录音室

这种录音室又称寂静型录音室，也称强吸声录音室。它的出现，一方面是为了适应音乐录音(尤其是轻音乐等的录音)，采用从主/辅传声器技术到多传声器技术的拾音方式的变化；另一方面则由于近代录音设备，尤其是音质处理设备的多样化使音色的创造成为可能。换句话说，强吸声音乐录音室是为了适应多传声器多声轨录音新工艺的特殊要求而建造的。某座强吸声音乐录音室的布局如图 14-2 所示。

所谓“强吸声”，就是混响时间很短的意思。例如，一间体积 2000m^3 左右的录音室，混响时间一般仅 0.6s 左右，甚至更短。这一混响时间值几乎不到自然混响录音室最佳混响时间的一半。在这种情况下，扩散声场的条件根本无法满足，实际上混响时间的概念已失去原来的意义，室内的声吸收成了反映房间声学状态的重要因素。

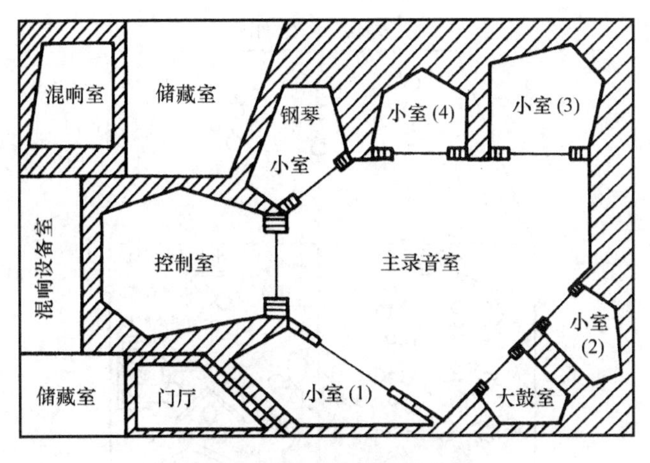

图 14-2　强吸声音乐录音室

事实上，在强吸声音乐录音室中采用多传声器拾音时，即使是近距离拾音(这是必要的拾音技术)，声道间的隔离度也难以满足多声轨后期制作的要求。除严格要求后期处理外，通常的做法是将各传声器拾取的信号在调音台上一次合成。在这种情况下，声道间有少量串音影响不大，有人甚至认为是有利的。

5. 活跃端—寂静端型音乐录音室

这是一种室内声场从长混响的活跃区向短混响的寂静区逐渐过渡的音乐录音室，人们简称为 LEDE(LiveEnd-DeadEnd)型音乐录音室。在这种录音室内录音克服了强吸声录音室的两个明显的缺陷。首先，由于强吸声录音室的声吸收很大，演奏员普遍感到极不习惯，“声音收不拢”、“听不到自己演奏的效果”等，因此演奏技巧难以发挥，这就容易失去音乐极其重要的“声音活物性”；其次，音乐的音色完全依靠音质处理设备和技术通过后期制作完成，音质不可避免地要受到不同程度的影响。许多空间信息尚难通过加工制作获得，即使仅就混响而言，采用人工混响的办法满足不同乐器的混响要求，不但与人工混响的类型有关，而且难以满足如交响乐一类的严肃音乐的自然度等要求。LEDE 型音乐录音室就是为改变强吸声录音室存在的这些问题而发展起来的。十分明显，这种人为的声场连续变化，就为不同乐器对声场的不同要求提供了先决条件。只要根据乐器的不同要求对其在室内的位置重新进行适当的安排，无论对于演奏者还是录音师，都将是令人满意的。

LEDE 型录音室的基本形式如图 14-3 所示。从图中可见，在室内一端的一定区域布置了大量反射材料，以形成声音的活跃端。这个区域，混响时间很长，有的甚至还可能出现颤动回声；在室内另一端的一定区域内，则布置了吸声系数较大的吸声材料或录音室分成若干声场不同的区域。在这一实例中，弦乐部分安排在活跃区演奏，效果良好；打击乐则布置在寂静区内。为了提高各乐器组或各声部之间的声隔离，还在不同的位置上设置若干隔声屏风。事实上，在这种录音室中录音，一般均采取类似的乐队布置方式。

为了进一步加大各声部或各乐器组之间的声隔离，同强吸声录音室一样，在主录音室周围还建有若干隔声小室。由于主录音室没有建筑上的固定隔断，只是通过声学处理实现声场条件的逐步过渡，因此两端区的混响时间改变量不大，一般只有 0.2s 左右。由于活跃区在声学处理上以反射面为主，一区域混响时间增加到 2s 左右。形成活跃区的这一小室，四周全都用厚玻璃建造，外加活动帷幕。这种边界面全是反射面的小室，还有极明显的类似于颤动回声的感觉。实用表明，弦乐器在此活跃区内演奏，效果极佳；主录音室的中部也比较活跃，通常可安排木

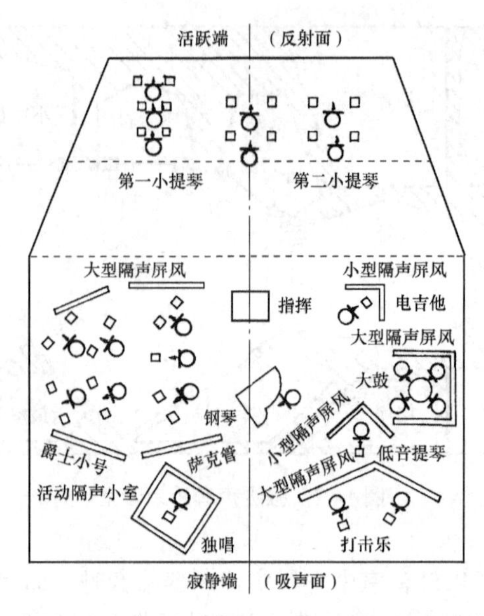

图 14-3　LEDE 型广播录音室及使用情况

管乐器；寂静区以演奏钢管乐器为宜；大音量的打击乐器和小音量的吉他等，则有专用的隔声小室。钢琴安排在寂静区的墙角处。

综合录音室是将分别录制在各条声带(或声轨)上的声音进行综合处理，实现总体艺术构思的重要场所。就电影电视录音而言，它是实现声音与画面有机结合，达到视听艺术的完美和统一的制作场所。因此，综合录音室又是鉴定声音质量的第一个关口。在综合录音室中尽管还可对各声带上的声音音色作某些必要的修改，但主要是以实现声音的艺术构思为目标，通过频率或响度的平衡调整各种声音的相互关系，如声音段落的起止与衔接、过渡或转换以及同步或非同步等。当然，在影视立体声中还应包括声像的配置。换句话说，在综合录音室中应最终完成全部声音的创作任务。综合录音过程中的监听与审听对声音质量的控制至关重要。

6. 综合录音室

总的说来，影视中的声音效果基本上不借助于房间，而由其本身实现。这就要求房间的声学条件应尽可能不影响影视节目本身的声音效果，对于立体声而言，这一要求尤为严格，否则将影响立体声声像的质量。基于这一基本要求，通常都把混录室的混响时间设计得尽可能短。这时室内平均吸声系数较大，扩散声场事实上难以建立。为了使声场分布尽可能均匀，并满足调音位置上的听音要求，例如，应有适当的前期反射声和平直的频响特性或最小的声像偏离等，在吸声材料或吸声结构的布置方面应以分散式、对称型为宜。如图 14-4 所示，为一直播与制作综合演播室的布局。

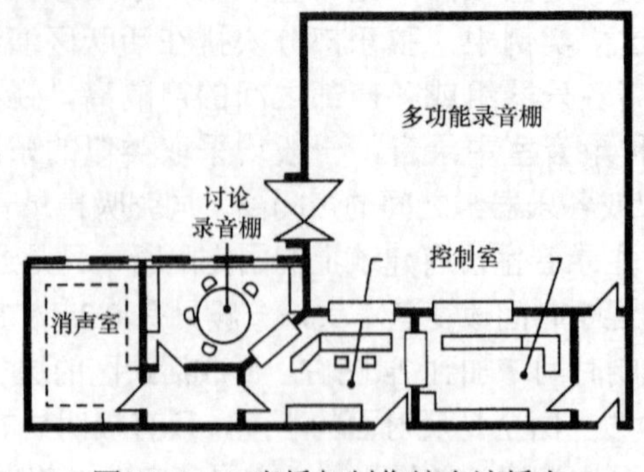

图 14-4　直播与制作综合演播室

14.3.2 音频节目制作设备系统的构成

音频节目制作设备按其对信号处理的性质，可分为模拟和数字两大类。按制作类型可分为主传声方式和多声道合成方式。图 14-5 是电视演播室录音系统的一种构成。

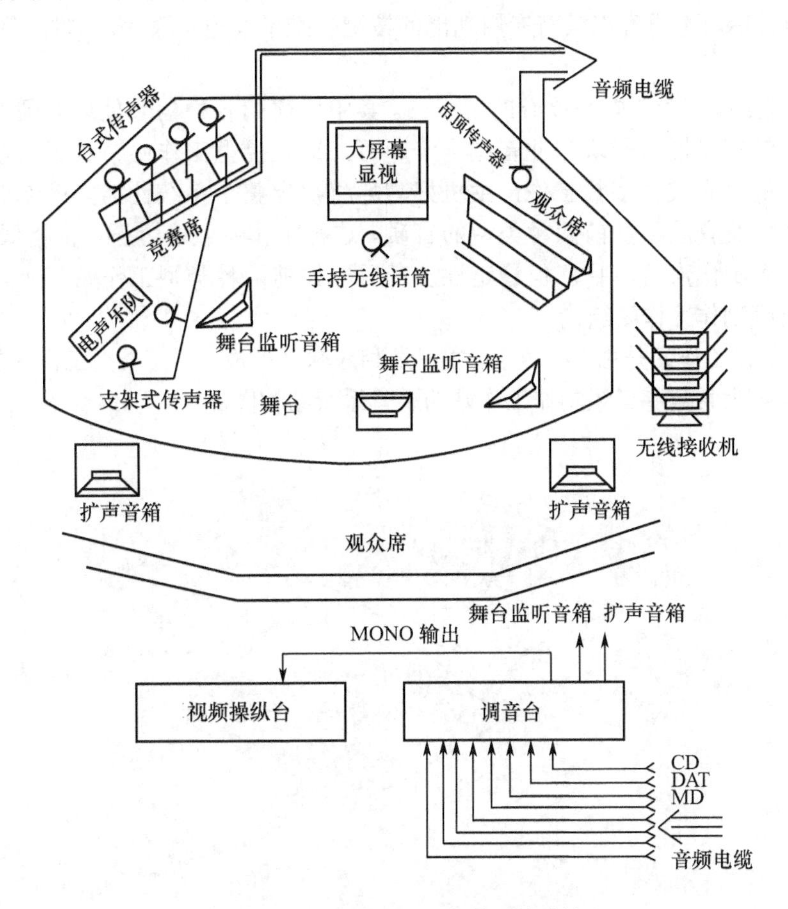

图 14-5 电视演播室录音的系统结构

应该强调的是目前数字音频工作站具有强大的数据处理能力，以计算机控制的硬磁盘为主要记录载体，完成声音节目的录制，声音加工处理，声音节目非线性编辑、播放及管理等全方位的数字音频系统。在节目制作中能完成多音轨录音、监听、放音、缩混、编辑、记录存储、多种声音效果处理(频率均衡、动态压缩及时间效果处理)及 MIDI 功能。除这些基本功能之外，它还有友好的人机界面、声音波形显示，将复杂的操作变得轻而易举。将这种工作站称为数字音频制作工作站。它是音频编辑的得力工具，不仅解决了模拟录音机进行编辑的繁琐、声像难于统一等问题，而且做到了模拟设备难于达到的声音创作，烘托画面的感染力，发挥出声音的表现力。因此在本章里我们主要介绍如何利用数字音频工作站做好音频节目。

1. 数字音频制作工作站分类

依据结构分为专业型或固定型、主控型(MAC 苹果机)及主机型(PC)三种。

(1) 专业型属于专用设备。即特别为节目后期制作设计的数字音频制作工作站。为了让使用者仍然工作于习惯了的模拟设备环境中，设备上控制部分仍采用了传统模拟设备的推子和旋钮，甚至采用惯用的名词标在操作旋钮上。这种数字音频制作工作站功能强大，但使用范围仅局限于声音后期制作，而且价格昂贵。

(2) 主控型即由主机控制的数字音频工作站。大量的工作要由专门的硬件完成，包括各种信号处理器。这些信号处理器通常放置在外置的机箱内，有的也会安装在音频接口卡上。这种类型的工作站常带有硬件接口，在与主机连接后，通过主机对各种硬件实施管理和控制，硬件的各种信息将显示在主机显示器上。这种类型的工作站与专业型工作站明显之处是操作面板为键盘和鼠标，不再存在具有专用功能的按键、推子及电平表等。这种工作站的主机采用苹果机。

(3) 主机型是指以 PC 机为核心的工作站。其中所需的各种信号处理器硬件不需专门设计，而是在音频接口插入一块专业音频声卡即可，比主控型工作站节省了大量硬件。在整个系统中，主机将完成大多数工作，主机好与坏将决定整个系统性能，而专业录音卡座将决定声音的性能及音质不如前两种类型的音质。这种工作站兼容性强，价格低，易于普及，尤其适用于个人制作声音节目。但稳定性及音质不如前两种类型工作站。

2. 数字音频制作工作站结构

数字音频制作工作站是由 I/O 声卡、主机及相应软件构成。不同类型工作站的工作系统不尽相同。图 14-6 为某数字音频制作工作站的录音系统结构图。

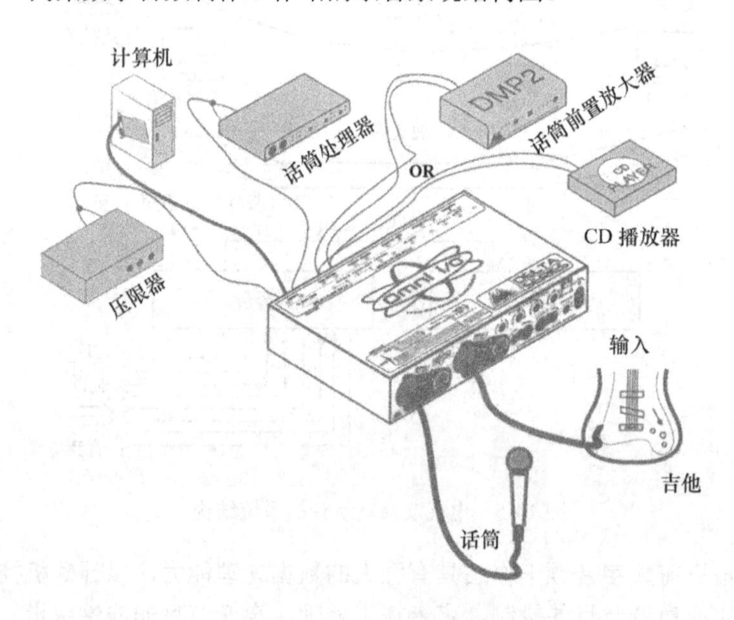

图 14-6　数字音频工作站的录音系统结构图

PC 机兼容型主要有：高质量声卡，并内置 A/D 模数变换、DSP、D/A 数模变换等功能模块；主机为一般型 PC 机；音声制作软件多种，如 Cakewalk、Audition、SAM2496、Nuendo 等。

常见的数字音频接口有：MOTU896、2408，M-AudioDuo、Omni Studio、Fireworke410 等。

3. 不同类型数字音频制作工作站比较

从具有的功能来看，专用型最为强大；从兼容性、性能价格比来看，对用于个人制作节目或经济薄弱的地方广播、电视台，主机型数字音频制作工作站具有首选的优势。但主机型具有自身问题，例如稳定性不高，在制作节目当中会增添不必要的麻烦。

主机型(PC)所配置的声卡易于发生数据阻塞现象。这是因为这类声卡要具备声音信号处理硬件 DSP，这时在声卡与主机连接的计算机总线上不仅传输声音的数字化信号，还要传递 DSP 控制数据。

当前数字音频制作工作站互相借鉴其他类型工作站的优点，从而产生互相渗透的产品。

主控型和主机型属于以桌面计算机为基础的系统，采用 MACⅡ机及 PC 机作为平台进行录音、混音及后期编辑等工作。桌面计算机不具备对数字音频和视频信号直接处理能力，而是具有通过第三方(使用者和桌面计算机平台为两方)增设开发的硬件和软件将桌面计算机扩展为 AV 工作站，使其具备对数字音频的多数量声轨进行编辑及存储的能力。具体做法是在桌面计算机的扩展槽上安装音频信号处理卡及相应的音频制作软件。其中苹果 Macintosh 计算机系统采用了高速内部扩展总线(MuBus)，使用 SCSI 母线作为与周边设备的接口，并具有一目了然、形象化的图形用户界面，使得由苹果 Macintosh 计算机系统构成的工作站成为很受欢迎的机型。

14.4 声音的拾取与采集

14.4.1 自然声拾取要点

从节目制作工艺来分，有两大类：①现场同期声拾取并同时完成整个节目；②前期准备声音素材，再依据不同艺术作品的要求将声音素材合成的后期制作。无论采用哪种制作工艺，声音的获取都是必须做的工作。这项工作对保证节目质量至关重要。

对声音的拾取不单是传声器自身的性能问题，它是建立在对一个声音如何评价的基础上合理使用传声器，来满足不同的艺术作品对声音的要求，也就是说还有一个传声器之外的因素，那就是环境。这里再结合声音的拾取进行进一步的讲述。

14.4.2 传声器性能与声音拾取之间的关系

传声器在声音拾取中是一个器件，起着将声波转为电信号的作用。因此使用传声器时，应将传声器自身所具有的特性与被拾取声音的特点联系起来考虑。

1. 方向性选择

无方向指向传声器适用于拾取演出现场的环境声或者效果声，称之为环境传声器。对舞台上演出的声音进行全方位的拾取，又称之为主传声器。

双方向指向性传声器对两个方向来的声音有同样的灵敏度。从后部来的声音产生的电压与前方来的振幅相同，但相位差 180°，即反相。

单指向性传声器适用于拾取环境声杂乱的场所中某局部声源的声音。如拾取交响乐队中某件乐器发出的声音或在嘈杂的街道被采访人的谈话。至于选择心形、锐心形还是超指向性传声器，应视具体要求及现场情况而定。

2. 频率响应的考虑

电动式传声器及电容式传声器具有不同的频率特性。同一个传声器可能具有各种频率响应，它取决于工作于不同的指向性以及不同的设计。

低音频的抬升可使一个单薄的声音变得饱满、浑厚；但过分抬升会使声音浑浊、清晰度下降。因此合理地处理低频响应对声音的音质至关重要。当选用动圈式传声器时，可采用调音台或者前置放大器的频率均衡中的低频补偿，或利用近讲效应使其低频响应抬升。

3. 输出阻抗带来的影响

输出阻抗取值要从以下诸因素考虑。

低阻抗的传声器其优点是：由于采用数值低的特性阻抗连接线，可消除诸如电动机和荧光灯引起的静电噪声的干扰。

高阻抗的缺点是它们的高阻抗传输线容易拾取到静电噪声。为了消除采用带有屏蔽的双线，围绕着屏蔽的双绞线所形成的电容跨接在传声器输出端，其影响远大于低阻抗，会使传声器输出中的高频分量丧失。

平衡传输电路可消除外界静电噪声或电磁干扰的交流声，因此在实际运用中，尤其低电平信号在传送中均采用屏蔽双线(如话筒线)和卡侬(或大三芯) 插接头。

4. 等效噪声

传声器自身的噪声是很低的。主要是外来的杂乱声压引起的噪声，尤其高灵敏度、强指向性传声器。

5. 动态范围

声音强度的变化有个动态范围，对于低声压级的声音，如交响乐队小提琴独奏，或演奏遥远的声音，这时要考虑传声器的等效噪声的影响，即低声压级声音拾取受传声器固有噪声的限制。而高声压，如交响乐曲会有高达上百分贝的动态范围。此时要求传声器的振膜必须有相应的动态范围，才不会在声电转换中带来声音失真。另外为了不使信噪比降低，可采取加大后续设备输入衰减器的衰减量或串接压缩器。

6. 结构

传声器的膜片直径尺寸增大，会使承受的声压级高，产生的电信号幅度大，低音频丰富，但灵敏度不如小尺寸膜片。灵敏度高可把微弱的声音拾取，使声音细腻。因此对于打击乐例如鼓适用膜片大些的传声器，而弦乐中的小提琴应用膜片小的电容传声器。

14.4.3　艺术形式与空间模式关系

空间模式是对表演所在场所的描述。如容积、吸音、结构等。可分为室内、剧场、小型厅堂、会堂以及教堂等场所。

艺术形式与空间模式之间的关系要相适应，或者说“匹配”。如交响乐录制后的声音形象要具有较强的空间感，显示它应有的态势和气魄，而不能使人感受是在容积小的室内表演，听起来有种小气之感。相反，若琵琶独奏时，感受空间感很强反而本末倒置。

因此，在拾音中要注意艺术形式与空间模式相适应，使欣赏者听到一种艺术作品时，其感受无论在音质上还是在氛围上都是和谐的。

14.4.4　声音拾取与环境

1. 环境影响声音音质

关于声源发出的声波在封闭房间内的传播，其早期反射声、混响声对房间的空间感起着举足轻重的作用；而直达声对欣赏距离、声音层次感有着直接关系。改变早期反射声延时与直达声的时间、早期反射声的密度及衰减速率可在同一房间产生不同的空间感。这说明声音拾取与环境的关系很是密切，声音制作人员要因地制宜地利用环境为其服务。

(1) 空间感与早期反射声的关系。不同的环境中听音感受是不同的。原因是造成的早期反射声与直达声到达听点的时间不同，使得听音具有不同的空间感。而且即使在同一房间讲话，也会因位置不同产生不同的感觉。

此外吸声材料的吸声量是不同的，结果是人耳感受到的声音有明显差别，对于刚性材料，如大理石会使高频产生强反射，听起来似乎声音撞到大理石立即弹回来的、一种生硬的“当当声”。若墙面铺置木板，声音听起来会柔和些。

(2) 音质与反射声关系。声音在房间内各方向扩散越杂乱，则反射声多，表明房间活跃，反之则为寂静。寂静声场中拾音对传声器放置的位置不苛刻。

(3) 反射声能够扩大声像范围。

2. 拾取反射声营造空间模式

合理地拾取反射声，营造不同的空间模式对声音节目制作很重要。因为拾取声音现场的声学环境不可能满足所有节目的需求。

3. 使用反射板营造空间感

利用反射声营造不同的空间模式，常常采用可移动吸音板和反射板，它们往往做成一面为吸声系数大的吸声体，另一面为吸声系数小的反射板，并可移动的不同吸声量的界面。可移动吸音板的位置、拾取反射声的传声器个数和位置，以实际听音效果作为依据进行调整。可移动吸音板的位置可以多种，但原则是阻挡不需要的反射波。而所设立的传声器要使主轴面对准拾取的反射波。

14.4.5 传声器与声源距离

传声器与声源的距离影响声音音质，如声音层次、空间感、声音的形象化等，反映出不同的艺术形式和空间模式。传声器与声源距离对声音产生的影响主要有以下几点。

1. 声音音质

距离会影响直达声及反射声进入传声器的比例发生变化。距离近，直达声成分多可使声音朴实、亲切，尤其是歌声，声音的本色可充分表现出来，使欣赏者拉近了与声源的距离；传声器的近讲效应得以利用，可使声音丰满、浑厚。当拉开与声源的距离，会在活跃的房间产生较多的反射声，使声音夹杂着环境感，但破坏了声音的真实性。

2. 声音层次

层次的含义是同一事物由于大小、高低等不同而形成的区别。对声音而言是针对一个整体中的各个部分，如交响乐队不同乐器组的远近；同一首乐曲中反映出的要表达的声音远近及位置感等。

3. 声音形象化

声音形象化是把听到的声音视为视觉上的感受，也就是听其声，想其行。如舞台上的演员带着动作讲话。读者可想象出：用一个固定位置的传声器与演员带着领夹式无线传声器拾取相比的结果。前者因演员的动作与固定传声器的距离发生变化，会使声音的响度产生差异，听者仿佛看到演员正在舞台演出。而后者却是一个响度，就像在一个地点不动说话，不会让听者感受到舞台上的演员是在走着讲话。

4. 反映出不同的艺术形式

传声器与声源的距离对艺术表现的影响也很大，如带有伴奏的独唱，演唱者的歌声一定要从伴奏声突出出来。此时传声器要靠近歌手，而拾取乐队的传声器离乐队远些。再看同样是管弦乐，在拾取轻音乐与交响乐时，一定要把交响乐的气势或者说为态势充分表现出来，不是用响度大就能做到的，传声器要拉远与乐队的距离。

5. 信噪比

距离拉近会使讲话者的喘气声、气流摩擦声等进入传声器，离远些周围的声干扰会窜进传声器，造成信噪比降低。因此传声器与声源的距离要适中，或者加装防风罩。

另外，拾音的方式也很重要。注意处理好传声器与声源间的距离关系和高度及方位关系。

1) 传声器与声源的距离

(1) 远距离拾取。远距离通常指离声源 1m 或更远的地方放置一个或多个传声器，这样可以产生明亮、清晰的声音效果。

(2) 近距离拾取。近距离拾取是传声器离声源几厘米到几十厘米，不超过 1m，这样可以产生温暖感和亲切感。

2) 传声器高度及方位

方位是指传声器处于声源的正前方、偏上方、偏下方等，其方位乃至高度与声源的辐射特性密切相关。

14.4.6 传声器摆位考虑因素

(1) 声源的声音辐射特性包括指向、辐射区域及其指向频率特性。对大多数声源来讲，当传声器正对着声源的主辐射方向放置，由于集中于高音频辐射区拾音，会使声音发亮、尖锐。为了避之，此时传声器的主轴方向有意偏斜一个角度，以使声音自然、柔和。采用多个传声器相对于一个声源的不同角度进行摆放，可拾取到声音的本色。

(2) 声源自身发出声音频率，连同泛音在内的音域。如大提琴，虽然它是低音乐器，但其泛音可达到 8kHz。实际发声频率与所演奏的乐曲有关，如单簧管在高音演奏时音域最高频率可达 12kHz，因此传声器位置安放也要注意这一点。

(3) 依据所演奏作品的内容要表达的意境、情感、氛围。

(4) 声源发出声音的声压级大小，如铜管乐器，打击乐器中的鼓、锣、钹发出的是高声压级声音，而竖琴是低声压级声音。单把小提琴音量小，但在乐队中由于数量多，会增加其响度。因此弦乐四重奏或大型乐队中弦乐器传声器离提琴的距离有所不同。

(5) 拾音场所的声学环境，如声扩散程度、混响时间等。

14.4.7 传声器几种拾音摆位的实例

1. 口声的拾取

图 14-7 是口声拾取的示意图。人的声音其频率范围 85Hz～14kHz，从声音的类型来分，可分为语言、独唱和合唱等。

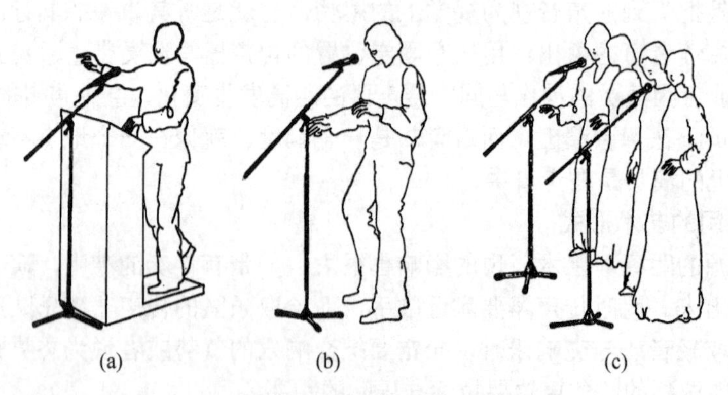

图 14-7　口声拾取的示意图

(a) 演讲；(b) 独唱；(c) 合唱。

2. 弦乐器声的拾取

弦乐器主要有小提琴、大提琴和大贝斯等。其频率范围小提琴为 200Hz～10kHz；大提琴为 65Hz～520Hz，其泛音频谱达到 8kHz；大贝斯是管弦乐器中音调最低的乐器之一，四弦大贝斯音调低到 41Hz，五弦大贝斯低到 33Hz ，上限约为 260Hz，泛音频谱达到 7kHz。如图 14-8 所示是弦乐器声拾取的示意图。

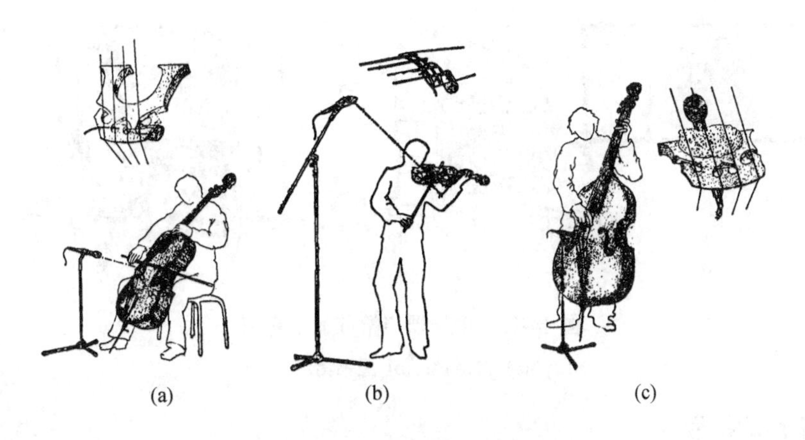

图 14-8　弦乐器声拾取的示意图

(a) 大提琴；(b) 小提琴；(c) 大贝斯。

3. 木管乐声的拾取

木管乐器有正常的基音，但是二次谐音和四次谐音可以通过过量吹奏即靠吹气压力的适量增加而吹出。长笛频谱的上限是 3kHz～6kHz，拾取长笛的声音，传声器选择和位置如图 14-9 所示。

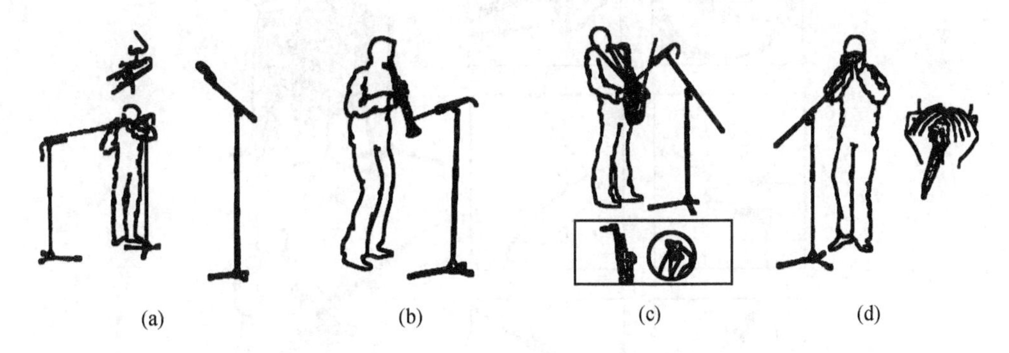

图 14-9　木管乐声拾取的示意图

(a) 长笛；(b) 单簧管；(c) 萨克斯；(d) 口琴。

4. 铜管乐声的拾取

铜管乐器的辐射图形比木管乐器图形要简单得多。拾取铜管乐器的声音如图 14-10 所示。

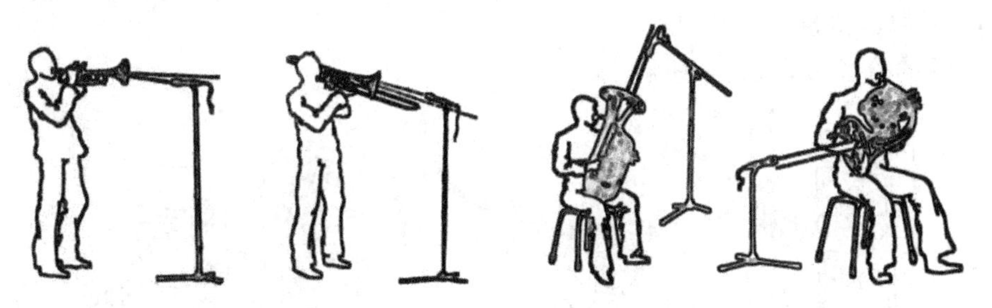

图 14-10　铜管乐声拾取的示意图

5. 键乐器的拾取

大钢琴琴盖的角度决定了全部频率范围的辐射角。竖式钢琴与大钢琴的形状相差很大，但可以采取与大钢琴同样的拾音技巧。大钢琴和竖式钢琴的拾音如图 14-11 所示。

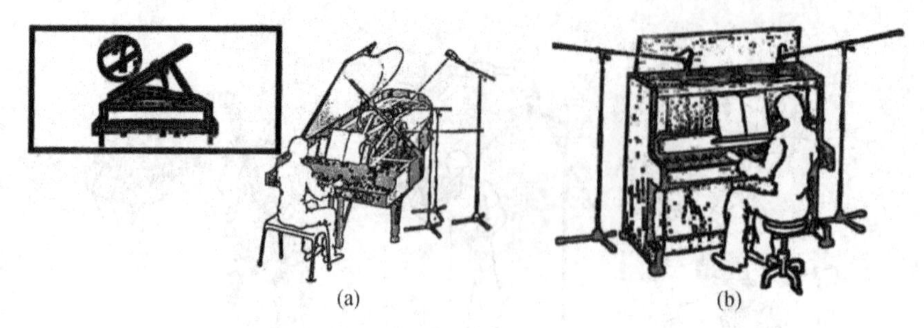

图 14-11　键乐器声拾取的示意图

(a) 大钢琴；(b) 竖钢琴。

6. 打击乐声的拾取

在对打击乐声的拾取时，每只传声器都应对准所要拾取对象的位置，并平衡和补偿单个传声器，达到较为理想的效果。拾音布置如图 14-12 所示。

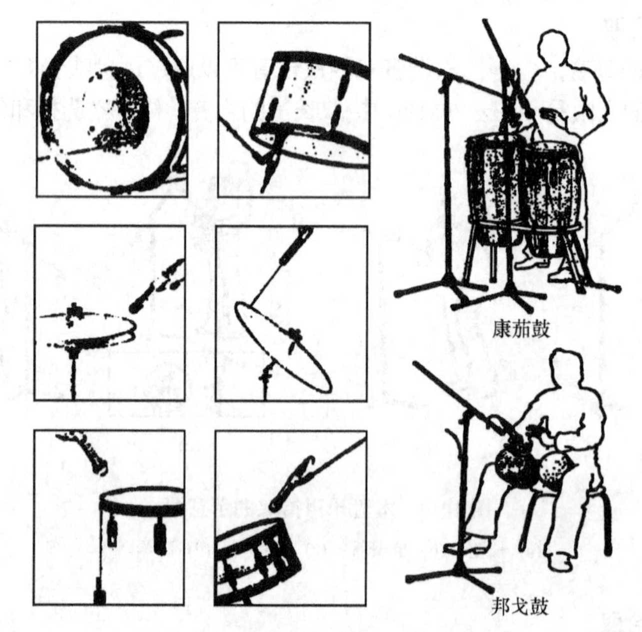

图 14-12　打击乐声拾取的示意图

7. 电子乐器的拾音

电子乐器的拾音如图 14-13 所示。

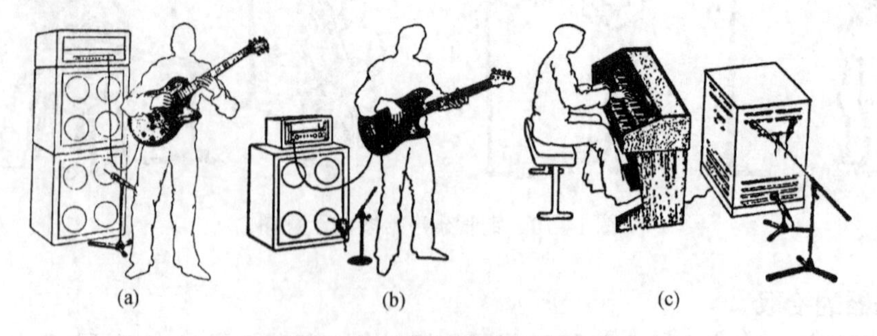

图 14-13　电子乐器的拾音

(a) 电吉他；(b) 低音吉他；(c) 电子风琴。

14.4.8 主辅传声器拾音格局

1. 主传声器

主传声器是为拾取整体声音而设置的，对于演奏现场，如录音棚、演播室及演出舞台可用主传声器对乐队的整体声音效果的拾取；也可在大厅里立起一定高度，在靠近舞台口左右处放置两只全方向传声器，连同演出场所的空间感一起拾取；或者向观众席，左右大跨度立起两只指向型传声器拾取现场效果声，作为素材供后期制作需要。

2. 辅助传声器

辅助传声器是用来改善声音效果而安放在个别声源前、拾取该声源声音的点传声器，用以弥补单靠主传声器拾取的声音存有如下的种种不足之处。

(1) 整体声音中，一些发音弱的乐器失去原有的分量。

(2) 对于低音乐器发出的声音，因其波长绕射能力强而使低音乐器声像定位模糊。

(3) 由于反射声进入会使一些乐器发出的声音清晰度下降，缺乏应有的质朴感。

(4) 达不到演奏作品要求的艺术音响效果。

主传声器与辅助传声器二者间应处理好音量比例及声像一致。不能由于增设辅助传声器而使该声音突出，有跳出整体声音之外感觉。主传声器与辅助传声器相结合的拾音格局广泛用于声乐中的合唱、有伴奏的独唱；器乐中独奏、协奏、大型管弦乐等声音的拾取。

14.4.9 双声道立体声拾取方式

双声道立体声拾音是在相当于人双耳位置处放置一对传声器替代人的双耳，利用人的双耳效应，对偏离中央的声源通过产生声压级差和因距离差所形成的时间差(相位差)来获取声音的宽度感、临场感以及声像定位。

1. AB 式拾音

使用灵敏度和单指向性(常用心形指向性)完全相同的两只传声器，左右各放置一只，其间距从几厘米拉开到几米，其指向主轴对着声源。两只传声器分别拾取左右声源，以时间差为主提供立体信息，故而拾取到的声音富有自然感以及临场感。当左右两路输出信号合起来可作为单声道信号输出，以供给目前我国电视广播的伴音或语言广播所用的声音信号。AB 式拾音会产生两路信号相位干涉现象，使有的声音频率信号幅度增强，而有的频率信号幅度减弱，造成输出信号的频率响应起伏，犹如经过梳状滤波器，导致声音音质变坏。因此在兼顾录音和现场播出时不采用 AB 制式。考虑到宽场景情况下，对 AB 式进行了改良，形成小 AB、大 AB。

2. XY 式拾音

XY 立体声传声器由处于同一轴向上下紧挨着、夹角为 90°～120°范围内的两只传声器构成。两只传声器指向主轴朝向左右两声源。两只传声器采用同一指向性，通常为心形或双向性，利用它们的指向所产生的灵敏度差，形成声压差从而产生立体声声像。

XY 式的优点是左右声道信号不存在相位差，因此克服了 AB 式左右信号合起来造成的梳状滤波器效应，可以做到立体声和单声道较好兼容。

由于两只传声器主轴偏向左右，对于中央声像，拾取的信号幅度弱，容易产生声音脱落，导致中央声音空洞。

3. MS 式拾音

其位置结构等同 XY 传声器，所不同的是指向性。一个指向性为朝向正前方的心形，称为 M 传声器；而另一个以左右为主轴指向的双方向称为 S 传声器。

朝向正前方的 M 传声器，同时拾取的左右声源，故输出信号为左右声源信号之和，即 M=L+R。

而双方向的 S 传声器，由于两主轴产生的信号相差 180°，拾取到的信号为左右声源信号之差，因此输出信号为 S＝L−R 或 S＝R−L。

依据以上所述，由心形和双方向传声器各自输出的信号分别为 M=L+R；S=L−R。

然后将 M、S 传声器输出信号经具有和差运算的矩阵电路，分别形成 L、R 两路立体声信号。

M+S=(L+R)+(L−R)=2L；M-S=(L+R)-(L-R)=2R。

若将分离出来的 L、R 立体声信号再合起来，其结果为：合成信号仅存在 M，而 S 传声器的输出抵消掉。也就是说在形成单声道时，S 传声器失去作用，仅有单只心形传声器拾取信号，做到了立体声和单声道的兼容性。

由于 M 传声器采用主轴朝向中央位置的心形指向性，不会造成 XY 式产生的中央声变弱的中间空洞现象。

14.4.10 双声道立体声拾音格局

1. 组合式双声道立体声传声器

组合式双声道立体声传声器是将两个拾音头按照 XY、MS 式做成一体，故又称之为重合式。对前方的声源进行双声道立体声拾取，有时采用将两个拾音头在垂直方向上下紧挨安放在一个壳内，故又称之为同轴立体声传声器。常用于对舞台演出进行同期声录音。

2. 采用两只传声器双声道立体声拾取

它是建立在 AB 式基础上将两只灵敏度、指向性(心形指向)完全相同的两只传声器放在一个水平面，间隔可从几十厘米到数米从而形成小 AB、大 AB，是众多声源出现在较大规模场合下常用的拾取方法。

1) 小 AB

所谓小 AB 是指两只传声器的间隔在十几厘米到几十厘米之间，其具体值依场景宽度而定。常采用的方式如下。

(1) ORTF 方式：法国广播电台提出并推行使用。间距 17cm、两个心形传声器主轴面向声源并张开 110°。放在两者之间的隔板，可提高立体声分离度。

(2) OSS 方式：瑞士广播电台首先采用的、间距 16cm、两个主轴夹角可调整的全指向传声器。两个传声器之间由一个直径 30cm 具有声阻尼的圆形板隔开。

(3) DIN 方式：德国提出，间距 20cm、两个主轴夹角 90°。

它们都是在模仿人的双耳(人双耳间距离通常为 20cm)，以做到拾取的声音既有声压级差又有相位差。

2) 大 AB

所谓大 AB 是指两只传声器的间距将达到米数量级，甚至为 3m 之远，尤其对上百人的大型交响乐队演奏声的拾取。常用的做法如下。

荷兰做法是两只全指向传声器，间距 38cm，两个主轴夹角视场景宽度可调。

美国做法是两只全指向或心形传声器，间距 0. 5m～3. 5m，两个主轴夹角视场景宽度可调。

目前，使用两只传声器拾取双声道立体声较多采用小 AB 式或大 AB 式，但随着间距的增大，会使中间拾音弱，造成声音整体中位于中心的声源响度低，导致"中空"。为了弥补"中空"，在两个传声器中间再安置一只传声器，在调音台内以单声道处理，平分给左右两声道，称之为三点式。这三只传声器可按一字排开或一前二后呈现等边三角形。至于边长值，视拾音的范围而定，对于大型乐队或演出队，边长值要增大。无论采用哪种，均是利用时间差(即相位差)和声压级差获取立体声声像。

14.4.11 双声道立体声拾取应注意的问题

立体声拾音时应注意如下提及的几个问题。

(1) 左右声道增益严格一致，也称做增益平衡。这就要求左右两个声道增益严格一致，若左声道增益大于右声道增益会使实时声源的声像向左移，连同中间声源的声像也向左移。产生的声像偏差将随增益差加大而加大。为了确保左右声道增益严格一致，应做到：

① 无论采用重合式立体声传声器还是用两只传声器形成 AB 制，应为同一型号，并且它们的性能参数应一致，尤其是灵敏度、指向性的一致，即做到"配对"使用；

② 使用时，传声器表面上的开关放在相同位置，如指向性、低频切割及灵敏度调节等；

③ 调音台两个通道增益一致。

(2) 做到艺术形式与空间模式的平衡，主要涉及到非直达声占据整个声音的比例。一个音量大的声音，如一支管弦乐队，为了逼真地显示出其艺术形式，应考虑尽量多地拾取非直接声。

14.5 声音素材的采集

声音素材的采集是指所需的声音素材不经声电转换而直接获得音频电信号的方法。例如，音响资料经各类音源设备(CD、VCD、DVD、MP3、MD、录音笔、TAPE 卡座等)或利用 MIDI 制作系统获取。前者是从已制作好的录音作品直接摘取，而后者为电脑音乐制作。所获得的素材可用在电视剧、专题片、广告等一切需要配乐的地方。还可用作现场表演所用的伴奏音乐，以替代乐队。

14.5.1 模拟节目源信号的采集

模拟节目源信号通常是指各类模拟信号的线路输出或耳机输出，如 LP 唱机输出、TAPE 磁带播放机的输出、模拟调音台的输出及其他各种音频专业设备的信号输出，甚至于包括多媒体计算机 MPC 的线路和耳机接口的输出。这些信号通过声卡或数字音频接口的相关的输入端口，在音频软件工作环境下进行录制，从而完成采集。

14.5.2 常见数字节目源信号的采集

对于 CD、VCD、DVD、MP3、MD、录音笔等声音内容，可以直接复制或抽取数据进入计算机数字音频工作站。

有关信号采集的详细内容在第 15 章相关章节作进一步介绍。

14.6 常用导播手语

在录音室或其他录音场所的录音录像制作过程中，是不允许非节目需要的杂声干扰的。因此，录音及摄制人员互相间不能大声交谈、喊话，只能用手势来联络、指挥。为此，编剧、导播及所有工作人员都应该学会统一规定的导播手语。图 14-14 为常用的导播手语。

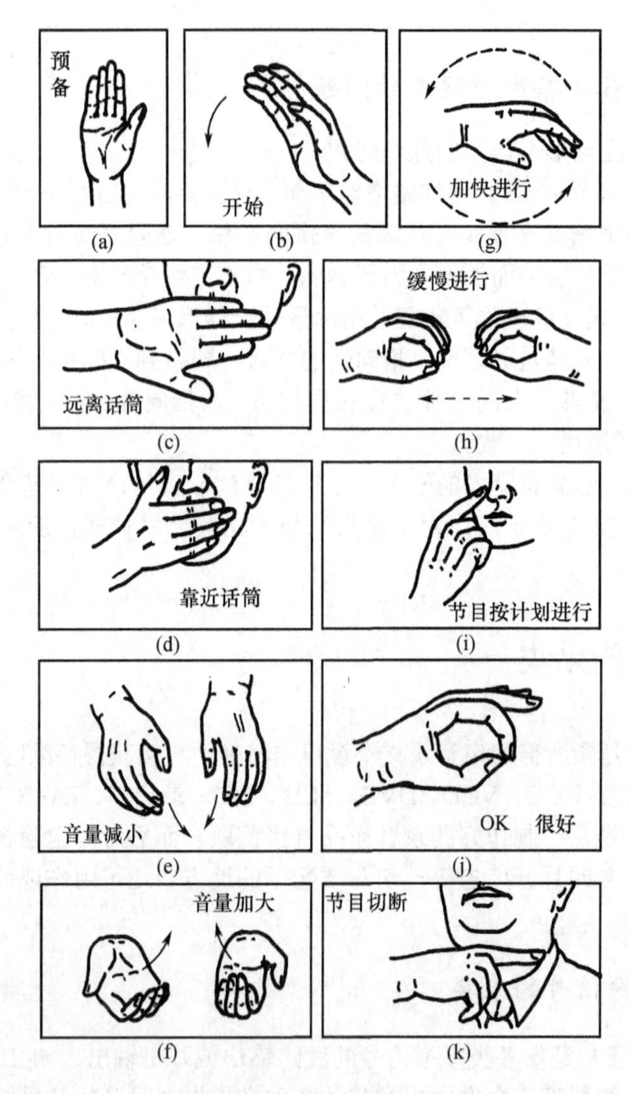

图 14-14 常用导播手语

14.7 声音的后期编辑

所谓编辑一般是指“对资料或现成的作品进行整理、加工”。声音编辑就是对拾取或采集到的声音素材，按照作品整体要求或编导的意图进行整理以及进行必要的加工处理。这是声音后期必须做的工作。编辑工作不仅仅是剪辑、粘贴、插入等技术性工作，更重要的是要深入到作品中去，保证与主题搭配，起到协调一致的效果，增强表现力。

声音的后期编辑主要包括：声音素材的人工效果处理、声音素材的幅度处理及声音的缩混等工作。

14.7.1 声音素材处理的必要性

(1) 在现场拾取的声音素材常常会存在缺陷，主要表现在音色、背底噪声、混响时间与节目的艺术形式不相匹配上。在后期制作时，这些素材有时不能满足要求。这些缺陷主要有以下几种情况。

① 由演员自身条件不理想、传声器类型选用不当、传声器布置没有考虑声音辐射特性等因素造成音色上的缺陷。

② 由于拾取声音场所环境的背景噪声大，又使用了全指向传声器；演员正对着传声器发声或距离传声器太近，会使呼吸喘气声、气流摩擦的声音窜入；拉弦乐器的弓摩擦琴弦情况等，都会产生较大的背底噪声。

③ 由于拾取声音的现场条件有限，如大厅堂小型乐队演奏或演播室拾取交响乐队演奏的大型音乐作品等因素，会使得混响时间与节目艺术模式不匹配。

上述这些声音素材存有的缺陷，都需要在后期合成时通过相应设备给予补偿，也就是说采用人为的方法来解决。如混响时间短了，则可用人工混响器调节延时；用噪声门等功能，可以抑制声音素材里的背景噪声等。

(2) 声音素材处理功能。根据节目要达到的艺术效果，或者为渲染、烘托、强化节目的艺术表现力，即使得到的声音素材很完美，也需要对声音素材进行必要的加工处理，这在广播剧、电视剧、动画片、广告片中尤为普遍。对声音素材的加工处理较多是语音或音响效果，如语音变得低沉些更适合动画片中动物的人格化，而音调高、尖适合给小鸟配音；在给外国故事片译配音时，配音演员的声音不可能在音高、音调、音色上与原版中的人物说话时的情绪、表情相吻合，常常需要修饰。音响效果更是如此，以《泰坦尼克号》为例，影片中那些让观众感受到混乱、恐惧、紧张、身临其境的音响效果都需要在已有的自然音响基础上进行深度加工而成。再如武打片中对打时发出的“扑扑扑”声、窜房的“嗖嗖”声……都要经过处理加工而成。语音的处理加工多是音调高低变化(变调)、语速快慢变化(变速)及音色变化(频率成分变化)。而音响效果多是回声、余声时间上的变化，即近期反射声、混响声延时时间变化。

从上面讨论的两个方面可以看出：在声音素材缩混前必须对声音素材进行补偿、修饰和夸大，这也是提高广播影视节目整体艺术效果、表现力乃至制作水平所必须做的工作。对声音素材进行必要的处理加工非常重要，应引起制作人员思想上的充分重视，并在后期制作阶段乃至整个过程中给予认真贯彻。

14.7.2 声音素材人工效果的处理

在室内声学中我们已经讨论过，声源发出的声波在封闭的房间里传播有直达声、早期反射声和混响声。反射声(包括早期反射声和混响声，广义上统称反射声)的密度及衰减速率影响着声音效果。下面介绍几种典型的声音效果。

厅堂效果，声音清脆，给人以深旷和现场扩大的感受，如在音乐厅或大会堂。这是因为拥有低密度的早期反射，以低扩散形成延缓和平滑的衰减。在直达声的基础上加上辅助的环境声，形成纵深环境空间特性。

金属板效果，声音清脆嘹亮，爽朗有力，给人以生机勃勃的感受。这是因为早期反射高密度扩散，以急促平滑的衰减，形成方向性强的空间特性。

房间效果，具有方向性但不十分明显，声音还显得有些浑浊，这是因为拥有短促的高密度早期反射声，高速衰减而致。

从上面几种声音效果的形成看出，混响由强度逐渐衰减的多次反射声形成。衰减的速率大小对声音音质有着重要的影响。众所周知，混响时间短意味着衰减速率快，可提高声音清晰度，但过短会感觉声音干涩和响度的减弱，空间感差些；混响时间长意味着衰减速率慢，加强声音的丰满度，空间感明显，但过长会使声音变得浑浊，前后音分不清，降低了声音的可懂性。由此可知，如果在声音中增加反射声，并改变这些反射声的密度、衰减速率，就可以产生许许多多的声音效果。

14.7.3 声音素材的幅度处理

1. 动态范围

声音后期制作的任务是把获取到的声音素材按照不同的艺术形式要求、编导人员的意愿合成为整个节目，记录存储在相应的载体上。连同声音拾取的前期工作在内，从整个系统看，输入的是具有一定声压级的声音，最终是以电信号形式通过电/磁(电/光等)变换记录在载体上。

人耳听觉感受到的声压级为0dB～120dB，即人耳听觉的动态范围约为120dB。而不同的音频设备的动态范围是有所区别的。一般来说，音频设备的动态范围都低于音源节目的动态范围，所以应根据记录和传输的设备及载体，对信号进行必要的动态范围调节，以提高记录效果。

2. 压缩和限制

压缩器是一个增益可变的设备，是由输入信号的幅度来决定设备的增益，从而起到压缩动态范围的目的。

14.7.4 声音的缩混

声音的缩混是将多路声音素材按照不同节目的要求合成在一起，形成双声道或单声道节目，然后送至记录载体进行存储制成母带或播出带。

声音缩混并不是单纯地将声音素材合成，还包括对声音素材的各种处理。如采用频率均衡进行音色修饰、加入延时和混响时间效果等处理。所用的设备就是调音台，调音台是缩混程序必须使用的设备。在前期拾取或采集声音素材时，也需要通过调音台将各种声音素材进行分轨记录。因此，作为声音制作人员为了制作出一套高质量节目，必须做到熟悉和灵活地使用调音台。

14.7.5 数字音频工作站与声音非线性编辑

目前数字音频工作站的编辑功能非常强大，它能实现对音频素材的非线性编辑、多声道编辑、多磁迹波形显示可视编辑和非破坏性多次编辑等。

1. 声音素材的非线性编辑

所谓非线性编辑是指在对节目进行编辑时，对已录制的原素材的选取并非按其已排好的时间顺序提取，而是依照需要随机地提取，并可打乱其“顺序”；插入素材时间的长度与将要被替代的原来磁带上的时间长度，也无须相等或按照一定的“线性比例”；另外记录的载体也非过去的带状的“线条”，取而代之是盘片状的载体甚至是集成电路的芯片。

以前进行音频后期编辑时，采用磁带和开盘机，靠人耳听觉来寻找和确定编辑的切入点。经常是来回反复地进、退磁带，做一段节目要花费很长时间，并且常出现断带、漂带、抖动等问题。而数字音频工作站是将音频数据存储在硬盘上，可以不按存储在硬盘上的声音素材先后进行任意的编排和剪辑，不仅读取速度快，而且反复编辑对声音质量不产生任何的损伤。同时由于看到声音波形，可以做到眼耳并用，准确地寻找或设定编辑点，这点在电视剧人物配音时，避免了口形与视觉不统一的现象出现。在利用磁带开盘机进行编辑时，要将一段长时间的素材插入或替代原来磁带上比之短的磁带空间时，只有压缩素材时间(采用提高转速的方法，会带来声音变调)。反之，为了不产生变调，不采用降低转速的方法，那就会使节目留有空白。而数字音频工作站在制作过程中不存在这些问题。因此，目前数字音频工作站也成为电台、电视台节目制作中必不可少的设备。

2. 多声道编辑

数字音频工作站是影视节目后期制作的得力工具，尤其是在需要有大量的效果声、音乐、解说、对白等素材的情况下，其优势更为明显。

例如，在对一节目进行多轨编辑时，其节目素材有现场环境声、画外解说、背景音乐以及多种效果音响。首先应将这些素材自行设计轨数或录制在不同声轨上。而后依据节目中的情节分别提取，最后编辑到 CH1 播出声道。由于轨数多可以对所有素材进行同时编辑，配合每轨的 SOLO 独唱和 MUTE 静音可以精雕细刻地进行编辑工作。这是模拟制作系统所无法比拟的。

AV 节目信号有记录图像的视频磁迹、声音记录的 LNG(另外还有 AFM 调频声)磁迹及控制磁迹。其声音记录由两部分组成：磁带的 LNG 磁迹和采用调频记录在图像亮度信号上的 AFM。LNG 为位于录像磁带宽度方向上面的两条磁迹，分别为 CH1 和 CH2，可以进行插入素材编辑。后期制作时，在上面进行修改或重新编辑。其中 CH2 为国际声道，常称为工作版，为译配提供音响和音乐声音参考；CH1 为最后完成声道，又称为播出版，是播出声道(我国目前电视节目播出的声音为单声道)。AFM 前期录制的声音信号，它是和图像信号一起录制在磁带上，不能进行插入编辑。可以看出仅使用一条声音磁迹，是不能满足大量的音响、音乐、对白、解说等需要的，只有通过多轨编辑，然后缩混在一条磁迹上，才能顺利地完成上述复杂的工作，这就需要多轨非线性编辑。

控制磁迹录制的是时间码，在多版录像带同时编辑时，要靠此磁迹上的时间码进行同步，而且在细微的地方进行编辑起到重要作用。

3. 多磁迹波形显示可视编辑

1) 可准确地插入声音素材

将声轨磁迹上的声音还原为随时间变化的模拟声波，在显示屏幕上显示出声音随时间变化的包络或波形，使声音的音头、持续时间、音尾一目了然，能够很精确地进行剪接、插入。尤其是音乐，它是有节拍的，电视剧人物对白配音要求口形与声音严格一致。在模拟制作系统可以说“两眼一摸黑”，只能看画面听声音反复尝试。多磁迹波形显示使编辑借用视觉成为可视性工作，使节目的衔接、声画对位做到“天衣无缝”。

2) 可随意复制、移动、删除声音素材

在对译制片进行译配时常用的有两种方法，一是将画外解说一次性全部录制完后再进行编辑；另一是配音员看着画面将解说词插入相应位置，实时记录在录像带上。后者花费时间较长，因为配音员需要一边观看画面一边配音，我们常说“一心不能二用”，念错台词是常有的事，由于是实时录制，一旦录错就要倒回录像带重新来一遍。而对于前一种方法，采用制作工作站则是最简单不过的事了，制作中将整段台词分成若干部分，再给画面配音响，当确定的音响或对白需对准画面的某一位置时，只要通过直观的声音显示波形，在时间轴上向前或向后推移一下位置即可做到声音与画面严格对位。

3）可实现素材精确的组合

编辑中若在某个素材 A 后面串接另一个素材 B，就可以完成 A+B。当不需要某个声音素材时，只需按一下相关按钮即可删除。过去，偶尔的误操作删除会让用户追悔不及，而现在却大可放心，“恢复”功能可以方便地将其再找回来。

4. 非破环性多次编辑

采用模拟录音机进行编辑时，为了选好编辑点需反复倒带，会直接破坏磁带上的原始素材。由于数字音频工作站无需采用物理方式接触原始声音素材，因此不会在多次编辑中破坏原始声音素材。信号进行复制时音质也没有损失，这也是难能可贵的。

思考与练习

判断题

1. 音频节目制作中，稿本的语句编写达到条理清晰就算是最佳了。 （　）

选择题

2.下面的图示分别表示： （　）

A.加快进行，缓慢进行，别出声

B.加快进行，音量减小，别出声

C.音量加大，缓慢进行，远离话筒

D.音量加大，音量减小，靠近话筒

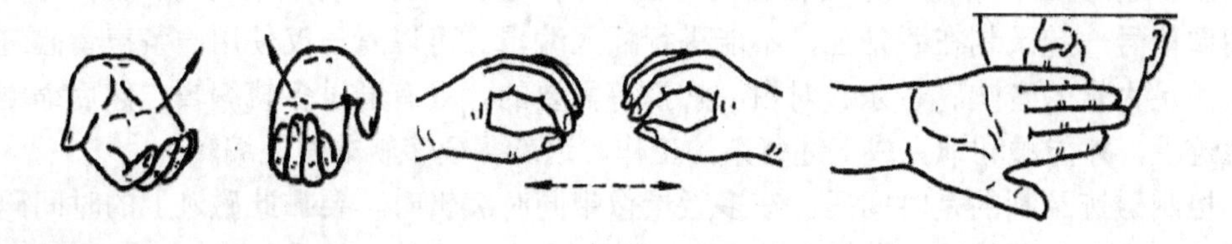

简答题

3. 音频节目制作有哪几个环节？它们的主要内容有哪些？

应用题

4. 主机型数字音频工作站由哪几部分组成？用数字音频工作站进行节目制作时，有关的参数设定的意义(从量化精度、取样频率、数据大小、音质要求、处理速度等方面来说明)是什么？与模拟制作系统比较有哪些优点？

第 15 章 音频软件概述

本章要点

- 音频常用的软件。
- 音频编辑软件 Goldwave、 Audition 的主要功能。
- Goldwave、Audition 软件的基本操作。
- Goldwave 软件的录音、编辑及信号处理。
- Audition 软件多轨录音、编辑与合成。

随着大规模集成电路在音频领域的广泛应用，音频系统的各项指标在不断提升，功能也在不断增强。音频技术正在进行由模拟技术向数字技术方向的转变。同时各种功能强大、技术专业的数字音频编辑软件不断涌现，而且各具特色，日臻完美，给音频制作带来了空前美好的创作空间。

15.1 音频软件综述

目前，在音频系统的各个环节都有相关的应用软件。概括起来有：声场测量与信号分析类，如 SpectraRTA、Ease、SIA Smaartlive 等；音频制作类，如 Goldwave、Adobe Audition、Samplitude、Pro Tools 等；音乐创作类，如 Band In A Box、Sonar、Cubase/Nuendo 等多种。下面按照主要功能的不同作简单介绍。

15.1.1 声场测量与信号分析类

由于计算机及其应用软件的大力开发和发展，声学测试和分析软件就应运而生了。如美国的 Sound Technology，SIA 等一大批公司，先后编写了多种声学测试及分析软件包。这些软件包各具特色，且测试方法和监控手段各不相同，但是有一个最为鲜明的共同特征是它们比传统测试和分析方法更为科学、直观和快捷，有大部分声学数据可以进行定量分析，设备成本也非常低廉。不仅专业工作者可以使用，而且即使是那些业余爱好者也很容易掌握和熟练地使用。

1. SpectraRTA

SpectraRTA(图 15-1)是一种基于声卡的集数字存储示波器、信号发生器、扫频仪、频谱分析仪于一身的虚拟仪器，其功能比硬件实时频谱分析仪有过之而无不及。SpectraRTA 具有以下功能：信号产生，录音，电平测量，频谱显示，建立传声器补偿曲线(补偿传声器本身频响曲线不平直的缺陷)，测试房间频率传输曲线(相当于实时频谱分析仪)、混响时间、声压级、相位、延迟、总谐波失真、互调失真、信噪比、失真比、噪声系数、峰值频率、峰值振幅、功率电平等。SpectraRTA 对所测量的声频范围的各种信号进行 FFT 变换，把时域信号转变为频域信号，在此基础上进行各种频率、频谱及波形分析，实时显示出波形、频率，并把测量结果保存下来。另外，它还能计算出厅堂内几个测点的测试频响曲线的合成曲线，可更真实地反映房间的频率传输特性。厅堂内采集点的模拟声频信号从声卡的 MIC IN 端口输入，在声卡内完成模数转换，变成数字声频信号，再由 SpectraRTA 进行相应的处理。

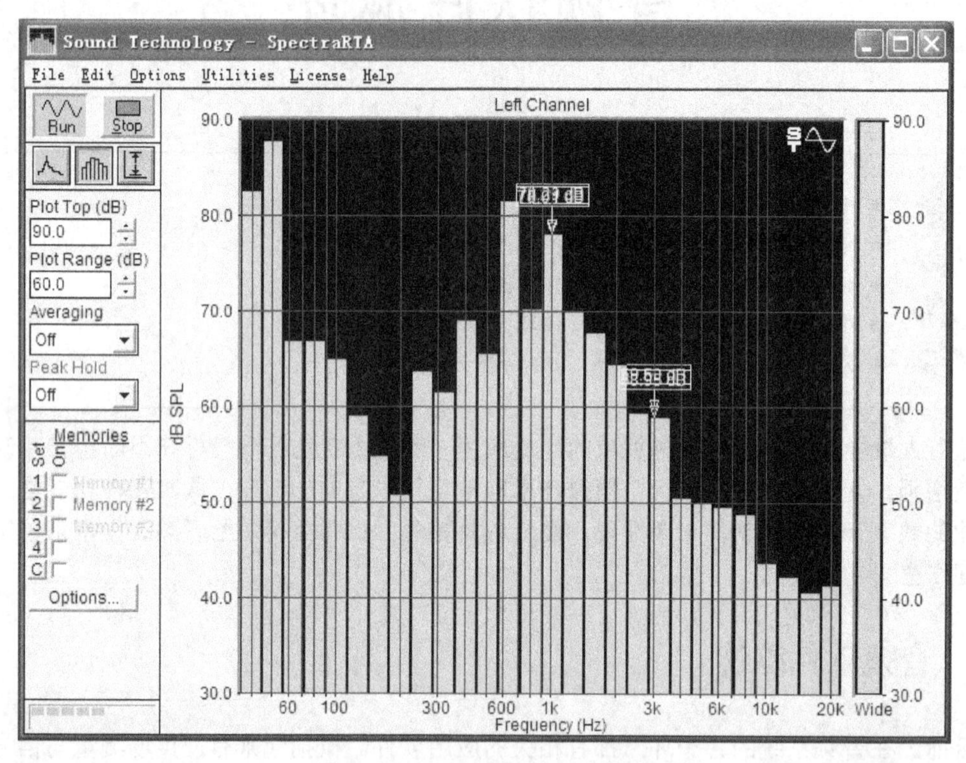

图 15-1　SpectraRTA 的工作界面

2. EASE

EASE(图 15-2)是 The Enhanced Acoustic Simulator for Engineers 的缩写，意为增强的工程师声学模拟软件。它是一种用于厅堂声场设计的计算机软件，可以预计建筑的声学特性和扩声系统(特别是扬声器布置方案设计)特性。EASE 存有各种房间体形、吸音材料、扬声器等资料，可以根据实际需要进行选择、设计。通过 EASE 可以直观地看到准备设计的厅堂扩声系统预期的声学特性效果图，了解厅堂建筑的内表面所采用的吸声材料以及采用的扬声器型号、摆放位置、方位角甚至某些扬声器的时延等数据，对实际建筑装修工程和厅堂扩声系统工程都具有良好的实际指导作用。

3. SIA Smaartlive

SmaartLive(图15-3)是著名的PA频谱测试软件公司SIA的最新版本，它的前身是著名的JBL SmaartPRO实时频谱测试软件，但SmaartLive与普通的频谱测试软件不同的地方在于，它的测试方式是采用动态音乐的测试方式，它支持目前大部分的数字均衡的自动调整功能。只要有一台数字EQ接入系统，通过SIA就可以以普通音乐作为发声源对数字EQ作自动校正，避免了通常以PINK NOISE做EQ调整的动态失真问题，并且可以非常准确地测试出被测扬声

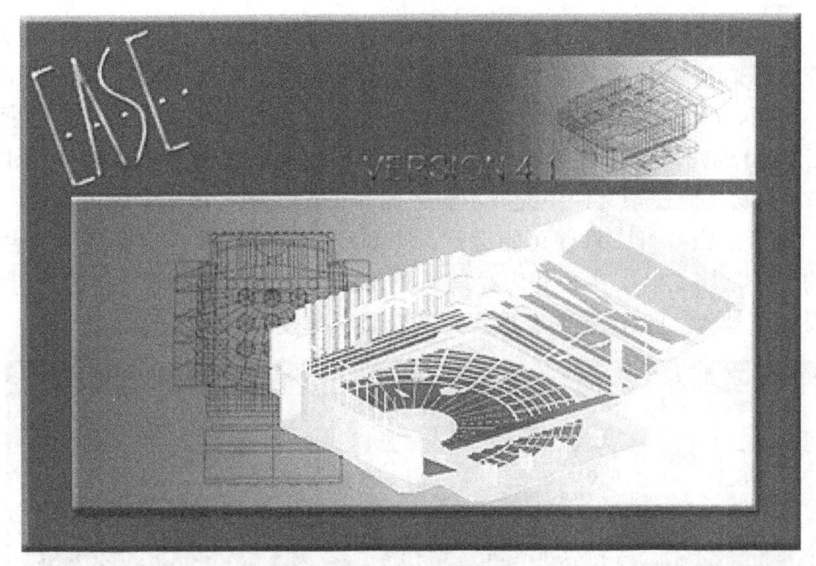

图 15-2 EASE 软件

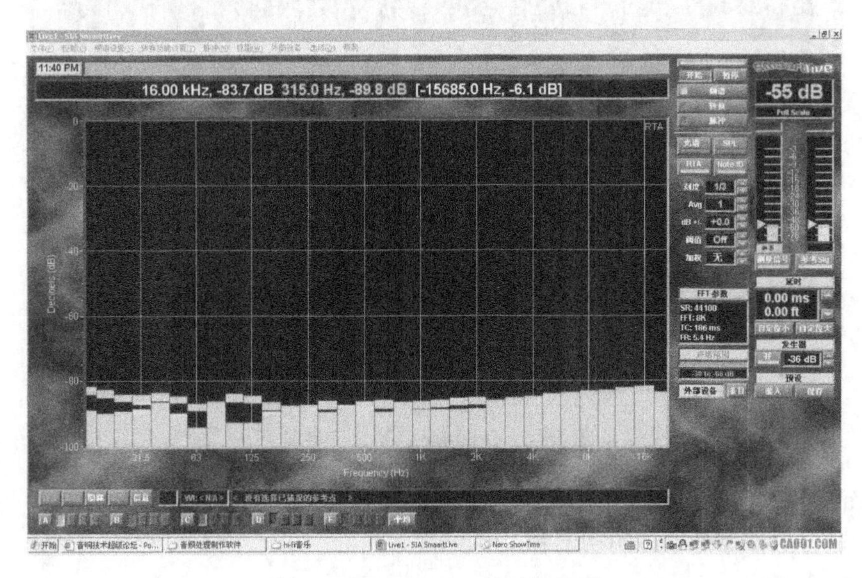

图 15-3 SmaartLive 的工作界面

器组的声压级、相位、与被测点的距离以及厅堂混响时间，包括混响的多次反射声的时间频谱显示等。SmaartLive 软件在实时音频频谱分析、音响设备频响特性测量、音响设备脉冲响应(瞬态特性) 和延迟测量以及声压级测量方面均有很好的应用价值。

15.1.2 音频制作类

这一类软件的功能主要包括录音、混音、后期效果及母带处理等。目前我们见到的大部分音频软件大都集成了这些功能。由于使用者需求与条件的差异，用户对软件的选择及使用上也呈现出不同的差别。

1. Goldwave

GoldWave(图 15-4)是一个集声音编辑、处理、播放、记录和转换为一体的功能强大的数字音频编辑软件。它能够为影视媒体、多媒体课件及网页等制作出各种各样所需的声音文件。

GoldWave 具备了制作专业声效所需的丰富的效果和编辑的功能。GoldWave 可以打开多种格式的音频文件，包括 WAV、OGG、VOC、IFF、AIF、AFC、AU、SND、MP3、MAT、DWD、SMP、VOX、SDS、AV、MOV、APE 等音频文件格式，也能够将编辑好的文件保存为以上多种格式。通过 Goldwave 和 CD 刻录软件不仅可以制作出高质量的音乐 CD，还可以直接从 CD 或 VCD 或 DVD 或其他视频文件中提取声音。而且 GoldWave 是一个绿色软件，不需要安装且体积小巧，直接点击执行文件便可始运行。它对运行环境的要求也不高，一台当前主流的专业型配置的 PC 机(将 CPU、主板和内存稍加提升)、一块专业或准专业级的声卡(若选用专业数字音频接口则更佳)就可以配置一套很实用的音频工作站。

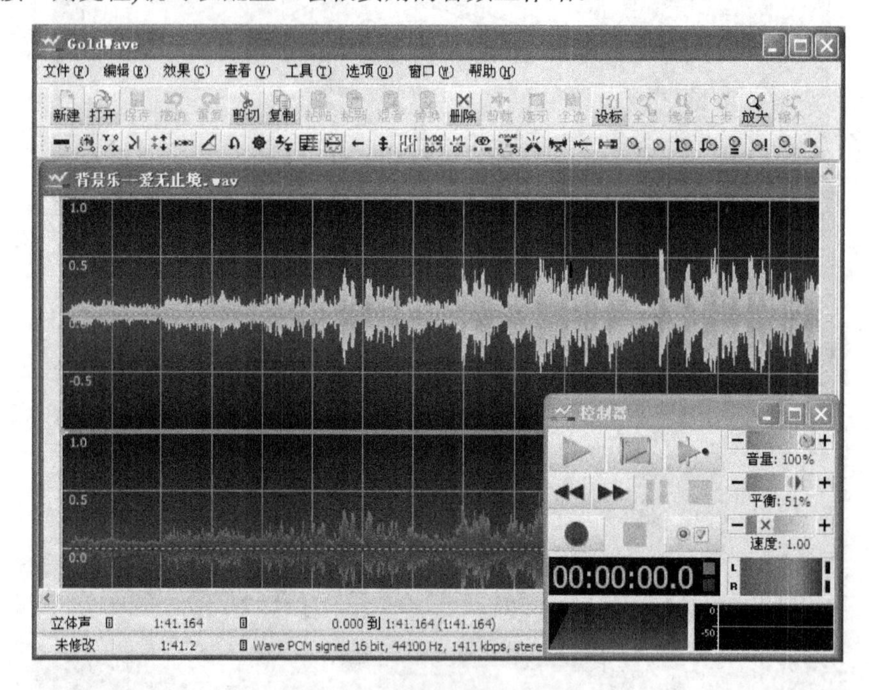

图 15-4 GoldWave 的工作界面

GoldWave 虽然算不上专业音频软件，但却很简单实用，初学者可以快速入门并掌握实用操作，特别适合层次不是很高的初学者。

2. Adobe Audition

相对于 GoldWave 来说，Audition(图 15-5)是一款功能更全面的音频编辑软件，它集录音、效果处理、混音、编辑于一体。用它可以完成各种复杂和精细的专业音频编辑，其中声音加工处理包含有频率均衡、效果处理、相位处理、降噪、压扩、变调及变速多项功能，可随时进行 CD 素材的采集录制。Audition 具有多轨混合编辑功能(最多混合 128 轨)，不仅可以编辑单个音频文件，还可以同时编辑多个轨道，配合双工声卡更可以方便进行分期同步录音和放音。在 Audition 中还可以插入视频窗口，方便我们对照视频画面进行录音。

Adobe Audition 专门为音频和视频专业人员设计，界面美观，使用简便且功能强大。

3. Samplitude

Samplitude(图 15-6)为著名德国公司 MAGIX 出品的 DAW(Digital Audio Workstation)数字音频工作站软件，用以实现数字化的音频制作。它具有 5.1 环绕声制作功能，具有无限音轨，无限 Aux Bus，无限 Submix Bus，支持各种格式的音频文件，能够任意切割、剪辑音频，自带有频率均衡、动态效果器、混响效果器、降噪、变调等多种音频效果器，能回放和编辑 MIDI，

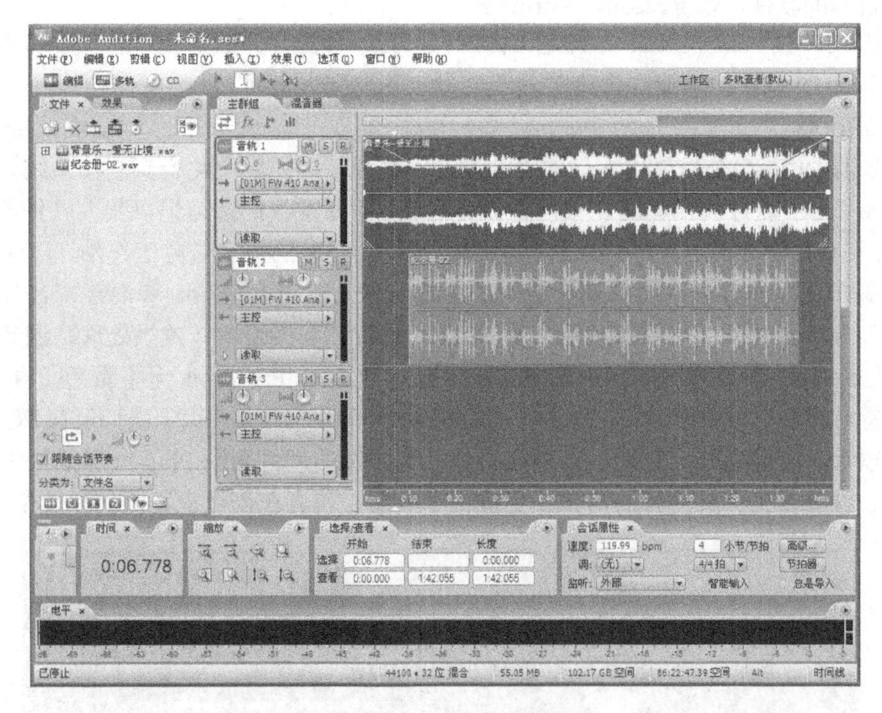

图 15-5　Audition 的工作界面

图 15-6　Samplitude 的工作界面

自带烧录音乐 CD 功能，可直接在 Samplitude 软件中进行高清立体声及 DVD 光盘的刻录工作，支持全屏视频输出(支持 16:9 模式)。此外，Samplitude 具有针对文件夹、对象、音轨、片段及标记点的项目管理器，实现了高效的存档，使管理工作项目中的相关数据及文件变得更加方便快捷。与 Audition 不同之处在于，它采用非破坏的处理方式，对文件的各种处理不会一次性叠加到来源文件上而使文件无法恢复。同时，Samplitude 支持 ReWire 技术，可同步处理同样支持该技术的软件，像 Reason，Storm 等。

MAGIX 公司的 Samplitude 一直是国内用户广范、备受好评的专业级音频制作软件，它集音频录音、MIDI 制作、缩混、母带处理于一身，功能强大全面。

4. Pro Tools

Pro Tools(图 15-7)是当前世界最顶级的以计算机为基础的数字化音频制作系统。整套系统主要由 Pro Tools 软件和配套的相关硬件设备组成，而通常我们都习惯以其中软件的名字 Pro Tools 作为整套系统的简称。Pro Tools 作为以计算机为基础的数字音频工作站，不仅重新定义了音频的制作手段和方式，而且完全取代了传统音频的磁带多轨录制和混合调音台。功能包含了所有专业声音处理所需要的功能，像 MIDI、录音、剪接编辑、效果处理、混音、声音格式转换、无损编辑、影像器材同步后期制作等专业音频工作，Pro Tools 无不囊括在内。Pro Tools 软件内部算法精良，单就音频方面来讲，其回放和录音的音质大大优于我们现在 PC 上流行的各种音频软件。除此之外，它还拥有多家协作厂商开发的近百套的 Plug-in 特效处理软件，不但满足了各种专业工作对声音的需求，更提供了音频工作者在创作上无限的弹性空间。

图 15-7 Pro Tools 软件

ProTools 是 Digidesign 公司出品的工作站软件系统，是目前最为专业的音频制作工具、大型录音棚必备工具。

15.1.3 音乐创作类

1. Band In A Box

Band In A Box(图 15-8)是一个能够利用多媒体计算机进行智能自动伴奏的软件。它的基本原理是由使用者按节奏输入歌曲的和弦，用字母标记法标记，例如，Am、G7、D9 等然后为乐曲指定一个风格，由计算机自动将它配成一个完整的乐曲。这样一来我们只要做输入和弦工作就可以了。Band In A Box 软件可以自动生成由钢琴、贝司、鼓、吉他和弦乐组成的完全专业品质的伴奏织体，这些伴奏织体可以表现各种各样的广受欢迎的音乐风格——爵士乐、流行音乐、乡村音乐、布鲁斯、古典、拉丁、摇滚以及更多的音乐风格。此外，Band In A Box 软件的功能还包括记谱、钢琴卷帘谱、歌词显示、旋律轨、和弦编配、风格制作器和风格选取器。Band In A Box 软件同时具备了 MIDI 和数字音频功能，这使得该软件成为一个完美的音乐制作工具，可以用于创建、播放和录制包括 MIDI、现场人声和现场乐器的乐曲。Band In A Box 软件同样可以处理 DirectX 音频效果的现场录音。

图 15-8 Band In A Box 软件

由 PG MUSIC 公司出品的 Band In A Box 一直以来就以强大的功能、简单的操作占领着 PC 自动伴奏音乐软件领域头把交椅的位置。从最初的 1.0 到今天的 Band In A Box 2010，性能得到了飞速的提高，真正做到了出神入化的乐队演奏效果，而直观的操作却又显得更加平易近人！与初期的低版本相比，如今的 Band In A Box 已经跃居成为功能全面的、综合性能的大型音乐伴奏软件，由此带来的性能提升也早已超出了自动伴奏的范畴。

2. Sonar

在电脑音乐圈里，提起 Cakewalk，几乎无人不知、无人不晓，可谓大名鼎鼎。早在 20 世纪 90 年代，Cakewalk 公司的 Cakewalk 软件就开始崭露头角，早期，它是专门进行 MIDI 制作、处理的音序器软件。所谓音序器软件是指能够将演奏者实时演奏的音符 、节奏信息以及各种表情控制信息，如速度、触键力度、颤音以及音色变化等以数字方式，在计算机中记录下来，然后对记录下来的信息进行修改编辑，并发送给音源，音源即可自动演奏播放。Cakewalk 的音序功能一直是其强项，尤其完善的乐谱编辑功能给从事专业作曲者提供了非常直观的平台。Cakewalk 从 9.0 版本以后便更名为 Sonar(图 15-9)。Sonar 在 Cakewalk 的基础上，增加了针对软件合成器的全面支持，并且增强了音频功能，使之成为新一代全能型超级音乐工作站。Sonar 支持 Wave、MP3、Acid 音频、WMA、Aiff 和其他流行的音频格式，带有无限音轨，并提供制作所需的最好工具，虚拟乐器，混音、母带效果器都可以在 Sonar 中找到。Sonar 的 MIDI 功能十分完备，操作简便，而且对各种专业硬件的支持非常好，操作起来很舒服，是 MIDI 音乐制作中最容易上手的软件之一。Sonar 同时具有强大的 Loop 功能，能够用于专业的舞曲制作。

图 15-9　Sonar 的工作界面

3. Cubase/Nuendo

Cubase(图 15-10)是德国 Steinberg 公司开发研制的具有划时代意义的专业音乐工作站软件，全面、强大的功能和人性化的操作界面是人们喜爱并使用它的主要原因，Cubase 将全功能的音频和 MIDI 录制编辑、虚拟设备以及功能强大的音频混合与灵活多变的、以 loop(循环)和 pattern(样式)为基础的排列及混音完美结合在一起。可以说，从录音到 MIDI 的编辑到整首歌的缩混有 Cubase 一个就足够了，它满足了音乐工作的任何需求。Cubase 支持所有的 VST 效果插件和 VST 软音源。每一音轨上的音频片断能够调节的参数：4 段均衡，4 个插入效果器，8 个辅助输出效果。效果插入同时支持 VST 和 DirectX 标准。所有参数电平、均衡、声像、环绕声定位，效果参数等都支持自动操作，就像电动推子一样，自动操作的数据图形化显示，并能再细细编辑。

图 15-10　Cubase 的工作界面

Nuendo 也是德国 Steinberg 公司开发研制的音乐工作站软件。它的功能也极其强大，是一个集 MIDI 制作、录音混音、视频等诸多功能为一身的高档工作站软件。操作界面和功能与 Cubase 几乎一模一样，只是在对视频的编辑处理方面比 Cubase 更强大。两者最大的不同就在于多媒体制作以及 MIDI 编曲上。如果以编曲为出发点进而混音录音的话，可以从 Cubase 开始，如果以录音为出发点进而搭配多媒体视频后期制作，使用 Nuendo 会更为合适。

以上列举的几款软件仅仅是在实际中应用较为广泛的软件，但实际具备同类功能的远不止此，只是它们具有良好的市场定位、较好的专业口碑，是目前用户较多、影响较大、具有典型意义的几款音频软件。

15.2 GoldWave 简介

GoldWave 是一款特别适合初学者入门的音频软件，具有众多的优点。下面作一基本介绍。

15.2.1 GoldWave 的特点

GoldWave 是一个集声音处理、编辑、播放、记录和转换为一体的功能强大的数字音频编辑软件。它具有以下的特点。

(1) 直观、可定制的用户界面，使操作更简便。

(2) 多文档界面可以同时打开多个文件，简化了文件之间的操作。

(3) 编辑较长的音乐时，GoldWave 会自动使用硬盘；而编辑较短的音乐时，GoldWave 就直接在内存中编辑，速度较快。

(4) GoldWave 提供很多种声音效果，例如，倒放、回音、摇动、镶边、动态和时间限制等。

(5) 精密的过滤处理器(如降噪器)帮助修复声音文件。

(6) 批转换命令可以把一组声音文件转换为不同的格式和类型。

(7) 如果安装了 MPEG 多媒体数字信号编解码器(高版本已经集成)，还可以把 Wave 声音文件压缩为 MP3、AU 等格式。

(8) CD 音乐提取工具可以将 CD 音乐复制为一个声音文件。

(9) 表达式求值程序还可以“制造”声音，支持从简单的声调到复杂的过滤器。

可以说，GoldWave 不仅具有了专业音频软件的一些基本功能，而且有专业音频软件所没有的简单、方便。因此，GoldWave 非常适合初级的电脑音频编辑人员、音视节目制作人员、多媒体制作人员用来录制、编辑和处理声音。

15.2.2 GoldWave 的界面

GoldWave 的界面如图 15-11 所示，这是一个已经装载了声音文件的 GoldWave 窗口。刚进入 GoldWave 时，窗口是“空白”的，而且 GoldWave 窗口上的大多数按钮、菜单均不能使用，当建立了新的声音文件或者打开了声音文件后，相关的菜单、按钮(占大部分)才能使用。在主界面的最上方是标题栏，接下来是菜单栏，菜单栏下面是快捷按钮，快捷按钮分主快捷按钮和效果快捷按钮。上面是主快捷按钮，下面是效果快捷按钮，再接下来是 GoldWave 主窗口。图中窗口右下方的小窗口(此窗口可以移动位置)是设备控制窗口， 设备控制窗口的作用是播放声音以及录制声音。在最底下是状态栏，它用来显示声音文件的各种参数或属性信息。

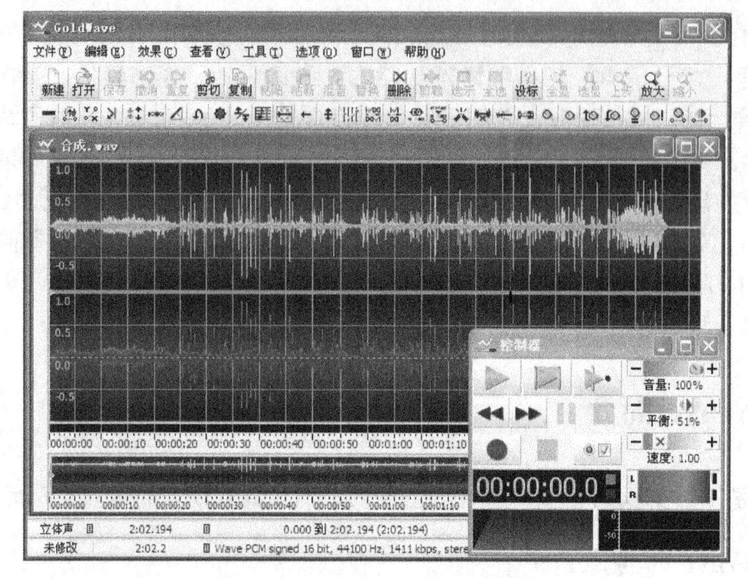

图 15-11　GoldWave 软件的界面

15.2.3　GoldWave 的主要菜单命令功能

GoldWave 的菜单栏有文件(File)、编辑(Edit)、效果(Effect)、视图(View)、工具(Tools)、操作(Options)、窗口(Window)、帮助(Help)等方面。需要说明的是 GoldWave 是一个典型的视窗风格的软件，其中许多类似的命令功能与其他软件相近。这里仅就 GoldWave 常用的和特有的功能作较为具体的说明。

1. 文件(File)

文件的下拉菜单主要有：新建(New)、打开(Open)、关闭(Close)、保存(Save)、另存为(Save as)、保存选定部分为(Save selection as)、退出(Exit)等命令。

(1) 新建(New 新建)：新建一个声音文件。单击“新建”命令后将弹出“新建声音”对话框，如图 15-12 所示，其中，“声道数”是用来设置声音的声道(Channels)数目，有单声道和双声道之别；“采样频率”是用来设置取样频率(Sample Rate)的，通常根据信号的带宽来确定；“初始化长度”是用来设置新建声音文件的时间长度(好比是空白录音带的长度)。当我们设置好新文件的声道、取样频率和时间长度后，单击确定(OK)按钮，一个声音文件就建成了。“预置”选项是用来存放以前设定的一些音频格式参数的。对于 CD 音质的参数，声道为立体声道(Stereo)，取样频率为 44100Hz。

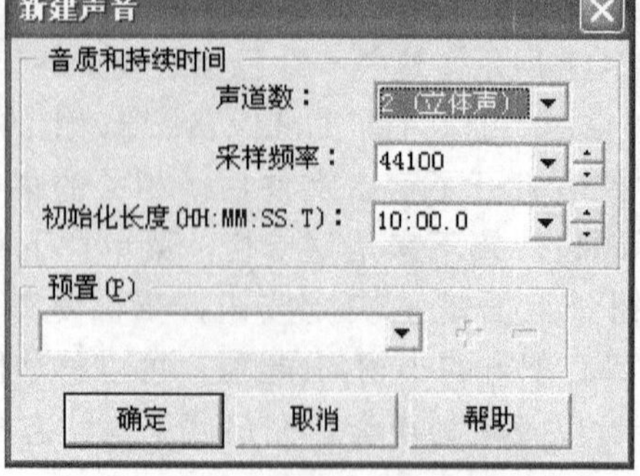

新建声音
音质和持续时间
声道数：2（立体声）
采样频率：44100
初始化长度(HH:MM:SS.T)：10:00.0
预置(P)
确定　取消　帮助

图 15-12　“新建文件”对话框

(2) 打开 (Open)：打开一个声音文件。单击“打开”按钮后将弹出“打开文件”对话框。在对话框中选择好文件后单击“打开”，GoldWave 就会将所选文件打开供编辑处理。

(3) 关闭(Close)：将正在编辑处理的声音文件关闭掉。

(4) 保存 (Save)：保存对声音文件所进行的所有操作。

(5) 另存为(Save as)：将打开的或已经经过编辑处理的声音文件另存为其他文件，以及其他格式，如 MP3、RM 等。利用 GoldWave 的此项命令可以实现各种声音格式的转换。

(6) 退出(Exit)：退出 GoldWave 环境。

2. 编辑(Edit)

编辑菜单主要有：撤销(Undo)、剪切(Cut)、复制(Copy)、复制到(Copy to)、粘贴(Paste)、粘贴为(Paste New)、粘贴到(Paste at)、混音(Mix)、替代(Replace)、删除(Delete)、剪裁(Trim)、插入静音(Insert silence)、选择显示部分(Select view)、选择全部(Select all)、声道(Channel)、标记(Marker)等命令。

(1) 撤销 (Undo)：撤销前一次所做的操作。

(2) 剪切 (Cut)：将所选的波形文件剪切掉，置于剪贴板上。

(3) 复制(Copy)：复制所选的波形文件，置于剪贴板。

(4) 复制到(Copy to)：将所选的波形文件复制到计算机的硬盘上。按下“复制到”后将会弹出“复制到”对话框，如图 15-13 所示。在对话框中设置好文件的位置、文件名、文件类型和波形文件的参数后，按“保存”按钮就可以将所选文件复制到硬盘上。

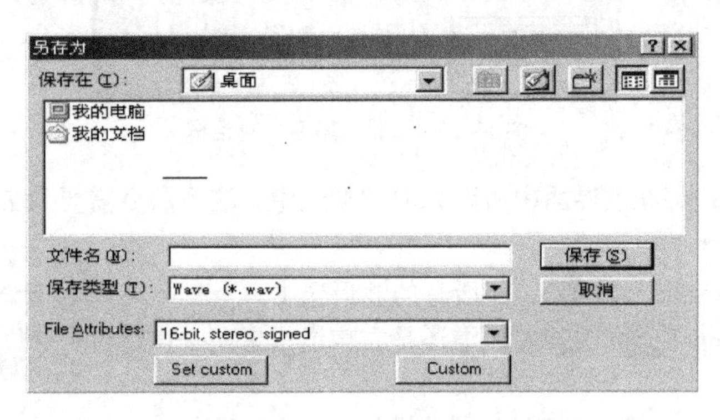

图 15-13 “复制到”对话框

(5) 粘贴(Paste)：将已经复制好的波形文件粘贴到现有的波形文件的某个位置上。

(6) 粘贴为(Paste new)：先创建一个新的声音文件，然后将剪贴板上的波形文件粘贴在新的声音文件里。这个新的声音文件具有和剪贴板上的波形文件相同的属性和长度。当需要将声音文件的某一部分保存时这个命令非常方便。

(7) 粘贴到(Paste at)：具有子菜单，如图 15-14 所示。它的作用是将剪贴板上的波形文件粘贴到下级菜单所选择的位置，如“文件开头”是将剪贴板上的波形文件粘贴到现有声音文件的开头。

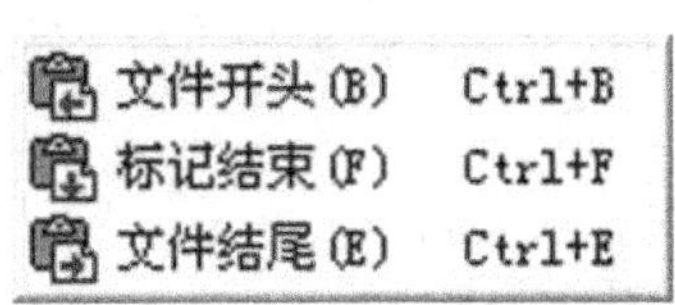

图 15-14 “粘贴到”子菜单

(8) 混音(Mix)：将剪贴板上的波形文件和现有声音文件进行混合，在混合前将会弹出一个对话框询问即将被混合的波形文件的声音大小，如图 15-15 所示。

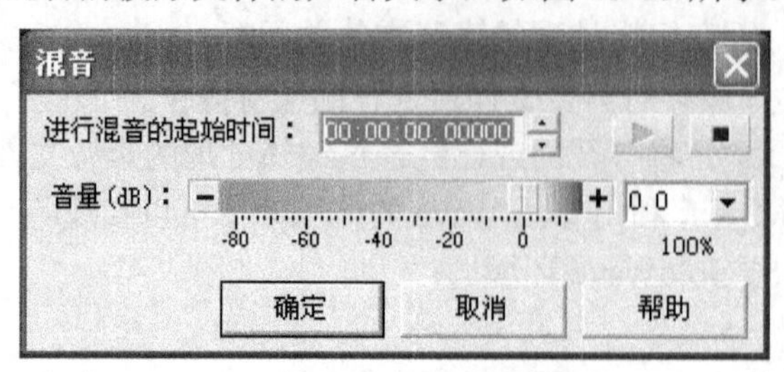

图 15-15 “混音”对话框

(9) 替代(Replace)：用剪贴板上的波形文件替换掉现有声音文件中所选的部分。

(10) 删除(Delete)：将所选的波形删除。

(11) 修整(Trim)：将所选的波形以外的部分删除。

(12) 插入静音(Insert silence)：在现有声音文件所定位置上插入一段期望长度的静音。单击这个命令后会弹出一个对话框，询问静音的时间，如图 15-16 所示

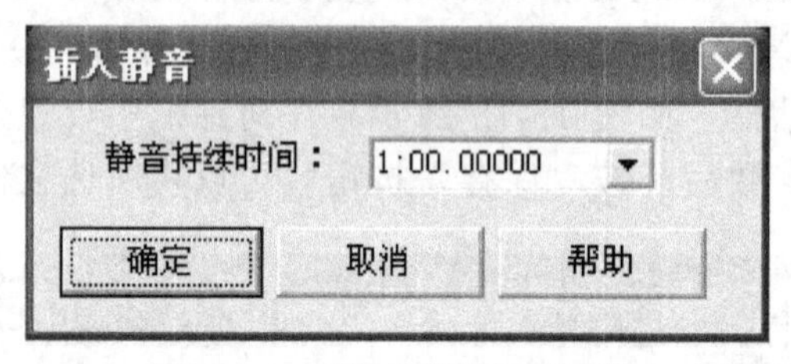

图 15-16 “插入静音”对话框

(13) 选择视图：将在主界面中所看到的波形选中。这个命令需要和 Zoom in 和 Zoom out 命令联合使用。

(14) 选择全部(Select All)：将所有的波形选中。

(15) 声道(Channel)：选择左声道还是右声道或者两个声道都选。

(16) 标记(Marker)：能够精确地设置选择部分的起点和终点。

3. 效果(Effect)

效果的下拉菜单如图 15-17 所示。它有多普勒(Doppler)、动态(Dynamics)、回声(Echo)、滤波器(Filter)、镶边(Flange)、内插(Interpolate)、倒转(Invert)、机械化(Mechanize)、偏移(Offset)、反向(Reverse)、立体声(Stereo)、时间扭曲(Time warp)、音量(Volume)、回放频率(Playback rate)、重新采样(Resample)15 个命令。下面我们一一介绍。

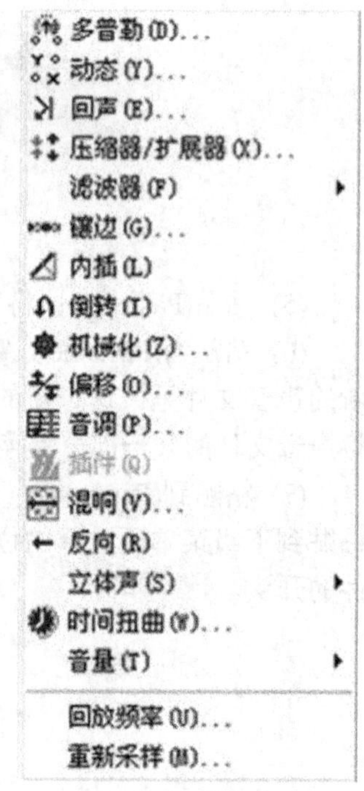

图 15-17 效果菜单

(1) 多普勒(Doppler)：动态地改变所选的波形。

(2) 动态(Dynamics)：用于改变所选波形的幅值，可以限制、压缩或加大所选波形的幅值。

(3) 回声(Echo)：为所选波形加入回声效果。

(4) 滤波器(Filter)：子菜单如图 15-18 所示。

① 降噪(Noise reduction)：把声音中不想要的噪声去掉。

② 低通/高通(Low/highpass)：可以把声音中的低频信号或高频信号过滤掉。

③ 带通/带阻(Bandpass/stop)：可以只让声音中某个频率范围的信号通过。

④ 均衡器(Equalizer)：可以调节各个频率的幅度。

⑤ 参数均衡器(Parametric EQ)：改变参数来调节各个频率点的频率和幅度。

(5) 镶边(Flange)：使用不同的延时和混音产生特殊的声音效果。

(6) 内插(Interpolate)：使用线性内插法来使开始和结束标记之间的声音光滑。

(7) 翻转(Invert)：用来翻转波形使之上下颠倒，相位改变180°。

(8) 机械化(Mechanize)：为所选波形加入机械化的特性。

(9) 偏移(Offset)：通过上移或下移所选波形来校正或移除波形中的DC偏移。

(10) 反向播放(Reverse)：使所选波形反向，即使所选波形倒放。

(11) 立体声(Stereo)：子菜单有声道混音、最佳匹配、声相和减少人声，如图15-19所示。

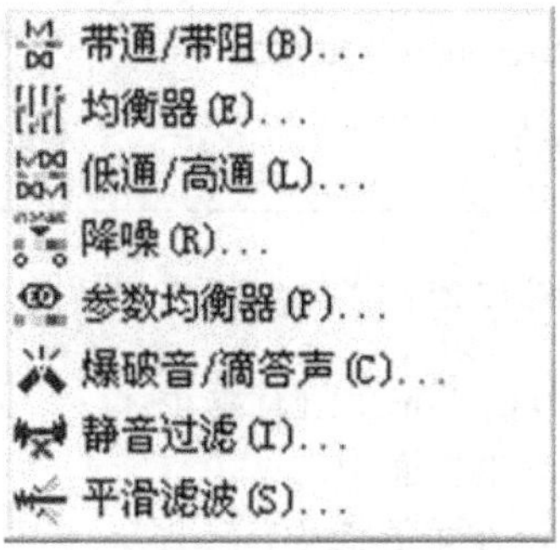

带通/带阻(B)...
均衡器(E)...
低通/高通(L)...
降噪(R)...
参数均衡器(P)...
爆破音/滴答声(C)...
静音过滤(I)...
平滑滤波(S)...

图15-18 滤波器菜单

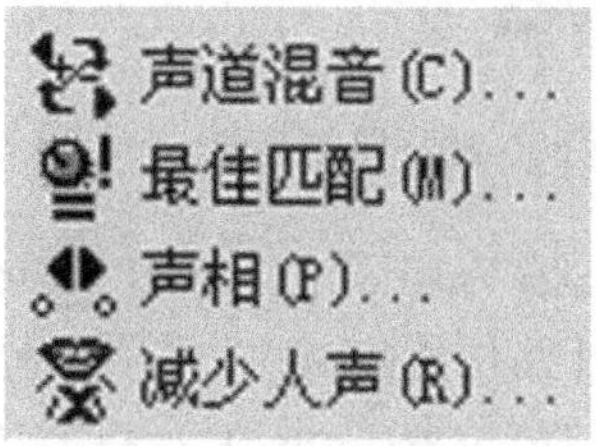

声道混音(C)...
最佳匹配(M)...
声相(P)...
减少人声(R)...

图15-19 立体声菜单

(12) 时间扭曲(Time Warp)：改变所选波形的时间长度。

(13) 音量(Volume)：用来改变声音的大小关系。

(14) 回放频率(Playback Rate)：改变重放声音的频率。

(15) 重新采样(Resample)：改变声音的取样频率。

4. 视图(View)

视图(汉化时常译为“查看”)的菜单如图15-20所示。

(1) 全部(All)：在窗口中把声音文件的波形在*X*轴上的部分都选中。

(2) 指定缩放(Specify)：单击后将出现一个对话框，如图15-21所示。它的作用是能够使波形以我们所期望的比例来显示。在文本框中的数字越小表示的波形细节越细；反之，则越大。

(3) 选定部分(Selection)：将所选的一段波形在窗口中以布满的方式全部显示出来。

(4) 预置(Preset)：将所有的波形以使用者自己所喜欢的比例来显示。这个比例可以在选项/窗口的对话框中来设置。

(5) 放大(Zoom in)：将波形的细节在*X*轴上进行放大。

(6) 缩小(Zoom out)：将波形的细节在*X*轴上进行缩小。

(7) 缩放 (Zoom)：将波形以不同比例在*X*轴上显示出来。

(8) 垂直方向上缩放全部(Vertial zoom all)：在主界面中把声音文件的波形在*Y*轴上的部分都显示出来。

(9) 垂直方向放大(Vertial zoom in)：将波形的细节在*Y*轴上进行放大。

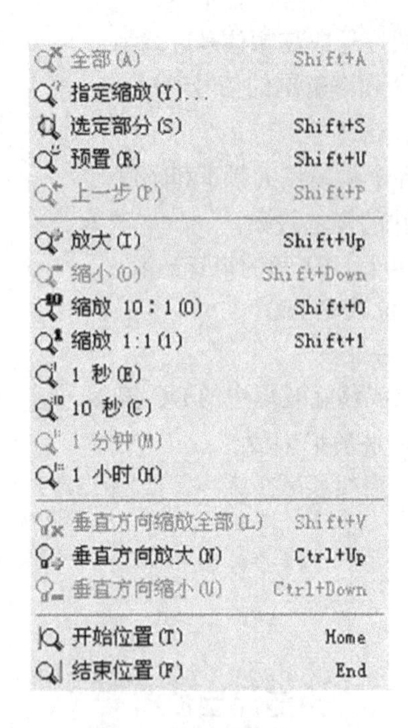

图 15-20　视图菜单

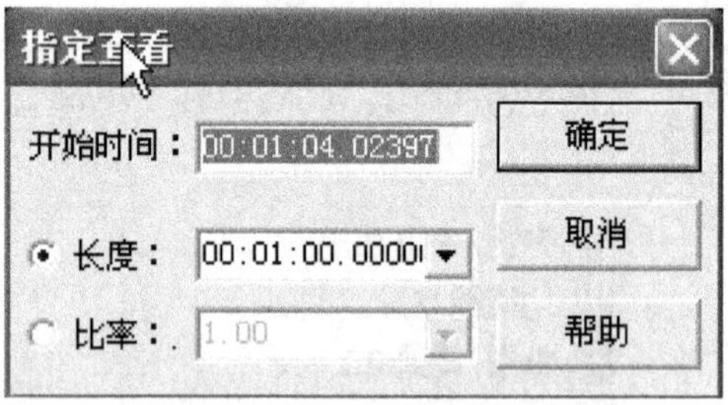

图 15-21　“指定查看”对话框

(10) 垂直方向缩小(Vertial zoom out)：将波形的细节在 Y 轴上进行缩小。

(11) 开始位置(Start)：将所选择的波形的起点显示在主界面中。

(12) 结束位置(Finish) ：将所选择的波形的终点显示在主界面中。

5. 工具(Tools)

工具的菜单如图 15-22 所示。它有提示点管理器(Cue Points)、表达式计算器(Expression Evaluator)、CD 读取器(CD Reader)、控制器(Device Control)、效果组合编辑器(Effect Chain Editor)、Audio Extraction 等命令。

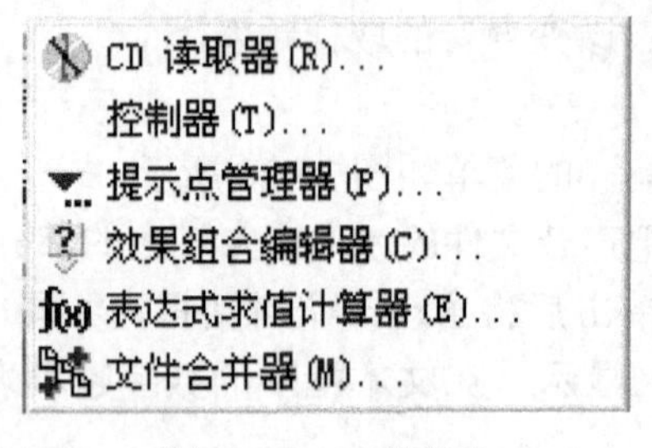

图 15-22　工具菜单

(1) 提示点管理器(Cue Points)：在波形中增加一个提示点。可以通过 Cue Points 对话框来设定。

(2) 表达式计算器(Expression Evaluator)：通过数学表达式来计算出所需的波形。这个功能非常重要和实用。单击 Expression Evaluator 命令后将会弹出一个对话框，如图 15-23 所示。

在这个对话框中我们可以通过写出表达式和设置参数值就可以生成我们所期望的波形。例如，我们想生成 Sine 的波形，我们只需在 Expression 对话框中写入 sin(2*pi*f*t)(f 是频率，t 是时间)，然后在下面的 Variables 中的 f 后面的文本框中输入一个不低于 20 的数值。最后按 Start 按钮就可以生成我们所期望的 Sine 的波形。通过这个功能我们可以生成各种简单或复杂的波形，用一句话来形容是最好不过了，那就是“没有做不到只有想不到”。

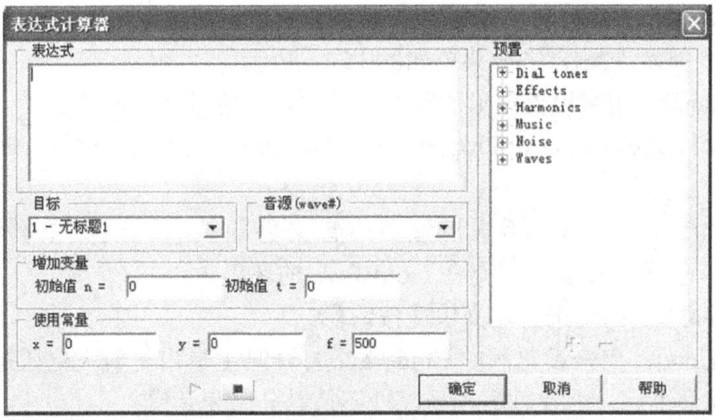

图 15-23 “表达式计算器”对话框

(3) 设备控制器(Device Control)的作用是调出 Goldwave 的设备控制窗口，即图 15-11 右下角的小窗口。控制器有三种放置方式供我们选择，即传统风格(默认风格)、水平放置和垂直放置，放置方式的切换可通过“窗口”菜单完成，每种风格的控制器均可以自由移动位置和改变大小。如果单击控制器窗口的关闭按钮，单独的控制器就会消失，这时就会在主界面工具栏的下面出现一排压缩后的播放控制器的相关内容，更便于操作。可以通过“工具”菜单重新调出。

设备控制器的作用有：播放、自定义播放、停止、录音、倒放、快放、暂停、设备属性、音量调节、左右均衡调节、播放速度调节等。通过属性按钮，可以定义自定义播放按钮的功能。用鼠标单击设备控制面板上的属性按钮(或者使用快捷键 F11)，GoldWave 就会弹出设备控制属性窗口如图 15-24 所示。在设备控制属性窗口中可以调整播放属性、录音属性、音量、显示图的内容以及声卡设备，在这里不一一叙述，只介绍一下播放属性的调整。一进入设备控制属性窗口，首先出现的是播放属性窗口。在这里可以定义播放键的功能，例如，可以定义播放键为播放整个波形、选中的波形(这时功能与普通播放按钮一样)、未选中的波形、在窗口中显示出来的波形、从波形开始处播放到选中部分的末尾处和从波形开始处播放，或者循环播放(次数可定)选中的波形，以及播放到波形的末尾处。每种播放键都可以进行以上设置。我们可以根据自己的习惯自定义每种按钮的功能，这使得播放控制更加灵活方便。另外，还可以调整快放和倒放的速度。

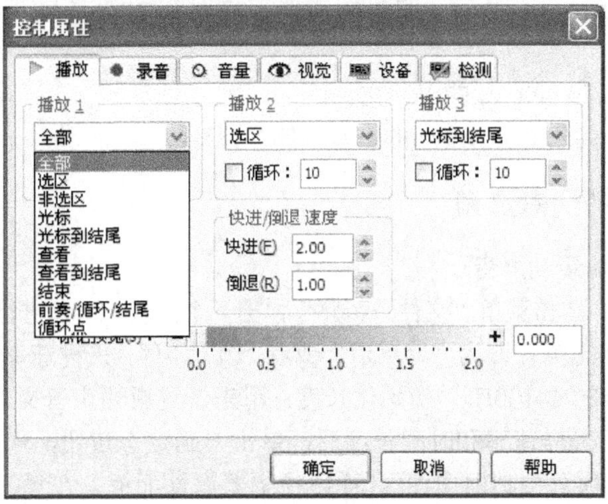

图 15-24 设备控制属性窗口

6. 选项(Options)

选项(汉化时常译为“操作”)的菜单如图 15-25 所示。

(1) 颜色(Colours)：用来设置波形的背景、被选择的背景等的颜色。

(2) 控制器属性(Device control Properties)：提供如图 15-24 的“属性”对话框，功能如上所述。

(3) 文件格式(File types)：用来设置和声音文件的关联。当某个类型的声音文件和 GoldWave 关联后，打开这个文件时是在 GoldWave 的环境中。

(4) 工具栏(Tool bar)：用来自定义快捷按钮栏。

(5) 窗口(Window)：用来设置例如 GoldWave 打开时主窗口是最大化还是正常方式，声音窗口是最大化还是最小化，以及时间轴是以秒还是以分来表示等。

7. 窗口(Window)

窗口菜单如图 15-26 所示。

(1) 层叠(Cascade)、横向平铺、纵向平铺等；

(2) 全部最小化、全部重排等；

(3) 控制器窗口显示风格。

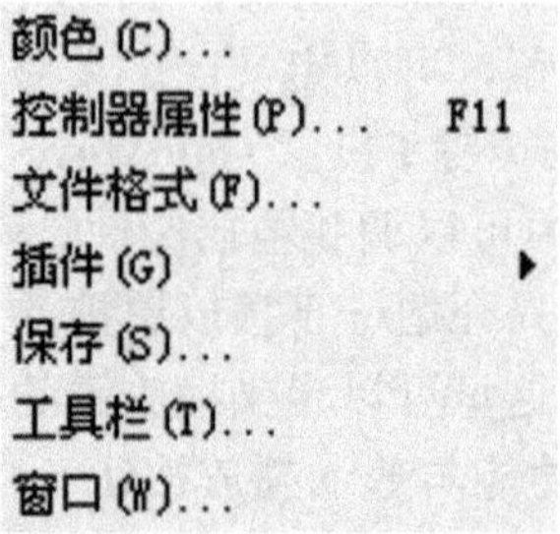

颜色(C)...
控制器属性(P)... F11
文件格式(F)...
插件(G)
保存(S)...
工具栏(T)...
窗口(W)...

图 15-25　选项菜单

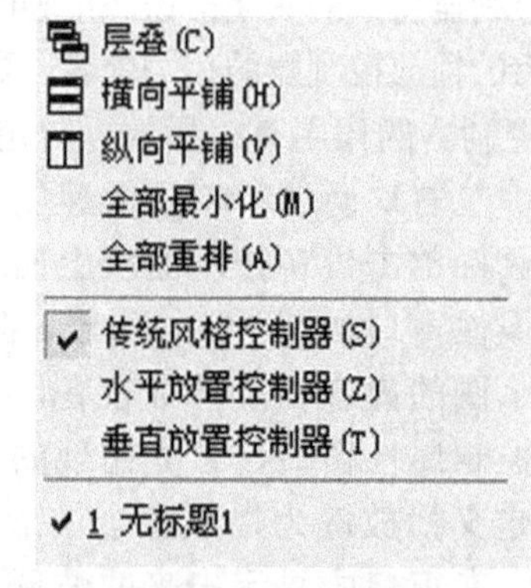

图 15-26　窗口菜单

8. 帮助(Help)

帮助菜单如图 15-27 所示。

(1) 内容(Contents)：GoldWave 的帮助文件。这对初学者非常有用。

(2) 手册(Manual)：Windows 的帮助文件。

(3) 关于(About)：关于 GoldWave 的一些说明。

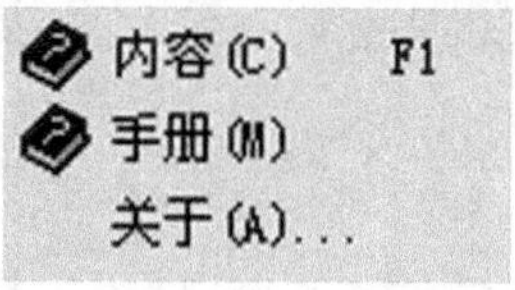

内容(C) F1
手册(M)
关于(A)...

图 15-27　帮助菜单

15.2.4　GoldWave 的一般应用

1. 利用 GoldWave 录制声音

(1) 新建空白文件：单击菜单“文件—新建”弹出一个面板，可以进行一些相关的参数设置。

声道数：将要录制的声音设为“单声道”或者“立体声”。采样速率：用来设置取样频率，一般选择 CD 音质标准的 44100Hz。初始化长度：用来设置新建声音文件的时间长度。当我们设置好新文件的声道、采样速率和时间长度后，单击“确定”按钮，一个声音文件就建成了。

(2) 单击菜单“选项一控制器属性”，弹出控制器属性面板，在第三个标签“音量”上单击一下(图 15-28)。

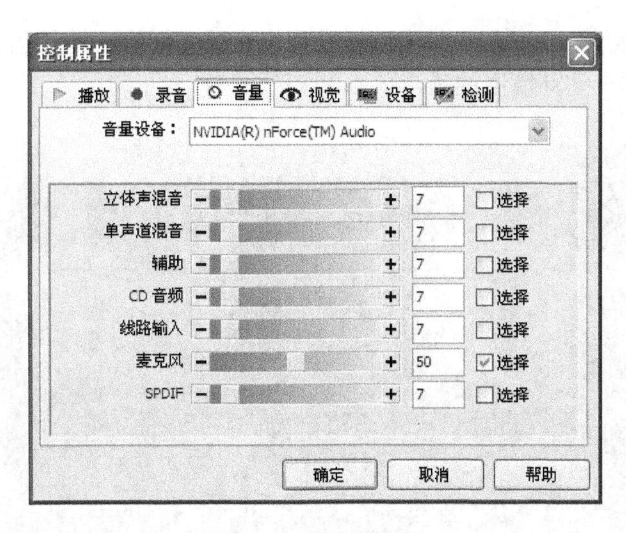

图 15-28　控制器属性

在音量设备中选择相应的声卡，将下方的“麦克风”打勾选中，也就是从麦克风中录音，点“确定”返回。

(3) 确定已经将麦克风插到计算机上，然后在 Goldwave 右侧控制面板上，单击红色圆点的“录音”按钮，然后对着麦克风说话就可以了。

录音过程中可以单击暂停录音按钮暂停录音，录音结束后单击红色的方块按钮结束录音。

(4) 如果录音音量太大或者太小，可以到“音量属性”中修改。

① 在任务栏右下角的小喇叭图标上双击，打开音量属性。

② 单击菜单“选项—属性”命令，弹出一个面板，在其中选择“录音”，在下面把麦克风打勾，其他去掉，单击“确定”。

③ 将麦克风的音量做适当调整，然后返回到 Goldwave 中继续录音即可。

(5) 单击工具栏中的“保存”按钮，将录好的声音文件保存。

2. 利用 GoldWave 采集声音

(1) 抽取 CD 中的声音。用“工具—CD 读取器”来提取 CD 中的声音。

(2) 抽取 VCD、DVD 等视频中的声音。单击菜单“文件—打开”命令，选择光盘驱动器(注意：文件类型选择“所有的文件”)。

VCD：打开扩展名为.dat 的文件。

DVD：打开扩展名为_1.vob 的文件。

GoldWave 会自动生成音频波形。

(3) 模拟音频信号采集。模拟音频信号采集即是利用相应的设备(如卡座、开盘录音机等)与计算机连接，将模拟音频信号通过线路输入到计算机的音频编辑软件中，从而转化为数字音频信号。

3. 降噪处理

用麦克风等录音往往有一定的背景噪声，在 GoldWave 中有一个降噪命令，可以将这些噪音进行一定程度的消除。具体的操作方法如下。

(1) 单击工具栏上的第二个按钮“打开”按钮，在弹出的打开对话框中选择用麦克风录制好的声音文件，打开它。

通过观察波形(图15-29)我们可以发现，在两个音波之间有一些锯齿状的杂音，这些就是通过麦克风录进去的一些环境中的噪声。

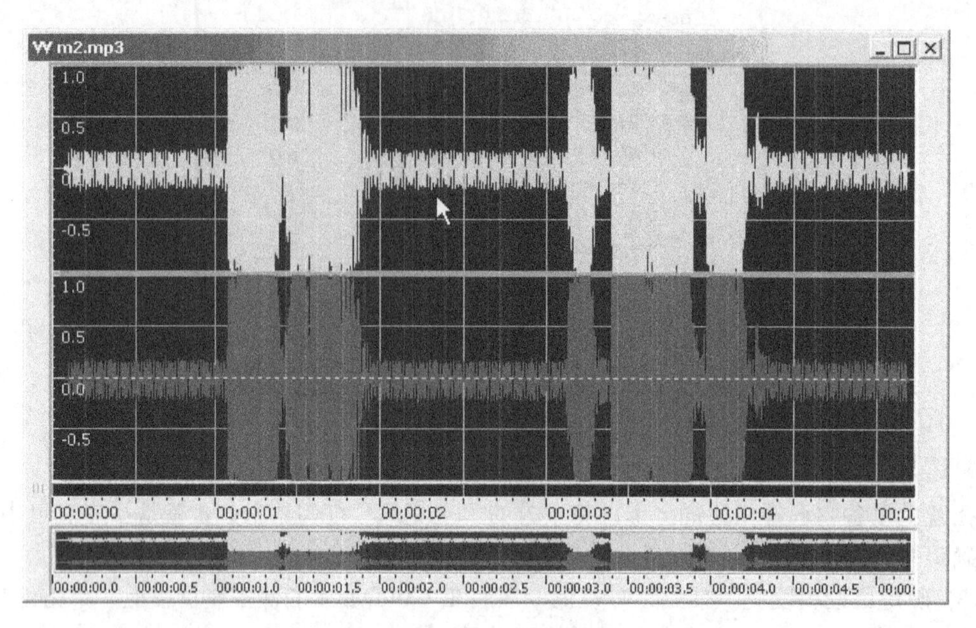

图 15-29　带噪声的声音文件

(2) 用鼠标拖动的方法选中开头的那一段杂音(图 15-30)，然后单击菜单“编辑—复制”命令。

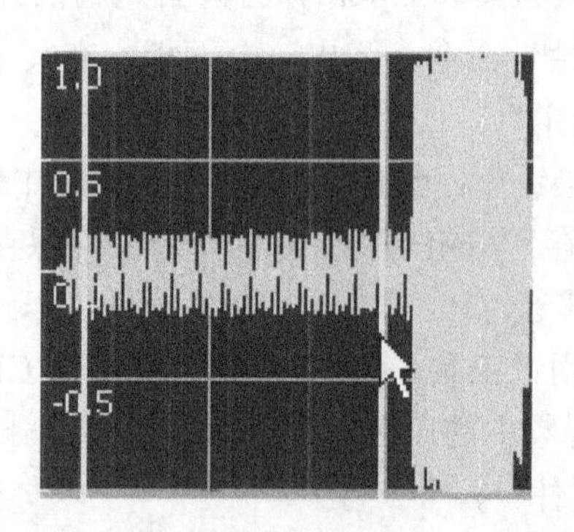

图 15-30　选择杂音

(3) 单击工具栏上的“全选”按钮，选中全部波形，也就是对所有声音进行降噪处理。

(4) 单击菜单“效果—滤波器—降噪”命令，弹出降噪面板。

(5) 在弹出的降噪面板左侧，点选下边的“剪贴板”(图 15-31)，然后单击“确定”按钮回到窗口中。

通过观察窗口中的波形(图 15-32)可以发现，那些锯齿杂音都没了，单击右边控制器里的绿色播放按钮，可以听到是很清晰的声音了。

4. 变调

通过 GoldWave，可以把一首歌的音调降低，这样就可以唱出里面的高音部分。

(1) 单击工具栏上的第二个按钮“打开”按钮，在弹出的打开对话框中选择一首音乐文件，打开它。

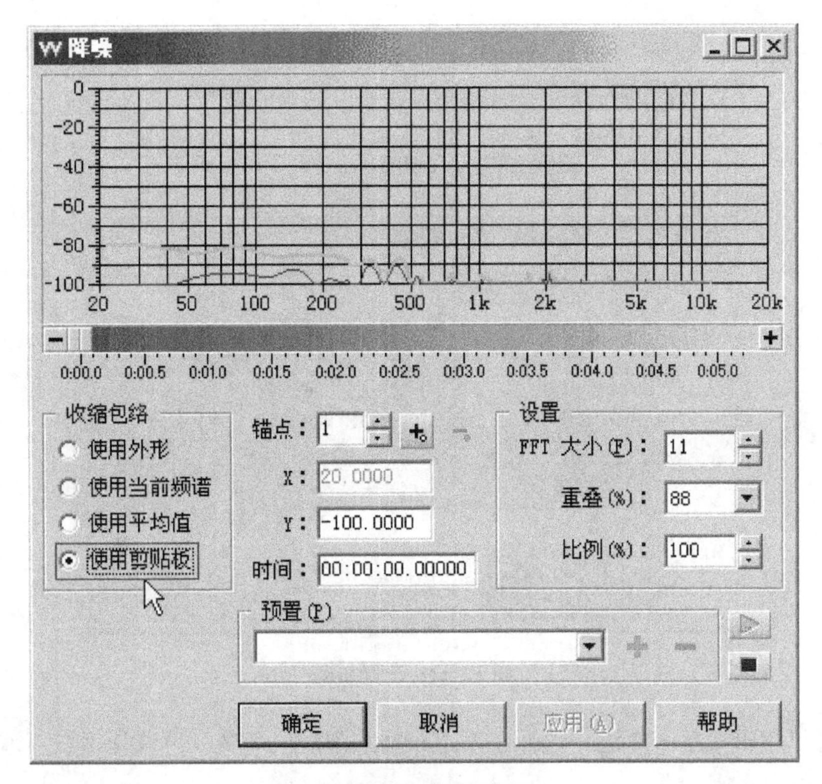

图 15-31　降噪面板

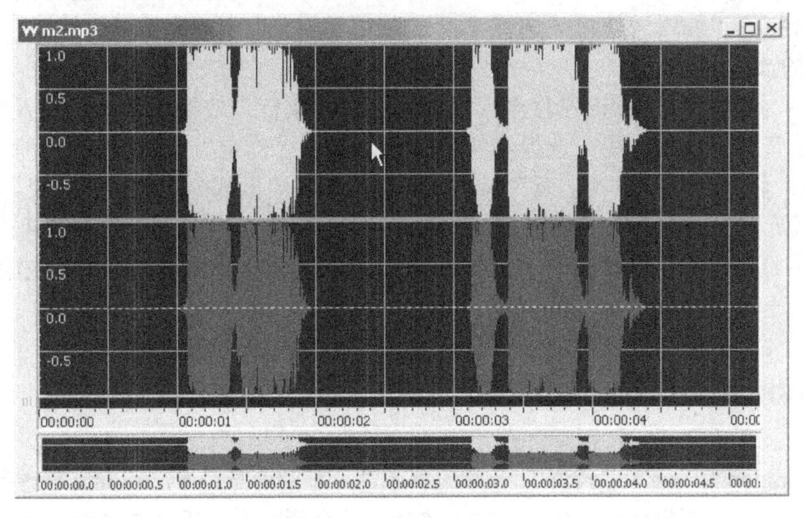

图 15-32　降噪后的声音文件

(2) 单击菜单“效果—音调”命令，弹出“音调”对话框(图 15-33)。

(3) 选中上边的半音，点减号按钮，或者直接在右边文本框里面直接输入-4，把下边的“保持节拍”打勾选中。

(4) 处理完成后，窗口里的音波变小，播放一下也可发现声音很低沉。

5. 声音的合成

声音的合成就是将多个声音合成一个声音。具体的制作方法如下。

(1) 新建空白文件，选择立体声。

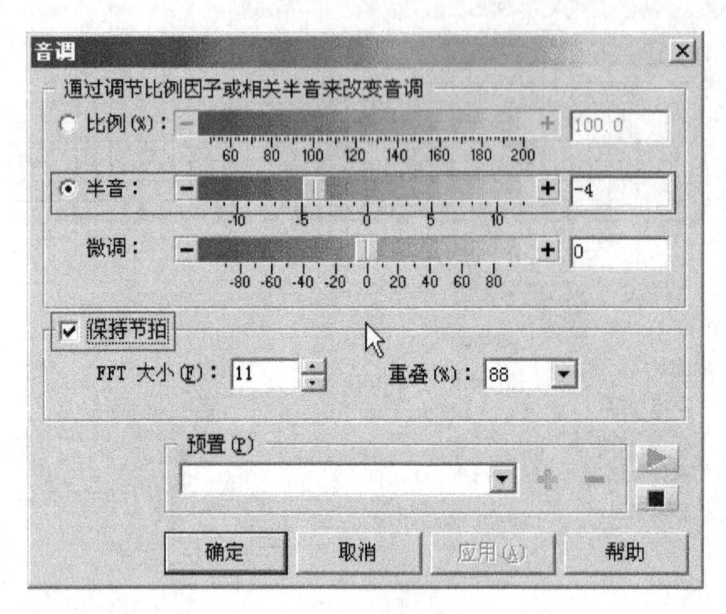

图 15-33　音调面板

(2) 打开“编辑菜单—声道—选择左声道—插入”一段声音，再选择“右声道—插入”另一段声音。

(3) 打开“效果—立体声—声道混音器”对话框，在弹出的菜单中设置参数即可实现声音的合成，或者打开“编辑”菜单，选择“混音”选项，也可实现声音的合成。

6. 声音的淡入淡出处理

(1) 淡入：将“结束”标记左移至形成淡入部分，执行“效果—音量—淡入”命令，经过试听调整初始音量和淡化曲线，选择满意的效果，单击“确定”按钮。

(2) 淡出：将“开始”和“结束”标记移至结尾形成淡出部分，执行“效果—音量—淡出”命令，经过试听调整最终音量和淡化曲线，选择满意的效果，单击“确定”按钮。

此外，还可以全选整个波形文件，通过“效果—音量—外形音量”添加锚点来设置更加丰富的淡入淡出效果。

15.3　Adobe Audition 简介

Adobe Audition 是一款功能全面的音频编辑软件，它的前身是 Syntrillium 软件制作公司 1995 年推出的 Cool Edit，在短短的几年中，陆续推出了几个新版本，后来被 Adobe 公司兼并便成为 Audition 了。Adobe Audition 音频编辑软件对 PC 机的配置要求不太高，只需在家用计算机上安装一块品质好的声卡或音频卡，一块较大硬盘，就可以制作出具有专业水准的节目了。当然，为了提高运行速度，要充分利用内存插槽，使内存应尽量地大。高质量、多 I/O 的声卡(高性能数字音频接口则效果更佳)是确保音质及灵活运用的前提。

这里我们以 3.0 版本为例，简单介绍进行音频编辑制作时的常用功能及基本使用方法。安装好 Adobe Audition 3.0(以下简称“Audition”)，启动它，经过一段时间之后就会看到如图 15-34 所示的界面。Audition 有编辑波形视图(单轨模式)和多轨视图(多轨模式)之分，其切换由位于左上角按钮来完成；也可以通过“视图”菜单进行切换，或者按 F12 键来完成。

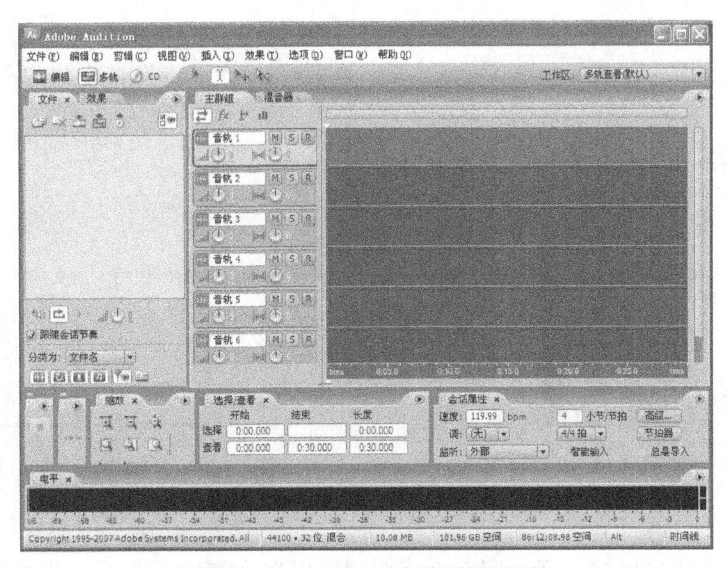

图 15-34　Audition 多轨视图界面

15.3.1　多轨视图

多轨模式下，Audition 具有多轨混合编辑器功能，可以方便地进行分期同步录音和放音；还可以单独对某一轨进行轨道多种参数设置，并支持对音、视频文件进行声音的后期处理，以及独唱、静音、录音选择和输入/输出方式设置……更为重要的是，在这里进行的各种操作不会对素材文件本身的任何属性进行修改。图 15-34 的界面就是多轨视图，它是 Audition 打开时默认的界面，Audition 的界面是典型的视窗式界面。

1. 主要窗口

多轨视图由编辑窗口、菜单栏、常用工具栏及各种任务窗口组成。其中任务管理器和编辑窗口使用最多，它们也占据了大部分的空间。

在每一轨的前端都有如图 15-35 所示的功能按钮。其中“R”即 record 提供轨道的录音功能，具体操作由左下角的控制按钮来执行。“S”即 solo(独奏)，仅仅此轨有声音，其他轨均哑音。“M”即(静音，哑音)，将此轨静音。

2. 文件菜单

此菜单中包含了常用的“打开”、“关闭”、“存储”、“另存为”、“退出”等常规类型命令，其功能与其他常用软件的命令类似。下面将“新建”、“导出”命令作一简单介绍。

(1) 新建(New Session)：新建一个项目会有如图 15-36 所示的对话框。

在这个对话框中，可以根据需要选择“新建项目”(“项目”又称“任务”，汉化版中常把它译为“会话”)的采样频率(Sample Rate)，单击“确定”，项目的新建便完成了。

当设置完成后，我们就可以进行多轨录音或编辑了。在录音时，我们要在哪一轨上进行录音，就必须单击这一轨的“R”按钮，使之处于预录音状态。再单击窗口左下角的控制按钮中的录音键，就可以进行录音了，此时其他轨可以同时处于正常播放或静音工作状态。因此我们可以在 Audition 的多轨视图下，方便的录制自己的翻唱歌曲。不仅可以实现边听边录，还可以在不同的轨道分段反复录音，直到录到自己满意的声音为止。

(2) 导出(Export)：当多轨录音完成后，在缩混的时候，可以通过声像线和音量线来达到所需要的方式。例如，淡出、淡入、左右声像交替等效果。当作品已经达到满意的程度，可以通过“文件—导出—混缩音频”，将多轨音频文件缩混成单轨立体声或单声道。

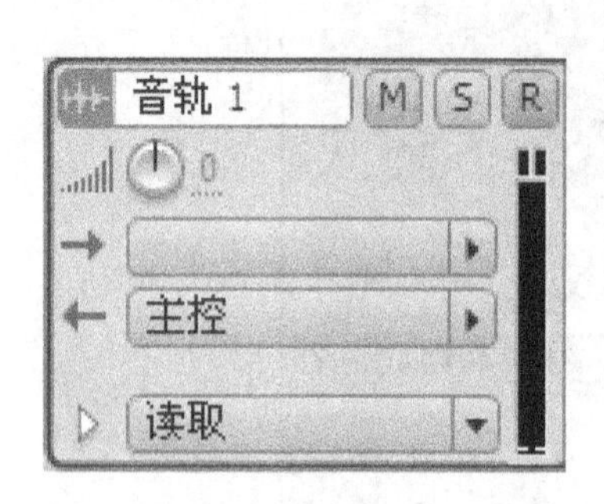

图 15-35 轨道按钮

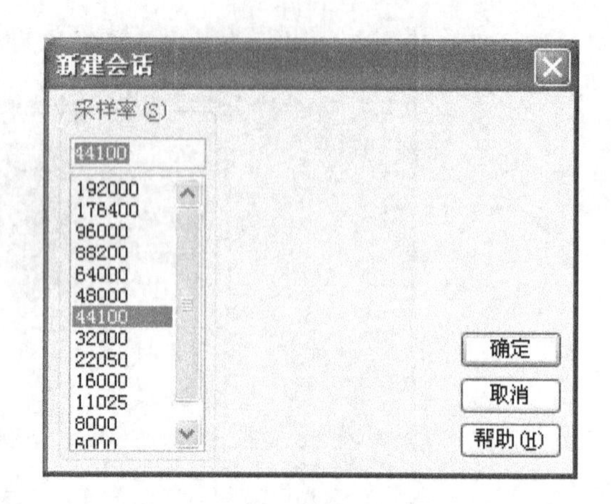

图 15-36 “新建项目”对话框

3. 视频配音

在 Audition 中还可以插入视频窗口，我们就可以在 Audition 的多轨视图下对照视频画面进行录音，实现为视频配音的功能。具体操作方法如下。

1) 插入视频

在多轨模式下，单击菜单“插入—视频”，找到视频文件后单击“打开”按钮打开。可以看到在 Audition 多轨界面中自动插入了一条视频轨道，并且在音轨 1 自动插入该视频的同期声。

需要注意的是，Audition 支持的视频格式只有 Avi、Wmv、Asf、Mov 几种。如果是 Audition 不支持的视频格式，则需要用专门的视频格式转换软件进行转换。建议使用 Wmv 格式，可使画面较为流畅。

2) 配音

(1) 按下音轨 1 的“M”按钮，将音轨 1 的视频同期声静音。

(2) 选择某一音轨(如“音轨 2”)按下录音按钮“R”键，单击播放控制面板上的红色录音按钮，就可以一边观看视频画面，一边通过麦克风进行配音录制了。如果视频窗口不慎关闭，可以通过菜单“窗口—视频”重新调出。

(3) 如果是多人配音，可以选择其他音轨分别录制。

3) 编辑

(1) 将录制好的声音进行相应的剪辑、降噪、添加效果等。

(2) 为画面添加相应的音效、背景音乐等。

4) 导出

Audition 提供了两种导出方式，既可以保存为一个新的包含配音的视频文件，也可以将所有的声音轨道混缩为一个独立的声音文件，然后将声音返回到视频编辑环境中与原视频画面进行合成。具体操作方法如下。

单击菜单“文件—导出—视频”，将配音视频混缩为一个新的包含配音的视频文件并保存。

单击菜单“文件—导出—混缩音频”，将所有配音混缩为一个独立的音频文件并保存。

15.3.2 编辑波形视图

在多轨模式中，主要是将素材引入多轨，并对各素材进行项目中参数(属性)设置，整合“导出”一个新的符合要求的声音文件，期间进行的各种操作不会改变素材文件的任何属性。而在单轨模式下，则可看成是以对素材进行处理、修饰为主要目的。其中有相当多的一部分内容与前述的 GoldWave 相似，但 Audition 则显得更为专业化。

下面将此模式下主要的菜单或特殊的功能选项作一简单介绍。

1. 文件(File)

此菜单中包含了常用的新建、打开、关闭、保存、另存为等命令。

(1) 打开(Open)：与“打开为”(Open As)的区别，前者是一般的打开命令，而后者是将已建立的文件打开，然后选择希望的格式后单击“确定”按钮，原音频文件就转换成刚刚所选择的格式了。

(2) 追加打开(Open Append)：是将打开的音频文件接在已打开的文件尾部，这样两个音频文件就拼接成一个大的音频波形文件了。

(3) 关闭全部(Close All)：关闭所有的波形文件(包括正在使用的文件和在当前项目中没有使用的文件)和项目。只要使用这条命令，所有正在工作的“垃圾”和“垃圾箱”将被全部剔除。

(4) 另存为副本(Save Copy As)：把当前正在处理(过程中)的文件做一个备份存下来。但是别忘了另取一个文件名，否则，原文件就全部被当前所有的操作修改。

(5) 保存所选(Save Selection)：顾名思义将当前波形文件选中的部分存盘。

(6) 保存全部(Save All)：全部存盘的意思。但是要慎重，当选择该项后，它自动将完成或未完成的所有编辑工作和项目存盘(除非正在编辑的文件或项目是新建的，此时，它会提示确定文件名)，一般最好不用。

管理临时文件夹预留空间：清理硬盘空间。在进行音频编辑时，免不了要产生一些临时和 Undo 文件，可以在这里清空它。

2. 编辑(Edit)

此菜单中包含了一些常用的复制、粘贴、删除、格式转换等命令。

(1) 复制到新的(Paste to New)：将剪贴板中的文件粘贴为新文件。

(2) 混合粘贴(Mix Paste)：将剪贴板中的波形内容混合到当前波形文件中。使用该命令时会出现如图 15-37 所示的对话框，在该对话框中可以选择混音的方式。如插入、重叠、替换、调制等方式，还可以选择将要被混频的波形数据是来自剪贴板还是已建立的波形文件。

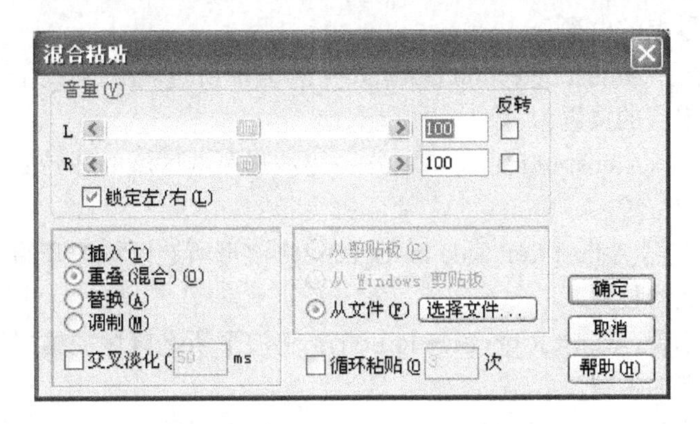

图 15-37 “混合粘贴”对话框

(3) 插入到多轨区(Insert in Multitrack)：将当前波形文件或当前文件被选中的部分在多轨窗口中插入为一个新轨。

(4) 选择整个波形(Select Entire Wave)：此操作也可以双击鼠标左键来完成。

(5) 删除静音区(Delete Silence)：即删除小电平的信号(接近无声的部分)，但在进行该工作时要选择一些参数如图 15-38 所示，如多少分贝以下、多少时间以上等参数，这样 Audition 才能确定去除小信号的额度。删除小信号后当前文件时间会变短。

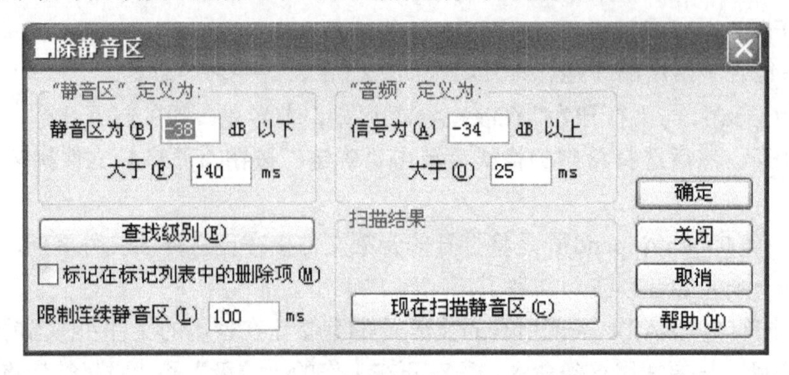

图 15-38 “删除静音设定”对话框

(6) 零点交叉(Zero Crossings)：调节所选中区域(部分)的开始和结尾到最近的零点位置。零点就是一个有效的正弦波与中心线的交叉点(如图 15-39 所示，箭头所指之处)，该功能特别适合进行波形拼接及制作。在该菜单里有一些子选项如下：

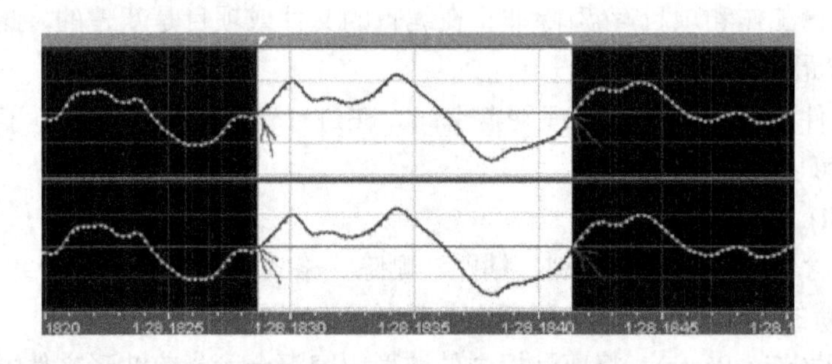

图 15-39 始末零点位置

(7) 向内调整选区(Adjust Selection Inward)：将波形所选区域的起始和结尾处调节至在该区域范围内最接近零点的位置。

(8) 向外调整选区(Adjust Selection Outward)：将波形所选区域的起始和结尾处调节至在该区域范围外最接近零点的位置。

(9) 向左调整左侧(Adjust Left Side to Left)：将波形所选区域的开始处(左侧部分)向左侧调节至最接近的零点的位置。

(10) 向右调整左侧(Adjust Left Side to Right)：将波形所选区域的开始处(左侧部分)向右侧调节至最接近的零点的位置。

(11) 向左调整右侧(Adjust Right Side to Left)：将波形所选区域的结尾处(右侧部分)向左侧调节至最接近的零点的位置。

(12) 向右调整右侧(Adjust Right Side to Right)：将波形所选区域的结尾处(右侧部分)向右侧调节至最近的零点的位置。

(13) 查找小节(Find Beats)：用此工具可以迅速地找到音乐中一个完整的拍子(有点类似节奏)的开始和结尾点，也就是 2 个重音(大电平)信号之间的部分，这样可以很方便地制作 loop(如鼓 loop 等)，如图 15-40 所示。

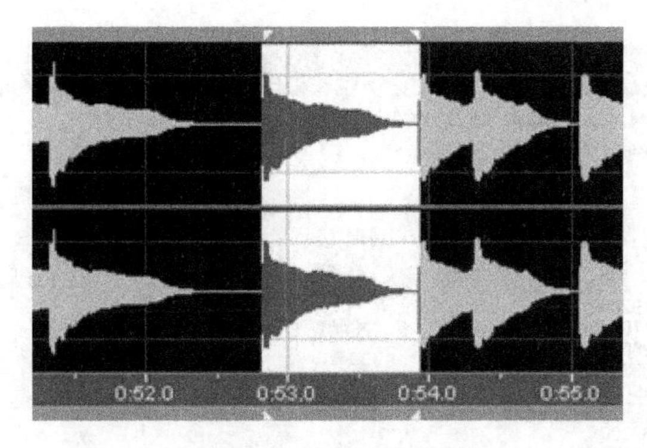

图 15-40　查找节拍

(14) 调整采样率(Adjust Sample Rate)：如图 15-41 所示，该采样率调节只是调节声卡播放当前音频文件时所采用的采样率(当然声卡要能支持所选择的采样率，否则不能播放)，而并非修改当前文件的采样率。当改变采样率后，时间轴上的时间标尺会有所变化，采样率取低时，时间延长，反之缩短。

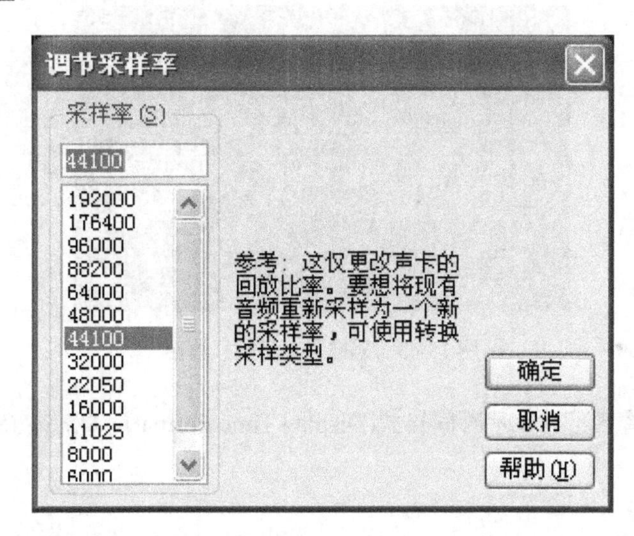

图 15-41　采样率的调节

(15) 转换采样类型(Convert Sample Type)：如图 15-42 所示。用此工具转换后当前文件的采样率将会被改变(播放时间不会变)，文件大小也会改变，可以在采样率、声道数及分辨精度(量化位数)参数上进行选择。

3. 视图(View)

此菜单中包含了一些 Audition 中常用视图的开关项。

(1) 显示波形(Waveform Display)：该显示方式是用数字的采样点直观地表示模拟波形，如果将波形放大就可以很清楚地看到每个采样点，这时我们可以利用它对波形进行修改，如由于删除干扰而产生的失真，如图 15-43 所示。功能强大的 Audition 还有频谱、声像谱、相位谱等几种显示方式。

(2) 垂直缩放格式(Vertical Scale Format)：Audition 纵坐标格式有四种，即采样值、标准化值、百分比及分贝。

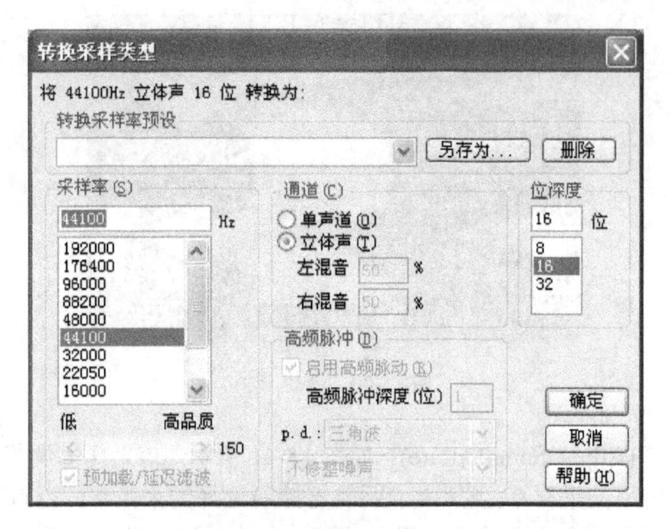

图 15-42　转换采样格式

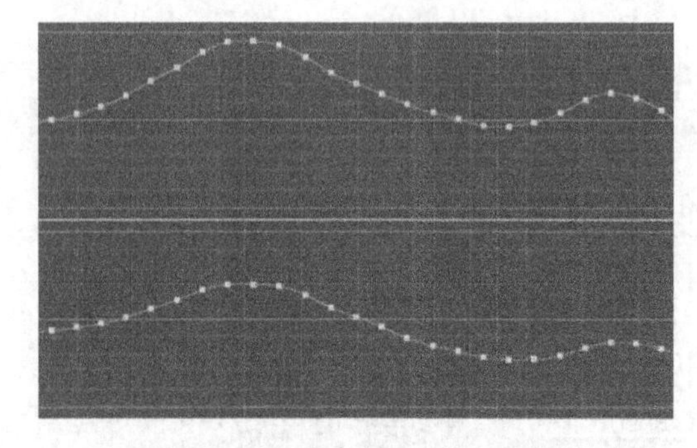

图 15-43　采样点表示模拟波形

另外，View 菜单下还有显示时间格式(Display Time Format)、状态栏(Status Bars)、快捷栏(Shortcut Bars)等。

4. 效果(Effects)

Audition 中此菜单的功能是用得最多的。它包含了在编辑处理音频时要用到的如颠倒、反向、动态、延时、混响、滤波(均衡)、降噪、失真、变调等大部分的功能，还能调用 VST、Directx 的插件效果器。下面重点介绍一些常用的或特殊的功能。

(1) 颠倒(Invert)：将波形反相，使上半周和下半周翻转(倒相)。此功能可以间接用来消除原唱人声(当然要求人声是中央声像位置)，只要将两声道中的一个声道颠倒后，再将两声道合并为一个单声道就行了(相当于两声道信号相减)。当然要得到好的效果不是那么简单的，因为这样操作后原声道信号中的大部分声音也被消掉了，对原音效果的破坏极大。

(2) 反向(Reverse)：将波形或被选中波形的开头和结尾反向(倒放)。

(3) 振幅和压限(Amplitude and Compression)：该菜单里还有 9 个子选项。

(4) 放大(Amplity)：将当前波形或被选中波形的振幅放大或缩小。当按下该菜单后将出现如图 15-44 所示的对话框。在预设效果列表内是一些厂家预制的方案设置，可以简单地在里面选择想要的参数来运用。如果里面没有想要的，而又经常要用到，那么可以将想要的参数设定好，然后按保存按钮取名后存入列表中，以便以后使用。

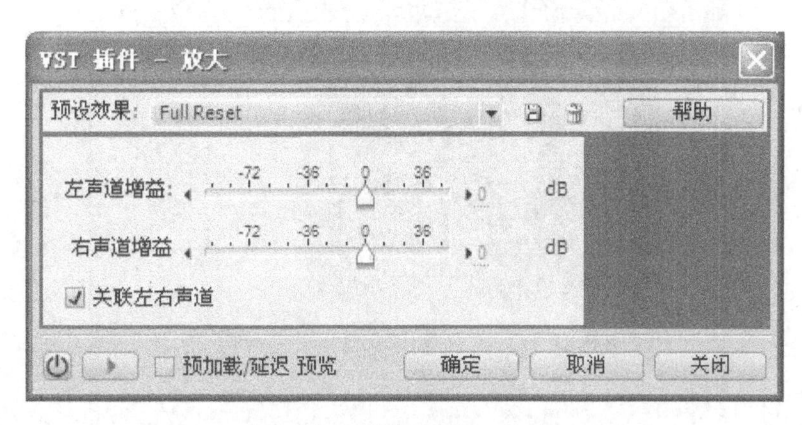

图 15-44 “振幅放大”对话框

(5) 动态处理(Dynamic Processing)：打开后可看到对话框中有 4 个标签项，分别是图式(Graphic)、经典(Traditional)、缓始/缓释(Attack/Release)、频段限制(Band Limiting)。其中图式模式和经典模式达到的效果是一样的，只不过操作方式不同(图形和文字)。动态处理不仅可以进行动态压缩(一般在制作母带时常用)，也可以扩展(如用在动态较小的录音磁带上)，而且带有多个厂家预制的设置参数，可供选择。

(6) 包络(Envelope)：该功能通过鼠标对波形幅值的调整设定来改变波形包络。

(7) 标准化(Normalize)：将当前波形(或选定的波形)振幅的最大值调整到特定电平值。用这个功能可以将音频信号电平调到最大，而不至于削波。

(8) 延时和回声(Delay and Echo)：此菜单下有延迟、回声等子选项。这一部分处理是最为复杂、最需要相关专业知识支持和最花费时间的，当然也是最能使音色产生根本性变化的。

(9) 滤波和均衡(Filter and EQ)：包括很多子选项。

(10) FFT 滤波器(FFT Filter)：这个滤波器使用起来还算简单。在对话框的图形窗口中，可以任意画出所需的滤波曲线，并且每个频率转折点可以左右(频点)上下(提升衰减)移动，相当自由。

(11) 图式均衡器(Graphic Equalizer)：Adobe Audition 的图示均衡器是用 FIR 滤波器来实现的。它的优点是在进行均衡处理时不会有相位失真(偏移)，不像 IIR 滤波器那样会引起相位的变化。它有 10、20 和 30 频段的视图窗口，可以根据需要选择。

(12) 参量均衡器(Parametric Equalizer)：Adobe Audition 的参量均衡器采用的是 IIR 滤波器，在保持较快的速度的同时又能保证较好的图形分辨率，如图 15-45 所示。现在有好多专业的均衡器都采用参量均衡的方法(包括硬件和软件)，用参量均衡处理的音频在各频段衔接的连续性上比较好。它最多可以使用 5 个频段的参量均衡，左上方的图形视窗显示的是有 5 个山峰的频率均衡曲线。它的左边和右边各有一个滑块，分别控制低通和高通的提升衰减量，而低通和高通的截止频率由它下方的两个滑块调节(也可以在滑块右边的文本框直接填入数值)。对话框中左下和右上方标有“1”～“5”的滑块就是用来控制 5 段参量均衡的，序号相同的为一组(一个频段)。右上方的滑块用于调节各段频率点增益(大小)，左下方的滑块用于调节每个频段的中心频率，在它的右边标有的数值是控制频带宽度的(也就是平常说的“Q”值)，数字越大频带越窄，反之越宽。用参量均衡器处理过的音频理论上应该声音更自然一些。

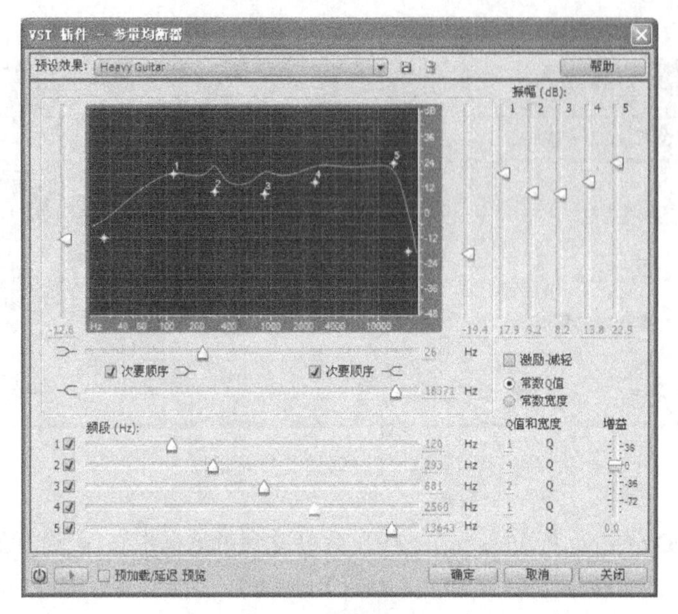

图 15-45　参量均衡器调节窗口

另外，此菜单中还有快速滤波器(Quick Filter)、科学滤波器(Scientific Filters)等。

(13) 修复(Restoration)：该菜单里还有 7 个子选项。

(14) 降噪器(Noise Reduction)：这个降噪工具是属于采样降噪法的一种。也就是将噪声信号先提取，再在原信号中将符合该噪声特征的信号删除，这样就能得到一个几乎无噪声的音频信号了。要想取得好的降噪效果，首先原音频的开头部分(或者末尾)要有一段相对较长(当然短一些也是可以)的纯噪声区，然后将这段噪声区内比较平稳的部分选中(噪声区越长，相对平稳的噪声也越容易得到)，然后按下采集降噪预置噪声得到噪声的波形特征，然后选择一些参数后按下 OK，这样就能将原音频中的噪声去除。其先决条件是纯噪声要保持一定的长度并且稳定。

另外，此菜单里还有消除咔嗒声、嗞声、破音修复、相位自动校正等。

(15) 变速和变调(Pitch)：这个菜单里主要是进行一些变调的相关操作。

(16) 变调器(Pitch Bender)：如图 15-46 所示。这个工具也可以叫做变速工具，因为它在变调的同时也改变了播放速度，而且它还有个专门调节速度的选项。在对话框的视图中可以用

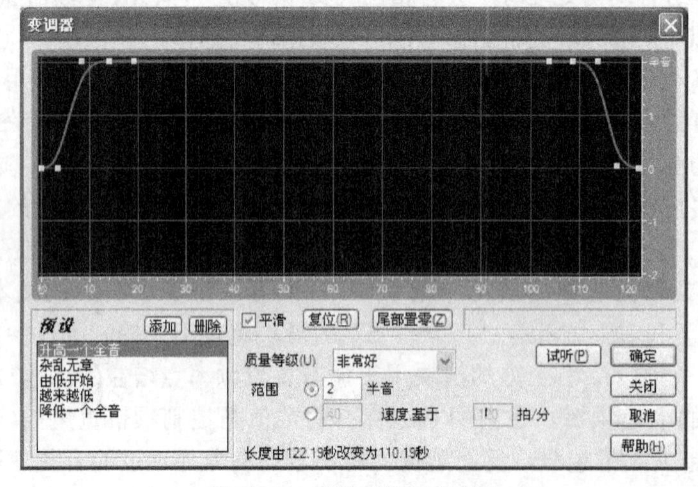

图 15-46　变调工具调节窗口

鼠标设定变调(速)曲线，越往上音调越高(速度越快)。平滑(Spline)选项可以使曲线平滑，复位(Flat)用于拉直曲线，尾部置零(Zero Ends)可以将曲线的两头对在零位置(保证开始和结尾没有变化)。质量等级(Quality Level)用来调节处理的质量，共有 6 个选择，完美(Perfect)(也最慢)，低(Low)最差(最快)。范围(Range)中的数值调节变调的半音数，在它下面的速度基于前后两个数值用来调节速度(前者是提速量，后者是基值)，并会在纵坐标上显示出来。注意：两个变调(速)选择只能选其中一个。

(17) 时间和间距(Time and Pitch)：这个菜单里主要是进行一些变速的相关操作。

(18) 变速(Stretch)：如图 15-47 所示。选中变速不变调时，将只改变速度而保持音高，在比例(Ratio)或长度(Length)中输入希望的值(速度值或时间长度)即可。这时如果在转换(Transpose)中输入音高也没关系，最终只会发生速度的变化而不会发生音调的变化。同样，如果选中变调不变速(Pitch Shift)，则只会改变音调而不改变速度，在转换(Transpose)中选择需要的音调即可(这时的长度已经不起作用了)。如果选中变速又变调(Resample)，则速度和音调都不保持，在变音调的同时速度也跟着变，音调降低时，速度变慢，反之变快。在常量变速(Constant Stretch)标签里的调节控制条只有一个，也就是至始至终都只能用一个参数值。而当选择流畅变速(Gliding Stretch)时，就会出现初始(Initial)和结束(Final)两个调节条，也就是可以在开始和结尾设置不同的变化值，让它随着时间(所选区域的时间)的变化来处理当前音频。中间的精度(Precision)选项控制处理的精度，共有低(Low Precision)、中(Medium Precision)和高(High Precision)三个选择，当然精度越高速度越慢。频率重叠(Splicing Frequency)的值决定了处理时的结合频率，重叠(Overlapping)的值决定了重叠率，如果没有这方面的经验，那就选择恰当的默认值(Choose appropriate defaults)让它自己来确定这些参数。

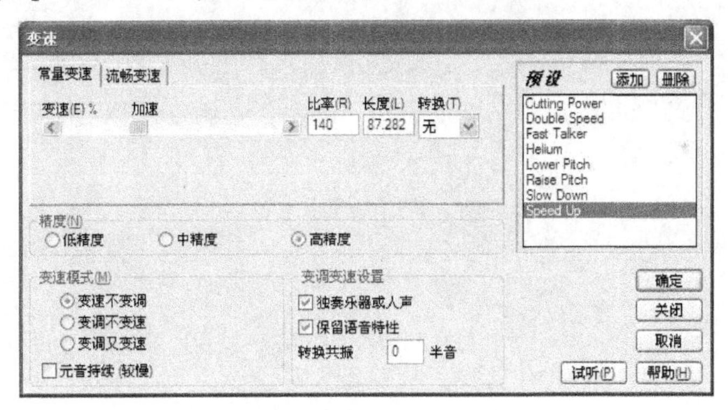

图 15-47　变速工具调节窗口

思考与练习

填空题

1. __________是一个集声音处理、编辑、播放、记录和转换为一体的功能强大的数字音频编辑绿色软件，不用安装，直接单击执行文件便可运行。

简答题

2. 常用的音频软件有哪些？

3. 音频编辑软件 Goldwave、Audition 有哪些主要功能？

4. 简述 Goldwave 软件在录音、编辑及信号处理方面的基本操作。

5. 简述用 Audition 软件进行多轨录音、编辑与合成的硬件环境与基本操作。

应用题

6. 下图是一段.wav 格式的音频信号的波形文件，请作简单的描述；并就如何较好地降噪、如何前移或后移波形，作简单说明。

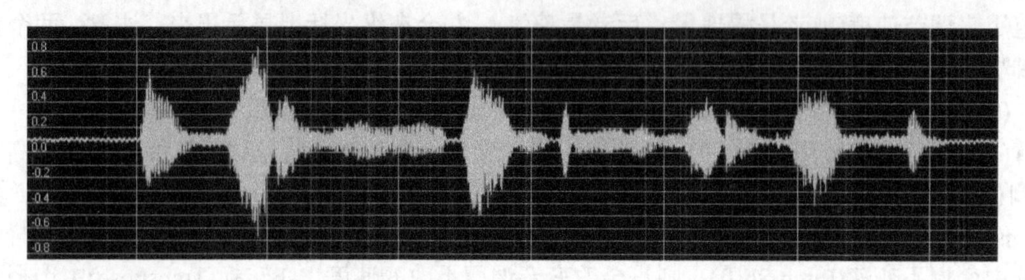

附录1　分　　贝

在电声技术中,描述放大器的增量、声音的强弱、噪声程度、传输线的衰减等时,常要用到分贝(dB)这一计量单位,尤其是在功率、电压之间的比较时,将某一功率、电压与基准值的比值的对数关系称为电平,用分贝(dB)来表示。

采用分贝作为电平比值单位,具有简化计算等优点。例如,在一系列线性网络串联时,总增益(或总衰减)倍数可由各级的增益(或衰减)相乘而得。如果增益(或衰减)倍数以 dB 这一专门单位表示,则可使总增益(或总衰减)值的计算简化成以各级增益(或衰减)相加(或相减)求得。这显然给实际应用带来方便。

采用分贝作为电平比值单位,使电平的值更直观,更符合人们对增益(或衰减)的直观理解,是目前国际上通用的一种电平计量方法。

1. 功率增益公式

$$A_P = 10 \cdot \lg \frac{P_o}{P_i} (\mathrm{dB})$$

若 P_o 为输出功率,P_i 为输入功率,A_P 为功率增益,则:

当 $P_o/P_i>1$,A_P 为正的 dB 数,表示网络有功率增益;

当 $P_o/P_i<1$,A_P 为负的 dB 数,表示网络有损耗,即功率衰减;

当 $P_o/P_i=1$,A_P 为 0dB,表示网络无功率增益(或无衰减)。

2. 电压增益公式

若网络输入输出阻抗相同,V_o 为输出电压,V_i 为输入电压,A_V 为电压增益,则

$$A_V = 20 \cdot \lg \frac{V_o}{V_i} \quad (\mathrm{dB})$$

3. 信噪比

如 S 表示信号,N 表示噪声,则信噪比为

$$S/N = 10 \cdot \lg \frac{P_S}{P_N} = 20 \cdot \lg \frac{V_S}{V_i} \quad (\mathrm{dB})$$

式中:P_S 为信号功率;P_N 为噪声功率;V_S 为信号电压;V_N 为噪声电压。

4. 功率电平公式

在功率比较时,以 1mW 作基准功率 P_o,相对应的为 0dB,待比较功率 P_x 的实际值用 dB 作单位,即

$$\text{功率电平} = 10 \cdot \lg \frac{P_x}{P_o} \quad (\mathrm{dB})$$

5. 电压电平公式

规定以一个 600Ω 电阻上得到 1mW 功率所需的电压值 0.775V 为基准电压 V_0,待比较电压 V_x 的电平值用 dB 作单位时,则

$$\text{电压电平} = 20 \cdot \lg \frac{V_x}{V_0} = 20 \cdot \lg \frac{V_x}{0.775} \quad (\mathrm{dB})$$

在电声技术中,还有频率响应、选择性、立体声分离度等均用到 dB 这一单位。

附录2 常用隔声材料的隔声度及隔声效果

隔声度(50Hz)	隔声材料	隔声效果
20dB 以下	胶合板,3mm 的玻璃等	可听到普通会话,没有隔声效果
30dB 以下	厚 75mm 的混凝土,厚 10mm 玻璃板	听不清会话内容,但隔声效果差
40dB 以下	厚 100mm 的混凝土,密封双层墙等	听不到普通会话,可听到强声、低频音乐,有隔声效果
50dB 以下	厚 100mm 以上混凝土,精制的密封双层墙等	有较好的隔声效果,一般公寓、大厦均能达到这个效果

附录3 常用吸声材料的吸声系数

材料	吸声系数					
	125Hz	250Hz	500Hz	1000Hz	2000Hz	4000Hz
多孔型材料						
挂帘:棉(498g/m²)						
展开程度为面积的 7/8	0.03	0.12	0.15	0.27	0.37	0.42
展开程度为面积的 3/4	0.04	0.23	0.40	0.57	0.53	0.40
展开程度为面积的 1/2	0.07	0.37	0.49	0.81	0.65	0.54
挂帘:中型天鹅绒(474.7g/m²)						
展开程度为面积的 1/2	0.07	0.31	0.49	0.75	0.70	0.60
挂帘:厚天鹅绒(610g/m²)						
展开程度为面积的 1/2	0.14	0.35	0.55	0.72	0.70	0.65
地毯:厚,铺在混凝土地面上	0.02	0.06	0.14	0.37	0.60	0.65
地毯:厚,铺在 1.356kg/m² 的毡上	0.08	0.24	0.57	0.69	0.71	0.73
地毯:铺在泡沫或弹性橡胶衬垫上	—	0.05	0.20	0.40	0.60	0.65
地毯:室内、外两用	0.01	0.05	0.10	0.20	0.45	0.65
赛璐珞方砖:辛普森·普赖费克特方砖标准孔,1.27cm 厚,贴在墙上	0.05	0.20	0.56	0.95	0.93	0.74
赛璐珞方砖:琼斯—曼维尔斯宾同,1.27cm 厚,贴在墙上各种建筑材料	0.09	0.23	0.62	0.75	0.77	0.77
混凝土砖墙,粗糙	0.36	0.44	0.31	0.29	0.39	0.25
混凝土砖墙,有灰层	0.10	0.05	0.06	0.07	0.09	0.08
地面:混凝土	0.01	0.01	0.015	0.02	0.02	0.02
地面:亚麻油地毯、沥青橡胶或软木方砖,铺在混凝土上	0.02	0.03	0.03	0.03	0.03	0.02
地面:木	0.15	0.11	0.10	0.07	0.06	0.07

(续)

材　料	吸　声　系　数					
	125Hz	250Hz	500Hz	1000Hz	2000Hz	4000Hz
玻璃:大块厚玻璃板	0.18	0.06	0.04	0.03	0.02	0.02
玻璃:普通窗户	0.35	0.25	0.18	0.12	0.07	0.04
灰层:灰胶纸板或石灰装饰在砖上	0.013	0.015	0.02	0.03	0.04	0.05
灰层:灰胶纸板或石灰装饰在板条上	(a)					
	0.14*	0.10	0.06	0.05	0.04	0.03
	(b)					
	0.02*	0.02	0.03	0.04	0.04	0.03
谐振吸声材料						
压合板:9.53mm厚	0.28	0.22	0.17	0.09	0.10	0.11
柱面:弦长114.3cm,高40cm,空心	0.41	0.40	0.33	0.25	0.20	0.22
弦长89cm,高30.5cm,空心	0.37	0.35	0.32	0.28	0.22	0.22
弦长71cm,高25.4cm,空心	0.32	0.35	0.3	0.25	0.20	0.23
弦长71cm,高25.4cm,空心	0.35	0.50	0.38	0.30	0.22	0.18
弦长50.8cm,高20.3cm,空心	0.25	0.30	0.33	0.22	0.20	0.21
弦长50.8cm,高20.3cm,空心	0.30	0.42	0.35	0.23	0.19	0.20
穿孔板:3.9cm厚,空间深度10cm,5cm厚石棉,穿孔百分比为						
0.18	0.40	0.70	0.30	0.12	0.10	0.05
0.79	0.40	0.84	0.40	0.16	0.14	0.12
1.40	0.25	0.96	0.66	0.26	0.16	0.10
2.70	0.27	0.84	0.96	0.36	0.32	0.26
20cm深,10cm厚石棉,穿孔百分比为						
0.18	0.80	0.58	0.27	0.14	0.12	0.10
0.79	0.98	0.88	0.52	0.21	0.16	0.14
1.40	0.78	0.98	0.68	0.27	0.16	0.12
1.70	0.78	0.98	0.95	0.53	0.32	0.27
穿孔板吸声材料:17.8cm空气间隙加2.5cm厚的密度为(144~160)kg/m^3的玻璃纤维板,6.35mm厚盖板:						
宽频带——25%以上的穿孔率	0.67	1.00	0.98	0.93	0.98	0.96
中峰值——5%的穿孔率	0.60	0.98	0.82	0.90	0.49	0.30
低峰值——0.5%的穿孔率	0.74	0.53	0.40	0.30	0.14	0.16
穿孔板吸声材料						
5cm的空气间隙中填有密度为(114~160)kg/m^3的玻璃纤维:0.5%的穿孔率	0.48	0.78	0.60	0.38	0.32	0.16
琼斯—曼维尔穿孔板,4.7mm厚,每0.0929m^2中有550个4.7mm的孔,在2.5cm气隙中,填有密度为9.6kg/m^3、2.5cm厚的衬垫	0.09	0.31	0.56	0.93	0.68	0.23
*:与灰层的后空有关						

附录4 声学量的单位、名称及符号

量的名称	单位名称	单位符号		附　注
		国　际	中　文	
周期	秒	s	秒	
频率	赫[兹]	Hz	赫	
波长	米	m	米	
密度	千克每立方米	kg/m^3	千克/米^3	
振动位移	米	m	米	
振动速度	米每秒	m/s	米/秒	
振动加速度	米每平方秒	m/s^2	米/秒^2	
体积速度	立方米每秒	m^3/s	米^3/秒	
声速	米每秒	m/s	米/秒	
声压	帕[斯卡]	Pa	帕	辅助单位为微巴(μb) $1\mu b = 0.1Pa = 0.1N/m^2$
声能密度	焦[耳]每立方米	J/m^3	焦[耳]/米^3	辅助单位为尔格每平方厘米
声[源]功率	瓦[特]	W	瓦	辅助单位为尔格每平方厘米每秒
级	分贝	dB	分贝	
声阻抗率	帕[斯卡]秒每米	Pa·s/m	帕·秒/米	曾用瑞利,$laryl = 1Pa \cdot s/m$
声阻抗	帕[斯卡]秒每立方米	$Pa \cdot s/m^3$	帕·秒/米^3	曾用声欧,$1\Omega_A = Pa \cdot s/m^3$
力阻抗	牛[顿]秒每米	N·s/m	牛·秒/米	曾用力欧,$1\Omega_M = 1N \cdot s/m$
声质量	千克每四次方米	kg/m^4	千克/米^4	
声劲	帕[斯卡]每立方米	Pa/m^3	帕/米^3	
声顺	立方米每帕[斯卡]	m^3/Pa	米^3/帕	
流阻	帕[斯卡]秒每米	Pa·s/m	帕·秒/米	
力	牛[顿]	N	牛[顿]	
流阻时间	秒	s	秒	
声吸收	平方米	m^2	米^2	
响度级	方	phon	方	
响度	宋	sone	宋	
音调	美	mel	美	
音程	倍频程	oct	倍程频	半音为1/12oct,音分为1/12oct
自由场(电压)	伏[特]每帕[斯卡]	V/Pa	伏/帕	
灵敏度				灵敏度必须加前缀语以指明所用的输出和输入究竟是哪种量

附录 5 常用声学量的级和基准值

名 称	定 义	基 准 值
声压级	$L_p = 20 \cdot \log(p/p_r)$	$p_r = 20\mu Pa$
振动加速度级	$L_a = 20 \cdot \log(a/a_r)$	$a_r = 1\mu m/s^2$
振动速度级	$L_v = 20 \cdot \log(v/v_r)$	$v_r = 1nm/s$
振动位移级	$L_d = 20 \cdot \log(d/d_r)$	$d_r = 1pm$
力级	$L_F = 20 \cdot \log(F/F_r)$	$F_r = 1\mu N$
功率级	$L_W = 20 \cdot \log(W/W_r)$	$W_r = 1pW$
强度级	$L_I = 20 \cdot \log(I/I_r)$	$I_r = 1pW/m^2$
能量级	$L_E = 20 \cdot \log(E/E_r)$	$E_r = 1pJ$
能量密度级	$L_D = 20 \cdot \log(D/D_r)$	$D_r = 1pJ/m^3$
传声器灵敏度级	$L_M = 20 \cdot \log(M/M_r)$	$M_r = 1V/Pa$
声源发送灵敏度级	$L_s = 20 \cdot \log(S/S_r)$	$S_r = 1Pa/V$（声轴上离声源中心 1m 处）
注：词头 μ 表示 10^{-6}，n 表示 10^{-9}，p 表示 10^{-12}		

附录 6 常见各种乐器及男、女的声压级动态范围

类别名称	声压级范围/dB	类别名称	声压级范围/dB
小提琴	40~100	小号	55~95
低音大提琴	55~95	大号	45~95
钢琴	60~100	定音鼓	30~115
吉他	35~80	大鼓	35~115
风琴	35~105	小鼓	55~105
长笛	50~90	管弦乐队	25~120
单簧管	60~95	男声	25~100
双簧管	60~95	女声	25~95
注：距声源约 3m 处测得			

附录 7 常见声源的声功率

类别	声源	声功率/μW	类别	声源	声功率/μW
乐器类	小提琴	0.284~17.7	演员类	乐 队	10~70W
	长 笛	1.12~17.7		女中音	200~1140
	黑 管	2.84~4450		女高音	1000~200000
	小 号	2.84~2230		男低音	50.3~5030
	二 胡	3.57~1410		男中音	79.5~39900
	笛 子	7.18~718		男高音	200~31800

附录8 各种制式立体声拾音方式的比较

项目＼制式	AB 制	XY 制	MS 制	ORTF 制	OSS 制	假头
声像定位	较好	很好	很好	很好	较好	较好
距离感	很好	较差	较差	较好	较好	较好
单声道兼容性	较差	很好	很好	较好	较好	较好
耳机听音效果	较好	较好	较好	较好	很好	很好
主要方式	时间差	电平差	电平差	混合方式	混合方式	模拟人双耳
话筒摆放	两只无指向性传声器，间距20cm ~ 30m	两只指向性话筒放在同一位置成一定角度（通常主轴成90°~120°）	M传声器为指向性或单指向性，指向拾音范围中线，S传声器多用8字型双指向传声器与M传声器成90°，指向左边	两个指向性传声器间距170mm，角度成110°。（ORTF是法国立体声广播采用的制式）	两个无指向性传声器，中间用一圆形隔板隔开。（OSS制亦称最佳立体声拾音制）	

附录9 IEC关于Hi-Fi音频设备及系统的标准（摘要）

本标准适用于单声道、立体声及多声道设备和系统。整个标准是由IEC（国际电工委员会）581-1~13号公告组成，其目的是规定家用高质量重放的音频设备和系统特性的最低要求。这里选择了IEC581-1、IEC581-3、IEC581-4、IEC581-6、IEC581-7、IEC581-10等几个常用的标准，摘录如下。

调频射频调谐器（IEC581-1号公告）

性能	最低要求
额定最小输入信号电平	≤40dB(pW)，等效的电动势为：≤35μV/30Ω或≤1.75μV/75Ω
灵敏度（信噪比为50dB时）	≤20dB(pW)，等效的电动势为：≤35μV/30Ω或≤1.75μV/75Ω
频响	40Hz~12.5kHz，±1.5dB
通道不平衡度	≤2dB(250Hz~6.3kHz)
谐波失真	≤1%
通道分离度	≥30dB(250Hz~6.3kHz)，≥20dB(6.3kHz~12.5kHz)
信噪比	≥57dB(不计权)；≥65dB(计权)
选择性	≥+7dB 200Hz(频道间隔)，≥-7dB 300Hz(频道间隔)，≥-20dB 400Hz(频道间隔)
工作频率随时间的变化	≤30kHz(AFC工作)
俘获比	≤3dB

（续）

性　能	最 低 要 求
调幅抑制比	≥35dB
天线进入的无用信号抑制	≥65dB（单信号中频抑制比），≥50dB（单信号镜像抑制比），≥50dB（单信号假响应抑制比）
射频非线性引起的假响应	≥60dB
副载频和导频的基波和谐波的抑制	≥40dB　19kHz ≥46dB　38kHz 及边带分别测量
非立体声信号引起的副载波调制的抑制	对 16kHz~22kHz 和 54kHz~75kHz 范围内信号的抑制（待定） 对 62kHz~73kHz 范围内信号的抑制（SCA 抑制）≥55dB
互联	机械的：满足 IEC268-11 号公告；电性能：满足 IEC268-15 号公告
本标准中所列出的性能在制造厂家的手册或说明书和技术规范中必须遵循	
注：本标准主要适用于家用 Hi-Fi 放音系统	

电唱盘（IEC581-3 号公告）

性　能	最 低 要 求
额定转速的平均偏差	±1.5%~-1%（在额定电源电压±10%范围内）
抖晃率	≤±0.2%（计权）
基准信号转盘噪声比*	≥35dB（不计权）；≥55dB（计权）
基准信号交流声比	≥50dB
声道不平衡度	≤2dB（1kHz）
声道隔离度	≥20dB（1kHz）；≥15dB（315Hz~6.3kHz）
频响	40Hz~12kHz 5dB；63Hz~8kHz 4dB
额定输出电压	速度型拾音头（0.7~2.0）mV/（cm/s）
垂直循迹角	20°±5°
静态垂直针压	<0.03N
唱针半径	球形：（15μm+3μm）；非球形：在考虑中
互联	机械的：满足 IEC268-14A 公告，电性能：满足 IEC286-15 号公告
本标准所列出的性能在制造厂家的手册或者说明书和技术规范中必须遵循	
* 基准信号：振速 3.83cm/s，频率 315Hz 注：本标准主要适用于家用 Hi-Fi 放音系统	

磁带录音与重放设备(IEC581-4 号公告)

特 性	最 低 要 求
额定带速的平均偏差	≤1.5%(在额定电源电压的±10%范围内)
计权抖晃	±0.2%(最大)
全通道信噪比	≥48dB(不计权);≥56dB(计权)
放音通道不平衡度	≤2dB
无关邻迹隔离度	≥60dB(1kHz);≥45dB(500Hz~6kHz)
相关邻迹隔离度(立体声)	≥26dB(1kHz);≥20dB(500kHz~6kHz)
频响	40Hz~12.5kHz, 7dB;250Hz~63kHz, 5dB
消声效果	≥60dB(1kHz)
达到录放速度的最大时间	≤1s
互联	机械的:满足 IEC268-11 号公告,电性能:满足 IEC268-15 号公告
额定录音磁平	由制造厂家规定,满足 IEC94-3 号公告
本标准所列的性能在制造厂家的手册或者说明书和技术规范中必须遵循	
注:本标准主要适用于家用 Hi-Fi 录音与重放设备	

放大器(IEC581-6 号公告)

性 能	最 低 要 求
有效频率范围	40Hz~16kHz 对于带均衡输入端,相对于 1kHz 的允差≤±2.0dB 对于无均衡输入端,相对于 1 kHz 的允差≤±1.5 dB
增益的一致性	≤4dB(250Hz~6.3kHz)
谐波失真	≤0.5%(前置放大器),≤0.5%(功率放大器),≤0.7%(综合放大器)
额定输出功率	≥10W(各通道)
左、右通道的串音衰减	≥30dB(250Hz~10kHz),≥40dB(1kHz)
两输入端间的串音衰减	≥40dB(250Hz~10kHz),≥50dB(1kHz)
宽带信噪比	前置及综合放大器≥58dB,功率放大器≥81dB
计权信噪比	前置及综合放大器≥63dB,功率放大器≥86dB
平衡控制	应对各通道至少能产生 8dB 的增益变化
过载源电动势	≥2V,非均衡输入端 1kHz;≥30mV,带均衡输入端 1kHz
响度控制	带有响度控制的放大器也应配有供用户消除此效果的装置,该功能可通过单独的开关或调节音调控制器来满足,响度可理解为在音量控制器最大位置以各位置提升低音和高音的装置
控制器的标志	应满足 IEC268-1B 号公告
互联	机械的:满足 IEC268-14A 号公告,电性能:满足 IEC268-15 号公告
本标准所列特性在制造厂家的手册或说明书和技术规范中必须遵循	
注:本标准适用于线性前置放大器、功率放大器和综合放大器,主要用于家用 Hi-Fi 系统	

扬声器(IEC581-7号公告)

性　能	最 低 要 求
有效频率范围	50Hz~12.5kHz,+4dB,-8dB;100Hz~8kHz,±4dB
指向特性	水平面±30° 垂直面±30° } 内,频响曲线与参考轴相比,偏差≤±4dB
幅/频响应差 (对立体声扬声器系统)	≤2dB(250Hz~8kHz)
谐波失真	≤2%,250Hz~1kHz;≤(1~2)%,(1~2)kHz;≤1%,(2~6.3)kHz
阻抗	≥额定阻抗的80%(20Hz~20kHz内的任一频率点上)
允许使用功率	≥10W
最大输入电压、功率	参照IEC268-15号公告
互联	机械的:应满足IEC268-11号公告,电性能:应满足IEC268-15号公告
一般情况下,应符合IEC268-5“待定的特性”条款的规定	
注:本标准仅适用于扬声器箱(未安装的扬声器单元不适用)	

耳机(IEC581-10号公告)

性　能	最 低 要 求
有效频率范围	50Hz~12.5kHz
左、右通道耳机的频响之差	≤2dB(250Hz~8kHz)
特性电压	≤2.5V(以电压表示的头戴耳机),≤5V(以阻抗表示的头戴耳机)
特性总谐波失真	≤1%,声压级为94dB ≤3%,声压级为100dB } (100Hz~3kHz)
阻抗	不应低于额定阻抗值的80%(在额定频率范围内的任一频率点上)
最大噪声电压	≥5V(以电压表示的头戴耳机),≥10V(以阻抗表示的头戴耳机)
压力	≤5N
互联	机械的:满足IEC268-11号公告,电性能:满足IEC268-15号公告
本标准所列的特性在制造厂家的手册或说明书和技术规范中必须遵循	
注:本标准主要适用于家用Hi-Fi重放系统	

附录 10　常用音响技术英汉词汇对照

ACCORDION	手风琴
AC HUM	交流声
AC INPUT	交流输入
AC INPUT JACK	交流输入插座
A - CHANNEL	A 通道
ACOUSTIC	声的
ACOUSTICAL POWER	声功率
ACOUSTICAL PRESSURE	声压
ACOUSTICAL QUALITY	音质
ACOUSTICAL SIGNAL	声信号
ACOUSTIC CHANNEL	声道
ACOUSTIC FEEDBACK	声反馈
ACOUSTIC FIELD	声场
ACOUSTIC INPUT IMPEDANCE	声输入阻抗
ACOUSTICS	声学,音质
ACOUTLET	交流插座
ACPOWER	交流电源
ACSIGNAL	交流信号
ACTIVE	有源的
ACTIVE CABINET	有源扬声器箱
ACTIVE DEVICE	有源器件
ACTIVE FILTER	有源滤波器
AC VOLTAGE	交流电压
AERIAL	天线
AF AMPLIFIER	声频放大器
AF APPARATUS	声频设备
ALTHORN	中音号
AMPERE	安(培)
AMPLIFICATION	放大
AMPLIFICATION CONTROL	增益控制
AMPLIFICATION FACTOR	放大系数
AMPLIFIER	放大器
AMPLIFIER BANDWIDTH	放大器带宽
AMPLIFIER DISTORTION	放大器失真
AMPLIFIER GAIN	放大器增益
AMPLIFIER NOISE	放大器噪声
AMPLIFIER RESPONSE	放大器响应
AMPLIFIER SPECIFICATION	放大器指标
AMPLITUDE	振幅,幅度
AMPLITUDE CLIPPER	限幅器
AMPLITUDE CONTROL	幅度控制
AMPLITUDE PEAK	最大振幅,幅度峰
AM RADIO	调幅收音机
AUDIBILITY RANGE	可听范围
AUDIBILITY THRESHOLD	听阈
AUDIBLE SIGNAL	声频信号
AUDIBLE SPECTRUM	声谱
AUDIENCE	听众
AUDIENCE AREA	听众区
AUDIO	声频
AUDIO CABLE	声频电缆
AUDIO CHANNEL	声频通道
AUDIO CIRCUIT	声频电路
AUDIO CONTROL	调音室、声频控制
AUDIO CURRENT	声频电流
AUDIO DELAY SYSTEM	声频变压器
AUDIO FEEDBACK	声频反馈
AUDIOFORMER	声频变压器
AUDIO INPUT LEVEL	声频输入电平
AUDIO MIXER	声频混合器
AUDIO MIXING CONSOLE	调音台
AUDIO OUTPUT	声频输出
AUDIO PLAYBACK UNIT	放音装置,放音单元
AUDIO POWER AMPLIFIER	声频功率放大器
AUDIO POWER OUTPUT	声频功率输出
AUDIO SIGNAL	声频信号
AUDIO SYSTEM	声频系统
AUDIO TAPE DECK	磁带录音座
AUDIO TAPE PLAYER	磁带放音机
AUTO	自动
AUTO-MAN	自动—手动
AUTOMATIC CONTROL	自动控制
AUTOMATIC GAIN CONTROL(AGC)	自动增益控制
AUTOMATIC LEVEL CONTROL(ALC)	自动电平控制
AUTOMATIC MIXING	自动混音
AUTOMATIC MUSIC SWITCH	自动选曲开关
AUTOMATIC OUTPUT CONTROL	自动输出控制
AUTOMATIC REPEAT	自动重复
AUTOMATIC STOP	自动停止
AUTOMATIC VOLUME CONTROL	自动音量控制
AUXILLIARY(AUX)	辅助的,备份的
AUXILIARY CHANNEL	辅助通道
AUXILIARY INPUT	辅助输入
BACK	后面的
BAFFLE	面板
BAFFLE BOX	音箱
BALALAIKA	三角琴
BALANCE	平衡

BALANCE INPUT	平衡输入
BALANCE OUTPUT	平衡输出
BALUN	平衡不平衡转换器
BANANA JACK	香蕉插座
BANANA PLUG	香蕉插头
BAND	波段,频带
BAND FILTER	带通滤波器
BAND NOISE	频带噪声
BAND SELECT	波段选择
BAND SELECTOR BUTTON	波段选择按钮
BAND SELECTOR SWITCH	波段选择开关
BAND WIDTH	频宽
BASS	低音
BASS ATTENUATION	低音衰减
BASS BOOST	低音增强
BASS COMPENSATION	低音补偿
BASS CONTROL	低音音调控制
BASS CUT	低音抑制
BASS DRUM	大鼓,低音鼓
BASS FREQUENEY	低音频率
BASS LOUDSPEAKER	低音扬声器
BASS TUBA	大号,低音号
BATTERY	电池
BBD DELAY UNIT	BBD 延时器
B CHANNEL	B 通道
BLANK	空白的
BRIDGE	电桥,并联,桥式放大器
BRIDGED-T	桥接 T 形网络
B-SIGNAL	B 信号
BUS	母线,总线
BUSS	峰音
BUTTON	按键,按钮
BUTTON SWITCH	按钮开关
BYPASS	旁通,直通
CABLE	电缆
CALL	取回,呼出
CAPACITANCE	电容,电容量
CAPACITANCE MICROPHONE	电容传声器
CASCADE	级联,串接
CANNON	卡侬
CARDIOID	心形
CD PLAYER	激光唱机
CD RECORD	激光唱片
CHANNEL	通路,频道,通道
CHANNEL GAIN	通路增益
CHANNEL SENSITIVITY	通路灵敏度
CHARACTERISTIC CURVE	特性曲线
CHARACTERISTIC IMPEDANCE	特性阻抗
CHOIR	合唱
CHOKE COIL	扼流圈
CHORD	和弦
CIRCUIT	电路,线路
CIRCUIT NOISE	电路噪声
CIRCUIT NOISE LEVEL	电路噪声电平
CLARINET	黑管,竖笛,木箫
CLIPPING	限幅
CLOSE	关闭,停止
COMPRESSOR LIMITER	压缩限幅器
COMM=COMMUTATOR	换向器
CONNECTOR	接插件
CONSENT	万能插座
CONSONANCE	谐振
CONTRAST	对比度
CROSSOVER CIRCUIT	分频电路
CROSSOVER FILTER	分频滤波器
CROSSOVER FREQUENCY	分频频率
CROSSOVER NETWORK	分频网络
CUE	提示,选听
CUE BUTTON	选听键
CUE CIRCUIT	提示线路
CUT	削减
CYMBALON	洋琴
CYMBAL	钹
DBX NOISE SUPPRESSOR	dbx 降噪器
DC	直流
DECAY	衰减
DECIBEL	dB(分贝)
DECIBEL METER	dB(分贝)表
DELAY	延时
DELAY CIRCUIT	延时电路
DELAY NETWORK	延时网络
DELAY SIGNAL	延时信号
DELAY SYSTEM	延时系统
DELAY TIME	延时时间
DELAY UNIT	延时器
DENSITY	密度
DIGITAL DELAY DEVICE	数字延时设备
DIGITAL DELAY UNIT	数字延时器
DIGITAL DISPLAY	数字显示
DIGITAL REVERBERATION	数字混响
DISC	唱片
DISCO	迪斯科
DISTORTION	畸变,失真
DOLBY	杜比
DOWN	向下
DUMMYLOAD	假负载
DYNAMIC	动圈话筒

EARTH 地线,接地
ECHO 回声
ECHO EFFECT 回声效果
ECHO UNIT 混响装置
EFF/REV 效果/混响
EFFICIENCY 效率
ELECTRICAL GUITAR 电吉他
ELECTRICAL ORGAN 电风琴
ELECTRICAL PIANO 电钢琴
ENTER 入,进
EQUALIZER 均衡器,补偿器
EQUALIZATION 均衡
EQUALIZER CIRCUIT 均衡电路
EQUALIZER CURVE 均衡曲线
EXT 外部的,外接的
EXTERNAL 外接
EXTERNAL DC POWER JACK 外接直流电源插口
EXTERNAL SPEAKER 外接扬声器
FADER 增益调节器
FB 反馈,返送
FEEDBACK 反馈
FEEDBACK COEFFICIENT 反馈系数
FEEDBACK SIGNAL 反馈信号
FEED 馈入
FIELD PICKUP 实况转播
FILM REPRODUCER 电影放映机
FILM SOUND 电影声
FILM SPLICER 接片机
FILTER 滤波器
FINE 微调
FISHPOLE 吊杆
FIZZ 嘶嘶声
FLANGING 镶边
FLANGING EFFECT 镶边效果
FLAT TUNING 粗调
FLUTE 长笛
FOLD BACK 返送
FOLD BACK(CUE) 返送,监听
FREQUENCY 频率
FREQUENCY BAND 频带,波段
FREQUENCY CHARACTERISTICS 频率特性
FREQUENCY DISTORTION 频率失真
FREQUENCY DIVIDER 分频器
FREQUENCY DOUBLING 倍频
FREQUENCY RANGE 频率范围
FREQUENCY SHIFTER 频移器
FRONT FACE 面板
FULL-LOAD POWER 满载功率
FUSE 熔断丝
FUSE-BOX 熔断器
GAIN 增益
GAIN ADJUSTMENT 增益调整
GAIN CONTROL 增益控制
GAIN RANGE 增益范围
GRAND PIANO 三角钢琴
GRAPHIC EQUALIZER 图示均衡器
GROUND 接地,地
GROUND LOOPS 接地回路
GUARD CIRCUIT 保护电路
GUITAR 吉他
HEADSET JACK 耳机插孔
HEARING THRESHOLD 听阈
HERTZ(Hz) 赫[兹]
HF BAND 高频波段
HF BOOST 高频提升
HI-FI AMPLIFIER 高保真放大器
HIGH FREQUENCY 高频
HOWLING 啸叫
HOWL-ROUND 声反馈
HUM 交流声
HUM BUCKING 噪声抑制
HUM LEVEL 交流声电平
HUM NOISE 交流声
IMPEDANCE 阻抗,电阻抗
IMPEDANCE MATCHING 阻抗匹配
IMPEDANCE MISMATCH 阻抗失配
IMPEDANCE OF MICROPHONE 传声器阻抗
INDICATION LAMP 指示灯
INPUT 输入
INPUT IMPEDANCE 输入阻抗
INPUT LEVEL 输入电平
INPUT MIX 输入混合
INPUT/OUTPUT 输入/输出
INPUT SENSITIVITY 输入灵敏度
INSERT IN 插入,输入
INSERTION GAIN 插入增益
INSERTION LOSS 插入损失
INSTRUCTION 说明书
INTERFACE 接口
JACK 插座,插口
KEY 音键
KEYBOARD 琴键,键盘
KILOCYCLE 千周
KILOHERTZ 千赫
KILOWATT 千瓦
KNOB 控钮
LAMP 指示灯
LASER DISC 激光唱片

LASER DISC PLAYER 激光唱机
LED 发光二极管
LEFT CHANNEL 左通道
LEFT SIGNAL 左通道信号
LEVEL 电平
LEVEL CONTROL 电平调节器
LEVEL DIAGRAM 电平图
LEVEL METER 电平表
LIGHT 指示灯,照明灯
LIGHT CONTROL 灯光控制
LIMITER 限幅器
LIMITER-COMPRESSOR 限幅器—压缩器
LINE CORD 电源线
LINE INJACK 线路输入插口
LINE INPUT 线路输入
LINE MATCH 线路匹配
LOAD 负载
LOAD CIRCUIT 负载电路
LOAD IMPEDANCE 负载阻抗
LOUDNESS 响度
LOUDSPEAKER 扬声器
LOUDSPEAKER MONITOR 监听扬声器
LOUDSPEAKER SYSTEM 扬声器系统
LOW BOOST 低音提升
LOW FREQUENCY 低频
LOW LEVEL 低电平
LOW NOISE 低噪声
MAIN 电力线,电源
MAIN AMPLIFIER 主放大器
MAIN SIGNAL 主信号
MANUAL 手动的
MANUAL VOLUME CONTROL 手动音量控制
MATCHING 匹配
MICROPHONE 传声器,送话器
MICROPHONE BASE 传声器座
MICROPHONE CABLE 传声器电缆
MICROPHONE HOLDER 传声器支架
MICROPHONE INPUTJACK 传声器输入插口
MICROPHONE SENSITIVITY 传声器灵敏度
MIX 混合
MIXER AMPLIFER 混合放大器
MODEL 型号
MONITOR AMPLIFER 监听放大器
MONITOR SPEAKER 监听扬声器
MOVING COIL MICROPHONE 动圈传声器
NOISE 噪声
NOISE CONTROL 噪声控制
NOISE GATE 噪声门
NOISE SOURCE 噪声源
NOMINAL 标称的,额定的
NOMIMAL OUTPUT 额定输出
OHM 欧姆
ON/OFF SWITCH 通/断开关
OUTPUT IMPEDANCE 输出阻抗
OUTPUT LEVEL 输出电平
PACKED CELL 积层电池
PAD 衰减器
PANEL 面板,配电盘
PEAK LEVEL INDICATOR 峰值电平指示
PEAK METER 峰值表
PEAK POWER 峰值功率
PHANTOM IMAGE 幻象
PHANTOM POWERING 幻象供电
PHONE JACK 耳机插孔
PHONE PLUG 耳机插头
PITCH 音调,音高
PITCH CONTROL 音调控制
PLAY 放音,演奏
PLAYBACK 重放,放音
PLAY BUTTON 放音键
PLUG 插头
POWER AMPIFIER 功率放大器
POWER FUSE 电源保险丝盒
POWER GAIN 功率增益
POWER LAMP 电源指示灯
POWER PLUG 电源插头
POWER SOURCE 电源
PRESS BUTTON 按钮开关
RACK EARTH 机壳接地
RADIO 无线电,收音机
RANGE 音域,范围
RANGE OF FREQUENCY 频率范围
RANGE SWITCH 波段开关
RATED OUTPUT LEVEL 额定输出电平
RATED POWER 额定功率
RESISTANCE 电阻
RET(RETURN) 回输,输入
REVERBERANT SOUND 混响声
REVERBERATION 混响
REVERBERATION DEVICE 混响器
REVERBERATION TIME 混响时间
REVERSING KEY 换向键
REWIND 倒带
REWIND BUTTON 倒带键
RIGHT CHANNEL 右通路,右通道
RIGHT INPUT 右声道输入
ROOM EQUALIZER 房间均衡器
SENSITIVITY 灵敏度

SERIES	串联	THRESHOLD	阈,门限
SERIES-PARALLEL	串联—并联	THRESHOLD OF AUDIBILITY	可听阈
SHIELD	屏蔽	THRESHOLD OF PAIN	痛阈
SHIELD CABLE	屏蔽电缆	TIMBRE	音质,音色
SHIELD WIRE	屏蔽线	TIME DELAY	延时,时间延时
SHIFT	移频	TIME DELAYER	延时器
SHORT CIRCUIT	短路	TOTAL HARMONIC DISTORTION	总谐波失真
SIGNAL	信号	TOTAL NOISE	总噪声
SIGNAL CORD	信号线	TREBLE	高音
SIGNAL LEVEL	信号电平	TRIAMP	三路电子分音
SIGNAL SOURCE	信号源	TROMBONE	长号
SOUND CONSOLE	调音台	TROUBLE	故障
SOUND EFFECT	效果声	TRUMPET	小号
SOUND ENGINEER	音响工程师	TURN OFF	关掉
SOUND MAN	音响师	TURN ON	接通
SOUND MIXING CONSOLE	调音台	TURN OUT	断路
SOUND MIXING DESK	调音台	TWIN CABLE	双芯电缆
SOUND TECHNIQUE	音响技术	TWIN CHANNEL	双通道
SOUND UNIT	音响设备	TWO WAY SPEAKER SYSTEM	两路扬声器系统
SOUND VOLUME	音量	UNBALANCE	不平衡
SPEAKER	扬声器	UNBALANCE INPUT	不平衡输入
SPEAKER OUTPUT	扬声器输出	UNBALANCE OUTPUT	不平衡输出
SPL(SOUND PRESSURE LEVEL)	声压级	VIDEO	视频的
SPRING	弹簧	VIOLA	中提琴
SPRING REVERBERATOR	弹簧混响器	VIOLIN	小提琴
STEREO	立体声	VOICE COIL	音圈
STEREO AMPLIFIER	立体声放大器	VOLTAGE	电压
STEREO CONSOLE	立体声调音台	VOLTAGE DIVIDER	分压器
STEREO EFFECT	立体声效果	VOLTAGE GAIN	电压增益
STEREO EXTEND	立体声扩展	VOLTAGE LEVEL	电压电平
STORAGE	存储	VOLTAGE REGULATOR	调压器
SUB	次,副路	VOLT	电压
SUM	混合,总和	VOLUME	音量
SWITCH	开关	VOLUME CONTROL	音量控制
SYNTHESIZER	合成器	VOLUME INDICATOR	音量指示器
SYSTEM	系统	VOLUME METER	音量表
TAPE	磁带	WATT	瓦特
TELETEX	电传	WAVEFORM	波形
TELEVISION	电视	WAVELENGTH	波长
TEMPO	拍子	WIRE	线
TENOR	男高音	WIRELESS MICROPHONE	无线传声器
TERMINATION	终端	WOOFER	低频扬声器
TERM OF SOUND QUALITY	音质评价术语	WORD	字码
TEST CARD	测试卡	ZERO	零,零位
TEST RECORD	测试唱片	ZERO ADJ BUTTON	归零调节按钮
TEST SIGNAL	测试信号	ZERO CONTROL	零位控制
THEATER SOUND SYSTEM	剧院音响系统	ZERO LEVEL	零电平
THREE WAY SPEAKER SYSTEM	三路扬声器系统		

参 考 文 献

[1] 孙广荣,吴启学. 环境声学基础. 南京:南京大学出版社,1995.
[2] 谢兴甫. 立体声原理. 北京:科学出版社,1981.
[3] 李保善. 高保真放声技术. 上海:上海科学技术出版社,1981.
[4] 黎烽. 音响技术与电声工程. 上海:华东理工大学出版社,1995.
[5] 刘宪坤. 数字音响技术. 北京:人民邮电出版社,1992.
[6] 林达悃. 录音声学. 北京:中国电影出版社,1995.
[7] 陆伟良,等. 全立体声音响系统技术. 合肥:安徽科学技术出版社,1998.
[8] 程勇,童乃文. 音响技术与设备. 杭州:浙江大学出版社,1993.
[9] 曾广兴. 现代音响技术应用. 广州:广东科技出版社,1997.
[10] 倪其育. 音响技术及应用基础. 南京:河海大学出版社,1999.
[11] 韩宪柱. 声音制作基础. 北京:中国广播电影出版社,2001.
[12] 韩宪柱,刘日. 声音素材拾取与采集. 北京:中国广播电影出版社,2002.
[13] 韩宪柱. 声音节目后期制作. 北京:中国广播电影出版社,2002.
[14] 管善群. 电声技术基础. 北京:人民邮电出版社,1982.
[15] 曹水轩,沙家正. 扬声器及其系统. 南京:江苏科学技术出版社,1987.
[16] 曹揆申. 教育电声系统. 北京:高等教育出版社,1999.
[17] 赵其昌,等. 现代音响技术与工程基础. 南京:南京大学出版社,1999.
[18] 宋亦芳,等. 现代音视与调音调光技术. 上海:上海交通大学出版社,1997.
[19] 张维国. 音响技术与音乐欣赏. 北京:人民邮电出版社,1997.
[20] 张银华. 音箱业余设计和制作实例. 北京:人民邮电出版社,1993.
[21] 周长发. 多媒体计算机原理与应用. 北京:电子工业出版社,1998.
[22] 惠特克.J.C. 数字音频技术宝典. 张雪英,刘建霞,译. 北京:科学出版社,2004.
[23] 爱尔顿.F. 埃弗莱斯特. 家庭和播音室声学技术. 孟昭晨,译. 北京:电子工业出版社,1984.
[24] 诺贝特·帕维拉. 传声器的原理及使用技巧. 黄布华,胡荣泉,译. 北京:新时代出版社,1984.
[25] 磁性录音技术.吴振坤,译. 北京:中国电影出版社,1982.
[26] 罗·伊·拉恩斯坦. 当代录音技术. 李勋,林作坚,译. 北京:中国电影出版社,1983.
[27] 博伊斯.WF. 高保真度立体声手册. 李洛童,译. 北京:科学普及出版社,1984.
[28] 任远. 电视制作问答. 北京:中国广播电影出版社,1989.
[29] 黄峥. 浅谈数字音频格式. 北京:音响技术,2002(4).
[30] 谢科,钱泓毅. 数字音频接口标准简介. 北京:音响技术,2002.4.
[31] 音响技术. 1993 年合订本.

后　记

《音频技术教程》第2版终于完稿了。在最后的写作过程中正值寒冬、恰逢新春佳节,加之时间仓促,夜以继日敲击键鼠几个月,这其中的辛苦知多少。案头叠起的厚厚书稿给人一丝欣慰,然而对作者来说,最大的愿望当然不是这本拙著的出版本身,而在于通过本书能对读者有所帮助。

本书是作者在近二十年的教学经验和相关专业课程的教学需求的基础上编写而成的,特别适合用作教材。为了配合教学,作者投入了大量精力,先后开发了PPT演示文稿、单张CD-ROM光盘的单机简化版多媒体教学课件、五张CD-ROM或单张DVD-ROM光盘的单机完全版多媒体教学课件等三种版本,网络多媒体版近期即将开发完成。其中单机完全版多媒体教学课件,通过大量的动画演示突出课程学习的重点和突破课程学习的难点,全程配音讲解,减轻教师讲课负担。课件内容全面(包括章节的教学目标要求、重点、难点、练习测试与思考……),结构完整(播放窗口、视听室、操作训练室……),界面友好,导航清晰,控制灵活……,既可用于课堂辅助教学,又可用于自主式学习。此课件获得2004年江苏省多媒体课件大赛一等奖和2005年“第五届全国多媒体大赛”高教组一等奖。

有需要本书电子教案支持的教师可发电子邮件至cnnqy@ yzcn.net咨询。